SÄURE-BASEN-INDICATOREN

SÄURE-BASEN-INDICATOREN

IHRE ANWENDUNG BEI DER COLORIMETRISCHEN BESTIMMUNG DER WASSERSTOFFIONENKONZENTRATION

VON

DR. I. M. KOLTHOFF

O. PROFESSOR FÜR ANALYTISCHE CHEMIE AN DER UNIVERSITÄT VON MINNESOTA IN MINNEAPOLIS (USA.)

UNTER MITWIRKUNG VON

DR. HARRY FISCHGOLD

BERLIN

GLEICHZEITIG VIERTE AUFLAGE VON „DER GEBRAUCH VON FARBINDICATOREN“

MIT 26 ABBILDUNGEN UND EINER TAFEL

SPRINGER-VERLAG BERLIN HEIDELBERG GMBH

ISBN 978-3-642-52567-4 ISBN 978-3-642-52621-3 (eBook)
DOI 10.1007/978-3-642-52621-3

URSPRÜNGLICH ERSCHIENEN BEI JULIUS SPRINGER IN BERLIN 1932

Vorwort zur vierten Auflage.

Bis vor kurzer Zeit wurden die Substanzen, deren Farbe sich mit der Wasserstoffionenkonzentration der Lösung ändert, als „Farbindicatoren" bezeichnet. Dieser Name ist jedoch nicht logisch und auf exakter Grundlage gewählt; sind doch die Redox-, Adsorptionsindicatoren usw. bei ihrer Indicatorfunktion auch von einem Farbumschlag begleitet. Daher scheint es besser, diejenigen Substanzen, deren Farbe von der Acidität oder Alkalität einer Lösung abhängt, als *Säure-Basen-Indicatoren* zu bezeichnen. In dieser Monographie werden diese Stoffe der Kürze halber Indicatoren genannt.

Der Inhalt des vorliegenden Büchleins ist von seinen Vorgängern („Der Gebrauch von Farbindicatoren") wesentlich verschieden. Nur die zwei ersten Kapitel über die allgemeinen Begriffe und Berechnungen der Acidität und die Reaktion der Ampholyte sind mit kleinen Änderungen und Zusätzen geblieben; der Rest dieser Monographie ist ganz neu geschrieben worden.

Obwohl die Bedeutung der Wasserstoffionenkonzentration in der reinen und angewandten Chemie allgemein anerkannt ist und sie beim Lösen vieler Probleme eine hervorragende Rolle spielt und gespielt hat, schien es doch angebracht, in dieser zusammenfassenden Monographie auf ihre Beschreibung zu verzichten. Zwar findet man in der dritten Auflage dieses Buches noch eine solche Zusammenstellung; da jedoch in Einzeldarstellungen auf verschiedenen Gebieten (wie Boden-, Nahrungsmittel-, Wasser-, Zuckerchemie, physiologische und Biochemie, Bakteriologie usw.) die Bedeutung des p_H eingehend behandelt wird, war es nicht gerechtfertigt, diesem Thema in der vorliegenden Monographie einen so großen Platz einzuräumen.

Auch ein anderes Kapitel, über die Anwendung der Indicatoren in der Neutralisationsanalyse, ist fortgelassen worden, weil dieses Thema erschöpfend in des Verfassers Maßanalyse I und II behandelt ist.

Andererseits war es notwendig, den Rest des Inhaltes gänzlich umzugestalten.

Zunächst war es angebracht, den theoretischen Teil sehr zu erweitern. In allen Säure-Basen-Gleichgewichten sind es die Aktivitäten und nicht die Konzentrationen, welche die Gleichgewichtsbedingungen bestimmen. Eine im praktischen Sinne zusammenfassende Darstellung der modernen Theorie der starken Elektrolyte und des Aktivitätsbegriffes war daher unentbehrlich, um so mehr, als sonst die Erscheinungen wie: Einfluß der Verdünnung auf das p_H einer Puffermischung oder der Salzfehler von Indicatoren usw. in quantitativem Sinne nicht zu deuten wären.

Die Ausdrücke oder Vorstellungen der Säure-Basen-Dissoziation beziehen sich hauptsächlich auf wässerige Lösungen. In letzter Zeit hat das Interesse für das Verhalten von Säuren und Basen in anderen Lösungsmitteln als Wasser sehr zugenommen. Die klassische Definition einer Säure und Base, die für wässerige Lösungen befriedigend ist, ist zu beschränkt für andere Lösungsmittel. Wegen der großen Wichtigkeit der allgemeinen Frage des Säure-Basen-Gleichgewichtes sind daher in einem besonderen (vierten) Kapitel Brönsteds klare und fruchtbare Ansichten eingehend berücksichtigt.

Aber nicht nur im theoretischen Teil hat das Buch eine beträchtliche Erweiterung erfahren, auch der praktische Teil ist an Umfang erheblich gewachsen.

Dies trifft besonders zu für die Beschreibung der individuellen Eigenschaften der einzelnen Indicatoren (Kapitel 5). Verfasser hat versucht, eine möglichst vollständige Zusammenstellung der Indicatoren, auch der selten verwandten, zu geben, wobei die Reinigung und Herstellung der Substanzen besonders berücksichtigt ist. Verschiedene neue Gruppen von Indicatoren — darunter auch Fluorescenz- und Fällungsindicatoren — sind im Text genannt, und wo möglich, hat der Verfasser seine eigene Erfahrung mit den verschiedenen Substanzen erwähnt.

Das sechste Kapitel beschreibt das Verhalten der Indicatoren in anderen Lösungsmitteln als Wasser, und das siebente gibt die Theorien, welche den Farbumschlag zu erklären suchen.

Der dritte Teil des Buches ist der colorimetrischen p_H-Bestimmung gewidmet. Das Kapitel über Herstellung und Eigenschaften von Pufferlösungen umfaßt alles, was meiner Kenntnis nach zur Zeit über dieses Gebiet bekannt ist. Das neunte Kapitel behandelt die colorimetrische p_H-Bestimmung, wobei die praktische Ausführung und auch die Werte der Indicatorkonstanten eingehend besprochen sind. Das zehnte Kapitel umfaßt das sehr wichtige Thema der Fehlerquellen der colorimetrischen Methode, dessen Studium allen Arbeitern auf diesem Gebiete dringend empfohlen wird, und schließlich sind im letzten Kapitel die Indicatorpapiere beschrieben. Die Tabellen am Ende des Buches sind wesentlich geändert und um einige neue vermehrt worden.

Ich hoffe, daß es mir gelungen ist, mit dieser eingehenden Umarbeitung einen neuen Leitfaden geschaffen zu haben, der in theoretischem wie in praktischem Sinne in moderner Weise alles Wichtige auf diesem Gebiete berücksichtigt.

Schließlich ist es mir eine angenehme Pflicht, Herrn Dr. FISCHGOLD (Berlin) meinen herzlichen Dank für die sprachliche Durchsicht des Manuskriptes und der Korrekturen und weitere Mitwirkung auszusprechen.

Minneapolis, im Oktober 1932.

I. M. KOLTHOFF.

Inhaltsverzeichnis.

Erster Teil.

Die Dissoziation der starken und schwachen Elektrolyte.

Elftes Kapitel.

Anhang.

Erster Teil.

Die Dissoziation der starken und schwachen Elektrolyte.

Erstes Kapitel.

Die Reaktion (Säurestufe) von Säuren, Basen und Salzen unter Vernachlässigung des Aktivitätsbegriffes.

1. Die Dissoziation des Wassers. Bei dem Neutralisationsverfahren bestimmt man die Konzentration einer Säure durch Titration mit einer Base bis zum neutralen Salze. Umgekehrt wird in gleicher Weise die Stärke einer Base bestimmt. Wenn man die Säure durch den Ausdruck HA und die Base durch die Formel BOH darstellt, wird der Verlauf der Umsetzung durch folgende Gleichung versinnbildlicht:

$$HA + BOH \rightarrow BA + H_2O\,. \qquad (1)$$

Nach der elektrolytischen Dissoziationstheorie sind Elektrolyte in wässeriger Lösung ganz oder teilweise in Ionen zerfallen. So ist die Säure HA in $H^{\cdot}$-Ionen und A'-Ionen, BOH in $B^{\cdot}$-Ionen und OH'-Ionen, das Salz BA in gleicher Weise in $B^{\cdot}$-Ionen und A'-Ionen gespalten. Man kann also die Gleichung (1) besser in folgender Form schreiben:

$$H^{\cdot} + A' + B^{\cdot} + OH' \rightarrow A' + B^{\cdot} + H_2O\,. \qquad (2)$$

Mit anderen Worten, A' und $B^{\cdot}$ werden durch die Reaktion nicht berührt, da sie vorher und nachher unverändert in der Lösung vorhanden sind. Die Umsetzung besteht also allein in der Vereinigung von $H^{\cdot}$-Ionen und OH'-Ionen zu Wasser:

$$H^{\cdot} + OH' \leftrightarrows H_2O\,. \qquad (3)$$

Nun ist aber auch das reinste Wasser zu einem — freilich sehr kleinen — Teile in $H^{\cdot}$ und OH' dissoziiert, so daß die Gleichung (3) als eine umkehrbare Reaktion geschrieben werden muß. Wenn beide Seiten dieser Gleichung im Gleichgewicht sind, können wir unter Anwendung des Massenwirkungsgesetzes schreiben:

$$\frac{[H^{\cdot}] \times [OH']}{[H_2O]} = K. \tag{4}$$

Die Klammern bedeuten die Molarkonzentrationen der Komponenten.

Wenn man mit verdünnten wässerigen Lösungen arbeitet, kann man die Konzentration des Wassers als konstant ansehen. Dann wird aus Gleichung (4):

$$[H^{\cdot}] \times [OH'] = K' = K_W. \tag{5}$$

Diese Gleichung (5) ist die Grundlage der Neutralisationsanalyse. K_W ist die *Dissoziationskonstante* oder, besser gesagt, die *Ionisationskonstante* oder das *Ionenprodukt* des Wassers. Das Wasser spaltet gleichzeitig — freilich nur bis zu einem geringen Betrage — Hydroxyl- und Wasserstoffionen ab. Das Ionenprodukt des Wassers ist nur sehr klein und ist durch verschiedene Forscher mit guter Übereinstimmung bestimmt worden. Die Konstante ändert sich sehr stark mit der Temperatur. Nachstehende Tabelle gibt die Werte für die Dissoziationskonstante des Wassers für verschiedene Temperaturen nach KOHLRAUSCH und HEYDWEILLER[1] wieder.

Ionenprodukt des Wassers bei verschiedenen Temperaturen.

Temperatur	K_W	pK_W
0°	$0,12 \times 10^{-14}$	14,93
18°	0,59 × —	14,23
25°	1,04 × —	13,98
50°	5,66 × —	13,25
100°	58,2 × —	12,24

[1] KOHLRAUSCH u. HEYDWEILLER: Ann. der Physik (4) **28**, 512 (1909). — NERNST: Ztschr. f. physik. Ch. **14**, 155 (1894). — ARRHENIUS, Sv.: Ztschr. f. physik. Ch. **11**, 827 (1893). — LORENZ u. BÖHI: Ztschr. f. physik. Ch. **66**, 733 (1909). — KANOLT: Journ. Amer. Chem. Soc. **29**, 1414 (1907). — NOYES, KATO u. SOSMAN: Ztschr. f. physik. Ch. **73**, 20 (1910). — LUNDEN: Journ. Chim. Phys. **5**, 574 (1907). — WYS: Ztschr. f. physik. Ch. **12**, 514 (1893). — LÖWENHERZ: Ztschr. f. physik. Ch. **20**, 283 (1896). — FALES u. NELSON: Journ. Amer. Chem. Soc. **37**, 2769 (1915). — BEANS u. OAKES: Journ. Amer. Chem. Soc. **42**, 2116 (1920). — LEWIS, BRIGHTON u. SEBASTIAN: Journ. Amer. Chem. Soc. **39**, 2245 (1917). — Vgl. auch S. 75 u. 385, wo das Ionenaktivitätsprodukt berücksichtigt worden ist.

Bemerkung. Bekanntlich unterscheidet man starke und schwache Elektrolyte.

Die starken Elektrolyte sind in wässeriger Lösung praktisch vollständig in Ionen gespalten. Nach der Theorie von ARRHENIUS nimmt der „Dissoziationsgrad" mit steigender Elektrolytkonzentration ab. Nach den heutigen Anschauungen (BJERRUM, DEBYE und HÜCKEL, A. A. NOYES u. a.) nimmt man an, daß die starken Elektrolyte vollständig ionisiert sind; jedoch nimmt die *Aktivität* der Ionen zuerst mit steigender Konzentration ab. Obgleich die heutigen Anschauungen über die Aktivität der Ionen von der größten Bedeutung für die Entwicklung der Theorie der starken Elektrolyte sind und bei allen genauen Berechnungen in Betracht gezogen werden müssen, wollen wir uns in der allgemeinen Übersicht in diesem Kapitel mit der angeführten allgemeinen Bemerkung begenügen. Die starken Säuren (wie die Halogenwasserstoffsäuren, die Halogensäuren, Salpetersäure) und die starken Basen (Alkali- und Erdalkalihydroxyde) und die meisten Salze (mit Ausnahme von vielen Quecksilber- und einigen Cadmiumsalzen) gehören zu den starken Elektrolyten. Wir wollen nun bei unseren Ableitungen annehmen, daß die starken Elektrolyte in Lösung vollständig in Ionen gespalten sind, mit anderen Worten, daß der elektrolytische Dissoziationsgrad (ARRHENIUS) unabhängig von der Verdünnung gleich Eins ist — und daß der Aktivitätskoeffizient (moderne Anschauung) gleich Eins ist. Zwar machen wir damit ganz bewußt einen Fehler, der jedoch klein und bei unseren allgemeinen Betrachtungen von untergeordneter Bedeutung ist.

Bei genauen Berechnungen muß man allerdings den Aktivitätskoeffizienten f_a berücksichtigen. Durch Multiplikation der Ionenkonzentration mit f_a findet man die *Aktivität* der Ionen. In diesem Kapitel setzen wir jedoch Ionenkonzentration und Ionenaktivität einander gleich. In Kapitel 3 wird die Aktivitätstheorie eingehend behandelt, und dort werden die exakten Ausdrücke für Gleichgewichtsbedingungen ausführlich behandelt.

2. Die Reaktion einer Flüssigkeit. In reinem Wasser ist die Menge der Wasserstoffionen gleich der Menge der Hydroxylionen. Setzen wir der Einfachheit halber $K_W = 10^{-14}$, so finden wir für reines Wasser:

$$[H^{\cdot}]^2 = [OH']^2 = 10^{-14}$$

oder:

$$[H^{\cdot}] = [OH'] = 10^{-7}.$$

In 10000000 l Wasser sind also 1 g Wasserstoff und 17 g Hydroxyl in Ionenform vorhanden. In sauren Lösungen ist die Menge von $[H^{\cdot}]$ größer als die von $[OH']$, in alkalischen Lösungen verhalten sich die Werte umgekehrt; das Produkt der beiden Größen bleibt aber immer konstant.

Wenn also der Wert für $[H^{\cdot}]$ größer als 10^{-7} ist, so sprechen wir von *saurer Reaktion.* Ist aber $[OH']$ größer als 10^{-7}, so liegt *alkalische Reaktion* vor; ist $[H^{\cdot}] = [OH'] = 10^{-7}$, so haben wir die *neutrale Reaktion.*

Hierbei ist immer vorausgesetzt, daß die Temperatur etwa 24° ist, so daß immer $K_W = 10^{-14}$ bleibt.

Aus der Gleichung (5) folgt

$$[H^{\cdot}] = \frac{K_W}{[OH']} \tag{6}$$

und

$$[OH'] = \frac{K_W}{[H^{\cdot}]}. \tag{7}$$

Wenn wir nun $[H^{\cdot}]$ kennen, können wir $[OH']$ berechnen und umgekehrt. FRIEDENTHAL[1] hat empfohlen, die Reaktion einer Flüssigkeit, auch wenn sie alkalisch ist, nur durch die $H^{\cdot}$-Konzentration auszudrücken. Durch Anwendung der Gleichung (6) kann man dann stets $[OH']$ berechnen.

Für verschiedene Fälle hat es sich als praktischer erwiesen, die Konzentration der Wasserstoffionen nicht als solche auszudrücken, sondern durch den negativen dekadischen Logarithmus der Konzentration oder durch den Logarithmus ihres reziproken Wertes. Dieser Vorschlag stammt von SÖRENSEN[2], der den Wert den *Wasserstoffexponenten* nennt und durch das Zeichen p_H ausdrückt. Es ist dann:

$$p_H = -\log[H^{\cdot}] = \log\frac{1}{[H^{\cdot}]},$$

$$[H^{\cdot}] = 10^{-p_H}.$$

Beispiel:

$$[H^{\cdot}] = 10^{-5,0}, \qquad p_H = 5,0$$

$$[H^{\cdot}] = 3 \times 10^{-5} = 10^{(\log 3)-5} = 10^{-4,52}, \qquad p_H = 4,52.$$

Umgekehrt entspricht z. B. $p_H = 4,3$ einer $[H^{\cdot}] = 10^{-4,3} = 10^{-5+0,7} = 5,0 \times 10^{-5}$.

Auf einfache Weise kann man $[H^{\cdot}]$ aus p_H oder umgekehrt graphisch ableiten, wie dies in Abb. 1 dargestellt ist. Die p_H-Skala ist von 0,0 bis 1,0 in zehn gleiche Teile geteilt, die entsprechende $[H^{\cdot}]$-Skala ist logarithmisch unterteilt. Jede Dezimale des Wasserstoffexponenten entspricht der auf der unteren

---

[1] FRIEDENTHAL: Ztschr. f. Elektrochem. **10**, 113 (1904).

[2] SÖRENSEN, S. P. L.: C. r. du Lab. Carlsberg **8**, 28 (1909) — Biochem. Ztschr. **21**, 131, 201 (1909).

Reihe angegebenen Zahl für die Wasserstoffionenkonzentration (Abb. 1; vgl. Tabelle 6 am Ende des Buches S. 393).

Wenn wir in entsprechender Weise den Hydroxylexponenten wie den Wasserstoffexponenten definieren und den negativen Logarithmus von K_W pK_W nennen, so folgt aus Gleichung (5):

$$p_H + p_{OH} = pK_W . \qquad (8)$$

Für den Fall, daß $K_W = 10^{-14}$ ist, ist $pK_W = 14$. Es wird also aus der Gleichung (8):

$$p_H + p_{OH} = 14 . \qquad (9)$$

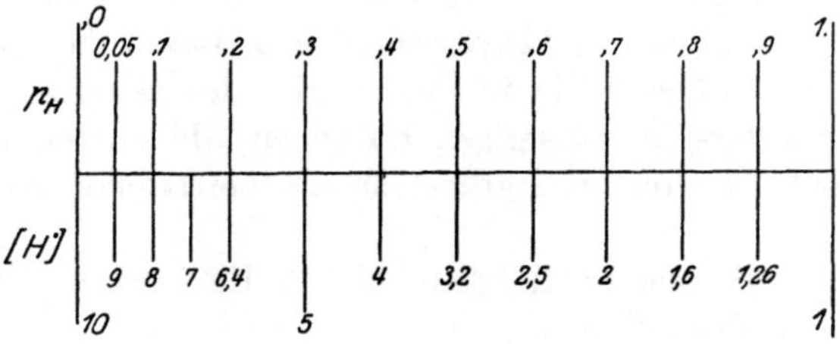

Abb. 1. Zusammenhang zwischen p_H und [H'].

In reinem Wasser ist $p_H = p_{OH} = 7$. Nun können wir die Reaktion auch auf folgende Weise kennzeichnen:

$p_H = p_{OH} = 7$: *neutrale Reaktion*,
$p_H < 7 < p_{OH}$: *saure Reaktion*,
$p_H > 7 > p_{OH}$: *alkalische Reaktion*.

Je kleiner also der Wasserstoffexponent ist, um so saurer ist die Flüssigkeit, und je kleiner der Hydroxylexponent ist, um so stärker alkalisch ist sie. Wenn der Wasserstoffexponent um Eins kleiner wird, so wird die Wasserstoffionenkonzentration zehnmal größer. Besonders bei graphischen Darstellungen bietet der Gebrauch des Wasserstoffexponenten statt der Konzentration Vorteile.

Von verschiedenen Seiten hat man gegen die Ausdrucksweise der Reaktion nach Sörensen Einwände gemacht. Obgleich es natürlich für Anfänger ziemlich schwer ist, zu verstehen, daß bei zunehmendem p_H die Acidität abnimmt und bei abnehmendem p_H die Acidität zunimmt, so hat die Ausdrucksweise sich doch ganz allgemein, und mit Recht, eingebürgert. Meiner Ansicht nach ist es auch nicht möglich, sie durch eine gleichwertige Ausdrucksweise zu ersetzen; denn nur das p_H gibt ein direktes Maß für die herrschende Acidität.

D. GIRIBALDO[1] schlug neuerdings vor, die Reaktion durch das Verhältnis $\log \frac{[H^{\cdot}]}{[OH']}$ (also durch den Wert von $p_H - p_{OH}$) zu bezeichnen. Auf diese Weise erhält man positive Werte bei saurer Reaktion, negative Werte bei alkalischer Reaktion. Wenn auch dieser Ausdruck für die Reaktion in bestimmten Fällen von Vorteil sein kann, ist ihre allgemeine Anwendung doch nicht zu empfehlen. In dieser Hinsicht sei auf eine Bemerkung des Verfassers[2] verwiesen, eine Stelle, an der auch weitere Literatur angegeben ist.

3. Säuren und Basen. Bekanntlich nennt man Säuren solche Stoffe, die in wässeriger Lösung Wasserstoffionen abspalten. Basen sind Körper, die Hydroxylionen abspalten[3]. Zwischen den verschiedenen Säuren und verschiedenen Basen bestehen aber quantitative Unterschiede in der Stärke des sauren oder basischen Charakters in wässerigen Lösungen. Je größer der Dissoziationsgrad ist, um so stärker ist die betreffende Säure oder Base.

Drücken wir wieder die Säure durch HA aus, so ist sie folgendermaßen dissoziiert:

$$HA \rightleftarrows H^{\cdot} + A'. \tag{10}$$

Nach dem Massenwirkungsgesetz ist dann:

$$\frac{[H^{\cdot}] \times [A']}{[HA]} = K_{HA}. \tag{11}$$

K_{HA} bedeutet die *Dissoziationskonstante* der Säure, und [HA] ist die Konzentration der nicht ionisierten Säure. In einer reinen wässerigen Lösung einer Säure ist $[H^{\cdot}] = [A']$, in einer solchen Lösung ist also

$$\frac{[H^{\cdot}]^2}{[HA]} = \frac{[A']^2}{[HA]} = K_{HA}$$

oder

$$[H^{\cdot}] = \sqrt{K_{HA}[HA]}\,. \tag{12}$$

Diese Gleichung gilt aber nicht für sehr starke, sondern nur für mittelstarke und schwache Säuren. Wenn wir nun für eine schwache Säure mit Hilfe der Gleichung (11) den Dissoziations-

---

[1] GIRIBALDO, D.: Biochem. Ztschr. **163**, 8 (1925).

[2] KOLTHOFF, I. M.: Biochem. Ztschr. **169**, 490 (1926).

[3] Wie wir im 4. Kapitel sehen werden, ist diese Definition zu beschränkt. Dort werden die wichtigen Ansichten von J. N. BRÖNSTED über Säuren und Basen eingehend behandelt und eine bessere allgemeine Definition gegeben.

grad α* berechnen, finden wir oft, daß α c (welches in der reinen Säurelösung der Wasserstoffionenkonzentration entspricht) meistens gegenüber der Gesamtkonzentration c klein ist, so daß wir es in bezug auf [HA] ohne großen Fehler vernachlässigen und also für [HA] die Gesamtkonzentration der Säure c einsetzen können. Die Gleichung (12) geht dann über in:

$$[H^{\cdot}] = \sqrt{K_{HA} \times c}\,. \qquad (13)$$

Wenn wir das p_H berechnen wollen und den negativen Logarithmus von K_{HA}, den *Säureexponenten*, p_{HA} nennen, so finden wir:

$$p_H = \tfrac{1}{2}\, p_{HA} - \tfrac{1}{2} \log c\,. \qquad (14)$$

Daß wir [HA] in vielen Fällen gleich c setzen können, ergibt sich aus folgendem Beispiel:

Die Dissoziationskonstante der Essigsäure beträgt bei 18° $1{,}8 \times 10^{-5}$. Das Verdünnungsgesetz von OSTWALD, das sich ohne Schwierigkeiten ableiten läßt, lautet:

$$\frac{\alpha^2 c}{1-\alpha} = \frac{\alpha^2}{(1-\alpha)V} = K_{HA}\,. \qquad (15)$$

Hierin bedeutet

c die Gesamtkonzentration der Säure,
α den Dissoziationsgrad,
V die Verdünnung oder den reziproken Wert der Konzentration c, und
K_{HA} die Dissoziationskonstante.

In der nachstehenden Tabelle ist nun α für verschiedene Konzentrationen (c) berechnet und in Prozenten von c ausgedrückt.

$$K_{HA} = 1{,}8 \times 10^{-5}.$$

---

* α ist der Teil eines Mols, der in Ionen zerfallen ist. Da die starken Säuren nach modernen Anschauungen in wässeriger Lösung vollständig in Ionen zerfallen, gelten die in diesem Paragraphen abgeleiteten Gleichungen nur für die mittelstarken und schwachen Elektrolyte.

Bezüglich der exakteren Ausdrücke, in denen die Aktivitätskoeffizienten eingeführt sind, wird auf das dritte Kapitel verwiesen.

Nach der gegebenen Definition ist in der Lösung einer schwachen Säure

$$\alpha = \frac{[H^{\cdot}]}{[H^{\cdot}] + [HA]} = \frac{[A']}{[A'] + [HA]} = \frac{[H^{\cdot}]}{c} = \frac{[A']}{c}$$

und

$$[H^{\cdot}] = [A'] = \alpha\, c\,,$$

wo c die analytische Konzentration der Säure vorstellt.

c	100 α	[H˙] berechnet nach Gleichung (15)	[H˙] berechnet nach Gleichung (13)	Δ in %
1/8	1,2	1,50 × 10^{-3}	1,50 × 10^{-3}	0
1/16	1,7	1,06 × —	1,06 × —	0
1/32	2,4	0,75 × —	0,75 × —	0
1/128	4,7	0,37 × —	0,376 × —	1,5
1/1024	12,7	0,12 × —	0,135 × —	10

Wenn α bekannt ist, ist [H˙] gleich α c und kann so leicht berechnet werden.

Aus dieser Tabelle folgt u. a., daß 0,1 n-Essigsäure zu etwa 1% in Ionen zerfallen ist. Wir können bei der Berechnung der Wasserstoffionenkonzentration in dieser Lösung ohne merklichen Fehler annehmen, daß die Konzentration der nicht ionisierten Säure gleich der Gesamtkonzentration ist. Denn durch vereinfachte Berechnung unter Vernachlässigung von α (Gleichung 13) und durch genaue Berechnung unter Berücksichtigung von α (Gleichung 15) erhält man in der 0,1 n-Lösung den gleichen Betrag [H˙] = 1,35 × 10^{-3}.

Die Gleichung (13) behält also ihre Gültigkeit nur für die Fälle, in denen K_{HA} klein und die Verdünnung nicht allzu groß ist. Wenn aber der Dissoziationsgrad nicht mehr vernachlässigt werden darf, müssen wir zur Berechnung von [H˙] die Gleichung (12) benutzen, die wir auch schreiben können:

$$[H^{\cdot}] = \sqrt{K_{HA}(c - [H^{\cdot}])} \tag{16}$$

oder:

$$[H^{\cdot}] = -\frac{K_{HA}}{2} + \sqrt{\frac{K_{HA}^2}{4} + K_{HA} \cdot c}\,. \tag{17}$$

Es ist von Bedeutung festzustellen, unter welchen Umständen wir die einfache Gleichung (13) noch zur Berechnung der Dissoziationskonstante einer Lösung anwenden können, wenn wir bei der Ableitung keinen größeren relativen Fehler als 1% zulassen wollen.

Bei der folgenden Ableitung mache ich von einer Bemerkung von M. J. E. Verschaffelt[1] in einer „Fußnote“ einer Veröffentlichung von N. Schoorl[2] Gebrauch.

---

[1] Verschaffelt: Rec. trav. chim. Pays-Bas **40**, 617 (1921).
[2] Schoorl, N.: Rec. trav. chim. Pays-Bas **40**, 616 (1921).

Nach dem Verdünnungsgesetz von OSTWALD ist:

$$\frac{\alpha^2}{(1-\alpha)V} = K_{HA}, \tag{18}$$

also

$$\alpha^2 = K_{HA} V (1-\alpha);$$

da $\alpha = \frac{[H^{\cdot}]}{c}$, ist diese Gleichung mit Gleichung (13) identisch.

In erster Annäherung ist

$$\alpha^2 = K_{HA} V$$

und in zweiter Annäherung

$$\alpha^2 = K_{HA} V (1 - \sqrt{K_{HA} V})$$

oder, da $(1 - \sqrt{K_{HA} V})^{\frac{1}{2}}$ angenähert $= 1 - \frac{1}{2}\sqrt{K_{HA} V}$ ist,

$$\alpha = (1 - \tfrac{1}{2}\sqrt{K_{HA} V})\sqrt{K_{HA} V}.$$

Wenn der Fehler kleiner als 1% sein soll, muß

$$\tfrac{1}{2}\sqrt{K_{HA} V} < 0{,}01$$

oder

$$K_{HA} V = \frac{K_{HA}}{c} < 0{,}0004 < 4 \times 10^{-4}$$

sein.

Die Anwendungsgrenze der einfachen Gleichung $\alpha = \sqrt{K_{HA} V}$ und damit auch der Gleichung (13) ist also abhängig von der Größe des Quotienten der Dissoziationskonstante und der Konzentration. Ist dieser kleiner als 4×10^{-4}, dann weicht der berechnete Wert nach Gleichung (13) nicht mehr als 1% von dem richtigen Werte ab. Ist der Quotient größer, so müssen wir von der Gesamtkonzentration der Säure den abgespaltenen Teil in Abzug bringen und die Wasserstoffionenkonzentration aus der quadratischen Gleichung (17) ableiten.

N. SCHOORL (l. c.) hat nun eine graphische Darstellung angegeben, mit deren Hilfe man bei bekanntem Werte von $K_{HA}V$ den Dissoziationsgrad der Lösung einer beliebigen Säure (die dem Verdünnungsgesetz von OSTWALD folgt) ablesen kann.

Aus der Gleichung (15) kann man ableiten, daß

$$\alpha = -\tfrac{1}{2} K_{HA} V + \sqrt{\tfrac{1}{4} K_{HA}^2 V^2 + K_{HA} V}.$$

Nach dieser Gleichung ist α eine Funktion von KV allein geworden. Man kann also für verschiedene Werte von KV berechnen, wie groß der zugehörige Dissoziationsgrad α ist, und die so erhaltenen Werte in einer graphischen Darstellung vereinigen. Dies ist in Abb. 2 dargestellt. An Stelle der Werte von $K_{HA}V$ oder K_{HA} selbst ist auf der Abszisse deren negativer Logarithmus, also $p_{K_{HA}} + p_V$ oder $p_{K_{HA}} - p_c$, angebracht. Auf der linken Ordinate liest man dann ohne weiteres den zugehörigen Dissoziationsgrad in Prozenten ab.

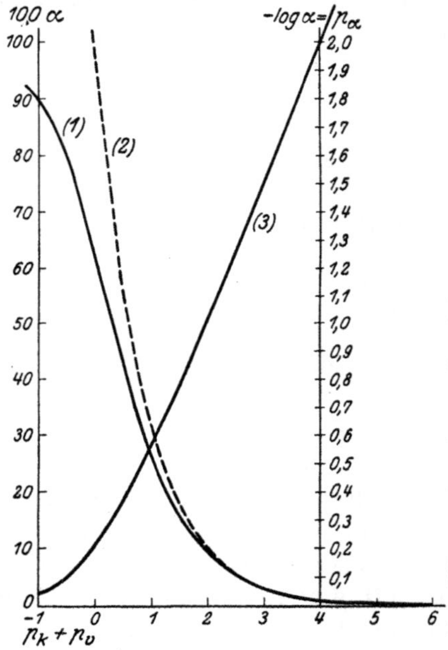

Abb. 2.

Auf der rechten Ordinate ist der zugehörige negative Logarithmus von α, nämlich p_α, angegeben. Die Punkte der Kurve 1 sind mit Hilfe der genauen Gleichung, die der punktierten Kurve 2 nach der einfachen Gleichung (13) berechnet. Man sieht, daß die beiden Kurven zusammenfallen, wenn $p_K + p_V$ größer als 3 ist. Mittels der Kurve 3 kann man die Werte von $-\log\alpha = p_\alpha$ finden.

Beispiel. Wenn $p_{K_{HA}} + p_V$ gleich 3,0 ist (wie es bei 0,02 n-Essigsäure der Fall ist), dann ist 100 α gleich 3.

Hat man den Wert von α aus dem zugehörigen Werte von $p_{K_{HA}} + p_V$ abgeleitet, so kann man hieraus den Wasserstoffexponenten der Lösung berechnen. Stets ist

$$\frac{\alpha}{V} = [H^{\cdot}],$$

$$p_H = -\log\alpha + \log V = p_\alpha - p_V = p_\alpha + p_c.$$

In dieser Gleichung ist p_α der negative Logarithmus des Dissoziationsgrades und p_c der negative Logarithmus der Konzentration.

So ist in 0,02 n-Essigsäure $p_\alpha = 1{,}52$ und $p_c = 1{,}70$, also

$$p_H = 1{,}52 + 1{,}70 = 3{,}22.$$

Wenn eine zweibasische Säure vorliegt, hat man zwei Dissoziationskonstanten:

$$H_2A \rightleftarrows H^{\cdot} + HA',$$

$$HA' \rightleftarrows H^{\cdot} + A'',$$

$$K_1 = \frac{[H^{\cdot}] \times [HA']}{[H_2A]}, \tag{19}$$

$$K_2 = \frac{[H^{\cdot}] \times [A'']}{[HA']}. \tag{20}$$

Für die Berechnung von $[H^{\cdot}]$ in der Lösung einer freien Säure braucht man nur den Wert von K_1 anzuwenden, so daß hier alles gilt, was von der einbasischen Säure gesagt worden ist. Dies trifft besonders für den meist vorkommenden Fall zu, daß die beiden Konstanten erheblich verschieden sind, weil dann die Dissoziation der zweiten Stufe stark erniedrigt wird.

Auch wenn die Verhältnisse so sind, daß wir die zweite Stufe der Dissoziation der Säure nicht vernachlässigen dürfen, können wir dennoch mittels einer verwickelteren Gleichung die Wasserstoffionenkonzentration einer derartigen Säurelösung berechnen.

Da die Lösung elektrisch neutral reagiert, ist die Summe der positiven Ionen der der negativen Ionen gleich. Hieraus ergibt sich, daß

$$[H^{\cdot}] = [HA'] + 2\,[A''], \tag{21}$$

weiter ist

$$[H_2A] = c - [H^{\cdot}] + [A''], \tag{22}$$

wenn c die gesamte Konzentration der Säure darstellt.

Aus den Gleichungen (19) und (20) folgt:

$$[H^{\cdot}] = \frac{[H_2A]}{[HA']} K_1 = \frac{[HA']}{[A'']} K_2$$

oder

$$\frac{[H_2A]\,[A'']}{[HA']^2} = \frac{K_2}{K_1}. \tag{23}$$

Wie wir abgeleitet haben, ist

$$[H_2A] = c - [H^{\cdot}] + [A''],$$

$$2\,[A''] = [H^{\cdot}] - [HA'],$$

$$[HA'] = \frac{(c - [H^{\cdot}] + [A''])}{[H^{\cdot}]} K_1.$$

Mit Hilfe der letzten vier Gleichungen erhält man die Beziehung

$$[H^{\cdot}]^3 + [H^{\cdot}]^2 K_1 - [H^{\cdot}]\,(K_1 c - K_1 K_2) = 2\,K_1 K_2 c. \tag{24}$$

Die Anwendung dieser Gleichung kann verschieden sein. Wenn man $[H^{\cdot}]$ in zwei Säurelösungen von verschiedener Konzentration bestimmt, so erhält man zwei Gleichungen, in denen K_1 und K_2 die Unbekannten sind, die einfach gelöst werden können.

Umgekehrt kann man natürlich auch die Wasserstoffionenkonzentration einer zweibasischen Säure in wässeriger Lösung berechnen, wenn die beiden Konstanten bekannt sind. Die Lösung der Gleichung dritten Grades ist zwar nicht einfach, doch kann man natürlich den richtigen Wert durch Ausprobieren finden. Einfacher verfährt man in folgender Weise:

In erster Annäherung ist auch in einer Lösung einer zweibasischen Säure

$$[H^{\cdot}] = [HA'],$$

weil die erste Dissoziation immer zu einem viel größeren Betrage stattfindet als die zweite. Dann ergibt sich aus Gleichung (20), daß angenähert gilt:

$$[A''] = K_2.$$

Wenn man also $[H^{\cdot}]$ in der Annahme berechnet hat, daß die Säure sich in reiner Lösung wie eine einbasische Säure verhält und K_2 bekannt ist, so sieht man sofort, ob es erlaubt ist, die zweite Dissoziation zu vernachlässigen. Berechnet man z. B. eine $[H^{\cdot}]$ zu 10^{-3} und ist K_2 gleich 10^{-6}, so braucht man die zweite Dissoziation nicht zu berücksichtigen. Berechnet man dagegen eine $[H^{\cdot}]$ zu 10^{-4} und ist K_2 gleich 10^{-5}, so ist $[A'']$ ebenfalls ungefähr 10^{-5}, und so wird dann der abgerundete korrigierte Wert von $[H^{\cdot}]$:

$$[H^{\cdot}] = 10^{-4} + 10^{-5} = 1{,}1 \times 10^{-4}.$$

In Wirklichkeit ist die Korrektur geringer, weil wir bei der Berechnung angenommen haben, daß $[H^{\cdot}]$ gleich $[HA']$ ist, was nicht der Fall ist.

Wenn man jedoch den angenäherten Wert von $[H^{\cdot}]$ auf die oben angegebene Weise berechnet hat, kann man den genauen Wert mittels der Gleichung (24) schnell finden.

Beispiele. Phthalsäure:

$$K_1 = 10^{-3}: \qquad K_2 = 3 \times 10^{-6}.$$

$$c = 0{,}1: \qquad [H^{\cdot}] = 9{,}5 \times 10^{-3}$$

(angenommen ist, daß die Phthalsäure sich wie eine einbasische Säure verhält),

$$[A''] = 3 \times 10^{-6}.$$

Die zweite Dissoziation kann vernachlässigt werden.

$c = 0{,}001$: $[H^\cdot] = 6{,}2 \times 10^{-4}$, $[A''] = 3 \times 10^{-6}$.

Auch hier kann die zweite Dissoziation vernachlässigt werden.

Weinsäure:

$$K_1 = 10^{-3}: \quad K_2 = 9 \times 10^{-5}.$$

$c = 0{,}1$: $[H^\cdot] = 9{,}5 \times 10^{-3}$, $[A''] = 9 \times 10^{-5}$.

Die zweite Dissoziation ist zu vernachlässigen.

$c = 0{,}001$: $[H^\cdot] = 6{,}2 \times 10^{-4}$ (wie eine einbasische Säure), $[A''] = 9 \times 10^{-5}$.

Angenähert für die zweite Dissoziation korrigiert wird $[H^\cdot]$ also:

$$[H^\cdot] = 6{,}2 \times 10^{-4} + 9 \times 10^{-5} = 7{,}1 \times 10^{-4}.$$

Nach Gleichung (24) ist der genaue Wert von

$$[H^\cdot] = 6{,}9 \times 10^{-4}.$$

Die Bernsteinsäure ($K_1 = 6{,}55 \times 10^{-5}$; $K_2 = 6 \times 10^{-6}$) verhält sich ungefähr wie Phthalsäure, obgleich die erste Konstante der Bernsteinsäure nur zehnmal größer ist als die zweite.

Was hier von den Säuren gesagt ist, trifft genau so für die Basen zu, nur berechnet man in diesem Falle zunächst $[OH']$. Aus Gleichung (5) (S. 2) ist dann $[H^\cdot]$ direkt abzuleiten.

Zunächst seien hier die Dissoziationskonstanten einiger vielverwendeter Säuren und Basen angeführt; dabei ist berechnet, wie groß die Wasserstoffionenkonzentration und der Exponent p_H in 0,1n-Lösung ist. K_W ist bei 18° gleich $10^{-14{,}23}$ angenommen[1].

Aus umstehender Tabelle ist deutlich der große Unterschied zwischen der *wirklichen* oder **reellen** *Acidität, die der Wasserstoffionenkonzentration entspricht, und der Titrationsacidität, die gleich der Gesamtkonzentration der Säure und also auch gleich der Menge Lauge ist, die zur Neutralisation bis zum Äquivalenzpunkt erforderlich ist,* zu ersehen. In umstehender Tabelle ist die Titrationsacidität oder Alkalität aller Lösungen gleich, während die wirkliche Acidität sehr verschieden ist.

---

[1] Vgl. auch Tabelle 4, S. 387.

Dissoziationskonstanten
einiger Säuren und Basen bei 18°. [H˙] in 0,1 n-Lösung.

Säure oder Base	K_1	K_2	K_3	[H˙] in 0,1 mol-Lösung	p_H
Starke Säuren	nicht anzugeben	—	—	9×10^{-2}	1,05
Kohlensäure	$3{,}04 \times 10^{-7} = 10^{-6{,}52}$	$6 \times 10^{-11} = 10^{-10{,}22}$	—	$1{,}23 \times 10^{-4}$ (gesättigt)	3,91
Phosphorsäure	$9 \times 10^{-3} = 10^{-2{,}05}$	$1{,}95 \times 10^{-7} = 10^{-6{,}7}$	$3{,}6 \times 10^{-13} = 10^{-12{,}44}$	$3{,}04 \times 10^{-2}$	1,52
Borsäure	$5{,}5 \times 10^{-10} = 10^{-9{,}26}$	—	—	$7{,}41 \times 10^{-6}$	5,13
Schwefelwasserstoff	$6 \times 10^{-8} = 10^{-7{,}22}$	$8 \times 10^{-15} = 10^{-14{,}1}$	—	$7{,}76 \times 10^{-5}$	4,11
Essigsäure	$1{,}8 \times 10^{-5} = 10^{-4{,}75}$	—	—	$1{,}35 \times 10^{-3}$	2,87
Oxalsäure	$3{,}8 \times 10^{-2} = 10^{-1{,}42}$	$4{,}9 \times 10^{-5} = 10^{-4{,}31}$	—	$6{,}55 \times 10^{-2}$	1,18
Phenol	$1{,}0 \times 10^{-10} = 10^{-10}$	—	—	$3{,}16 \times 10^{-6}$	5,50
Starke Basen	nicht anzugeben	—	—	$6{,}6 \times 10^{-14}$	13,18
Ammoniak	$1{,}7 \times 10^{-5} = 10^{-4{,}77}$	—	—	$4{,}42 \times 10^{-12}$	11,35
Pyridin	$1{,}6 \times 10^{-9} = 10^{-8{,}80}$	—	—	$4{,}68 \times 10^{-10}$	9,33
Anilin	$3{,}5 \times 10^{-10} = 10^{-9{,}46}$	—	—	$1{,}0 \times 10^{-9}$	9,00

4. Die Hydrolyse von Salzen. Ist ein Salz in Wasser gelöst, so ist es zum Teil durch das Wasser in Säure und Base gespalten. Dies veranschaulichte man früher durch die Gleichung:

$$BA + H_2O \rightleftarrows BOH + HA\,.$$

In dieser Gleichung bedeutet BA das Salz, BOH die entstandene Base und HA die Säure. Da nun BOH und HA sich miteinander unter Bildung von BA und H_2O vereinigen, so ist die Reaktion, wie auch angegeben, umkehrbar.

Besser ist es, sich die Hydrolyse durch die Annahme zu erklären, daß die Ionen des Salzes BA mit Wasser oder mit dessen Ionen reagieren. Dies wird folgendermaßen dargestellt:

$$B^{\cdot} + H_2O \rightleftarrows BOH + H^{\cdot}, \tag{25}$$

$$A' + H_2O \rightleftarrows HA + OH'. \tag{26}$$

Wenn wir nun ein Salz einer sehr starken Säure mit einer ebensolchen Base betrachten, so können wir die Hydrolyse völlig vernachlässigen, weil BOH und HA in großen Verdünnungen völlig dissoziiert sind. Das Gleichgewicht ist dann in den Gleichungen (25) und (26) völlig nach links verschoben. Die Lösung reagiert also neutral.

Haben wir es dagegen mit einem Salze einer starken Säure und einer schwachen Base oder dem Salz einer schwachen Säure mit einer starken Base zu tun, dann ist dieses Salz in Wasser zu einem merklichen Betrage hydrolysiert. Im ersten Falle kann die Umsetzung nach der Gleichung (26) vernachlässigt werden, so daß man aus der Gleichung (25) folgern kann, daß die Lösung eines solchen Salzes sauer reagiert und eine gewisse Menge nichtdissoziierter Base enthält, die mit der Wasserstoffionenkonzentration übereinstimmt. Im zweiten Fall reagiert die wässerige Salzlösung alkalisch und enthält neben einem Überschuß von Hydroxylionen die gleiche Menge nichtdissoziierter Säure HA.

Betrachten wir endlich noch ein Salz einer schwachen Säure mit einer schwachen Base, so verlaufen in wässeriger Lösung die beiden Reaktionen nach den Gleichungen (25) und (26) nebeneinander. Obgleich die Lösung eines solchen Salzes, wie beispielsweise von essigsaurem Ammoniak, völlig neutral reagieren kann, enthält sie doch eine gewisse Konzentration nichtdissoziierter, freier Säure und Base.

5. Die Berechnung der Wasserstoffionenkonzentration in hydrolysierten Salzlösungen.

a) Wenn wir die Lösung eines Salzes ins Auge fassen, das aus einer starken Säure und einer starken Base besteht, so ist es nicht merklich hydrolysiert. Die Wasserstoffionenkonzentration einer solchen Lösung ist also dieselbe wie die von reinem Wasser, sie beträgt also bei 24° 10^{-7}; $p_H = 7$. In Wirklichkeit wäre dies natürlich nur der Fall, wenn wir das Salz in völlig neutralem Wasser auflösen. Wir können daher praktisch besser sagen, daß ein „neutrales Salz" die Reaktion von Wasser nicht ändert.

b) *Hydrolyse eines Salzes aus einer schwachen Säure mit einer starken Base bei Zimmertemperatur.* Wie bereits besprochen, reagiert die Lösung eines solchen Salzes alkalisch, sie enthält also einen Überschuß von Hydroxylionen. Wenn wir nun die Gleichung (26) ansehen, zeigt sich, daß bei der Hydrolyse gleiche

Mengen HA und OH′ gebildet sind. Dies trifft natürlich nur bei der Annahme zu, daß die Base so stark ist, daß sie völlig dissoziiert ist. Auf das nach Gleichung (26) eingetretene Gleichgewicht können wir das Massenwirkungsgesetz anwenden und finden dann:

$$\frac{[HA] \times [OH']}{[A'] \times [H_2O]} = K'. \tag{27}$$

Wenn wir die Konzentration des Wassers als konstant einsetzen, erhalten wir hieraus:

$$\frac{[HA] \times [OH']}{[A']} = K_{hydr.}. \tag{28}$$

Diesen Wert K nennt man *Hydrolysekonstante*, $K_{hydr.}$. Nun wurde bereits früher gefunden, daß:

$$\frac{[H^{\cdot}] \times [A']}{[HA]} = K_{HA} \tag{11}$$

und

$$[H^{\cdot}] \times [OH'] = K_W. \tag{5}$$

Aus (11) und (28) folgt nun:

$$\frac{[OH'] \times [H^{\cdot}]}{K_{HA}} = K_{hydr.},$$

und da

$$[H^{\cdot}] \times [OH'] = K_W$$

ist, wird

$$K_{hydr.} = \frac{K_W}{K_{HA}}. \tag{29}$$

Oben wurde bereits gesagt, daß in der Salzlösung [HA] gleich [OH′] ist. Wenn nun die Salzlösung elektrolytisch völlig dissoziiert ist, wird [A′] = c, falls c die Salzkonzentration bedeutet und die Hydrolyse zu vernachlässigen ist. Aus (28) und (29) folgt dann:

$$\frac{[OH']^2}{c} = \frac{K_W}{K_{HA}},$$

$$[OH'] = \sqrt{\frac{K_W \times c}{K_{HA}}} \tag{30}$$

und

$$[H^{\cdot}] = \sqrt{\frac{K_W \times K_{HA}}{c}}, \tag{31}$$

$$p_{OH} = 7 - \tfrac{1}{2}\, p_{HA} - \tfrac{1}{2} \log c. \tag{32}$$

Da nun $p_H = 14 - p_{OH}$ ist, finden wir für eine solche Lösung:

$$p_H = 7 + \tfrac{1}{2} p_{HA} + \tfrac{1}{2} \log c . \qquad (33)$$

c) *Hydrolyse eines Salzes aus einer starken Säure mit einer schwachen Base.* Bei der Berechnung der Hydrolyse einer Lösung eines Salzes einer starken Säure mit einer schwachen Base erhalten wir statt (30) folgende Gleichung:

$$[H^{\cdot}] = \sqrt{\frac{K_W \times c}{K_{BOH}}}, \qquad (34)$$

$$p_H = 7 - \tfrac{1}{2} p_{BOH} - \tfrac{1}{2} \log c . \qquad (35)$$

Beispiel. Gesucht wird die Wasserstoffionenkonzentration einer n-Lösung von Ammoniumchlorid. Wir rechnen hier mit $c = 1$ und $p_{BOH} = 4{,}75$.

$$p_H = 7 - 2{,}37 = 4{,}62,$$

das heißt: $[H^{\cdot}]$ liegt zwischen 10^{-4} und 10^{-5} und ist $2{,}37 \times 10^{-5}$, was durch Messungen bestätigt worden ist.

Der Hydrolysegrad β eines Salzes, ausgedrückt in Prozenten seiner Konzentration, beträgt bei Salzen aus einer starken Säure und einer schwachen Base:

$$\beta = \frac{100\,[H^{\cdot}]}{c}. \qquad (36)$$

Wenn aber der Hydrolysegrad sehr gering ist ($\beta < 0{,}01\,\%$), dürfen wir nicht annehmen, daß $[BOH] = [H^{\cdot}]$ (oder im umgekehrten Falle $[HA] = [OH']$) ist, da in diesem Falle auch die Konzentration der Wasserstoffionen und der Hydroxylionen des Wassers in Betracht gezogen werden müssen. Die Gleichung, aus der man in jedem Falle das p_H berechnen kann, wird jedoch zu verwickelt, als daß sie hier berücksichtigt werden könnte (vgl. BJERRUM 1914; vgl. auch S. 332).

d) *Hydrolyse von Salzen schwacher Säuren und schwacher Basen.* In diesem Falle sind die Umsetzungen nach den Gleichungen (25) und (26) beide zu berücksichtigen. Durch die Hydrolyse bilden sich gleiche Mengen von unzerlegtem BOH und HA, wenn die Reaktion des Wassers nicht geändert wird.

$$B^{\cdot} + H_2O \rightleftarrows BOH + H^{\cdot}, \qquad (25)$$

$$A' + H_2O \rightleftarrows HA + OH', \qquad (26)$$

$$H^{\cdot} + OH' \rightleftarrows H_2O . \qquad (3)$$

Aus (25) läßt sich dann wieder ableiten, daß

$$K_{1\,\mathrm{hydr.}} = \frac{K_W}{K_{BOH}}. \tag{29}$$

Aus (26) folgt ebenso:

$$K_{2\,\mathrm{hydr.}} = \frac{K_W}{K_{HA}}. \tag{29}$$

Die Hydrolysekonstanten sind also den Dissoziationskonstanten der Säure und der Base umgekehrt proportional.

Betrachten wir nun ein Salz aus einer solchen Säure und Base, bei dem K_{HA} viel größer als K_{BOH} ist, so muß seine wässerige Lösung sauer reagieren. Aus der Gleichung (25) dürfen wir aber nicht den Schluß ziehen, daß $[H^{\cdot}] = [BOH]$ ist, da der größte Teil der Wasserstoffionen durch die A-Ionen in Anspruch genommen wird, die damit HA bilden. Nur wenn die Wasserstoffionenkonzentration nicht allzusehr von 10^{-7} abweicht, d. h. wenn sie nicht größer als 10^{-6} ist, dürfen wir die Annahme machen, daß $[BOH] = [HA]$ ist. Nach Gleichung (25) sollen ja stets $[H^{\cdot}]$ und $[BOH]$ gleich groß sein, was aber nicht der Fall ist, da die entstandenen H-Ionen, wie erwähnt, zur Bildung von HA gebunden werden. Wenn hierdurch die anfängliche Wasserstoffionenkonzentration ungeändert bleibt, wird [BOH] genau so groß wie [HA], denn auch die durch Hydrolyse entstandenen Hydroxylionen werden unter Bildung von BOH fortgenommen. Da nun die Wasserstoffionenkonzentration am Ende meist klein ist (zwischen 10^{-6} und 10^{-8}), dürfen wir ohne großen Fehler annehmen, daß die entstandenen Säure- und Basemengen gleich groß sind, daß also $[BOH] = [HA]$ ist. Wir sind nun in der Lage, aus den bekannten Gleichungen die Wasserstoffionenkonzentration, den Wasserstoffexponenten und den Hydrolysegrad zu berechnen. Wie oben gezeigt wurde, ist:

$$\frac{[BOH] \times [H^{\cdot}]}{[B^{\cdot}]} = \frac{K_W}{K_{BOH}}, \tag{34}$$

$$\frac{[HA] \times [OH']}{[A']} = \frac{K_W}{K_{HA}}. \tag{29}$$

Durch Multiplikation von (29) und (34) ergibt sich

$$\frac{[BOH] \times [HA]}{[B^{\cdot}] \times [A']} = \frac{K_W}{K_{HA} \times K_{BOH}}.$$

In der Annahme, daß das Salz völlig dissoziiert und die Konzentration gleich c sei, ist $[B^{\cdot}] = [A'] = c$. Hierbei nehmen wir an, daß die durch Hydrolyse gebildeten Mengen HA und BOH so gering sind, daß sie c gegenüber vernachlässigt werden können. Ferner wurde vorher bewiesen, daß [BOH] = [HA] ist. Dann ist

$$\frac{[BOH]^2}{c^2} = \frac{[HA]^2}{c^2} = \frac{K_W}{K_{HA} \times K_{BOH}}, \tag{37}$$

$$[BOH] = [HA] = c\sqrt{\frac{K_W}{K_{HA} \times K_{BOH}}}, \tag{38}$$

$$-\log[BOH] = -\log[HA] = -\log c + 7 - \tfrac{1}{2}\,p_{HA} - \tfrac{1}{2}\,p_{POH}. \tag{39}$$

Wenn wir nun den Hydrolysegrad, wieder in Prozenten ausgedrückt, β nennen, ist

$$\beta = \frac{100\,[BOH]}{c} = 100\sqrt{\frac{K_W}{K_{HA} \times K_{BOH}}}. \tag{40}$$

Da [BOH] bekannt ist, kann man aus (34) $[H^{\cdot}]$ einfach berechnen. Es ist:

$$[H^{\cdot}] = \frac{c}{[BOH]} \times \frac{K_W}{K_{BOH}} = \frac{c}{c\sqrt{\frac{K_W}{K_{HA} \times K_{BOH}}}} \times \frac{K_W}{K_{BOH}}.$$

Durch Umrechnung ergibt sich hieraus:

$$[H^{\cdot}] = \sqrt{\frac{K_W \times K_{HA}}{K_{BOH}}}, \tag{41}$$

$$p_H = 7 + \tfrac{1}{2}\,p_{HA} - \tfrac{1}{2}\,p_{BOH}. \tag{42}$$

In gleicher Weise läßt sich [OH'] und p_{OH} ableiten. Aus (40) und (41) folgt, daß der Hydrolysegrad und der Wasserstoffexponent unabhängig von der Konzentration des Salzes sind, wenn die Dissoziation vollständig ist. Ist dies nicht der Fall und α der Dissoziationsgrad (bzw. ist nach modernerer Anschauung die Dissoziation vollständig, die Aktivität jedoch noch zu berücksichtigen und f der Aktivitätskoeffizient), so läßt sich ableiten, daß

$$[BOH] = [HA] = \alpha c\sqrt{\frac{K_V}{K_{HA} \times K_{BOH}}}, \tag{38a}$$

$$\beta = 100\alpha\sqrt{\frac{K_W}{K_{HA} \times K_{BOH}}}. \tag{40a}$$

(Analoge Formeln erhält man bei Berücksichtigung der Aktivität, wenn man statt α den Aktivitätskoeffizienten f einsetzt.)

Beispiele. Als einfachstes Beispiel ist Ammoniumacetat anzuführen. Die Dissoziationskonstante von Essigsäure ist $10^{-4,75}$. Auch die Dissoziationskonstante von Ammoniak ist gleich $10^{-4,75}$. Aus (42) folgt nun, daß in einer Lösung von essigsaurem Ammonium

$$p_H = 7,0 - 2,37 + 2,37 = 7,0$$

ist. Eine Lösung von Ammoniumacetat reagiert also *völlig neutral.* Der Hydrolysegrad von Ammoniumacetat in wässeriger Lösung ist in Hundertsteln der Konzentration:

$$\beta = 100 \sqrt{\frac{10^{-14}}{10^{-9,5}}} = 10^{-0,25} = \mathbf{0,563}\,\% \,.$$

In einer 0,1 n-Ammoniumacetatlösung ist der Gehalt an undissoziierter Essigsäure und an Ammoniak also ungefähr

$$0,0006\,\text{n}\,.$$

Die Hydrolyse von Ammoniumformiat: Da Ameisensäure stärker sauer als Ammoniak basisch reagiert, reagiert die Lösung des Salzes dieser beiden Komponenten sauer:

$$K_{\text{Ameisensäure}} = 10^{-3,67}\,; \quad K_{NH_3} = 10^{-4,75}\,.$$

Der Wasserstoffexponent einer wässerigen Lösung von ameisensaurem Ammonium ist

$$p_H = 7 + 1,83 - 2,37 = 6,46\,.$$

Indem wir den Wasserstoffexponenten einer solchen Salzlösung bestimmen (wie wir später sehen werden, läßt sich das mit Hilfe von Indicatoren leicht ausführen), können wir schnell feststellen, ob das Salz einen Überschuß an freier Säure oder Base enthält. Die Hydrolyse von Ammoniumcarbonat ist viel verwickelter (vgl. WEGSCHEIDER[1]).

e) *Hydrolyse von sauren Salzen.* Wenn wir das saure Salz BHA einer zweibasischen Säure betrachten, so ist es in wässeriger Lösung elektrolytisch fast vollständig nach folgender Gleichung dissoziiert:

$$BHA \rightleftarrows B^{\cdot} + HA'.$$

Das Ion HA verhält sich jedoch noch wie eine Säure:

$$HA' \rightleftarrows H^{\cdot} + A''. \qquad (43)$$

[1] WEGSCHEIDER, R.: Monatshefte f. Chemie **37**, 425 (1916).

Hier ist jedoch $[H^{\cdot}]$ nicht gleich $[A'']$ zu setzen, wie dies bei einer gewöhnlichen Säurelösung der Fall ist. Ein Teil der Wasserstoffionen wird nämlich bei der folgenden Reaktion verbraucht:

$$HA' + H^{\cdot} \rightleftarrows H_2A\,. \tag{44}$$

Aus den letzten zwei Gleichungen ergibt sich sofort, daß

$$[A''] = [H^{\cdot}] + [H_2A]\,. \tag{45}$$

Nach den Gleichungen (19) und (20) ist:

$$[A''] = \frac{[HA']}{[H^{\cdot}]} K_2 \tag{19}$$

und

$$[H_2A] = \frac{[H^{\cdot}]\,[HA']}{K_1}\,. \tag{20}$$

Wenn wir nun annehmen, daß die elektrolytische Dissoziation des Salzes BHA vollständig ist und sowohl $[A'']$ als auch $[H_2A]$ gegenüber $[HA']$ zu vernachlässigen sind, so ist $[HA']$ gleich der gesamten Salzkonzentration c zu setzen. (Wenn es nicht erlaubt ist, eine vollständige elektrolytische Dissoziation anzunehmen, so wird $[HA'] = \alpha c$, bzw. bei Berücksichtigung der Aktivität $[HA'] = fc$.)

Aus den Gleichungen (45), (19) und (20) läßt sich ableiten, daß

$$[H^{\cdot}] = \sqrt{\frac{K_1 K_2 c}{K_1 + c}}\,. \tag{46}$$

Eine derartige Gleichung ist zuerst von NOYES[1] abgeleitet worden.

Aus der letzten Gleichung ergibt sich, daß die Konzentration einer Lösung eines sauren Salzes nur einen geringen Einfluß auf die Wasserstoffionenkonzentration derselben hat. Besonders gilt dies, wenn K_1 gegenüber c sehr klein ist. Statt $K_1 + c$ können wir dann c schreiben, und Gleichung (46) wird

$$[H^{\cdot}] = \sqrt{K_1 K_2}\,. \tag{47}$$

[1] Literatur über Hydrolyse von sauren Salzen: Vgl. A. A. NOYES: Ztschr. f. physik. Ch. **11**, 495 (1893). — TREVOR: Ztschr. f. physik. Ch. **10**, 321 (1892). — WALKER: Journ. Chem. Soc. **61**, 696 (1892). — SMITH: Ztschr. f. physik. Ch. **25**, 144 (1898). — TOWER: Ztschr. f. physik. Ch. **18**, 17 (1895). — MCCOY: Journ. Amer. Chem. Soc. **30**, 688 (1908). — CHANDLER: Journ. Amer. Chem. Soc. **30**, 694 (1908). — ENKLAAR: Chemisch Weekblad **8**, 824 (1911). — DHATTA u. DHAR: Journ. Chem. Soc. London **107**, 824 (1915). — THOMS u. SABALITZSCHKA: Ber. **50**, 1227 (1915); **52**, 567, 1378 (1919).

Mit Hilfe der letzten Gleichung kann man immer angenähert die Wasserstoffionenkonzentration einer Lösung eines sauren Salzes berechnen. Man findet mit ihr den richtigen Wert, wenn c mehr als 100mal größer ist als K_1, in besonderen Fällen muß man Gleichung (46) benutzen.

Beispiel. Natriumbicarbonat:

$$K_1 = 3 \times 10^{-7}, \qquad K_2 = 6 \times 10^{-11}.$$

c = 0,1 molar:

$$[H^\cdot] = \sqrt{K_1 K_2} = 4{,}35 \times 10^{-9}, \qquad p_H = 8{,}37.$$

In 0,001 molarer Lösung berechnet man denselben Wert.

Natriumbitartrat:

$$K_1 = 1 \times 10^{-3}, \qquad K_2 = 9 \times 10^{-5}.$$

c = 0,1 molar:

$$[H^\cdot] = \sqrt{K_1 K_2} = 3 \times 10^{-4}, \qquad p_H = 3{,}52.$$

c = 0,001 molar:

$$[H^\cdot] = \sqrt{\frac{K_1 K_2 c}{K_1 + c}} = 2{,}1 \times 10^{-4}, \qquad p_H = 3{,}68.$$

Im letztgenannten Falle hat die Konzentration also einen merklichen Einfluß auf die Wasserstoffionenkonzentration der Lösung.

6. Die Hydrolyse bei höheren Temperaturen. Die Gleichungen für das Gleichgewicht der Hydrolyseprodukte gelten unverändert auch bei höheren Temperaturen. Wie gezeigt wurde, ist der Hydrolysegrad und hiermit das p_H abhängig von K_W und K_{HA} oder K_{BOH}. Der Einfluß der Wärme auf die Dissoziationskonstanten vieler Säuren und Basen ist gering. So hat NOYES[1] die Veränderung der Dissoziationskonstante von Essigsäure und Ammoniak für verschiedene Temperaturen bestimmt.

t	0°	18°	25°	50°	100°
Essigsäure K_{HA} . . .	—	$18{,}2 \times 10^{-6}$	—	—	$11{,}1 \times 10^{-6}$
Ammonium-hydroxyd K_{BOH} . .	$13{,}9 \times 10^{-6}$	$17{,}2 \times 10^{-6}$	$18{,}0 \times 10^{-6}$	$18{,}1 \times 10^{-6}$	$13{,}5 \times 10^{-6}$

Wenn wir nun die Veränderung der Dissoziationskonstanten der Säuren und Basen unter dem Einfluß einer Temperatur-

[1] NOYES, A. A.: Journ. Amer. Chem. Soc. **30**, 349 (1909).

steigerung vernachlässigen dürfen, dann ändert der Hydrolysegrad sich nur infolge der Änderung der Dissoziationskonstante oder, besser gesagt, des *Ionenproduktes* des Wassers, das bei einer Temperatursteigerung zunimmt.

Das Ionenprodukt von Wasser ist bei 100° etwa 100mal so groß wie bei Zimmertemperatur.

Wie gezeigt wurde, können wir das p_H in der Lösung eines Salzes einer starken Säure mit einer schwachen Base folgendermaßen berechnen (S. 17):

$$p_H = \tfrac{1}{2}\, pK_W - \tfrac{1}{2}\, p_{BOH} - \tfrac{1}{2} \log c\,. \tag{35}$$

$\frac{1}{2}\, pK_W$ ist bei gewöhnlicher Temperatur gleich 7, bei 100° etwa gleich 6, mit andern Worten, bei 100° ist p_H um 1 kleiner. Die Reaktion der Flüssigkeit ist also bei 100° um soviel saurer.

Umgekehrt wird in Salzlösungen von starken Basen und schwachen Säuren bei 100° der Hydroxylionenexponent um den gleichen Betrag abnehmen.

In Salzlösungen von schwachen Säuren und schwachen Basen nehmen bei Temperatursteigerung p_H und p_{OH} um den gleichen Betrag ab.

7. Die Reaktion in einem Gemisch einer schwachen Säure mit ihrem Salze oder einer schwachen Base mit ihrem Salze. Die Puffergemische oder Regulatoren. Eine schwache Säure ist nur zu einem geringen Betrage in Ionen gespalten. Wenn sie in Berührung mit ihrem Salze ist, wird die Dissoziation durch die gleichartigen Anionen noch zurückgedrängt. Umgekehrt ist der Dissoziationsgrad des Salzes groß, so daß wir, ohne einen großen Fehler zu begehen, annehmen können, daß in einem Gemisch einer schwachen Säure mit ihrem Salze die Konzentration von [HA] gleich der gesamten Säuremenge ist und daß das Salz völlig dissoziiert ist. Nun ist nach der Gleichung (11):

$$\frac{[H^{\cdot}] \times [A']}{[HA]} = K_{HA}\,. \tag{11}$$

Hieraus folgt:

$$[H^{\cdot}] = \frac{[HA]}{[A']} \times K_{HA}\,. \tag{48}$$

Wenn [HA] = [A'], was der Fall ist, wenn das Gemisch äquivalente Mengen Säure und Salz enthält, ist die Wasserstoffionenkonzentration gleich der Dissoziationskonstante der Säure. Aus (48) folgt, daß

$$p_H = \log C_S - \log C_{Säure} + p_{HA}\,. \tag{49}$$

Hierin bedeutet C_S die Salzkonzentration und $C_{Säure}$ die Säurekonzentration. p_{HA} ist wieder der negative Logarithmus der Dissoziationskonstante.

In gleicher Weise können wir p_{OH} und hiermit p_H in Gemischen berechnen, die eine Base und ihr Salz enthalten.

Wenn wir eine Lösung herstellen wollen, die stark sauer ist, so kann man einfach so verfahren, daß man die konzentrierte Lösung einer starken Säure verdünnt. Aus Salzsäure erhält man z. B. noch Lösungen mit $p_H = 2$ (d. i. 0,01 n-HCl). Wenn man aber Lösungen erhalten will, in denen das p_H zwischen 3 und 7 schwankt, so kann man auf diesem Wege das Ziel mit genügender Genauigkeit nicht mehr erreichen. Denn wenn ich beispielsweise eine Salzsäurelösung vom $p_H = 6$ herstellen will, müßte ich sie so weit verdünnen, bis die Konzentration etwa 10^{-6}, also etwa ein Millionstel normal ist. Natürlich kann man für eine derartige Lösung nicht Gewähr bieten. Schon eine Spur Alkali, die vielleicht das Glas abgegeben hat, ist hinreichend, um das p_H von 6 auf etwa 8 zu verändern. Andererseits verursacht schon die geringe Menge Kohlensäure, die das destillierte Wasser aus der Atmosphäre aufgenommen hat, ein stärkeres Sauerwerden der Flüssigkeit.

Ebenso können wir, indem wir konzentrierte Lösungen starker Basen verdünnen, nur stark alkalische Lösungen bereiten. Wollen wir aber Flüssigkeiten erhalten, die schwach alkalisch reagieren, in denen das p_H also etwa zwischen 11 und 7 liegt, so müssen wir auch hier einen anderen Weg einschlagen.

Wie oben auseinandergesetzt wurde, kann man nun Lösungen von beliebigem p_H herstellen, indem man eine schwache Säure oder Base mit ihrem Salze in verschiedenem Verhältnisse mischt. Wie aus Gleichung (48) folgt, haben selbst geringe Mengen starker Säuren und Basen nur wenig Einfluß auf das p_H solcher Gemische; geringe Mengen Alkali vom Glase und Kohlensäure aus der Atmosphäre werden also keinen merklichen Einfluß ausüben. Solche Gemische, die selbst einer Änderung der Reaktion entgegenwirken, nannte S. P. L. SÖRENSEN[1] „*Puffergemische*". L. MICHAELIS[2] prägte den Ausdruck: „*Regulatoren*"; man kann auch

[1] SÖRENSEN, S. P. L.: C. r. du Lab. Carlsberg **8**, 1 (1909).

[2] MICHAELIS, L.: Die Wasserstoffionenkonzentration. Berlin: Julius Springer 1914.

sagen, daß solche Gemische „*amphoter*" reagieren, und sie *Ampholyte* nennen.

Alle Gemische von schwachen Säuren und ihren Salzen oder von schwachen Basen mit ihren Salzen sind also: Puffergemische oder Regulatoren oder Ampholyte.

FELS[1] war der erste, der solche Puffergemische benutzte. Von SÖRENSEN wurden sie sehr häufig angewendet, und wie wir sehen werden (Kap. 9), sind sie bei der colorimetrischen Bestimmung der Wasserstoffionenkonzentration fast unentbehrlich. Wir können die Beobachtung machen, daß die Wasserstoff- oder Hydroxylionenkonzentration stets in der Nähe der Dissoziationskonstante der Säuren oder Basen liegt, von denen man ausgegangen ist. Wenn nämlich die Säure- und die Salzkonzentrationen gleich groß sind, ist

$$p_H = p_{HA}\,.$$

Wenn wir das Verhältnis von Säure und Salz gleich 100 machen, wird

$$p_H = p_{HA} - 2\,.$$

Ist dagegen das Verhältnis 1/100, dann wird

$$p_H = p_{HA} + 2\,.$$

Es ist aber nicht statthaft, dieses Verhältnis noch größer als 100 oder kleiner als 1/100 werden zu lassen, da dann keine Pufferwirkung mehr besteht. Wir können ganz allgemein sagen, daß wir aus einem Salz und seiner Säure Puffergemische machen können, in denen das p_H etwa zwischen $p_{HA} - 1{,}7$ und $p_{HA} + 1{,}7$ liegt.

Die besten Puffergemische erhält man, wenn man äquivalente Mengen Säure und Salz mischt. Auf die Anwendung der Puffergemische wird später bei der Besprechung der colorimetrischen Bestimmung der Wasserstoffionenkonzentration näher eingegangen werden (Kap. 9).

8. Die Pufferkapazität und der Pufferindex. Für verschiedene Zwecke ist es von Bedeutung, das Pufferungsvermögen einer Flüssigkeit quantitativ ausdrücken zu können. In einer wichtigen Veröffentlichung, genannt „On the measurements of Buffer-Values and on the Relationship of Buffer-Value to the Dissociation Constant of the Buffer and the Concentration and Reac-

[1] FELS: Ztschr. f. Elektrochem. **10**, 208 (1904).

tion of the Buffer Solution", hat DONALD D. VAN SLYKE[1] seine Anschauungen veröffentlicht, die wir hier in sehr verkürzter Form wiedergeben.

Wie bereits besprochen worden ist, hat das Gemisch einer schwachen Säure mit ihrem Salze nicht überall dieselbe Fähigkeit in bezug auf die Pufferwirkung — oder wie wir vielmehr sagen können: nicht dieselbe Pufferintensität. Das Optimum der Pufferwirkung liegt bei der Wasserstoffionenkonzentration, bei der die Säure zur Hälfte neutralisiert ist.

Wir können nun diese Pufferwirkung durch eine bestimmte Einheit ausdrücken, der wir die Benennung *Pufferkapazität*

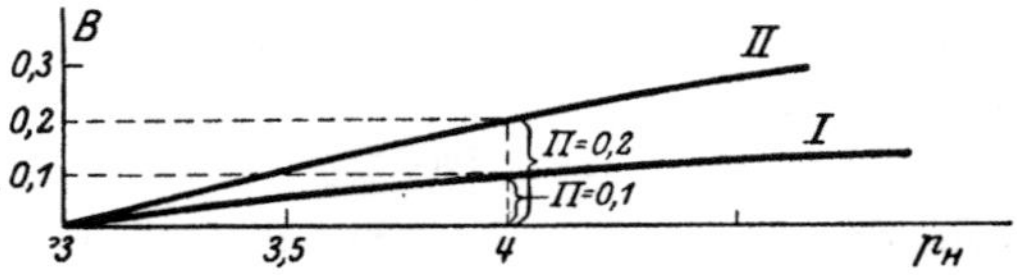

Abb. 3.

oder *Pufferindex* geben und mit dem Buchstaben π bezeichnen wollen.

$$\pi = \frac{dB}{dp_H}, \tag{50}$$

d. h. π ist der Differentialquotient der Erhöhung der Menge von zugesetzter Base B, ausgedrückt in Äquivalenten für ein Liter und der dabei stattfindenden Änderung von p_H. Eine Lösung hat also eine Pufferkapazität von 1, wenn ein Liter der Flüssigkeit bei Zusatz eines Äquivalentes Säure oder Lauge ihr p_H um 1 verändert.

So ist in Abb. 3 auf der Ordinate die Menge B ausgedrückt. Die Abszisse gibt das p_H an. Wie ohne weiteres aus der Abbildung hervorgeht, ist die Pufferkapazität bei $p_H = 4$ in Kurve $1 = 0{,}1$ und in Kurve $2 = 0{,}2$.

Wenn die Linie stark gekrümmt verläuft, finden wir die Werte des Pufferindex an einem bestimmten Punkt, indem wir bei diesem Punkt die Berührungslinie ziehen und die Tangente des Winkels bestimmen, den diese Berührungslinie mit der Abszisse bildet.

Es ist nun von Bedeutung, zu verfolgen, wie groß die Pufferkapazität verschiedener Arten von Flüssigkeiten ist.

[1] VAN SLYKE, D. D.: Journ. Biol. Chem. **52**, 525 (1922).

a) *Die Pufferkapazität von Wasser, starken Säuren und starken Basen.* Wenn wir zu Wasser eine völlig dissoziierte Basenlösung zusetzen, dann ist dB gleich d[OH′]; wir können also schreiben:

$$\pi = \frac{dB}{dp_H} = \frac{d[OH']}{dp_H}.$$

Nun ist

$$p_H = p_W - p_{OH}, \tag{8}$$

also ist

$$dp_H = d\log[OH'];$$

also

$$\pi = \frac{dB}{dp_H} = \frac{d[OH']}{d\log[OH']} = \frac{[OH']}{0{,}4343} = 2{,}3\,[OH']. \tag{51}$$

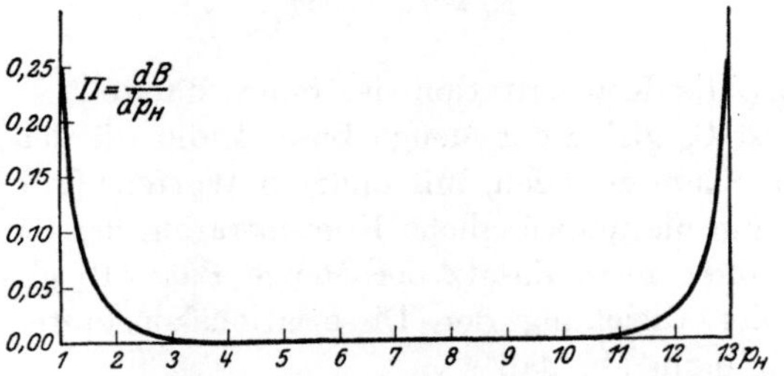

Abb. 4. Pufferkapazität von Wasser mit starken Säuren und Basen.

Umgekehrt wird die Pufferkapazität von Wasser bei Zusatz einer sehr starken Säure:

$$\pi = \frac{dB}{dp_H} = 2{,}3\,[H^{\cdot}]. \tag{52}$$

Die gesamte Pufferkapazität von Wasser, dem eine starke Säure oder eine starke Base zugesetzt ist, ist also:

$$\pi = 2{,}3([H^{\cdot}] + [OH']). \tag{53}$$

Wenn wir die Ionenaktivität der starken Säure oder der starken Base in Rechnung setzen wollen, ist

$$\pi = 2{,}3\left(\frac{[H^{\cdot}]}{f_{HA}} + \frac{[OH']}{f_{BOH}}\right). \tag{53a}$$

wo f den Aktivitätskoeffizienten vorstellt.

Mit Hilfe von Gleichung (53) können wir also auf einfache Weise die Pufferkapazität von Lösungen starker Säuren und Basen bei verschiedenen p_H berechnen. Zwischen $p_H = 2{,}4$ und $p_{OH} = 2{,}4$ ist π kleiner als 0,01, also im allgemeinen zu vernachlässigen. In Abb. 4 ist die Pufferkapazität von Wasser und starken Säuren und Basen graphisch wiedergegeben. Die Abszisse gibt p_H, die Ordinate π.

b) *Die Pufferkapazität einer Lösung einer schwachen Säure mit ihrem Salze.* Aus Gleichung (48) ergab sich, daß in einer Mischung einer schwachen Säure mit ihrem Salze

$$p_H = p_{HA} + \log \frac{[A']}{[HA]} \tag{54}$$

ist.

Nun können wir [A'] im allgemeinen gleich der gesamten Salzkonzentration setzen, die wir C_S nennen[1], dann wird

$$p_H = p_{HA} + \log \frac{C_S}{C_{HA}}, \tag{55}$$

wenn C_{HA} die Konzentration der Säure darstellt.

Nun ist C_S gleich der Menge Base B, die wir der zu neutralisierenden Säure zusetzen, mit anderen Worten: $[A'] = C_S = [B]$.

War nun die ursprüngliche Konzentration der Säure gleich c, dann ist diese nach Zusatz der Menge Base [B] gleich $c - [B]$.

Aus der Gleichung der Dissoziationskonstanten der Säure leiten wir dann ab, daß

$$[B] = \frac{K_{HA} \times c}{K_{HA} + [H^\cdot]}$$

ist.

Hieraus folgt, daß

$$\pi = \frac{dB}{dp_H} = -\frac{dB}{d\log[H^\cdot]} = -\frac{[H^\cdot]}{0{,}4343} \times \frac{dB}{d[H^\cdot]} = -2{,}3\,[H^\cdot]\frac{dB}{d[H^\cdot]}. \tag{56}$$

Durch Differenzieren und weiteres Ausrechnen finden wir schließlich

$$\pi = \frac{dB}{dp_H} = \frac{2{,}3[B]\{c - [B]\}}{c}. \tag{57}$$

Wir können die Pufferkapazität auch als eine Funktion von c ausdrücken und finden dann, daß

$$\pi = \frac{2{,}3\,K_{HA}[H^\cdot]c}{\{K_{HA} + [H^\cdot]\}^2}. \tag{58}$$

---

[1] Nach den heutigen Anschauungen gilt:

$$p_H = p'_{HA} + \log \frac{C_S}{C_{HA}}, \tag{55a}$$

in der

$$p'_{HA} = p_{HA} - \log f_a \tag{55b}$$

und f_a der Aktivitätskoeffizient des Anions ist.

Hieraus folgt, daß die Pufferkapazität mit der Konzentration c der Säure entsprechend zunimmt. So hat also ein 0,1 molares Acetatgemisch eine 10mal größere Pufferkapazität als ein 0,01-molares Gemisch derselben Zusammensetzung.

Durch Verbindung mit Gleichung (53) finden wir, daß die gesamte Pufferkapazität eines Gemisches einer schwachen Säure mit willkürlichen Mengen starker Säure oder starker Base wird

$$\pi = 2{,}3\left\{\frac{K_{HA}[H^{\cdot}]c}{(K_{HA} + [H^{\cdot}])^2} + [H^{\cdot}] + [OH']\right\}. \tag{59}$$

In Abb. 5 sind die Pufferkapazitäten von Gemischen von 0,1n- bzw. 0,2n-Essigsäure mit starker Säure oder mit Lauge

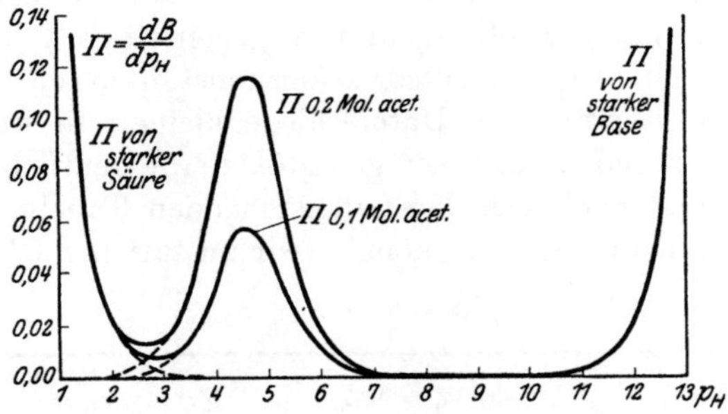

Abb. 5. Pufferkapazität von 0,1 n- bzw. 0,2 n-Essigsäure-Acetat-Gemischen.

angegeben. Wie wir sehen, erhalten wir zwischen dem p_H 2 und 3,5 durch Addition der zwei punktierten Kurven, die die Pufferkapazitäten der starken und schwachen Säure angeben, die gesamte Pufferkapazität. Außerhalb dieser p_H-Grenzen haben wir allein noch mit der Pufferkapazität der schwachen oder starken Säure bzw. Base zu rechnen, ohne daß der Einfluß der gegenseitigen Pufferwirkung weiter berücksichtigt zu werden braucht.

In einigen Fällen ist es vorteilhaft, die Pufferkapazität nicht als solche, sondern als molare Pufferkapazität π_M auszudrücken, wobei

$$\pi_M = \frac{\pi}{c}. \tag{60}$$

Wie aus den Kurven hervorgeht, haben beide Essigsäureacetatlösungen bei demselben p_H ihre größte Pufferkapazität, und zwar bei $p_H = p_{HA}$. Dies kann auch unmittelbar aus

Gleichung (58) abgeleitet werden. Wenn $[H'] = K_{HA}$ ist, dann ist

$$\pi = \frac{2,3}{4} c = 0,575 \times c$$

und

$$\pi_M = 0,575 .$$

Die Pufferwirkung von Säuregemischen oder mehrbasischen Säuren wird durch die folgende Gleichung bestimmt:

$$\left.\begin{aligned}\sum \pi = 2,3[H^{\cdot}]\left\{\frac{K_{H_1A_1}c_1}{(K_{H_1A_1}+[H^{\cdot}])^2} + \frac{K_{H_2A_2}c_2}{(K_{H_2A_2}+[H^{\cdot}])^2} + \cdots\right\} \\ + 2,3\{[H^{\cdot}] + [OH']\} .\end{aligned}\right\} \quad (61)$$

Wenn wir annehmen, daß die Konzentration der verschiedenen Säuren dieselbe ist, folgt aus der letzten Gleichung, daß die Säuren wenig Einfluß auf ihre gegenseitige Pufferkapazität haben werden, wenn die Dissoziationskonstanten sehr voneinander abweichen. Werden die Unterschiede kleiner, so werden damit die gegenseitigen Beeinflussungen größer, wie deutlich aus Abb. 6, 7 und 8 und auch aus der untenstehenden Tabelle hervorgeht.

Bequemlichkeitshalber können wir anstatt der Gleichung (61) schreiben

$$\sum \pi = \pi_1 + \pi_2 + \pi_3 \ldots$$

$p_{H_2A_2} - p_{H_1A_1}$	$\sum \pi_M$ bei $p_H = p_{H_1A_1}$	$\sum \pi_M$ bei $p_H = \frac{p_{H_1A_1} + p_{H_2A_2}}{2}$
3,0	0,577	0,138
2,0	0,598	0,384
1,6	0,684	0,552
1,4	0,749	0,673
1,3	0,784	0,738
1,2	0,848	0,813
1,1	0,919	0,899
1,0	1,003	0,998

Die oben wiedergegebenen Gedanken von VAN SLYKE sind natürlich für verschiedene Zwecke von Bedeutung. An erster Stelle wohl zur rationellen Bereitung von Pufferflüssigkeiten (s. Kap. 8), d. h. für Flüssigkeiten mit großer Pufferkapazität. Die am besten puffernden Flüssigkeiten erhält man natürlich dann, wenn man ein Gemisch einer Reihe Säuren nimmt, deren Dissoziationskonstanten untereinander nur wenig verschieden sind, so daß man bei Zusatz von Lauge Flüssigkeiten erhält, deren Pufferkapazität von der zugefügten Menge Base praktisch unabhängig ist (vgl. Abb. 6).

Ferner kann meiner Ansicht nach die Pufferkapazitätskurve, die man stets aus der Neutralisationskurve ableiten kann, bei der Beurteilung der Zusammensetzung von Flüssigkeiten, worin sich Gemische verschiedener Arten von Säuren und Basen befin-

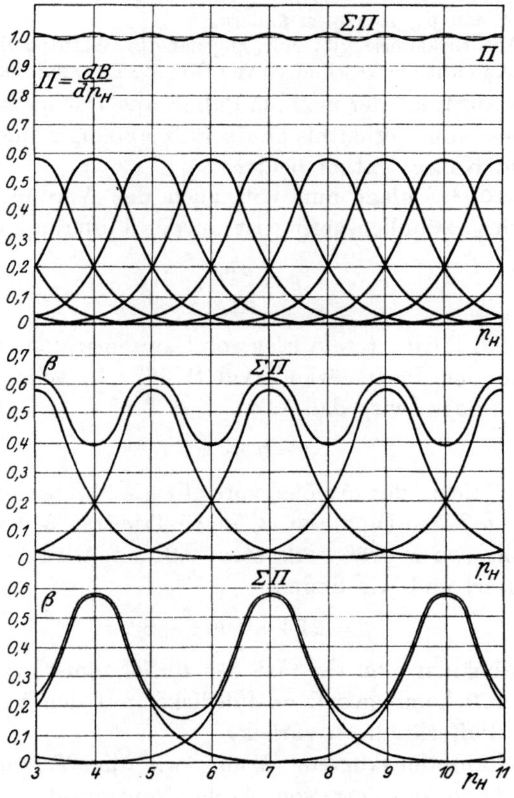

Abb. 6.

Abb. 7.

Abb. 8.

den, wie bei Bodenauszügen, Bier, Milch, Fruchtsäften, Nahrungsstoffen usw., von großer Bedeutung sein. Es ist hier aber nicht der Ort, darauf näher einzugehen[1].

[1] Vgl. auch K. Täufel u. C. Wagner: Kolloid-Ztschr. **40**, 174 (1926) — Biochem. Ztschr. **177**, 389 (1926). — Koppel u. Spiro: Biochem. Ztschr. **65**, 409 (1914). — Leuthardt, F.: Kolloidchem. Beihefte **25**, 1 (1927). — Moser, H.: Kolloidchem. Beihefte **25**, 69 (1927). — Maiwald, K.: Kolloidchem. Beihefte **37**, 251 (1928).

Nach GÜNTHER LEHMANN[1] wird die Pufferwirkung p_g quantitativ ausgedrückt durch die Gleichung:

$$p_g = \frac{b}{p_{H_1} - p_{H_2}} \quad \text{oder} \quad \frac{c}{p_{H_1} - p_{H_2}}.$$

in der b (bzw. c) die zugefügte Menge Salzsäure (bzw. Natronlauge) bedeuten, die nötig ist, um p_{H_1} zu p_{H_2} zu ändern.

Diese Ausdrucksweise gibt nur angenäherte Werte und ist weniger exakt als die, welche die Gleichungen von DONALD D. VAN SLYKE uns lehren.

In dem Ausdruck der molaren Pufferkapazität nach VAN SLYKE ist diese nur vom Verhältnis Säure:Salz abhängig und nicht von der totalen Konzentration beider.

C. MORTON[2] schlägt nun vor, auch den Verdünnungseffekt, der an sich gewöhnlich gering ist, in der Pufferkapazität β auszudrücken

$$\beta = \frac{d p_H}{d\sqrt{\mu}}.$$

μ ist ein Maß für die totale Elektrolytkonzentration, ausgedrückt in der „totalen Ionenstärke“ (vgl. S. 65). In sehr verdünnten Lösungen finden wir, daß

$$\beta = 0{,}5 - z\,,$$

wo z die Valenz des Anions vorstellt (in Acetatgemischen ist z z. B. 1, in Mono-Diphtalat 2, in Di-Tricitrat 3 usw.).

Im Falle, wo μ größer als etwa 0,01 ist, wird der Ausdruck komplizierter, und wir finden

$$\beta = 2B\sqrt{\mu} + (0{,}5 - z).$$

B ist abhängig von der Art des Puffergemisches.

Auf S. 270 kommen wir ausführlicher auf den Verdünnungseffekt der Pufferlösungen zurück.

9. Neutralisationskurven. Wenn wir die Veränderung der Wasserstoffionenkonzentration bei der Neutralisation einer Säure oder einer Base bildlich darstellen, so erhalten wir die Neutralisationskurve. Da die Wasserstoffionenkonzentration in so sehr weiten Grenzen sich ändert (z. B. bei 0,1n-Salzsäure mit Natronlauge zwischen 10^{-1} und 10^{-13}), kann man sie nicht auf gewöhnlichem Kurvenpapier zur Darstellung bringen; denn bei jeder Veränderung des Exponenten um 1 verändert sich die

---

[1] LEHMANN, G.: Biochem. Ztschr. **133**, 30 (1922).

[2] MORTON, C.: Journ. Chem. Soc. **1928**, 1401.

Wasserstoffionenkonzentration um das 10fache. So könnte man also nur ein sehr kleines Gebiet der Neutralisationskurve auf das Papier bringen. Dies hat u. a. SCHOORL[1] getan, der auf sehr übersichtliche Weise die Veränderungen der Wasserstoffionenkonzentration in der Nähe des Äquivalenzpunktes schematisch dargestellt hat. Will man aber eine Übersicht über den gesamten Verlauf der Neutralisationskurve geben, so muß man an Stelle einer Darstellung der Veränderung der Wasserstoffionenkonzentration die des Wasserstoffexponenten aufzeichnen.

Ich will im folgenden den Verlauf der Neutralisationskurve für einige Arten von Säuren und Basen ableiten.

a) Neutralisationskurve einer starken Säure mit einer starken Base.

Wir wollen 100 ccm 0,1n-Salzsäure mit Lauge bei Zimmertemperatur neutralisieren. Um die Berechnung des p_H nicht allzu verwickelt zu gestalten, machen wir die Annahmen, daß das Gesamtvolumen bei der Neutralisation unverändert bleibe und daß die Säure völlig dissoziiert sei. Wir finden dann während der Neutralisation nachstehende Werte:

100 ccm 0,1n-Säure 0 „ 0,1n-Lauge	$[H^{\cdot}] = 10^{-1}$,	$p_H = 1{,}0$
100 „ 0,1n-Säure 90 „ 0,1n-Lauge	$[H^{\cdot}] = 10^{-2}$,	$p_H = 2{,}0$
100 „ 0,1n-Säure 99 „ 0,1n-Lauge	$[H^{\cdot}] = 10^{-3}$,	$p_H = 3{,}0$
100 „ 0,1n-Säure 99,9 „ 0,1n-Lauge	$[H^{\cdot}] = 10^{-4}$,	$p_H = 4{,}0$
100 „ 0,1n-Säure 100 „ 0,1n-Lauge	$[H^{\cdot}] = 10^{-7}$,	$p_H = 7{,}0$
100 „ 0,1n-Säure 101 „ 0,1n-Lauge	$[H^{\cdot}] = 10^{-11}$,	$p_H = 11{,}0$

Wir ersehen hieraus, daß bei der Neutralisation von 99% der Säure $p_H = 3$, bei 99,9% $p_H = 4$ und bei der vollständigen Neutralisation $p_H = 7$ ist. Um also das letzte 0,1% der Säure zu neutralisieren, erhält man einen p_H-Sprung von 4 auf 7; einen gleich großen Sprung macht der p_H-Wert von 7 auf 10, wenn wir nach Erreichung des Äquivalenzpunktes noch 0,1% Lauge hinzufügen. Man kann auch einfach berechnen, wie groß

[1] SCHOORL, N.: Chemisch Weekblad **3**, 719, 771, 807 (1904).

die genauen p_H-Werte in Wirklichkeit sind, wenn man die Verdünnung und den Aktivitätskoeffizienten berücksichtigt. Wenn wir die Änderung des p_H zeichnerisch darstellen, erhalten wir die Kurve I, Abb. 9. Auf der Ordinatenachse sind die Werte für p_H aufgetragen, Punkt 7 entspricht hier also genau dem Äquivalenzpunkte. Auf der Abszissenachse ist aufgetragen, wieviel der Säure jeweils neutralisiert ist. Man sieht auf den ersten Blick den großen Sprung, den die Kurve in der Nähe des Äquivalenzpunktes (bei Punkt 50) von 3 auf 11 macht.

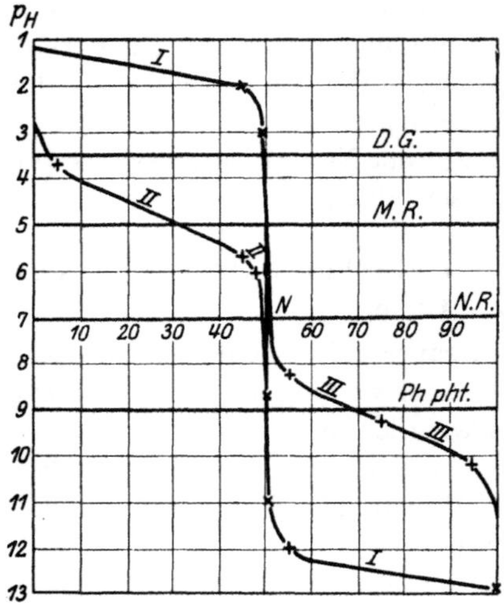

Abb. 9.

b) Die Neutralisationskurve einer schwachen Säure mit einer starken Base[1].

Als Beispiel einer schwachen Säure werden wir die Essigsäure wählen. Wie oben erwähnt, ist die Dissoziationskonstante bei 18° gleich $1{,}8 \times 10^{-5} = 10^{-4{,}75}$. Wir können nun annehmen, daß in einer 0,1n-Lösung die Menge undissoziierter Säure gleich der Gesamtkonzentration ist (vgl. S. 7). Wir finden dann in dieser Lösung den Wert $p_H = 2{,}87^5$. Bei der Neutralisation wird die Essigsäure in das gut dissoziierte Acetat umgewandelt. Für die Berechnung der Neutralisationskurve können wir annehmen, daß das Salz völlig dissoziiert und die Aktivitätskoeffizienten gleich 1 seien. Aus der Gleichung (48) folgt:

$$[H^\cdot] = \frac{[HA]}{[A']} \times K_{HA} \tag{48}$$

und aus (49):

$$p_H = \log C_{Salz} - \log C_{Säure} + p_{HA}\,. \tag{49}$$

[1] Vgl. auch A. THIEL: Ztschr. f. anorg. u. allg. Ch. **135**, 1 (1924), der eine andere Berechnungsweise angibt, und auch H. S. SIMMS: Journ. Amer. Chem. Soc. **48**, 1239—1251 (1926), und B. ENGLUND: Ztschr. f. anorg. u. allg. Ch. **158**, 359 (1926).

Die Menge zugefügter Lauge entspricht genau der Menge des gebildeten Salzes, also C_{Salz}. Wie im Abschnitt „Hydrolyse" gezeigt wurde, reagiert das „neutrale Salz" in Wirklichkeit nicht neutral, sondern alkalisch, und zwar ist in 0,1n-Lösung $p_H = 8,87^5$.

Nehmen wir wieder an, daß wir von 100 ccm 0,1n-Essigsäure ausgehen und daß das Gesamtvolumen bei der Neutralisation unverändert bleibt, während das Salz völlig dissoziiert ist, so finden wir die folgenden p_H-Werte:

100 ccm 0,1n-Essigsäure 0 „ 0,1n-Lauge	$p_H =$	2,87
100 „ 0,1n-Essigsäure 10 „ 0,1n-Lauge	$p_H =$	3,80
100 „ 0,1n-Essigsäure 50 „ 0,1n-Lauge	$p_H =$	4,75 ($= p_{HA}$)
100 „ 0,1n-Essigsäure 90 „ 0,1n-Lauge	$p_H =$	5,70
100 „ 0,1n-Essigsäure 95 „ 0,1n-Lauge	$p_H =$	6,03
100 „ 0,1n-Essigsäure 100 „ 0,1n-Lauge	$p_H =$	8,87
100 „ 0,1n-Essigsäure 101 „ 0,1n-Lauge	$p_H =$	11,0

Kurve II (Abb. 9) zeigt die p_H-Änderung während der Neutralisation. Wir sehen, daß sie nach Überschreitung des Äquivalenzpunktes mit der Laugenkurve (d. h. der Natronlaugekurve) zusammenfällt. Bei der Zugabe von Lauge zum essigsauren Natrium ändert sich das p_H fast so, wie wenn Natronlauge zur Kochsalzlösung zugegeben wird. In gleicher Weise, wie es hier für Essigsäure und Natronlauge gezeigt ist, können wir auch bei der Neutralisation einer starken Säure mit einer schwachen Base die Werte für das p_H berechnen. Da diese Berechnung mutatis mutandis genau so ausfällt, erübrigt es sich, sie nochmals ausführlich hier vorzunehmen. Kurve III (Abb. 9) zeigt die Werte für die Neutralisation von Ammoniak mit Salzsäure. Man sieht wieder, daß sie nach Erreichung des Äquivalenzpunktes, bei dem alles Ammoniak in Ammoniumchlorid übergeführt ist, mit der Salzsäurekurve zusammenfällt[1].

---

[1] Bezüglich einer eingehenderen Besprechung der Neutralisationskurven sei auf I. M. KOLTHOFF: Maßanalyse I und II (2. Aufl. 1930 bzw. 1931), Berlin: Julius Springer, hingewiesen.

c) Die Neutralisation einer schwachen Säure mit einer schwachen Base.

Da auch die Salze von schwachen Säuren mit schwachen Basen im allgemeinen gut dissoziiert sind, können wir auch hier die Annahme machen, daß die Menge der zu der Säure zugefügten Base gleich der Menge der gebildeten Anionen ist. Die Neutralisationskurve einer schwachen Säure mit einer schwachen Base wird also zu Anfang den gleichen Verlauf zeigen wie die entsprechende Kurve der Salzbildung aus einer schwachen Säure mit einer starken Base. Infolge der weitgehenden Hydrolyse des gebildeten Salzes wird der Verlauf der Kurve in der Nähe des Äquivalenzpunktes anders sein. Als Beispiel für diesen Fall wollen wir die Veränderungen des p_H berechnen, die bei der Neutralisation von Essigsäure mit Ammoniak oder umgekehrt eintreten.

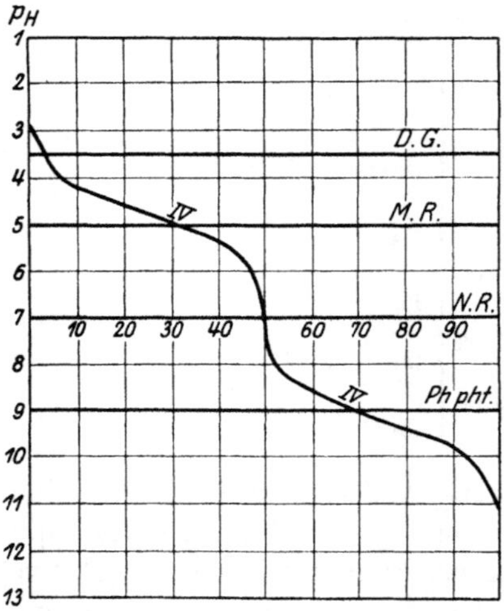

Abb. 10.

Die Dissoziationskonstanten für Essigsäure und Ammoniak sind einander fast gleich und haben bei 18° den Wert $1{,}8 \times 10^{-5} = 10^{-4.75}$. Wie früher berechnet wurde, ist das neutrale essigsaure Ammonium zu etwa 0,6% hydrolysiert. In 100 ccm 0,1 n-Ammoniumacetatlösung sind also 0,6 ccm 0,1 n unzersetzte Essigsäure und 0,6 ccm 0,1 n-Ammoniak vorhanden. Gibt man zu 99 ccm Ammoniumacetat 1 ccm Essigsäure, so hat man in dem Gemisch etwa 1,6 ccm Essigsäure und 98,4 ccm essigsaures Salz. Es ist hierbei, um die Berechnung nicht unnötig zu verwickeln, die Zurückdrängung der Hydrolyse zunächst außer acht gelassen. Die Wasserstoffionenkonzentration des Gemisches beträgt dann:

$$[H^{\cdot}] = \frac{1{,}6}{98{,}4} \times 10^{-4{,}75}, \qquad p_H = 6{,}54\,.$$

Ebenso kann man das p_H für Gemische von Ammoniumacetat mit kleinen Mengen Ammoniak berechnen.

Wir können so die folgende Tabelle für die Neutralisation von Essigsäure mit Ammoniak aufstellen:

100 ccm	Essigsäure		
0 „	Ammoniak	$p_H = 2{,}87$	
100 „	Essigsäure		
50 „	Ammoniak	$p_H = 4{,}75$	
100 „	Essigsäure		
90 „	Ammoniak	$p_H = 5{,}70$	
100 „	Essigsäure		
95 „	Ammoniak	$p_H = 5{,}98$	
100 „	Essigsäure		
98 „	Ammoniak	$p_H = 6{,}32$	
100 „	Essigsäure		
99 „	Ammoniak	$p_H = 6{,}54$	
100 „	Essigsäure		
100 „	Ammoniak	$p_H = 7{,}10$	
100 „	Essigsäure		
101 „	Ammoniak	$p_H = 7{,}66$	
100 „	Essigsäure		
102 „	Ammoniak	$p_H = 7{,}88$	
100 „	Essigsäure		
105 „	Ammoniak	$p_H = 8{,}22$	

Die p_H-Änderung ist in der Kurve IV (Abb. 10) wiedergegeben. Wir sehen aus der Tabelle, daß das neutrale Salz hier genau neutral reagiert, nämlich $p_H = 7{,}1$.

pK_W ist hier mit 14,2 eingesetzt (18°).

Auch hier sehen wir deutlich den Sprung in der Nähe des Äquivalenzpunktes, wenngleich er hier kleiner als in Abb. 9 ist.

Wir sehen, daß diese Neutralisationskurve von Essigsäure mit Ammoniak bis zu 5% vor dem Äquivalenzpunkte mit der gleichen Kurve für Essigsäure und Natronlauge zusammenfällt. Auch bei 5% nach Überschreitung des Äquivalenzpunktes deckt sie sich mit der Salzsäure-Ammoniak-Kurve. Nur in der Nähe des Äquivalenzpunktes weichen sie stark voneinander ab. Man kann also von Essigsäure und Ammoniak eine große Reihe von Puffergemischen herstellen.

d) Die Neutralisation von zwei Säuren nebeneinander.

Die Berechnung der Werte der Neutralisationskurve eines Gemisches einer starken und einer schwachen Säure bringt im allgemeinen keine Schwierigkeiten mit sich. Beim Zufügen von

Lauge wird zuerst die starke Säure neutralisiert (vgl. unter a), dann die schwache Säure (vgl. unter b).

Anders ist es, wenn wir ein Gemisch einer mittelstarken und einer schwachen Säure vor uns haben, wie z. B. ein Gemisch von Essigsäure und Borsäure. Auch die zweibasischen Säuren, bei denen die beiden Dissoziationskonstanten sehr voneinander abweichen, können wir hierher rechnen.

Wenn wir nun die mittelmäßig starke Säure H_1A_1, die sehr schwache Säure H_2A_2 nennen, mit den Dissoziationskonstanten K_1 bzw. K_2, dann folgt aus der Grundgleichung (11) ohne weiteres, daß in einem Gemisch der beiden Säuren mit einer bestimmten Menge Lauge:

$$[H^{\cdot}] = \frac{[H_1A_1]}{[A_1']} K_1 = \frac{[H_2A_2]}{[A_2']} K_2$$

und daß

$$\frac{[H_1A_1]}{[A_1']} : \frac{[H_2A_2]}{[A_2']} = K_2 : K_1 .$$

Nun stellt $\frac{[HA]}{A'}$ nichts anderes dar als das Verhältnis der Konzentrationen der freien und neutralisierten Säure. Man wird dieses Verhältnis, das bei den meisten Berechnungen in der Neutralisationsanalyse eine Rolle spielt, das *reziproke Neutralisationsverhältnis* nennen können, im Gegensatz zu dem Wert $\frac{[A']}{HA}$, den wir das Neutralisationsverhältnis nennen.

Wir wollen zunächst annehmen, daß die Säuren H_1A_1 und H_2A_2 dieselbe Konzentration besitzen. Da die reziproken Neutralisationsverhältnisse den Dissoziationskonstanten umgekehrt proportional sind, folgt hieraus sofort, daß bei Beginn des Laugenzusatzes allein die stärkere Säure neutralisiert wird, wenn der Unterschied zwischen den beiden Dissoziationskonstanten groß genug ist. In der Nähe des ersten Äquivalenzpunktes jedoch, d. h. des Punktes, bei dem so viel Lauge zugefügt ist, als mit der Säure H_1A_1 äquivalent ist, beginnt die laugenbindende Fähigkeit von H_2A_2 ebenfalls eine Rolle zu spielen. Beim ersten Äquivalenzpunkte ist noch nicht alle Säure H_1A_1 neutralisiert, während bereits ein kleiner Teil von H_2A_2 in die Salzform übergeführt ist. Den Quotienten der reziproken Neutralisationsverhältnisse kann man direkt aus der zuletzt angegebenen Gleichung berechnen. Wenn wir nun annehmen, daß beim ersten Äquivalenzpunkte die

Säure H_1A_1 zu a% in die Salzform übergeführt ist, dann ist die Säure H_2A_2 zu (100 — a)% neutralisiert, da H_1A_1 und H_2A_2 ursprünglich dieselbe Konzentration hatten.

Hieraus folgt, daß $[A_1]$ a% der gesamten Menge H_1A_1 beträgt und $[A_2']$ (100 — a)% der gesamten Menge H_1A_1.

Aus den letzten Gleichungen geht nun ohne weiteres hervor, daß

$$[H^\cdot]^2 = \frac{[H_1A_1]}{[A_1']} K_1 \times \frac{[H_2A_2]}{[A_2']} K_2 . \tag{62}$$

Beim ersten Äquivalenzpunkt ist dann:

$$[H^\cdot]^2 = \frac{100 - a}{a} \times \frac{a}{100 - a} K_1K_2 ,$$

$$[H^\cdot] = \sqrt{K_1K_2} , \tag{63}$$

$$p_H = \tfrac{1}{2}(p_{K_1} + p_{K_2}) . \tag{64}$$

Wenn man ein Gemisch von zwei Basen hat, ist beim ersten Äquivalenzpunkte:

$$p_H = p_{H_2O} - \tfrac{1}{2}(p_{K_1} + p_{K_2}) . \tag{65}$$

Es zeigt sich also, daß eine sehr einfache Beziehung zwischen der Wasserstoffionenkonzentration und den beiden Dissoziationskonstanten beim ersten Äquivalenzpunkte besteht. TIZARD und BOCREE[1] hatten diese Beziehung bereits abgeleitet; übersichtlicher wird sie aber nach der obenstehenden Berechnung wiedergegeben.

Wir haben bis jetzt angenommen, daß die Konzentration der beiden Säuren H_1A_1 und H_2A_2 dieselbe sei. Wenn diese Voraussetzung annähernd erfüllt ist, ändert sich an den Ausführungen nichts, wenn z. B. die Konzentration von H_1A_1 10% größer ist als die von H_2A_2, ist die Änderung von p_H beim ersten Äquivalenzpunkt fast noch nicht merkbar. Wird der Unterschied in der Konzentration aber größer, dann tritt die Abweichung wohl hervor.

Nehmen wir z. B. an, daß die Konzentration von H_1A_1 doppelt so groß sei wie die von H_2A_2. Beim ersten Äquivalenzpunkte ist dann wieder $[A_1'] =$ a% der gesamten Menge H_1A_1 und $[H_1A_1] =$ (100 — a)% der gesamten Menge der ersten Säure; ferner ist $[H_2A_2] =$ (2a — 100)% und $[A_2'] =$ 2(100 — a)% der gesamten Menge der zweiten Säure.

[1] TIZARD u. BOCREE: Journ. Chem. Soc. London **119**, 132 (1921). — KOLTHOFF: Pharm. Weekblad **59**, 129 (1922).

Bei der Anwendung von Gleichung (62) finden wir dann, daß beim ersten Äquivalenzpunkte

$$[H^{\cdot}]^2 = \frac{100 - a}{a} \times \frac{2a - 100}{2(100 - a)} K_1 K_2 .$$

Für den Fall, daß a nahe bei 100 ist, wird $2a - 100 =$ ungefähr a; also

$$[H^{\cdot}]^2 = \frac{100 \cdot a}{a} \times \frac{a}{2(100 - a)} K_1 K_2 = \frac{K_1 K_2}{2},$$

$$[H^{\cdot}] = \sqrt{\frac{K_1 K_2}{2}},$$

$$p_H = \tfrac{1}{2}(p_{K_1} + p_{K_2}) + \tfrac{1}{2}\log 2 = \tfrac{1}{2}(p_{K_1} + p_{K_2}) + 0{,}15 . \quad (66)$$

In diesem Falle ändert sich das p_H beim ersten Äquivalenzpunkte also nur um einen Betrag von 0,15. Ist die Konzentration der ersten Säure dreimal größer, so wird beim ersten Äquivalenzpunkte

$$p_H = \tfrac{1}{2}(p_{K_1} + p_{K_2}) + \tfrac{1}{2}\log 3 = \tfrac{1}{2}(p_{K_1} + p_{K_2}) + 0{,}24 .$$

Zweites Kapitel.

Die amphoteren Substanzen. Ampholyte.

1. Allgemeine Eigenschaften von amphoteren Substanzen. Wässerige Säurelösungen besitzen die Eigenschaft, Wasserstoffionen abzuspalten, oder, wenn man sich anders ausdrücken will, die Fähigkeit, Hydroxylionen zu binden. Umgekehrt können Basen Hydroxylionen abspalten oder Wasserstoffionen binden.

Es gibt aber auch zahlreiche Stoffe, die sowohl die Eigenschaften einer Säure als auch einer Base gleichzeitig besitzen, wenn auch manchmal die saure bezw. basische Funktion stark überwiegen kann.

Diese Stoffe, die sich sowohl als Säure wie auch als Base verhalten können, sind also imstande, sowohl Hydroxylionen als auch Wasserstoffionen zu binden und werden darum amphotere Stoffe oder *Ampholyte* genannt. Infolge des doppelten Charakters eines Ampholyten wird die Reaktion seiner Lösung in der Regel weder stark sauer noch stark basisch sein. — Arsentrioxyd, Zinnhydroxyd, Aluminiumhydroxyd, Zinkhydroxyd sind typische anorganische Ampholyte. Die organischen Ampholyte, zu denen

Aminsosäuren, Peptide und die Eiweißstoffe gehören, sind biologisch von viel größerer Bedeutung.

Allgemein können wir für einen Ampholyten das Zeichen HXOH verwenden[1]. Die amphoteren Eigenschaften werden dann durch die Gleichungen:

$$HXOH \rightleftarrows H^{\cdot} + XOH' \text{ (saure Funktion)},$$
$$HXOH \rightleftarrows HX^{\cdot} + OH' \text{ (basische Funktion)}$$

charakterisiert.

Wenn wir auf beide Reaktionen das Massenwirkungsgesetz anwenden, finden wir

$$\frac{[H^{\cdot}][XOH']}{[HXOH]} = k_s,$$
$$\frac{[HX^{\cdot}][OH']}{[HXOH]} = k_b.$$

Außer dem nichtdissoziierten Anteile HXOH enthält die Lösung eines Ampholyten also auch: $H^{\cdot}$, OH'; Anionen des Ampholyten XOH' und Kationen $HX^{\cdot}$.

2. Die Reaktion einer Ampholytlösung. Wie wir im ersten Kapitel unter Hydrolyse (S. 18) gesehen haben, ist die Reaktion des Salzes einer schwachen Säure und einer schwachen Base niemals stark sauer oder stark alkalisch, wenigstens dann nicht, wenn der Unterschied zwischen der sauren und basischen Dissoziationskonstante nicht zu groß ist. Aus denselben Gründen reagiert auch die Lösung eines Ampholyten wegen der sauren und basischen Funktion, die sie zeigt, niemals stark sauer oder stark alkalisch.

Wir wollen hier nicht den Fall betrachten, in dem der Ampholyt einen Überschuß an sauren oder basischen Gruppen enthält, weil wir diesen Fall wieder auf Fälle zurückführen können, die im ersten Kapitel besprochen worden sind.

Der Einfachheit halber wollen wir den undissoziierten Anteil des Ampholyten A nennen, die Kationen $A^{\cdot}$, die Anionen A', während das Zeichen für die Dissoziationskonstante der sauren

---

[1] Oder besser HX:

$$HX \rightleftarrows H^{\cdot} + X' \text{ (saure Funktion)},$$
$$HX + H^{\cdot} \rightarrow HXH^{\cdot} \text{ (basische Funktion)}.$$

Vgl. S. 92.

Gruppe k_s, der basischen Gruppe k_b sei. Die Ionisationskonstante des Wassers sei k_w. Die gesamte Ampholytkonzentration nennen wir c. Dann erhalten wir:

$$\frac{[H^{\cdot}][A']}{[A]} = k_s\,, \tag{1}$$

$$\frac{[OH'][A^{\cdot}]}{[A]} = k_b\,, \tag{2}$$

$$[H^{\cdot}][OH'] = k_w\,, \tag{3}$$

$$[A^{\cdot}] + [H^{\cdot}] = [A'] + [OH']\,, \tag{4}$$

$$[A] + [A'] + [A^{\cdot}] = c\,. \tag{5}$$

Aus (1) und (2) finden wir:

$$[A'] = k_s \frac{[A]}{[H^{\cdot}]}\,, \tag{6}$$

$$[A^{\cdot}] = k_b \frac{[A]}{[OH']} = \frac{k_b}{k_w}[A][H^{\cdot}]\,. \tag{7}$$

Durch Substitution dieser Werte in (4):

$$\frac{k_b}{k_w}[A][H^{\cdot}] + [H^{\cdot}] = k_s \frac{[A]}{[H^{\cdot}]} + \frac{k_w}{[H^{\cdot}]}$$

und

$$[H^{\cdot}] = \sqrt{\frac{k_s[A] + k_w}{\frac{k_b}{k_w}[A] + 1}}\,. \tag{8}$$

In entsprechender Weise ist diese Gleichung von J. WALKER[1] abgeleitet worden. In Gleichung (8) sind $[H^{\cdot}]$ und $[A]$ unbekannt; sie kann daher nicht ohne weitere Angaben gelöst werden.

S. P. L. SÖRENSEN[2] eliminierte die Unbekannte $[A]$ und gelangte zu dem Ausdrucke:

$$\left.\begin{aligned}&[H^{\cdot}]^4 + [H^{\cdot}]^3\left(\frac{k_w}{k_b} + c\right) + [H^{\cdot}]^2 \frac{k_w}{k_b}(k_s - k_b)\\ &\quad - [H^{\cdot}]\frac{k_w}{k_b}(k_s c + k_w) - \frac{k_w}{k_b} k_s k_w = 0\,.\end{aligned}\right\} \tag{9}$$

Diese Gleichung ist zum allgemeinen Gebrauche nicht sehr bequem. Eine allgemeine Lösung dafür kann man nicht geben.

Der Verfasser schlägt daher vor, bei der Berechnung die einfache Gleichung (8) zu gebrauchen und in erster Annäherung anzunehmen, daß die Konzentration des nichtdissoziierten Teiles

---

[1] WALKER, J., u. ASTON: Journ. Chem. Soc. **67**, 576 (1895).

[2] SÖRENSEN, S. P. L., u. Mitarbeiter: C. r. du Lab. Carlsberg **12** (1917).

des Ampholyten [A] gleich der gesamten Konzentration c sei. Wir vernachlässigen also die Dissoziation des Ampholyten in Kationen und Anionen. Wenn man durch eine solche Berechnung den angenäherten Wert von $[H^{\cdot}]$ gefunden hat, können die entsprechenden Werte von $[A^{\cdot}]$ und $[A']$ berechnet werden, worauf wir die folgende Korrektur anbringen:

$$[A] = c - [A^{\cdot}] - [A'].$$

Die Berechnung wird jetzt mit diesem neuen Werte für [A] wiederholt. Gewöhnlich findet man dann bereits den richtigen Wert für $[H^{\cdot}]$. Andernfalls wiederholt man die Berechnung nochmals. Aus der Gleichung (8) läßt sich ableiten, daß

a) der Fehler bei der angenäherten Berechnung mit zunehmender Konzentration c kleiner wird,

b) der Fehler mit abnehmendem Werte für k_s und k_b kleiner wird (vgl. das Beispiel Phenylalanin),

c) der Ampholyt sich praktisch wie eine einbasische Säure verhält, wenn k_s mehr als 10^5mal größer ist als k_b und c sehr klein ist.

Umgekehrt kann der Ampholyt als eine einsäurige Base angesehen werden, wenn k_b im gleichen Maße k_s übertrifft.

Beispiele. Phenylalanin $k_s = 2{,}5 \times 10^{-9}$; $k_b = 1{,}3 \times 10^{-12}$; $k_w = 10^{-14}$; $c = 10^{-2}$.

Nach (8) ist:

$$[H^{\cdot}] = 3{,}3 \times 10^{-6},$$

wenn wir [A] gleich c rechnen.

Die entsprechenden Werte von

$$[A'] = 7{,}3 \times 10^{-6},$$
$$[A^{\cdot}] = 4 \times 10^{-6}.$$

Daher ist die wahre Konzentration von [A] nicht gleich 1×10^{-2}, sondern $10^{-2} - 7{,}3 \times 10^{-6} - 4 \times 10^{-6}$, was praktisch gleich 10^{-2} ist.

In derselben Weise berechnen wir für $c = 10^{-4}$:

$$[H^{\cdot}] = 5{,}1 \times 10^{-7},$$
$$[A'] = 5 \times 10^{-7},$$
$$[A^{\cdot}] = 0{,}1 \times 10^{-7}.$$

m-Aminobenzoesäure $k_s = 1{,}6 \times 10^{-5}$; $k_b = 1{,}2 \times 10^{-12}$; $k_w = 10^{-14}$; $c = 10^{-2}$.

In erster Annäherung ergibt (8):

$$[H^\cdot] = 2{,}7 \times 10^{-4},$$
$$[A'] = 6 \times 10^{-4},$$
$$[A^\cdot] = 3{,}3 \times 10^{-4},$$
$$[A'] + [A^\cdot] = 9{,}3 \times 10^{-4},$$

wobei wir angenommen haben, daß diese Summe in bezug auf $c = 10^{-2}$ zu vernachlässigen ist.

Wenn wir c um diesen Betrag korrigieren und aufs neue berechnen, finden wir:

$$[H^\cdot] = 2{,}5 \times 10^{-4},$$
$$[A'] = 5{,}3 \times 10^{-4},$$
$$[A^\cdot] = 2{,}8 \times 10^{-4}.$$

$c = 10^{-4}$. Die erste Annäherung ergibt:

$$[H^\cdot] = 4 \times 10^{-5},$$
$$[A'] = 4 \times 10^{-5},$$

$[A^\cdot]$ vernachlässigbar klein.

Nach zwei korrigierten Berechnungen finden wir die richtigen Werte:

$$[H^\cdot] = 3{,}2 \times 10^{-5},$$
$$[A'] = 3{,}2 \times 10^{-5}.$$

Da k_b so klein in bezug auf k_s ist, können wir bei dieser Verdünnung die m-Aminobenzoesäure nur als eine einbasische Säure betrachten und auch die entsprechende einfache Gleichung für eine einbasische Säure bei der Berechnung anwenden.

In der folgenden Tabelle geben wir einige Werte von Wasserstoffionenexponenten für Asparaginsäure wieder. Die Berechnungen sind zunächst nach der einfachen Gleichung (8) erfolgt; darauf wurden die korrigierten Werte, schließlich in der letzten Reihe das p_H, nach der komplizierten SÖRENSENschen Gleichung (9) berechnet, angegeben.

Asparaginsäure: $k_s = 1{,}5 \times 10^{-4}$; $k_b = 1{,}2 \times 10^{-12}$; $k_w = 10^{-14}$.

Konzentration	p_H nach (8) [A] = c	p_H korrigiert	p_H nach SÖRENSEN (9)
∞	2,952	2,952	2,952
1	2,953	2,953	2,954
10^{-1}	2,969	2,973	2,973
10^{-2}	3,083	3,110	3,110
10^{-3}	3,437	3,521	3,521
10^{-4}	3,914	4,165	4,166

Wir sehen, daß die Anwendung der einfachen Gleichung (8) mit darauffolgender Korrektur für den Wert von [A] immer genaue Ergebnisse liefert.

3. Der isoelektrische Punkt einer Ampholytlösung. Aus dem Obenstehenden ergibt sich, daß jede Ampholytlösung eine bestimmte Konzentration an A, A′ und A˙ enthält. In stark saurer Lösung ist [A′] in bezug auf [A˙] von zu vernachlässigender Größenordnung, während in stark alkalischer Lösung [A˙] in bezug auf [A′] vernachlässigt werden kann.

Die rein wässerige Lösung des Ampholyten enthält, verglichen mit [A˙] und [A′], einen großen Überschuß an [A]. Es muß nun eine bestimmte Wasserstoffionenkonzentration bestehen, bei der der undissoziierte Teil A eine Maximalkonzentration hat, während die Summe von [A′] + [A˙] minimal ist. Dieser Punkt wird der *isoelektrische Punkt* genannt, weil sich bei der Durchleitung eines elektrischen Stromes gleich viel Kationen des Ampholyten nach der Kathode wie Anionen des Ampholyten nach der Anode bewegen.

Nach (5), (6) und (7) ist nun:

$$\frac{c}{[A]} = 1 + \frac{k_s}{[H^\cdot]} + \frac{k_b}{k_w}[H^\cdot]\,. \tag{10}$$

Nach L. MICHAELIS[1] haben wir dann:

$$\frac{d\frac{c}{[A]}}{d[H^\cdot]} = -\frac{k_s}{[H^\cdot]^2} + \frac{k_b}{k_w}\,.$$

[A] ist maximal, wenn:

$$-\frac{k_s}{[H^\cdot]^2} + \frac{k_b}{k_w} = 0$$

ist oder

$$[H^\cdot]_{I.P.} = \sqrt{\frac{k_s}{k_b}\,k_w}\,. \tag{11}$$

$[H^\cdot]_{I.P.}$ stellt die Wasserstoffionenkonzentration beim isoelektrischen Punkt dar. Es ergibt sich also ein einfaches Verhältnis zwischen $[H^\cdot]_{I.P.}$ und den verschiedenen Konstanten; vgl. auch H. ECKWEILLER, H. M. NOYES und K. G. FALK[2]; P. A. LEVENE

[1] MICHAELIS, L.: Die Wasserstoffionenkonzentration. 2. Aufl. Berlin 1922.

[2] ECKWEILLER, H., H. M. NOYES u. K. G. FALK: Journ. Gener. Physiol. **3**, 291 (1921).

Werte von k_s und k_b von Ampholyten.

Ampholyt	k_s	Temp.	Ermittelt von	k_b	Temp.	Ermittelt von
Alanin	$1{,}9 \times 10^{-10}$	25°	Winkelblech	$5{,}1 \times 10^{-12}$	25°	Winkelblech
	$1{,}8 \times 10^{-10}$	—	L. J. Harris	$2{,}5 \times 10^{-12}$	—	L. J. Harris
Alanylglycin	$1{,}8 \times 10^{-8}$	25°	H. v. Euler	$2{,}0 \times 10^{-11}$	25°	H. v. Euler
	$0{,}66 \times 10^{-8}$	—	L. J. Harris	$1{,}3 \times 10^{-11}$	—	L. J. Harris
Alanylalanin	$0{,}66 \times 10^{-8}$	—	L. J. Harris	$1{,}0 \times 10^{-11}$	—	L. J. Harris
Arginin, 2. Stufe				$2{,}2 \times 10^{-12}$	—	L. J. Harris
1. Stufe	$<1{,}1 \times 10^{-14}$	25°	Kanitz	$1{,}0 \times 10^{-7}$	25°	Kanitz
2. Stufe				$1{,}3 \times 10^{-12}$	25°	
1. Stufe	4×10^{-13}	25°	Hunter und Borsook	$1{,}07 \times 10^{-5}$		Hunter und Borsook
Asparagin	$8{,}8 \times 10^{-10}$	18°	Lunden	$8{,}8 \times 10^{-13}$	18°	Lunden
	$1{,}35 \times 10^{-9}$	25°		$1{,}5 \times 10^{-12}$	25°	Lunden
	$3{,}2 \times 10^{-9}$	40°		$4{,}2 \times 10^{-12}$	40°	Lunden
				$1{,}9 \times 10^{-11}$	60°	Walker und Aston
Asparaginsäure, 1. Stufe	$1{,}5 \times 10^{-4}$	25°	Winkelblech	$1{,}2 \times 10^{-12}$	25°	Winkelblech
1. Stufe	$2{,}35 \times 10^{-4}$	30°	Levene und Simms	$1{,}5 \times 10^{-12}$	30°	Levene und Simms
2. Stufe	4×10^{-10}	30°				
Betain				$7{,}6 \times 10^{-13}$	25°	Winkelblech
Glykokoll	$3{,}4 \times 10^{-10}$	25°	Winkelblech	$2{,}7 \times 10^{-12}$	25°	Winkelblech
	$1{,}2 \times 10^{-10}$	17,5°	Michaelis und Rona	$1{,}93 \times 10^{-12}$	17,5°	Michaelis und Rona
	$1{,}05 \times 10^{-10}$	18°	Dernby	$1{,}7 \times 10^{-12}$	18°	Dernby
	$1{,}8 \times 10^{-10}$	25°	Harris	$2{,}6 \times 10^{-12}$	25°	Harris
	$1{,}8 \times 10^{-10}$	18°	Tague	$2{,}8 \times 10^{-11}$		Walker und Aston
Glycylglycin	$1{,}8 \times 10^{-8}$	25°	Euler	2×10^{-11}	25°	Euler
	$3{,}3 \times 10^{-9}$	18°	Dernby	$0{,}95 \times 10^{-11}$	18°	Dernby
	$5{,}3 \times 10^{-9}$	25°	Harris	$1{,}4 \times 10^{-11}$	25°	Harris
Glutaminsäure, 2. Stufe	$1{,}6 \times 10^{-10}$	25°	Harris			
1. Stufe	$6{,}3 \times 10^{-5}$	25°	Harris			
	$6{,}3 \times 10^{-5}$	25°	Holmberg			
	6×10^{-5}	18°	Tague			
Histidin, 2. Stufe				$5{,}0 \times 10^{-13}$	25°	Kanitz
1. Stufe	$2{,}2 \times 10^{-9}$	25°	Kanitz	$5{,}7 \times 10^{-9}$	25°	Kanitz
Leucin	$1{,}8 \times 10^{-10}$	25°	Winkelblech	$2{,}3 \times 10^{-12}$	25°	Winkelblech
	$2{,}5 \times 10^{-10}$	25°	Harris	$2{,}3 \times 10^{-12}$	25°	Harris
Leucylglycin	$1{,}5 \times 10^{-8}$	25°	Euler	$3{,}0 \times 10^{-11}$	25°	Euler
Lysin, 1. Stufe				$1{,}1 \times 10^{-12}$	25°	Kanitz
2. Stufe	$1{,}2 \times 10^{-11}$	25°	Kanitz	$>1{,}1 \times 10^{-7}$	25°	Kanitz
2. Stufe				$1{,}0 \times 10^{-12}$	25°	Harris
1. Stufe	2×10^{-11}	25°	Harris	$3{,}2 \times 10^{-5}$	25°	Harris

Werte von k_s und k_b von Ampholyten (Fortsetzung).

Ampholyt	k_s	Temp.	Ermittelt von	k_b	Temp.	Ermittelt von
Phenylalanin	$2{,}5 \times 10^{-9}$	25°	KANITZ	$1{,}3 \times 10^{-12}$	25°	KANITZ
	$7{,}5 \times 10^{-10}$	25°	HARRIS			
	$7{,}5 \times 10^{-10}$	25°	TAGUE			
Tyrosin	$4{,}0 \times 10^{-9}$	25°	KANITZ	$2{,}6 \times 10^{-12}$	25°	KANITZ
2. Stufe	$4{,}0 \times 10^{-11}$	25°	HARRIS			
1. Stufe	$4{,}0 \times 10^{-10}$	25°	HARRIS			
	$7{,}0 \times 10^{-10}$	18°	TAGUE			
Valin				$2{,}0 \times 10^{-12}$	25°	HARRIS
Arsenige Säure	6×10^{-10}	25°	WOOD	1×10^{-14}	25°	WOOD
Coffein	$<1 \times 10^{-14}$	25°	WOOD	$4{,}0 \times 10^{-14}$	25°	WOOD
Kakodylsäure	$6{,}4 \times 10^{-7}$	25°	JOHNSTON	3×10^{-13}		ZAWIDSKI
	$7{,}5 \times 10^{-7}$		HOLMBERG	$3{,}6 \times 10^{-13}$	25°	HOLMBERG
Theobromin	$1{,}3 \times 10^{-8}$	18°	PAUL	$1{,}3 \times 10^{-14}$	18°	PAUL
	$1{,}1 \times 10^{-10}$	25°	WOOD	$4{,}8 \times 10^{-14}$	40°	WOOD
Theophyllin	$1{,}7 \times 10^{-9}$	25°	WOOD	$1{,}9 \times 10^{-14}$	20°	WOOD
m-Aminobenzoesäure	$1{,}6 \times 10^{-5}$	25°	MICHAELIS und DAVIDSOHN	$1{,}2 \times 10^{-11}$	25°	MICHAELIS und DAVIDSOHN
	$1{,}6 \times 10^{-5}$	18°	WINKELBLECH	$1{,}2 \times 10^{-11}$	25°	WINKELBLECH
o-Aminobenzoesäure	$1{,}06 \times 10^{-5}$	18°	LUNDEN	$1{,}37 \times 10^{-12}$	18°	LUNDEN
	$1{,}35 \times 10^{-5}$	40°	LUNDEN	$3{,}15 \times 10^{-12}$	40°	LUNDEN
p-Aminobenzoesäure	$1{,}2 \times 10^{-5}$	25°	WINKELBLECH	$2{,}3 \times 10^{-12}$	25°	WINKELBLECH
	$1{,}2 \times 10^{-5}$	25°	MICHAELIS und DAVIDSOHN	$2{,}3 \times 10^{-12}$	20°	MICHAELIS und DAVIDSOHN

Literaturübersicht.

WINKELBECH: Ztschr. f. physik. Ch. **36**, 546 (1901). — HARRIS, L. J.: Proc. Royal Soc. **95**, 440 (1923). — EULER, H. v.: Ztschr. f. physiol. Ch. **51**, 213 (1907). — HUNTER, A., u. A. BORSOOK: Biochem. Journ. **18**, 883 (1924). — LUNDEN, H.: Ztschr. f. physik. Ch. **54**, 532 (1906) — Journ. de Chim. physique **5**, 145 (1907); auch Affinitätsmessungen an schwachen Säuren und Basen. Samml. chem.-technischer Vorträge **14** (1908). Stuttgart: F. Enke. — WALKER u. ASTON: Journ. Chem. Soc. London **67**, 576 (1895). — LEVENE, P. A., u. H. SIMMS: Journ. Gener. Physiol. **4**, 801 (1923). — MICHAELIS, L., u. P. RONA: Biochem. Ztschr. **49**, 248 (1913). — DERNBY: C. r. du Lab. Carlsberg **11**, 265 (1916). — TAGUE: Journ. Amer. Chem. Soc. **42**, 173 (1920); von mir berechnet. — HOLMBERG: Ztschr. f. physik. Ch. **70**, 157 (1910). — WOOD: Journ. Chem. Soc. London **93**, 411 (1908). — JOHNSTON: Ber. Dtsch. Chem. Ges. **36**, 1625 (1903). — ZAWIDSKI: Ber. Dtsch. Chem. Ges. **36**, 3325 (1903); **37**, 153, 2289 (1904). — PAUL, TH.: Arch. der Pharm. **239**, 48 (1901). — MICHAELIS u. DAVIDSOHN: Biochem. Ztschr. **47**, 250 (1912). — BORK, A.: Ztschr. f. physik. Ch. **129**, 58 (1927). — ANDREWS, S., u. C. L. A. SCHMIDT: Journ. Biol. Chem. **73**, 651 (1927). — Über neuere Literatur vgl. LANDOLT-BÖRNSTEIN-ROTH: Physikalisch-Chemische Tabellen Erg.-Bd. **2** (1931).

und H. S. SIMMS[1]; Methoden zur Bestimmung von isoelektrischen Punkten vgl. L. MICHAELIS (l. c.); S. P. L. SÖRENSEN (l. c.); auch W. R. ATKIN[2].

Wenn die Substanz m saure Gruppen und n basische Gruppen enthält, so ist nach LEVENE und SIMMS:

$$[H^\cdot]_{I.P.} = \sqrt{\frac{k_{s_1} + k_{s_2} \ldots + k_{s_m}}{k_{b_1} + k_{b_2} \ldots + k_{b_n}} k_w} .$$

Wenn wir die einfache Gleichung (8) zur Berechnung von $[H^\cdot]$ in einer reinen Ampholytlösung anwenden, in der [A] sehr groß ist, und k_s und k_b wenigstens 10000mal größer sind als k_w, so finden wir:

$$[H^\cdot] = \sqrt{\frac{k_s[A] + k_w}{\frac{k_b}{k_w}[A] + 1}} = \sqrt{\frac{k_s}{k_b} k_w} . \qquad (11)$$

Durch diese Vereinfachung finden wir also dieselbe Gleichung für $[H^\cdot]$ beim isoelektrischen Punkte, wie MICHAELIS in verwickelterer Weise abgeleitet hat.

Beim isoelektrischen Punkte ist also:

a) [A] maximal und die Summe von $[A^\cdot]$ und $[A']$ minimal,

b) $[A']$ gleich $[A^\cdot]$ [dies ergibt sich durch Einsetzen des in Gleichung (11) gegebenen Wertes in (6) und (7)].

Dies ist auch der Grund, warum der Ampholyt, vom elektrochemischen Standpunkt betrachtet, isoelektrisch ist. Mit Hilfe der Gleichung von MICHAELIS läßt sich sehr einfach $[H^\cdot]$ beim isoelektrischen Punkt berechnen, wenn k_s und k_b bekannt sind.

In der vorstehenden Tabelle geben wir eine Zusammenstellung der Werte von k_s und k_b, die dem Schrifttum entnommen sind.

4. Die Neutralisationskurven von Ampholyten. Wenn zu einer Ampholytlösung eine starke Säure gegeben wird, nimmt die Konzentration der $A^\cdot$-Ionen zu, während $[A']$ abnimmt. Bei Anwesenheit eines genügenden Säureüberschusses wird $[A']$ so klein, daß sie gegenüber der Kationenkonzentration vernachlässigt werden kann. Wir können in diesem Falle den Ampholyten lediglich als schwache Base ansehen und daraufhin den Rest der Neutralisationskurve berechnen.

[1] LEVENE, P. A., u. H. S. SIMMS: Journ. Biol. Chem. **55**, 801 (1923).

[2] ATKIN, W. R.: Proc. Leeds Phil. Lit. Soc. **1**, 165 (1927) — Chemical Abstracts **21**, 2210 (1927).

Auf dieselbe Weise kann der Ampholyt lediglich als schwache Säure angesehen werden, ohne daß man die basischen Eigenschaften zu berücksichtigen braucht, wenn der zugefügte Überschuß an Lauge so groß ist, daß die Konzentration der Kationen $[A^{\cdot}]$ gegenüber $[A']$ klein wird.

In der Nähe des isoelektrischen Punktes wird die Berechnung verwickelter, weil wir dann sowohl die sauren als auch die basischen Eigenschaften des Ampholyten in Rechnung setzen müssen.

Wir wollen nun einen Ampholyten betrachten, dessen k_s größer ist als k_b, wie es gewöhnlich der Fall ist. Wir wollen dabei die Gesamtkonzentration des Ampholyten c nennen und annehmen, daß so viel Salzsäure zugefügt wurde, wie der Konzentration a entspricht. Ferner rechnen wir damit, daß das entstandene Salz vollständig in seine Ionen dissoziiert ist.

Da in jeder Lösung die Summe der Kationen gleich der der Anionen ist, finden wir:

$$[H^{\cdot}] + [A^{\cdot}] = [A'] + [Cl'] + [OH'] = [A'] + [Cl'] = [A'] + a$$

oder

$$[A^{\cdot}] = [A'] + a - [H^{\cdot}]. \tag{12}$$

Ferner wissen wir, daß

$$[A^{\cdot}] = \frac{[A]}{[OH']} k_b = \frac{k_b}{k_w} [A] [H^{\cdot}] \tag{7}$$

und

$$[A'] = \frac{[A]}{[H^{\cdot}]} k_s. \tag{6}$$

Durch Kombination dieser Gleichungen finden wir

$$\frac{k_b}{k_w} [A] [H^{\cdot}] = a - [H^{\cdot}] + \frac{[A]}{[H^{\cdot}]} k_s,$$

$$[H^{\cdot}]^2 - [H^{\cdot}] \frac{a}{\frac{k_b}{k_w}[A] + 1} - \frac{[A] k_s}{\frac{k_b}{k_w}[A] + 1} = 0,$$

$$[H^{\cdot}] = \frac{a}{2\frac{k_b}{k_w}[A] + 1} + \sqrt{\left\{\frac{a}{2\frac{k_b}{k_w}[A] + 1}\right\}^2 + \frac{[A] k_s}{\frac{k_b}{k_w}[A] + 1}}. \tag{13}$$

Wenn man diese Gleichung auflösen will, muß man in erster Annäherung annehmen, daß [A] gleich c — a sei, ähnlich wie wir dies bei der $[H^{\cdot}]$-Berechnung in einer reinen Ampholytlösung getan haben. Wenn sich dann nachher ergibt, daß die Abweichung durch die Annäherung zu groß ist, wird die Berechnung wiederholt, indem man für [A] den Wert c — a — [A'] einsetzt.

Gleichung (13) ist ziemlich kompliziert; in vielen Fällen kann sie für den praktischen Gebrauch vereinfacht werden. Ein weiteres Eingehen hierauf geht jedoch über den Rahmen dieses Buches hinaus.

Eine der Gleichung (13) entsprechende Gleichung läßt sich ableiten, wenn man einem Ampholyten eine Base zusetzt.

Wir bemerken hier ausdrücklich, daß die verwickelte Gleichung (13) ausschließlich in der Nähe des isoelektrischen Punktes angewandt zu werden braucht. Bei anderen Wasserstoffionenkonzentrationen können wir die einfachen Gleichungen für monovalente Säuren und Basen anwenden (vgl. Kap. 1).

Gleichung (12) gibt uns einen einfachen Überblick über die Säure- (bzw. Basen-) Menge, die nötig ist, um eine Ampholytlösung auf den isoelektrischen Punkt zu bringen. *Diese Menge ist gleich dem Unterschiede der* [H˙] *beim isoelektrischen Punkte und dem der Lösung*[1].

5. Die Zwitterionen. Die Theorie von N. Bjerrum. Bredig[2] war der erste, der annahm, daß ein amphoterer Stoff eigentlich ein inneres Salz ist und deswegen sowohl eine positive als auch eine negative Ladung in demselben Molekül enthält. F. W. Küster[3] nahm bei der Erklärung der Eigenschaften von Methylorange an, daß die freie Indicatorsäure als ein „Zwitterion" anzusehen ist (vgl. S. 150). Gewöhnlich nahm man im Schrifttum an, daß die Bildung der Zwitterionen nur zu einem sehr geringen Betrage stattfindet. So sagt u. a. Michaelis über das Zwitterion der Aminosäuren: „Seine Menge ist zweifellos auch stets verschwindend klein."

N. Bjerrum[4] hat unseren Einblick in das Verhalten von Aminosäuren besonders durch die Annahme erweitert, daß diese Ampholyte in wässeriger Lösung größtenteils als Zwitterionen

[1] Neutralisation mehrerer Ampholyte nebeneinander vgl. A. E. Stearn: Journ. Gener. Physiol. **10**, 313 (1926).

[2] Bredig: Ztschr. f. physik. Ch. **13**, 323 (1894) — Zeitschr. f. Elektrochem. **6**, 35 (1894).

[3] Küster, F. W.: Ztschr. f. anorg. u. allg. Ch. **13**, 135 (1897).

[4] Bjerrum, N.: Ztschr. f. physik. Ch. **104**, 147 (1931). Vgl. auch E. Q. Adams: Journ. Amer. Chem. Soc. **38**, 1503 (1916).

vorhanden sind. Hierdurch wurden verschiedene Eigenschaften der Aminosäuren klar verständlich, wie wir noch näher auseinandersetzen werden.

Um die Zwitterionentheorie zu erläutern, wollen wir Ammoniumacetat mit einer Aminosäure vergleichen, deren saure und basische Dissoziationskonstante dieselbe ist wie die von Essigsäure bzw. Ammoniak. Nun wissen wir, daß eine 0,1 molare Lösung von Ammoniumacetat zu 0,5% hydrolysiert ist, während das Salz zu 99,5% in Ionen gespalten ist. Wenn wir dieselben Gleichungen zur Berechnung der Hydrolyse der Aminosäure verwenden, finden wir in unserem Falle, daß diese ebenfalls zu 0,5% hydrolysiert ist, und folgerichtig können wir annehmen, daß der Rest in ionogener Form vorhanden ist.

Dieses innere Salz kann indes nicht in Ionen zerfallen, weil die Ladungen an besondere Gruppen des Moleküles gebunden sind.

Nach dieser Auffassung ist also ein kleiner Teil der Aminosäure NH_2RCOOH in die Kationen $^{\cdot}NH_3RCOOH$ und die Anionen NH_2RCOO' hydrolysiert; der größte Teil aber liegt als inneres Salz

$$^{\cdot}NH_3RCOO' \text{ Zwitterion}$$

vor, während nach der älteren Auffassung der nichthydrolysierte Teil aus neutralen Molekülen NH_2RCOOH besteht. Die Berechnungen im vorigen Abschnitte beruhen auf dieser letzten Annahme, obwohl sie unrichtig ist. Wie wir nachher sehen werden, sind die Ergebnisse der Berechnungen gute, obwohl die Auslegung der Werte der sauren und basischen Dissoziationskonstanten unrichtig ist.

Wenn wir die nichtdissoziierte Aminosäure NH_2RCOOH A nennen, das Zwitterion $^+A^-$, das Kation A^+ und das Anion A^-, dann ist nach der alten Auffassung

$$\frac{[H^{\cdot}][A^-]}{[A]} = k_s, \tag{1}$$

$$\frac{[A^+][OH']}{[A]} = k_b. \tag{2}$$

Nach der heutigen Annahme haben wir es aber mit folgenden Gleichgewichten zu tun:

$$^+NH_3RCOOH \leftrightarrows {}^+NH_3RCOO^- + H^{\cdot},$$

$$A^+ \leftrightarrows {}^+A^- + H^+,$$

also

$$\frac{[^+A^-][H^+]}{[A^+]} = K_s \tag{14}$$

und

$$NH_2RCOO^- + H_2O \leftrightarrows {}^+NH_3RCOO^- + OH',$$

$$A^- + H_2O \leftrightarrows {}^+A^- + OH',$$

$$\frac{[^+A^-][OH']}{[A^-]} = K_b\,. \tag{15}$$

K_s und K_b sind die wahren sauren und basischen Dissoziationskonstanten, während k_s und k_b nur die scheinbaren Dissoziationskonstanten darstellen.

Es besteht eine einfache Beziehung zwischen k_s, k_b, K_s und K_b. Da [A] nach der älteren Auffassung gleich $[^+A^-]$ nach der neuen Annahme ist, finden wir durch Verbindung der Gleichungen (2) und (14)

$$K_s = \frac{k_w}{k_b}$$

und aus (1) und (15)

$$K_b = \frac{k_w}{k_s}\,.$$

Die wahre saure Dissoziationskonstante der Aminosäure ist somit nichts anderes als die Hydrolysekonstante der scheinbaren basischen Konstante k_b; *die wahre basische Dissoziationskonstante entspricht dem Werte der Hydrolysekonstante der sauren Gruppe nach der älteren Auffassung.*

Der große Unterschied zwischen der klassischen und heutigen Anschauung liegt darin, daß der basische Charakter nach der alten Theorie in Wirklichkeit durch die wahre saure Dissoziationskonstante und umgekehrt beherrscht wird.

Wenn wir zu einer Aminosäure eine starke Säure zusetzen, wird die Reaktion nach der alten Auffassung wie folgt ausgedrückt:

$$NH_2RCOOH + H^+ \leftrightarrows {}^+NH_3RCOOH\,.$$

Nach der Theorie von Bjerrum aber wie folgt:

$${}^+NH_3RCOO^- + H^+ \leftrightarrows {}^+NH_3RCOOH\,.$$

Nach der alten Auffassung wird also die basische NH_2-Gruppe durch die starke Säure neutralisiert, während nach der neuen Betrachtungsweise die schwache Säure $^+NH_3RCOOH$ durch die starke Säure aus dem „Salze" $^+NH_3RCOO^-$ in Freiheit gesetzt wird.

In dieser Hinsicht können wir die Aminosäure also wieder vollständig mit Ammoniumacetat vergleichen.

$$HN_4^+ + CH_3COO^- + H^+ \leftrightarrows NH_4^+ + CH_3COOH.$$

Wenn wir eine Aminosäure mit einer Base behandeln, so wird nicht die Carboxylgruppe neutralisiert, sondern die schwache Base NH_2RCOO^- frei gemacht, genau wie Natronlauge aus Ammoniumacetat Ammoniak frei macht.

$$^+NH_3RCOO^- + OH^- \leftrightarrows NH_2RCOO^- + H_2O.$$

Es besteht eine völlige Analogie zwischen dem Verhalten einer Aminosäure mit Säuren und Basen und dem eines Salzes vom Ammoniumacetat-Typus, mit der Einschränkung, daß das Zwitterion den elektrischen Strom nicht leitet, während die Ammonium- und Acetationen mit ihren freien Ladungen ihn leiten.

In der folgenden Tabelle geben wir die Werte von k_s und k_b, K_s und K_b von Aminosäuren bei 25° wieder, wie sie von BJERRUM berechnet worden sind.

Dissoziationskonstanten von Aminosäuren (N. BJERRUM).

	k_s	k_b	K_s	K_b
Glykokoll	$10^{-9,75}$	$10^{-11,57}$	$10^{-2,33}$	$10^{-4,15}$
Methylglykokoll	$10^{-9,89}$	$10^{-11,75}$	$10^{-2,15}$	$10^{-4,01}$
Dimethylglykokoll	$10^{-9,85}$	$10^{-11,97}$	$10^{-1,93}$	$10^{-4,05}$
Betain	ca. 10^{-14}	$10^{-12,66}$	$10^{-1,34}$	ca. 1
Alanin	$10^{-9,72}$	$10^{-11,29}$	$10^{-2,61}$	$10^{-4,18}$
Leucin	$10^{-9,75}$	$10^{-11,64}$	$10^{-2,26}$	$10^{-4,15}$
Phenylalanin	$10^{-8,60}$	$10^{-11,89}$	$10^{-2,01}$	$10^{-5,30}$
Tyrosin	$10^{-8,40}$	$10^{-11,39}$	$10^{-2,51}$	$10^{-5,50}$
Glycylglycin	$10^{-7,74}$	$10^{-10,70}$	$10^{-3,20}$	$10^{-6,16}$
Alanylglycin	$10^{-7,74}$	$10^{-10,70}$	$10^{-3,20}$	$10^{-6,16}$
Leucylglycin	$10^{-7,82}$	$10^{-10,52}$	$10^{-3,38}$	$10^{-6,08}$
Taurin	$10^{-8,8}$	ca. 10^{-14}	ca. 1	$10^{-5,1}$
Asparagin	$10^{-8,87}$	$10^{-11,82}$	$10^{-2,08}$	$10^{-5,03}$
Lysin, 1. Stufe	10^{-12}	$<10^{-6,96}$	$10^{-1,94}$	$10^{-1,9}$
2. Stufe	—	$10^{-11,96}$	—	$10^{-6,96}$
Arginin, 1. Stufe	$<10^{-13,96}$	$10^{-7,0}$	$10^{-2,24}$	>1
2. Stufe	—	$10^{-11,66}$	—	$10^{-6,9}$
Histidin, 1. Atufe	$10^{-8,66}$	$10^{-8,24}$	$10^{-1,60}$	$10^{-5,24}$
2. Stufe	—	$10^{-12,30}$	—	$10^{-8,24}$
Asparaginsäure, 1. Stufe	$10^{-3,82}$	$10^{-11.92}$	$10^{-1,98}$	$10^{-1,8}$
2. Stufe	$10^{-12,1}$	—	$10^{-3,82}$	—

6. Die Vorzüge der Zwitterionenannahme. Nach der alten Auffassung hat k_s Werte, die gewöhnlich zwischen 10^{-8} und 10^{-10} liegen. Wahrscheinlich ist dies aber nicht, da alle Aminosäuren (außer Taurin) Carboxylsäuren sind, die selbst Dissoziationskonstanten von 10^{-5} bis 10^{-2} haben. Nun sollte nach der alten Auffassung die Dissoziationskonstante durch die Einführung einer NH_2-Gruppe stark vermindert werden. Dies ist aber im allgemeinen nicht zu erwarten, da die positive NH_2-Gruppe gerade günstig auf die Abspaltung von Wasserstoffionen durch die saure Gruppe wirken wird. Nach der Zwitterionenauffassung liegt die wahre Dissoziationskonstante der sauren Gruppe zwischen $10^{-1,5}$ bis $10^{-3,5}$, was viel wahrscheinlicher ist. Je mehr die Aminogruppe sich der Carboxylgruppe nähert, um so mehr wird sie den sauren Charakter der letzteren erhöhen. Im Glykokoll ist k_s z. B. $10^{-2,33}$, während sie im Glycylglycin, wo der Abstand zwischen der Amino- und Carboxylgruppe größer ist, nur $10^{-3,20}$ beträgt. Dieselben Betrachtungen können wir auch über die Größe der Konstante der basischen Gruppe anstellen, die bei Glykokoll $10^{-4,15}$, bei Glycylglycin $10^{-6,16}$ beträgt.

Das Verhalten der Sulfosäuren wird ebenfalls nach der neuen Theorie erklärt. Diese gehören zu den starken Säuren und können in dieser Hinsicht mit Schwefelsäure verglichen werden. Nun ist aber in Taurin k_s nur $10^{-8,8}$, was unverständlich ist. Nach der neuen Auffassung ist die wahre saure Dissoziationskonstante ungefähr 1, was vollständig mit dem Verhalten des Stoffes als Sulfosäure in Einklang steht.

Auch das Verhalten von Methylorange als Indicator läßt sich allein auf Grund der Theorie von Bjerrum erklären (vgl. S. 150).

In guter Übereinstimmung mit der Zwitterionentheorie steht die Tatsache, daß Walbum[1] bei Glykokoll einen großen Temperaturkoeffizienten für k_s fand.

Wir wissen, daß die Dissoziationskonstanten von Carboxylsäuren und von Ammoniak einen kleinen Temperaturkoeffizienten zeigen. Wenn wir nun aber Walbums Zahlen auf die wahre basische Dissoziationskonstante umrechnen, so ergibt sich, daß diese zwischen 10 und 70° nur auf das Doppelte steigt.

---

[1] Walbum: Comptes rendus de la Soc. de biol. **83**, 707 (1920).

Das Verhalten von Aminosäuren in anderen Fällen, wie bei der Senfölreaktion, der Formaldehydtitration usw., ist ebenfalls nur nach den neuen Auffassungen gut verständlich.

7. Das Gleichgewicht zwischen Aminosäure und Zwitterionen. Die Lösung einer Aminosäure enthält sowohl die restliche Aminosäure als auch das Zwitterion:

$$NH_2RCOOH \rightleftarrows {}^+NH_3RCOO^- ,$$

$$\frac{[{}^+A^-]}{[A]} = n .$$

Der Wert von n kann nur angenähert ermittelt werden. Für Dimethylglycin, Glykokoll und Phenylalanin berechnet BJERRUM einen Wert von $n = 10^4$, für Glycylglycin 10^2. In diesen Fällen können wir also ruhig annehmen, daß alle nichtdissoziierte Aminosäure als Zwitterion vorhanden ist.

Dies verhält sich jedoch nicht mehr so, wenn wir die aromatischen Aminosäuren, wie die Derivate der Benzoesäure, betrachten. Wir verweisen auf die Veröffentlichung von BJERRUM (l. c.). Da wenig Sicheres über diese Frage bekannt ist, wollen wir nicht näher darauf eingehen.

Drittes Kapitel.

Die Theorie der Dissoziation der starken Elektrolyte. Die Ionenaktivitätstheorie und deren Anwendung bei Säure-Basen-Gleichgewichten.

1. Historische Übersicht; Einteilung der Elektrolyte. Bereits die Theorie von GROTTHUS (1805) über die elektrische Leitfähigkeit von Lösungen setzte voraus, daß die Molekeln des Elektrolyten ihre positiven und negativen Hälften kettenartig austauschen, so daß diese Hälften wenigstens kurze Zeit während der Elektrolyse frei vorhanden sein müssen. Seine energetischen Betrachtungen führten R. CLAUSIUS (1857) 50 Jahre später zu dem Schluß, daß in der Elektrolytlösung auch ohne Einwirkung eines Stromes wenigstens eine Anzahl „elektrischer Teilmoleküle“ frei vorhanden sein muß, deren unregelmäßige Wärmebewegungen durch den Strom eine bevorzugte Richtung erhalten. In derselben Zeit hatte auch W. HITTORF bei seinen klassischen Untersuchungen über die Wanderung der Ionen geschrieben: „Die Ionen eines Elektrolyten können nicht in fester Weise zu Gesamtmolekeln verbunden sein[1].“ Eine ganz klare Vorstellung über den Zustand der gelösten Elektrolyte hatte man jedoch nicht. Um die achtziger Jahre, als die physikalische Chemie einen gewaltigen Aufschwung erlebte, waren es besonders die physikalischen Eigenschaften der Elektrolytlösungen, die man gar nicht mehr in klassischer Weise deuten konnte.

VAN'T HOFF hatte damals abgeleitet, daß in allen verdünnten Lösungen die gelösten Stoffe genau derselben Zustandsgleichung gehorchen wie die Gase: $pv = RT$, wenn man unter p an Stelle des Gasdrucks den osmotischen Druck des Lösungsmittels versteht. Das Verhalten der Nichtelektrolyte war mit diesem Gesetze in guter Übereinstimmung; die bekannten Messungen von RAOULT hatten gelehrt, daß die Gefrierpunktserniedrigung eines Lösungsmittels unabhängig von der Art der gelösten Substanz ist, sondern nur von ihrer molekularen Konzentration abhängt. Auch die Untersuchungen von PFEFFER, M. TRAUBE, HUGO DE VRIES über den „isotonischen Koeffizient“ von Lösungen ergaben gute Übereinstimmung mit dem VAN'T HOFFschen Gesetze. Sobald man jedoch Elektrolytlösungen heranzog, ergab sich, daß die Gefrierpunktserniedrigung bzw. die Erhöhung des osmotischen Druckes bzw. des Siedepunktes oder, kurz gefaßt, die osmotische Wirkung viel größer war, als der totalen Elektrolytkonzentration entsprach. VAN'T HOFF führte nun dafür den *Irrationalitätskoeffizienten* i ein (VAN'T HOFFschen Faktor), durch welchen die osmotische Wirkung dividiert werden mußte, um eine Zahl zu erhalten, die mit der Zustandsgleichung in Übereinstimmung war (i ist immer größer als 1). Der VAN'T HOFFsche Faktor ist bloß ein empirischer Rechenfaktor; eine Erklärung für das abweichende Verhalten der starken Elektrolytlösungen gibt er nicht.

Es war um dieselbe Zeit, als SV. ARRHENIUS seine Doktorarbeit schrieb (1884), in der er seine Anschauungen über die Lösungen starker Elektrolyte niederlegte. Es war schon längst bekannt, daß die elektrische Leitfähigkeit dieser starken Elektrolytlösungen relativ mit steigender Konzentration abnimmt. ARRHENIUS nahm nun an, daß der gelöste Elektrolyt aus „ak-

[1] Vgl. u. a. W. OSTWALD: Entwicklung der Elektrochemie. Sammlung Wissen und Können. Leipzig: J. Ambrosius Barth 1910.

tiven“ leitenden und „inaktiven“ nichtleitenden Molekeln in wechselndem Verhältnis besteht. In seiner klassischen Veröffentlichung (1887) identifizierte ARRHENIUS die aktiven Molekeln mit den Ionen.

Betrachten wir also eine Kochsalzlösung nach ARRHENIUS, so zerfällt das Chlornatrium zum Teil nach der Gleichung:

$$NaCl \rightarrow Na^{\cdot} + Cl'.$$

Denjenigen Teil eines Grammoleküls, der in Ionen gespalten ist, nennt man den *elektrolytischen Dissoziationsgrad* α. Ist z. B. in einer 0,01 n-Natriumchloridlösung α gleich 0,9, so ist die Konzentration des ungespaltenen Teiles NaCl gleich $0{,}1 \times 0{,}01 = 0{,}001$ und die Konzentration der Chlor- und Natriumionen $0{,}9 \times 0{,}01 = 0{,}009$.

Durch diese neue Theorie von ARRHENIUS konnte das abweichende osmotische Verhalten der starken Elektrolyte nicht nur qualitativ gedeutet, sondern auch quantitativ eingehender studiert werden, und zwar war es einleuchtend, daß ein sehr einfacher Zusammenhang zwischen dem *elektrolytischen Dissoziationsgrad* α und dem *Irrationalitätskoeffizienten* i bestehen muß. Betrachten wir z. B. die Lösung eines uni-univalenten Elektrolyten von der Konzentration c. Die totale Konzentration der Summe aller Teilchen ist dann größer als c, und zwar: $(1 - \alpha)c + 2\alpha c = c(1 + \alpha)$. Das Verhältnis $\frac{c(1 + \alpha)}{c}$ muß also dem Irrationalitätskoeffizienten i entsprechen, also ist:

$$i = 1 + \alpha.$$

[Zerfällt der Elektrolyt in n Ionen, so sieht man leicht ein, daß $i = 1 + (n - 1)\alpha$].

Da man aus Messungen des Gefrierpunktes oder Siedepunktes i ermitteln konnte, war es möglich, mittels derartiger Bestimmungen α zu berechnen. Jedoch gibt es auch andere Wege, den Dissoziationsgrad α zu berechnen, und zwar aus der elektrischen Leitfähigkeit der Lösung. Die äquivalente Leitfähigkeit Λ einer Lösung ist eine Funktion der Konzentration; bei unendlicher Verdünnung, wo der Elektrolyt vollständig in die Ionen gespalten ist, ist sie am größten, mit steigender Konzentration nimmt sie ab, weil die Dissoziation des Elektrolyten abnimmt.

Nehmen wir nun vorläufig an, daß die Leitfähigkeit nur von der Ionenkonzentration beherrscht wird, so folgt aus dem Obenstehenden, daß:

$$\alpha = \frac{\Lambda_c}{\Lambda_\infty},$$

wenn Λ_c die Äquivalentleitfähigkeit bei der Konzentration c, und Λ_∞ dieselbe bei unendlicher Verdünnung vorstellt.

Zu den genannten Berechnungsarten gesellten sich später noch verschiedene andere Verfahren:

a) Nach der bekannten NERNSTschen Gleichung, welche die Potentialdifferenz zwischen einer Elektrode und einer Lösung von Ionen der Elektrodensubstanz wiedergibt, ist die E.M.K. in erster Linie von der Konzentration dieses Ions bestimmt.

b) Wenn ein Ion katalytisch wirkt, wie z. B. die Wasserstoffionen bei der Saccharoseinversion oder Hydroxylionen bei der Esterverseifung, so ist die Reaktionsgeschwindigkeit dieser Ionenkonzentration proportional.

c) Die Löslichkeit eines schwer löslichen, starken Elektrolyten wird durch Zusatz eines Elektrolyten, der ein gleichnamiges Ion enthält, stark zurückgedrängt. Diese Löslichkeitserniedrigung hängt in erster Linie von der Konzentration des gleichnamigen Ions ab.

Man kann die Elektrolyte in zwei große Gruppen einteilen, die natürlich durch Übergangsfälle miteinander verbunden sind:

a) Die „*starken Elektrolyte*“, die in verdünnter wässeriger Lösung weitgehend in Ionen gespalten sind. Hierzu gehören die meisten Neutralsalze und die sog. starken Mineralsäuren und Basen wie HCl, HNO_3, $HClO_4$, KOH, $Ba(OH)_2$.

b) Die „*schwachen Elektrolyte*“, bei denen der Dissoziationsgrad mit zunehmender Verdünnung ansteigt, aber die Dissoziation bei endlicher Verdünnung praktisch immer noch nicht als vollständig zu betrachten ist. Hierzu gehören die meisten organischen Säuren und Basen, Ammoniak, Schwefelwasserstoff usw.

Eigentlich stellen die Gruppen a) und b) zwei Extreme vor; die ideal starken Elektrolyte sind in Lösung vollständig in Ionen dissoziiert, die ideal schwachen zeigen keine merkliche Dissoziation. Man wird natürlich verschiedene Übergangsfälle wahrnehmen; man wird eine Substanz zu den sehr starken,

starken, mittelstarken oder schwachen Elektrolyten rechnen können, und es wird fraglich, ob einer der beiden Idealfälle in Wirklichkeit auch vorkommt. Schließt doch die moderne Theorie der starken Elektrolyte das Vorhandensein von undissoziierten Molekülen nicht unbedingt aus; jedoch ist deren Konzentration so gering, daß sie zu vernachlässigen ist. So wird z. B. Salzsäure in Wasser als ein starker Elektrolyt betrachtet, doch ist dies in Lösungsmitteln, in denen die Dissoziationskonstante der Salzsäure kleiner ist, nicht mehr der Fall. Aus der Säurestärke in Äthylalkohol kann man die Dissoziationskonstante in Wasser angenähert berechnen; man findet dann eine Größenordnung von 10^{+2}. In einer normalen Lösung der Chlorwasserstoffsäure in Wasser wird daher der undissoziierte Anteil etwa 1% der totalen Konzentration betragen; in verdünnteren Lösungen ist die Dissoziation noch vollständiger, so daß hier die Konzentration der undissoziierten Moleküle wohl außer Betracht gelassen werden kann. Brom- und Jodwasserstoff, obgleich stärker als Salzsäure, verhalten sich der letzten ähnlich und sind jedenfalls schwächere Säuren als die Perchlorsäure. Die Halogenwasserstoffsäuren gehören tatsächlich daher nicht zu der Gruppe der ideal starken Elektrolyte, obgleich sie sich denselben in Wasser als Lösungsmittel nähern; doch sind sie wesentlich verschieden von den typischen starken Elektrolyten wie Kaliumchlorid und andere Neutralsalze. Der Unterschied wird wahrscheinlich in der Struktur der festen Form zu finden sein. Neutralsalze in der festen krystallinen Form bilden ein Koordinationsgitter; der einfache Molekülbegriff hat hier keinen Sinn mehr, weil die Bestandteile des Salzes nur in Ionenform vorhanden sind und jedes in regelmäßiger Weise von einer bestimmten Anzahl anderer Ionen von entgegengesetzter Ladung umgeben ist. Sogar im festen Zustande kann man hier nicht mehr von „undissoziierten Molekülen“ sprechen, das Salz ist nur in ionogener Form vorhanden. Anders ist es bei den schwachen Elektrolyten, zu denen z. B. die meisten organischen Säuren gehören. Spektroskopisch hat A. Hantzsch nachgewiesen, daß eine organische Säure in Wasser in zwei Formen vorhanden ist; die eine Form hat dieselbe Struktur wie die Ester der Säure (undissoziierte Form), die andere hat die Salzstruktur (ionogene Form); d. h. wahrscheinlich ist diese wie ein starker Elektrolyt vollständig in Ionen zerfallen, und es hat keinen reellen Sinn mehr, noch von einer ionogenen Form zu sprechen.

Es ist sehr wahrscheinlich, daß bei *den schwachen Elektrolyten ein reversibles Gleichgewicht besteht zwischen den zwei Formen, von denen die eine praktisch gar keinen Elektrolytcharakter hat, die andere Form dagegen sich wie ein starker Elektrolyt verhält. Die eine Form könnten wir die „Pseudo"-, die andere die „Elektro"-Form nennen.*

Wir können dann die Dissoziation des schwachen Elektrolyten in folgender Weise veranschaulichen:

$$\text{Pseudo} \leftrightarrows \text{Elektro} \rightarrow B^{\cdot} + A' \; * .$$

Auf das Gleichgewicht zwischen „Pseudo $\leftrightarrows$ Elektro" ist das Massenwirkungsgesetz anwendbar; auf die Dissoziation des starken Elektrolyten „Elektro" in die Kationen $B^{\cdot}$ und die Anionen A' dagegen nicht mehr (vgl. weiter unten).

Je weniger „Pseudo" und um so mehr „Elektro" die Lösung enthält, um so stärker ist der Elektrolyt. Wenn die Lösungen praktisch gar keine „Pseudoform" mehr enthalten, so haben wir den Übergang der Gruppe b) der schwachen Elektrolyte zu der Gruppe a) der starken Elektrolyte.

Wenn wir bei den schwachen Elektrolyten ein Gleichgewicht annehmen zwischen zwei Formen, von denen die eine praktisch keinen Elektrolytcharakter besitzt und die andere sich wie ein starker Elektrolyt verhält, so ist es einleuchtend, daß ein gutes Verständnis des Verhaltens der schwachen Elektrolyte nur dann möglich sein wird, wenn wir die Eigenschaften der starken Elektrolyte näher kennengelernt haben.

Zusammenfassend wollen wir hier nur sagen, daß sich bei der Anwendung des Massenwirkungsgesetzes bei schwachen Elektrolyten ergibt, daß:

$$\frac{[\text{Elektro}]}{[\text{Pseudo}]} = K .$$

Ist nun die Konzentration der Pseudoform gleich c, so ist $[\text{Elektro}] = Kc$.

---

* Vgl. bez. der starken Elektrolyte: K. Schaeffer: Ztschr. f. anorg. u. allg. Ch. **97**, 285 (1916); **98**, 70 (1916) — Ztschr. f. physik. Ch. **93**, 312 (1918). — Hantsch, A.: Ber. Dtsch. Chem. Ges. **59**, 1096 (1926) — Ztschr. f. anorg. u. allg. Ch. **160**, 5 (1927).

Haben wir eine Lösung eines schwachen Elektrolyten, in der [Pseudo] gleich c ist, *so verhält seine Lösung sich wie die eines starken Elektrolyten mit einer Konzentration* Kc. Ändert man die totale Konzentration des schwachen Elektrolyten, so ändert sich die Konzentration des „starken" Elektrolytanteils (Elektro) nach dem Massenwirkungsgesetze.

2. Einwände gegen die Theorie von Sv. ARRHENIUS. 1. Nach der Theorie von ARRHENIUS sind starke Elektrolyte in Lösung zum Teil in Ionen gespalten. Diese Reaktion ist umkehrbar und kann für den Fall von Natriumchlorid durch folgende Gleichung dargestellt werden:

$$NaCl \leftrightarrows Na^{\cdot} + Cl'.$$

Nach dieser Anschauung könnte man also auf das Gleichgewicht das Massenwirkungsgesetz anwenden, aus dem sich ergibt, daß:

$$\frac{[Na^{\cdot}][Cl']}{[NaCl]} = K.$$

K würde dann die Dissoziationskonstante des starken Elektrolyten darstellen. Schon bald nach der Veröffentlichung von ARRHENIUS' Theorie kam man jedoch zur Erkenntnis, daß K keineswegs eine Konstante ist, sondern mit zunehmender Konzentration stark abnimmt. Nach der Theorie von ARRHENIUS war diese *Anomalie der starken Elektrolyte* gar nicht zu deuten. Zwar hat man rein empirisch das Dissoziationsgleichgewicht durch folgende Gleichung dargestellt:

$$K = \frac{(\alpha c)^n}{(1 - \alpha) c} *,$$

in der n für die uni-univalenten Elektrolyte einen Wert von ungefähr 1,4 hat; eine Erklärung für die Tatsache, daß n so stark vom theoretischen Wert 2 abweicht, konnte jedoch nicht gegeben werden.

2. Wenn man den elektrolytischen Dissoziationsgrad α der starken Elektrolytlösungen nach verschiedenen Verfahren berechnet, so findet man keine gute Übereinstimmung. Die Abweichungen sind vielgrößer, als den Versuchsfehlern entspricht.

---

* STORCH: Ztschr. f. physik. Ch. **19**, 13 (1896); vgl. auch VAN'T HOFF: Ibid. **18**, 300 (1895).

In folgender Tabelle geben wir einige Zahlen, die von A. A. NOYES und McINNES[1] für Kaliumchlorid bestimmt worden sind.

α ist wieder der elektrolytische Dissoziationsgrad, berechnet aus Leitfähigkeitsdaten:

$$\alpha = \frac{\Lambda_c \mu_c}{\Lambda_\infty \mu_\infty}.$$

(μ ist die innere Reibung.)

f ist der Dissoziationsgrad, aus der E.M.K. (f_a) bzw. Gefrierpunktserniedrigung (f_0) berechnet.

Konzentration KCl	α (aus Leitf.)	f_a (E.M.K.)	f_0 (Gefrierp.)
0,001 molar . .	0,979	0,979	0,977
0,005 „ . .	0,956	0,923	0,946
0,01 „ . .	0,941	0,890	
0,05 „ . .	0,889	0,790	
0,1 „ . .	0,861	0,745	

3. A. A. NOYES hat schon vor längerer Zeit eine große Anzahl von Einwänden gegen die Theorie von ARRHENIUS angeführt. So ist es z. B. unverständlich, warum eine normale Salzsäurelösung, welche nach den Leitfähigkeitsmessungen etwa zu 15% undissoziiert ist, doch keinen nachweisbaren Salzsäuredampfdruck hat.

Auch andere Erscheinungen, wie der Löslichkeitseinfluß von Elektrolyten auf schwer lösliche Elektrolyte, die sog. Neutralsalzwirkung bei katalytischen Erscheinungen, die Lichtabsorption von starken Elektrolyten können nach der klassischen Theorie von ARRHENIUS nicht quantitativ gedeutet werden.

4. Bekanntlich sind die Krystalle der meisten Elektrolyte aus Ionen aufgebaut (Ionengitter), und es ist nicht leicht einzusehen, in welcher Weise diese Ionen sich beim Lösen der Krystalle in Wasser zu undissoziierten Molekülen vereinigen können.

3. Die Theorie der vollständigen Dissoziation der starken Elektrolyte. Obgleich verschiedene Einwände gegen die ARRHENIUSsche Theorie schon längere Zeit anerkannt wurden, ist sie doch fast allgemein bis etwa 1923 als Basis für die Elektrochemie von Lösungen angenommen worden, weil man nichts Besseres

[1] NOYES and McINNES: Journ. Amer. Chem. Soc. **42**, 239 (1920).

an ihre Stelle zu setzen hatte. Doch haben verschiedene Autoritäten, wie O. JAHN[1], schon am Ende des vorigen Jahrhunderts darauf hingewiesen, daß die Theorie kein gutes Abbild der Tatsachen gibt. Bereits 1894 hat J. J. VAN LAAR[2] den Weg gezeigt, den man bei dem Ausbau der modernen Theorie verfolgt hat; er schrieb damals, daß das äußerst starke elektrostatische Feld der Ionen unmöglich ohne Einfluß auf die Dissoziationsverhältnisse sein kann, und später (1900) kam er sogar zur Schlußfolgerung, daß in ziemlich verdünnten Lösungen aller starken Elektrolyte der Dissoziationsgrad praktisch gleich 1 wird.

SUTHERLAND[3] ging noch einen Schritt weiter und sprach die Meinung aus, daß die wässerigen Lösungen starker Elektrolyte vollständig in Ionen dissoziiert sind.

Auf Grund experimenteller Untersuchungen kam N. BJERRUM[4] zu einer ähnlichen Schlußfolgerung. Die mathematische Behandlung (vgl. MILNER[5]) des Problems der interionischen Kräfte war jedoch sehr schwierig, und daher begnügte sich BJERRUM[6] vorläufig, die durch die elektrostatischen Wirkungen der Ionen erzeugten Effekte durch empirische „*Abweichungskoeffizienten*" auszudrücken. Diese Koeffizienten besagen, in welchem Verhältnis die beobachteten Werte zu denjenigen stehen, die bei Abwesenheit interionischer Kräfte zu erwarten wären. So unterscheidet er:

f_0: *der osmotische Koeffizient*, der das Verhältnis des gemessenen osmotischen Druckes einer Salzlösung zu dem bei völliger Dissoziation in freie Ionen darstellt;

f_λ: *der Leitfähigkeitskoeffizient*, der gleich $\frac{\Lambda_c}{\Lambda_\infty}$ ist. Dieser Koeffizient ist daher numerisch dem klassischen elektrolytischen Dissoziationsgrad nach ARRHENIUS gleich;

---

[1] JAHN, O.: Ztschr. f. physik. Ch. **27**, 354 (1898); **33**, 545 (1900); **35**, 1 (1900); **36**, 443 (1901); **37**, 490 (1901).

[2] VAN LAAR, J. J.: Ztschr. f. physik. Ch. **15**, 457 (1894); **17**, 245 (1895) — Arch. Teyler (2) **7**, 1 (1900) — Ztschr. f. anorg. u. allg. Ch. **139**, 108 (1924).

[3] SUTHERLAND: Philos. Magazine **3**, 161 (1902); **7**, 1 (1906).

[4] BJERRUM, N.: 7. Intern. Kongreß f. Angew. Ch. **10**, 59 (1909).

[5] MILNER: Philos. Magazine **23**, 551 (1912); **25**, 742 (1913); **35**, 214, 352 (1918).

[6] BJERRUM, N.: Ztschr. f. Elektrochem. **24**, 321 (1918) — Ztschr. f. anorg. u. allg. Ch. **109**, 280 (1920) — Ztschr. f. physik. Ch. **104**, 406 (1923).

f_a: *der Aktivitätskoeffizient*, der das Verhältnis der „*aktiven Masse*" oder *Aktivität* der Ionen, d. h. ihrer chemischen oder elektrochemischen Wirksamkeit zu ihrer totalen Konzentration wiedergibt. Es ist diese Aktivität der Ionen, welche bei chemischen Gleichgewichten und Potentialmessungen eine beherrschende Rolle spielt.

1923 ist es P. DEBYE und E. HÜCKEL[1] gelungen, thermodynamisch den Zusammenhang zwischen den verschiedenen Koeffizienten einerseits und Konzentration, Wertigkeit und spezifischer Natur (Ionendurchmesser) der Ionen andererseits abzuleiten. Endgültig ist das ganze, sehr komplizierte Problem zur Zeit noch nicht gelöst. Bei ihren verwickelten mathematischen Ableitungen haben DEBYE und HÜCKEL sich Vereinfachungen oder Annäherungen erlaubt, die nach einer mathematischen Veröffentlichung von GRONWALL, LA MER und SANDVED[2] besonders bei hochwertigen Ionen zu großen Abweichungen führen können. Für sehr verdünnte Lösungen ein- und zweiwertiger Ionen scheinen die Gleichungen von DEBYE und HÜCKEL jedoch sehr gut mit der Erfahrung übereinzustimmen.

Es ist nicht angebracht, in dieser Monographie die komplizierten Ableitungen wiederzugeben; wir begnügen uns daher mit der Angabe des Resultats ihrer Berechnungen. In äußerst verdünnten Lösungen starker Elektrolyte kann der Aktivitätskoeffizient f_a eines Ions berechnet werden mittels der Gleichung:

$$-\log f_a = A\, z_i^2 \sqrt{\mu}\,. \tag{1}$$

A ist eine Konstante, die bei Zimmertemperatur und in Wasser als Lösungsmittel etwa 0,5 ist (bei 15° 0,495; bei 18° 0,498; bei 25° 0,501). A ist der *Dielektrizitätskonstante des Lösungsmittels umgekehrt proportional* und hat daher in Alkohol als Lösungsmittel einen ganz anderen Wert als in Wasser.

z_i stellt die Wertigkeit des Ions vor. Da z_i in der Gleichung im Quadrat vorkommt, sehen wir, daß die Wertigkeit des Ions einen erheblichen Einfluß auf den Aktivitätskoeffizienten hat.

---

[1] DEBYE, P., u. E. HÜCKEL: Physikal. Ztschr. **24**, 185 (1923); vgl. auch E. HÜCKEL: Ibid. **26**, 93 (1925) — Ergebn. d. Naturwiss. **3**, 199 (1924). — Bezüglich einer eingehenden Zusammenstellung der modernen Theorie der starken Elektrolyte sei auf das neue ausgezeichnete Buch von H. FALKENHAGEN: Elektrolyte, Leipzig: S. Hirzel 1932, hingewiesen.

[2] GRONWALL, LA MER u. SANDVED: Physikal. Ztschr. **29**, 358 (1928).

μ stellt eine schon von G. N. Lewis[1] eingeführte Bezeichnung „*totale Ionenstärke*" („ionic strength") dar, welche auch wieder von der Wertigkeit der Ionen abhängt, und zwar wird sie nach folgender Gleichung berechnet:

$$\mu = \frac{\gamma_1 z_1^2 + \gamma_2 z_2^2 \cdots + \gamma_n z_n^2}{n} = \sum \frac{\gamma z^2}{n}.$$

γ stellt die molare Konzentration der Ionen, z ihre entsprechende Wertigkeit vor.

So ist z. B. in 0,01 molarem Kaliumchlorid: $\gamma_1 = \gamma_2 = 0{,}01$; $z_1 = z_2 = 1$ und $\mu = \frac{0{,}01 + 0{,}01}{2} = 0{,}01$.

Nur bei einem uni-univalenten Elektrolyt ist die Ionenstärke der analytischen Konzentration gleich.

In 0,01 molarem Bariumchlorid: $\gamma_1 = 0{,}02$; $z_1 = 1$; $\gamma_2 = 0{,}01$; $z_2 = 2$ und $\mu = \frac{0{,}02 + 0{,}04}{2} = 0{,}03$.

In 0,01 molarem Aluminiumchlorid: $\gamma_1 = 0{,}03$; $z_1 = 1$; $\gamma_2 = 0{,}01$; $z_2 = 3$ und $\mu = \frac{0{,}03 + 0{,}09}{2} = 0{,}06$.

In 0,01 molarem Magnesiumsulfat: $\gamma_1 = \gamma_2 = 0{,}01$; $z_1 = z_2 = 2$ und $\mu = \frac{0{,}04 + 0{,}04}{2} = 0{,}04$.

Aus Gleichung (1) ergibt sich, daß in *sehr verdünnten Lösungen starker Elektrolyte der Aktivitätskoeffizient nur abhängig von der Konzentration und Wertigkeit der Ionen ist; die spezifische Natur der Ionen spielt hier noch keine Rolle.*

In einer verdünnten Lösung eines uni-univalenten Elektrolyten wird also der Aktivitätskoeffizient der Kationen dem der Anionen gleich sein; der *mittlere Aktivitätskoeffizient* ist daher:

Uni-univalenter Elektrolyt:

$$-\log f_a = -\tfrac{1}{2}(\log f_K + \log f_A) = 0{,}5\sqrt{\mu}.$$

In einer verdünnten Lösung eines uni-bivalenten Elektrolyten ist der Aktivitätskoeffizient der univalenten Ionen größer als der der bivalenten Ionen. Wollen wir den mittleren Aktivitätskoeffizienten aller Ionen kennen, so gilt:

uni-bivalenter Elektrolyt:

$$-\log f = -\tfrac{1}{3}(2\log f_1 + \log f_2) = \tfrac{1}{3} \times 0{,}5\,(2 + 4)\sqrt{\mu} = 2 \times 0{,}5\sqrt{\mu}$$

[1] Vgl. besonders G. N. Lewis u. M. Randall: Thermodynamics and the free energy of chemical substances. New York: McGraw Hill Co. 1923.

und für einen *uni-trivalenten Elektrolyten:*

$$-\log f = -\tfrac{1}{4}(3\log f_1 + \log f_2) = \tfrac{1}{4} \times 0{,}5\,(3 + 9)\sqrt{\mu} = 3 \times 0{,}5\sqrt{\mu}\,.$$

Für einen *bi-bivalenten Elektrolyten* gilt:

$$-\log f = -\tfrac{1}{2}(\log f_1 + \log f_2) = \tfrac{1}{2} \times 0{,}5\,(4 + 4)\sqrt{\mu} = 4 \times 0{,}5\sqrt{\mu}\,.$$

In folgender Tabelle habe ich nun die Werte von $-\log f$ berechnet für verschiedene Typen von Elektrolyten bei Konzentrationen zwischen 0,001- und 0,01 normal. Die Normalität ist in der üblichen Weise ausgedrückt worden; also ist eine 0,005 molare Bariumchloridlösung (bi-univalent) 0,01 normal.

Berechnete Werte von $-\log f$ für verschiedene Elektrolyttypen.

Normalität der Salzlösung	Werte von μ für				Werte von $-\log f_a$ für			
	uni-uni	uni-bi	uni-tri	bi-bi	uni-uni	uni-bi	uni-tri	bi-bi
0,001 n	0,001	0,0015	0,002	0,002	0,016	0,040	0,067	0,090
0,002 n	0,002	0,003	0,004	0,004	$0{,}022_5$	0,055	0,094	0,128
0,005 n	0,005	0,0075	0,010	0,010	$0{,}027_5$	0,086	0,150	0,200
0,008 n	0,008	0,012	0,016	0,016	0,035	0,110	0,192	0,254
0,01 n	0,01	0,015	0,020	0,020	0,050	0,123	0,213	0,284

Für 0,01 molares Kupfersulfat berechnet sich aus der obengenannten Gleichung ein Wert von $-\log f_a = 0{,}40$ oder $f_a = 0{,}40$. In Wirklichkeit fand LEWIS einen Wert von 0,404.

Übrigens sei nachdrücklich betont, daß die angegebenen Gleichungen nur streng für sehr verdünnte Elektrolytlösungen gelten. Wird die Elektrolytkonzentration größer als etwa 0,01 n (uniunivalente Elektrolyte), so fängt auch die spezifische Natur der Ionen an, eine Rolle insofern zu spielen, als der Einfluß des *Ionendurchmessers* sich bemerkbar macht. Wenn der Elektrolyt mehrwertige Ionen enthält, so treten Abweichungen von der einfachen Gleichung (1) schon bei kleineren Konzentrationen auf.

Für konzentriertere Lösungen gilt dann nach DEBYE und HÜCKEL:

$$-\log f_a = 0{,}5\, z_i^2 \frac{\sqrt{\mu}}{1 + 0{,}329 \times 10^8 \times b\sqrt{\mu}}\,. \qquad (2)$$

b stellt hier den mittleren Ionendurchmesser vor. Nach Berechnungen von HÜCKEL hat b in wässeriger Lösung für folgende Salze die Werte:

KCl	$b = 3{,}76 \times 10^{-8}$ cm	$La(NO_3)_3$	$b = 4{,}97 \times 10^{-8}$ cm
K_2SO_4	$b = 2{,}69 \times 10^{-8}$ „	$MgSO_4$	$b = 3{,}55 \times 10^{-8}$ „

Statt Gleichung (2) können wir auch den einfachen Ausdruck

$$-\log f_a = 0{,}5\, z_i^2 \frac{\sqrt{\mu}}{1 + C\sqrt{\mu}} \tag{2a}$$

schreiben, in der C konstant ist.

Zu bedenken ist, daß der Ionendurchmesser b bei verschiedenen Ionenstärken keine wirkliche Konstante vorstellt; daher hat Gleichung (2a) nur beschränkte Gültigkeit. Dazu kommt noch, daß der Faktor A in Gleichung (1) eine Funktion der Dielektrizitätskonstante der Lösung ist. Quantitativ stehen zur Zeit noch keine zuverlässigen Angaben über die Dielektrizitätskonstante von Elektrolytlösungen zur Verfügung, so daß eine Änderung dieser Konstante noch nicht genau in Rechnung gebracht werden kann. In konzentrierteren Lösungen hat man nach J. N. Brönsted auch noch mit einer Art „*Aussalzungseffekt*“ (vgl. S. 77) zu rechnen. Bei Nichtelektrolyten ist der Aktivitätskoeffizient auch von der Ionenstärke in der Lösung abhängig:

$$\log f = B \times \mu .$$

B ist eine Konstante, welche sich mit der Art des Nichtelektrolyten und der Elektrolyte in der Lösung ändert.

Nimmt man an, daß in konzentrierteren Elektrolytlösungen ein ähnlicher „Aussalzungseffekt“ auf die Ionen ausgeübt wird, so hat man statt Gleichung (2) zu schreiben:

$$-\log f_a = 0{,}5\, z_i^2 \frac{\sqrt{\mu}}{1 + 0{,}329 \times 10^8 \times b \times \sqrt{\mu}} - B\mu . \tag{3}$$

Wahrscheinlich kann man innerhalb eines weiten Konzentrationsgebietes die Änderung von f_a mit Hilfe von Gleichung (3) quantitativ zum Ausdruck bringen. Jedoch ist es schwer anzunehmen, daß die Gleichung wirklich noch eine exakte Bedeutung hat, weil der Faktor A (0,5) und B von der Dielektrizitätskonstante abhängig sind und auch die dritte „Konstante“ b keine wirkliche Konstante vorstellt. Nach Bjerrum[1] haben wir zudem noch einer Ionenassoziation Rechnung zu tragen.

Wenn wir alle diese Unsicherheiten in Betracht nehmen, kommt man zur Frage, ob man der Debye-Hückelschen Gleichung in konzentrierteren Lösungen noch eine exakte Bedeutung zuschreiben kann und ob es unter diesen Verhältnissen vorläufig

[1] Bjerrum, N.: Ergebn. d. Naturwiss. **5**, 125 (1926).

nicht besser ist, mit einer *empirischen* Beziehung zwischen *Aktivitätskoeffizienten* und *Ionenstärke* zu arbeiten. So hat BJERRUM aus experimentellen Ergebnissen abgeleitet, daß innerhalb weiter Grenzen folgende Beziehung besteht:

$$-\log f_a = A' \sqrt[3]{\mu} - B'\mu . \qquad (4)$$

A' und B' sind Konstanten, welche aus den experimentellen Resultaten berechnet werden. Bei kleineren Ionenstärken kann nach BJERRUM folgender Ausdruck gebraucht werden:

$$-\log f_a = 0{,}5 \sqrt{\mu} - B\mu ,$$

welcher der einfachen DEBYE-HÜCKELschen Gleichung sehr ähnlich ist.

Obgleich die Theorie der Aktivitätskoeffizienten besonders in konzentrierten Lösungen noch sehr unvollständig ist, hat man doch zu bedenken, daß bei quantitativer Behandlung aller chemischen Gleichgewichtsprobleme *die Aktivität* und *nicht die Konzentration* der *teilnehmenden* Komponenten in *Rechnung* gebracht werden muß.

Über den Ausdruck der Konzentration muß folgendes noch bemerkt werden: Je nach der Ausdrucksweise erhält man einen verschiedenen Wert für die Konzentration:

a) Anzahl Mole gelöster Substanz in 1 Liter Lösung (Literkonzentration oder Litermolarität);

b) Anzahl Mole gelöster Substanz in 1000 g Lösung (Molarität oder Gewichtsmolarität);

c) Anzahl Mole gelöster Substanz in 1000 g Lösungsmittel (Molalität);

d) Anzahl Mole gelöster Substanz auf die totale Menge von Molen in der Lösung (Molfraktion γ).

$$\gamma = \frac{n}{n + N} .$$

n ist die Anzahl Mole gelöster Substanz, N die Anzahl Mole Lösungsmittel. Thermodynamisch ist die Molfraktion die richtigste Ausdrucksweise; sie wird jedoch praktisch bei Gleichgewichtsstudien wenig benutzt.

In verdünnten Lösungen kommt es wenig darauf an, ob man die Konzentration nach a), b) oder c) ausdrückt; in stärkeren Lösungen werden die Unterschiede jedoch sehr bedeutend.

Bei der Ableitung ihrer Gleichungen haben Debye und Hückel die Konzentration in Litermolarität ausgedrückt; besonders in amerikanischen Veröffentlichungen bevorzugt man die Molarität oder noch allgemeiner die Molalität.

Solange wir den sog. „*Hydratationseffekt*" noch nicht quantitativ kennen, bleibt die richtige Bezeichnung der Konzentration vorläufig noch illusorisch.

Schließlich sei hier noch erwähnt, daß G. N. Lewis und Randall[1] und später G. Scatchard[2] eine größere Reihe empirisch bestimmter Aktivitätskoeffizienten in einer Tabelle zusammengestellt haben. Wegen der großen praktischen Bedeutung dieser Zahlen wollen wir sie hier übernehmen (vgl. auch Tabelle 3 am Ende des Buches):

Aktivitätskoeffizienten in Elektrolytlösungen nach G. Scatchard[2] bzw. Lewis und Randall[1].

Konzentration des Elektrolyten (Molalität)	0,01	0,02	0,05	0,1	0,2	0,5	1,0
HCl	0,91	0,881	0,836	0,801	0,783	0,762	0,823
LiCl	0,901	0,869	0,819	0,779	0,774	0,736	0,776
NaCl	0,903	0,871	0,821	0,778	0,752	0,671	0,650
KCl	0,899	0,865	0,809	0,762	0,749	0,654	0,634
KOH	0,92	0,89	0,84	0,80	0,75	0,73	0,75
$AgNO_3$	0,902	0,857	0,783	0,723	0,655	0,526	0,396
H_2SO_4	0,617	0,519	0,397	0,313	0,244	0,178	0,150
$CuSO_4$	0,404	0,320	0,216	0,158	0,110	0,067	—

4. Der Begriff Aktivität. Wenn wir von der Aktivität einer gelösten Substanz sprechen, wird damit gewöhnlich ein relativer Begriff ausgedrückt, und wir verstehen darunter *die relative Aktivität in dem bestimmten Lösungsmittel.* In einer verdünnten Lösung eines Nichtelektrolyten wird die Aktivität der Konzentration gewöhnlich gleichgesetzt. Haben wir z. B. eine 0,01 molare Lösung von Harnstoff im Wasser, so ist die Aktivität gleich 0,01; in einer Lösung des Harnstoffs von derselben Konzentration in Alkohol nehmen wir auch eine Aktivität von 0,01 an. Die „*absolute Aktivität*" der gelösten Substanz in beiden Lösungsmitteln ist jedoch vollkommen verschieden. Ähnliches gilt für Ionen;

---

[1] Lewis, G. N., u. Randall: Journ. Amer. Chem. Soc. **43**, 1112 (1921).
[2] Scatchard, G.: Journ. Amer. Chem. Soc. **47**, 641, 648, 696 (1925).

auch hier ist die Einheit der Aktivitätsskala *konventionell* für ein bestimmtes Lösungsmittel festgelegt. In unendlich verdünnter Lösung wird die Ionenaktivität der Ionenkonzentration gleich; jedoch besagt *gleiche Ionenaktivität in verschiedenen Lösungsmitteln nicht, daß die absoluten Ionenaktivitäten gleich sind.* Um dies zu verstehen, wollen wir den Begriff „*Aktivität*" etwas näher betrachten. Die Aktivität a ist zuerst von G. N. LEWIS[1] scharf formuliert worden:

$$A = -RT \ln a + i .$$

R ist die Gaskonstante, T die absolute Temperatur; i eine willkürlich zu wählende Konstante und „a" die Aktivität der gelösten Substanz. „A" kann die Abtrennungsarbeit genannt werden, d. h. die Menge Arbeit, die verrichtet werden muß, um ein Mol der gelösten Substanz isotherm, reversibel und ohne Volumänderung aus der Lösung frei zu machen. Nimmt man an, daß i in der Gleichung gleich 0 ist, so mißt man die Aktivität in bezug auf die der freien Substanz als Einheit.

In genügend verdünnten Lösungen eines Nichtelektrolyten ist die Aktivität der Konzentration *direkt proportional*, und in einer Elektrolytlösung ist die Ionenaktivität der Ionenstärke *exponentiell proportional* nach der DEBYE-HÜCKELschen Gleichung (1). Dieser Proportionalitätsfaktor, der für jede Substanz und jedes Ion verschieden ist, ändert sich auch mit dem Lösungsmittel. Eine gelöste Substanz (bzw. Ion) ist in verschiedenen Lösungsmitteln in verschiedenem Zustand anwesend; es findet eine Reaktion mit dem Lösungsmittel statt, die gewöhnlich als Solvatation (in Wasser Hydratation) bezeichnet wird. Es spricht nichts dagegen, den Ausdruck „Solvatation" weiter zu gebrauchen, wenn man der Solvatationszahl nur keine stöchiometrische, sondern eine physikalische Bedeutung (Polarisation) zuschreibt.

Wenn wir in einem bestimmten Lösungsmittel den Proportionalitätsfaktor willkürlich gleich Eins setzen, wird die Aktivität der Konzentration gleich, und die Aktivitätsskala ist in dem betreffenden Lösungsmittel konventionell festgelegt. Gleiche Aktivität in verschiedenen Lösungsmitteln bedeutet daher nicht, daß die absoluten Aktivitäten die gleichen sind. Im Zusammenhang mit Löslichkeits- und Dissoziationsverhältnissen eines

[1] LEWIS, G. N.: Ztschr. f. physik. Ch. **61**, 129 (1908).

Elektrolyten in verschiedenen Lösungsmitteln ist es nötig, diesen Unterschied in den Vordergrund zu stellen, weil die Interpretation verschiedener Gleichungen sonst leicht zu groben Irrtümern Anlaß geben könnte.

Betrachten wir z. B. ein schwer lösliches Salz, wie Silberchlorid. In wässeriger Lösung ist das Produkt der Aktivität der Silber- und Chlorionen thermodynamisch eine Konstante (Löslichkeitsprodukt L)

$$[a\,Ag^+]\,[a\,Cl^-] = L\,.$$

a stellt hier die Aktivität des bezüglichen Ions vor, während L unabhängig vom Elektrolytgehalt der Lösung bei bestimmter Temperatur konstant ist.

In anderen Lösungsmitteln gilt eine ähnliche Beziehung, jedoch ist L verschieden, weil die *absoluten Aktivitäten* der Ionen bei gleichen Konzentrationen in verschiedenen Lösungsmitteln verschieden ist. Wenn wir das Verhältnis der „absoluten Aktivitäten" bei denselben relativen Aktivitäten wüßten, könnten wir aus dem Löslichkeitsprodukt in Wasser das in anderen Lösungsmitteln, z. B. Alkohol, berechnen. Nennen wir dieses Verhältnis für beide Lösungsmittel

$$a'\,Ag\left(\frac{\text{Wasser}}{\text{Alkohol}}\right) \quad \text{und} \quad a'\,Cl\left(\frac{\text{Wasser}}{\text{Alkohol}}\right),$$

so ist

$$L_{\text{Alkohol}} = L_{\text{Wasser}}\, a'\,Ag\left(\frac{\text{Wasser}}{\text{Alkohol}}\right) a'\,Cl\left(\frac{\text{Wasser}}{\text{Alkohol}}\right).$$

In der Tat gibt es Methoden, die genannten Verhältnisse für verschiedene Ionen experimentell angenähert zu bestimmen. Da dieses Thema jedoch über den Rahmen dieser Monographie hinausgeht, wollen wir die „Verteilungskoeffizienten" der Ionen zwischen verschiedenen Lösungsmitteln hier nicht weiter besprechen.

5. Der Aktivitätskoeffizient der Wasserstoff- und Hydroxylionen in Salzsäure, Natriumchlorid- und Kaliumchloridlösungen. Eine individuelle Ionenaktivität kann aus der elektromotorischen Kraft einer geeigneten Konzentrationskette abgeleitet werden. Die Potentialdifferenz zwischen einer Elektrode und einer Lösung, die Ionen enthält, die die Elektrode in Lösung schicken kann, wird nach der NERNSTschen Gleichung von der Aktivität der Ionen beherrscht:

$$E = -\frac{RT}{nF}\ln\,[a_{\text{Ion}}] + C\,.$$

Das Potential der Wasserstoffelektrode ist daher in einem bestimmten Lösungsmittel und bei konstantem Druck und Temperatur nur von der Aktivität der Wasserstoffionen bestimmt. Mißt man dieses Potential gegen irgendeine Standardelektrode, so kann man aus der E.M.K. die Wasserstoffionenaktivität in der Lösung berechnen. Die potentiometrische Methode ist die einzige, über die wir zur Bestimmung von individuellen Ionenaktivitäten verfügen. Ganz exakt ist sie nicht, weil immer an der Grenzfläche zwischen der zu messenden Lösung und der Lösung in der Standardelektrode ein Diffusionspotential auftritt. Versuche, dieses mittels Zwischenschaltung von gesättigter Kaliumchloridlösung zu eliminieren, sind nicht endgültig. Ebensowenig führt der berechnete Wert des Diffusionspotentials zu ganz sicheren Werten. Es ist daher sehr zu bedauern, daß wir zur Zeit kein exaktes Verfahren haben, individuelle Ionenaktivitäten zu messen[1]. Wohl können wir durch geeignete Wahl der Systeme das Diffusionspotential auf ein Minimum beschränken oder es möglichst genau bestimmen. Da besonders bei Säure-Basen-Problemen die Kenntnis der Aktivitäten der Wasserstoff- und Hydroxylionen von großer Bedeutung ist, ist es wichtig, die Aktivitätskoeffizienten dieser beiden Ionen unter verschiedenen Bedingungen kennenzulernen, obwohl ihnen nach thermodynamischen Anschauungen keine exakte Bedeutung zukommt. Die Bedeutung dieses Faktors wollen wir an einem Beispiel demonstrieren.

Nehmen wir an, daß eine 0,01n-Lösung einer mittelstarken Säure in 1n-Kaliumchlorid eine *Wasserstoffionenaktivität* von 0,001 hat. Zur Berechnung der Konzentration der undissoziierten Säure müssen wir die totale Konzentration um die Wasserstoffionen*konzentration* (und nicht deren Aktivität) vermindern:

$$[HA] = 0{,}01 - [c\,H^+]$$

oder

$$[HA] = 0{,}01 - \frac{[a\,H^+]}{f_H},$$

weil

$$[a\,H^+] = f_H\,[c\,H^+],$$

wo f_H den Aktivitätskoeffizienten der Wasserstoffionen darstellt, welcher von der Ionenstärke und der Art der Ionen in der Lösung abhängt.

---

[1] Vgl. besonders E. A. GUGGENHEIM: Journ. Physical Chem. **33**, 842 (1929).

In einer eingehenden und zuverlässigen Experimentalarbeit haben NIELS BJERRUM und A. UNMACK[1] die Aktivitätskoeffizienten der Wasserstoff- und Hydroxylionen bei verschiedenen Temperaturen in Natrium- und Kaliumchloridlösungen bestimmt. Die Werte sind in beiden folgenden Tabellen kurzgefaßt wiedergegeben. An Stelle von $-\log f$ schreiben wir pf (Aktivitätskoeffizientenexponent).

Die erste Tabelle gilt bei geringer Ionenstärke, wo die Art der anwesenden Ionen noch keine Rolle spielt; die zweite Tabelle gilt für größere Ionenstärken, wo der individuelle Charakter des anwesenden Elektrolyten in den Vordergrund rückt.

pf_H und pf_{OH} bei geringer Ionenstärke (BJERRUM und UNMACK).

	0°	18°	25°	37°
pf_H	$0{,}486\sqrt{c} - 1{,}25\,c$	$0{,}499\sqrt{c} - 1{,}32\,c$	$0{,}504\sqrt{c} - 1{,}64\,c$	$0{,}515\sqrt{c} - 2{,}02\,c$
	(in HCl, KCl, NaCl bis $c = 0{,}03$)			
pf_{OH}	$0{,}486\sqrt{c} - 0{,}54\,c$	$0{,}499\sqrt{c} - 0{,}56\,c$	$0{,}504\sqrt{c} - 0{,}56\,c$	$0{,}512\sqrt{c} - 0{,}56\,c$
	(in NaOH, KOH; NaCl, KCl bis $c = 0{,}03$)			

pf_H und pf_{OH} in NaCl und KCl bei größerer Ionenstärke (c zwischen 0,001 und 1,5).

	0°	18°
pf_H in NaCl	$0{,}192\sqrt[3]{c} - 0{,}207\,c - 0{,}007$	$0{,}166\sqrt[3]{c} - 0{,}185\,c - 0{,}003$
pf_H in KCl	$0{,}225\sqrt[3]{c} - 0{,}187\,c - 0{,}007$	$0{,}196\sqrt[3]{c} - 0{,}166\,c - 0{,}003$
pf_{OH} in NaCl	$0{,}263\sqrt[3]{c} + 0{,}008\,c - 0{,}011$	$0{,}295\sqrt[3]{c} - 0{,}031\,c - 0{,}017$
pf_{OH} in KCl	$0{,}230\sqrt[3]{c} - 0{,}069\,c - 0{,}011$	$0{,}270\sqrt[3]{c} - 0{,}100\,c - 0{,}017$
	25°	37°
pf_H in NaCl	$0{,}161\sqrt[3]{c} - 0{,}178\,c - 0{,}003$	$0{,}143\sqrt[3]{c} - 0{,}158\,c - 0{,}005$
pf_H in KCl	$0{,}178\sqrt[3]{c} - 0{,}154\,c - 0{,}003$	$0{,}156\sqrt[3]{c} - 0{,}140\,c - 0{,}005$
pf_{OH} in NaCl	$0{,}290\sqrt[3]{c} - 0{,}024\,c - 0{,}019$	$0{,}320\sqrt[3]{c} - 0{,}051\,c - 0{,}025$
pf_{OH} in KCl	$0{,}275\sqrt[3]{c} - 0{,}096\,c - 0{,}019$	$0{,}310\sqrt[3]{c} - 0{,}124\,c - 0{,}025$

Es wäre erwünscht, für andere Salzlösungen ähnliche Angaben zu besitzen. Besonders von amerikanischen Forschern ist der

[1] BJERRUM, N., u. A. UNMACK: Kong. Danske Vidensk. Meddelelser **9**, 1 (1929); vgl. auch I. M. KOLTHOFF u. W. BOSCH: Rec. trav. chim. Pays-Bas **24**, 430 (1927).

mittlere Aktivitätskoeffizient $\left(=\sqrt{f_K f_A}\right)$ verschiedener Elektrolyte sehr exakt bestimmt worden. Wie gesagt, ist es für unsere Zwecke von größerer Bedeutung, den individuellen Ionenaktivitätskoeffizienten zu kennen.

6. Ionenprodukt und Ionenaktivitätsprodukt von Wasser. Für das Gleichgewicht zwischen Wasserstoff- und Hydroxylionen

$$H^{\cdot} + OH' \leftrightarrows H_2O$$

gilt nach dem Massenwirkungsgesetz

$$\frac{[a\,H^{\cdot}]\,[a\,OH']}{[a\,H_2O]} = K\,.$$

In reinem Wasser kann die Aktivität des Wassers $[a\,H_2O]$ konventionell gleich 1 gesetzt werden; auch in verdünnten Lösungen ändert dieser Wert sich nicht merklich. In konzentrierteren Lösungen kann man die Aktivität aus dem Wasserdampfdruck berechnen:

$$[a\,H_2O] = \frac{p}{p_0}\,,$$

wo p der Dampfdruck der Lösung und p_0 der des reinen Wassers bei derselben Temperatur ist.

Rechnen wir nun $[a\,H_2O] = 1$, dann ist:

$$[a\,H^{\cdot}]\,[a\,OH'] = K_w\,,$$

K_w können wir dann das *Ionenaktivitätsprodukt* des Wassers nennen. Bei bestimmter Temperatur ist K konstant und von der Ionenstärke der Lösung unabhängig (mit der Einschränkung, daß in konzentrierteren Lösungen eine Korrektur für die Änderung von $[a\,H_2O]$ angebracht wird).

Nach der klassischen Theorie rechnet man gewöhnlich damit, daß das Produkt:

$$[c\,H^{\cdot}]\,[c\,OH'] = Kc_{H_2O}$$

konstant ist. Wir können Kc_{H_2O} das *stöchiometrische Ionenprodukt* nennen, und es ist leicht einzusehen, *daß es keine Konstante darstellt.*

Wissen wir doch, daß

$$K_w = [a\,H^{\cdot}]\,[a\,OH'] = [c\,H^{\cdot}]\,[c\,OH']\,f_H\,f_{OH}$$

oder

$$\frac{Kc_{H_2O}}{K_w} = \frac{1}{f_H\,f_{OH}}\,.$$

Hieraus ergibt sich, daß die Dissoziation des Wassers mit steigendem Elektrolytgehalte der Lösung zunimmt, obgleich das Ionenaktivitätsprodukt konstant ist.

In verschiedenen Fällen ist es auch von praktischem Interesse, das Produkt

$$[a\,H^{\cdot}]\,[c\,OH'] = K$$

zu kennen. Wenn man z. B. aus einer Wasserstoffionenaktivitätsmessung die *Hydroxylionenkonzentration* [c OH′] berechnen will, kann man diesen Wert aus [a H˙] und K ableiten. K ändert sich natürlich auch wieder mit dem Elektrolytgehalt der Lösung, wenn auch weniger als Kc_{H_2O}.

Genaue Bestimmungen des Ionenaktivitätsproduktes des Wassers sind von N. Bjerrum und A. Unmack[1] ausgeführt worden. Sie fanden, daß

$$pK_w = pa_H + pa_{OH}$$

zwischen 0° und 37° ist:

$$pK_w = 14{,}926 - 0{,}0420\,t + 0{,}00016\,t^2.$$

Die mit Hilfe dieser Gleichung berechneten Werte von K_w und pK_w zwischen 10° und 30° sind in Tabelle 2 des Anhangs S. 385 zusammengestellt.

Die Werte von $Kc_{H_2O} = [c\,H^{\cdot}]\,[c\,OH']$ können bei verschiedenem Elektrolytgehalte aus den Werten von f_H und f_{OH}, welche im vorigen Paragraphen (S. 73) gegeben sind, abgeleitet werden. Als praktisch wichtig sind die Werte von Kc_{H_2O} in folgender Tabelle zusammengestellt.

$$pKc_{H_2O} = pc_H + pc_{OH}\,.$$

In Lösungen mit einer Ionenstärke zwischen 0 und 0,03:

$$
\begin{aligned}
t &= 0^\circ & pKc_{H_2O} &= 14{,}926 - 0{,}972\sqrt{c} + 1{,}81\,c\\
t &= 18^\circ & &= 14{,}222 - 0{,}998\sqrt{c} + 1{,}90\,c\\
t &= 25^\circ & &= 13{,}980 - 1{,}008\sqrt{c} + 2{,}22\,c\\
t &= 37^\circ & &= 13{,}590 - 1{,}030\sqrt{c} + 2{,}60\,c
\end{aligned}
$$

Für konzentriertere Lösungen in Kalium- und Natriumchlorid (c = 0,001 bis 1,5) gelten:

[1] Bjerrum, N., u. A. Unmack: Kong. Danske Vidensk. Meddelelser. **9**, 1 (1929).

$t = 0°$	NaCl	$pK_{c_{H_2O}} = 14{,}944 - 0{,}455\sqrt[3]{c} + 0{,}215\,c$
	KCl	$= 14{,}944 - 0{,}455\sqrt[3]{c} + 0{,}272\,c$
$t = 18°$	NaCl	$= 14{,}242 - 0{,}461\sqrt[3]{c} + 0{,}232\,c$
	KCl	$= 14{,}242 - 0{,}466\sqrt[3]{c} + 0{,}282\,c$
$t = 25°$	NaCl	$= 14{,}002 - 0{,}451\sqrt[3]{c} + 0{,}218\,c$
	KCl	$= 14{,}002 - 0{,}453\sqrt[3]{c} + 0{,}266\,c$
$t = 37°$	NaCl	$= 13{,}620 - 0{,}463\sqrt[3]{c} + 0{,}225\,c$
	KCl	$= 13{,}620 - 0{,}466\sqrt[3]{c} + 0{,}280\,c$

In folgenden Tabellen geben wir auch die Werte von

$$pK = paH + pcOH'$$

bei verschiedenen Natrium- und Kaliumchloridkonzentrationen. In NaOH, KOH, NaCl und KCl bei einer Ionenstärke (oder Normalität) zwischen 0 und 0,1 gilt:

$t = 0°$	$pK = 14{,}926 - 0{,}486\sqrt{c} + 0{,}56\,c$
$t = 18°$	$= 14{,}222 - 0{,}499\sqrt{c} + 0{,}58\,c$
$t = 25°$	$= 13{,}980 - 0{,}504\sqrt{c} + 0{,}58\,c$
$t = 37°$	$= 13{,}590 - 0{,}515\sqrt{c} + 0{,}58\,c$

Für konzentriertere Lösungen in Kalium- und Natriumchlorid ($c = 0{,}001$ bis 1,5) gelten:

$t = 0°$	NaCl	$pK = 14{,}937 - 0{,}263\sqrt[3]{c} + 0{,}008\,c$
	KCl	$= 14{,}937 - 0{,}230\sqrt[3]{c} + 0{,}085\,c$
$t = 18°$	NaCl	$= 14{,}239 - 0{,}295\sqrt[3]{c} + 0{,}047\,c$
	KCl	$= 14{,}239 - 0{,}270\sqrt[3]{c} + 0{,}116\,c$
$t = 25°$	NaCl	$= 13{,}999 - 0{,}290\sqrt[3]{c} + 0{,}040\,c$
	KCl	$= 13{,}999 - 0{,}275\sqrt[3]{c} + 0{,}112\,c$
$t = 37°$	NaCl	$= 13{,}615 - 0{,}320\sqrt[3]{c} + 0{,}067\,c$
	KCl	$= 13{,}615 - 0{,}310\sqrt[3]{c} + 0{,}140\,c$

7. Ionenaktivitätskonstanten (thermodynamische Dissoziationskonstanten) und stöchiometrische Dissoziationskonstanten von Säuren.

Einbasische Säuren. Nach der Gleichgewichtsreaktion:

$$HA \leftrightarrows H^{\cdot} + A'$$

gilt:

$$\frac{[a\,H^{\cdot}]\,[a\,A']}{[a\,HA]} = K_a. \tag{5}$$

K_a ist thermodynamisch die *wahre Dissoziations-* oder *Ionisationskonstante*, im Gegensatz zu der *stöchiometrischen Dissoziationskonstante*

$$\frac{[c\,H^{\cdot}]\,[c\,A']}{[c\,HA]} = K_c \tag{6}$$

ist K_a von der Ionenstärke der Lösung unabhängig; nur bei Änderung des Lösungsmittels ändert sich der Wert von K_a. Der Zusammenhang zwischen K_a und K_c ist wieder einfach abzuleiten, ist doch:

$$K_a = \frac{[c\,H^{\cdot}]\,f_H\,[c\,A']\,f_A}{[c\,HA]\,f_{HA}} = K_c\,\frac{f_H\,f_A}{f_{HA}}. \tag{7}$$

Da f_H und f_A mit steigendem Elektrolytgehalt abnehmen, wird K_c zunehmen, weil K_a eine wahre Konstante ist. Hieraus ergibt sich, daß die Dissoziation einer schwachen Säure (oder ganz allgemein eines schwachen Elektrolyten) mit zunehmender Ionenstärke der Lösung zunimmt. Dies war Sv. ARRHENIUS schon vor mehr als 30 Jahren bekannt; die von ihm gegebene Interpretation ist jedoch natürlich von der modernen verschieden. Es sei hier bemerkt, daß die Aktivitätskoeffizienten der meisten Ionen bei einem bestimmten (für jedes Ion und Elektrolyt verschiedenen) Elektrolytgehalt ein Minimum durchlaufen, um bei zunehmender Ionenstärke zuzunehmen. Also wird K_c ein Maximum durchlaufen und bei sehr hohen Elektrolytgehalten abnehmen.

Nach Gleichungen (5) und (6) sind K_a und K_c einander nur dann gleich, wenn die Ionenstärke der Lösung gleich Null ist; weil dann alle Aktivitätskoeffizienten gleich Eins sind. Der Aktivitätskoeffizient der undissoziierten Säure wird im allgemeinen mit zunehmender Ionenstärke größer (f_{HA} also > 1), und zwar gilt allgemein:

$$+\log f_{HA} = B\mu.$$

Die Zunahme dieses Aktivitätskoeffizienten mit zunehmendem Elektrolytgehalt ist dem „Aussalzungseffekt" parallel und kann aus der Löslichkeit in Wasser und Salzlösung nach Korrektur für den dissoziierten Teil berechnet werden.

$$f_{HA} = \frac{s_0}{s}.$$

s_0 ist die Löslichkeit in reinem Wasser, s dieselbe in der Elektrolytlösung. Wie gesagt, nimmt f in Neutralsalzen gewöhnlich mit zunehmender Ionenstärke zu; in Lösungen von organischen

Salzen wird jedoch oft ein umgekehrter Effekt gefunden. So fanden wir z. B. für den Aktivitätskoeffizienten der Benzoesäure in 0,5 n KCl = 1,18, 0,5 n NaCl f = 1,23, aber in 0,5 n Natriumbenzoat f = 0,78 *.

Für die Kenntnisse der Eigenschaften der Pufferlösungen sind obenstehende Betrachtungen von Bedeutung. Die colorimetrische Methode der pH-Bestimmung wird an der potentiometrischen geeicht; in diesem Falle mißt man nicht die Wasserstoffionen-*konzentration*, sondern deren *Aktivität*, und die Säurestufen unserer Standardlösungen sind daher auch auf Aktivitäten bezogen. In einer Pufferlösung ist nun nach Gleichung (5):

$$[a\,H^{\cdot}] = \frac{[a\,HA]}{[a\,A']} K_a = \frac{[c\,HA]}{[c\,A']} K_a \frac{f_{HA}}{f_{A'}}. \tag{8}$$

Bei Änderung der Aktivitätskoeffizienten der undissoziierten Säure und des Anions wird auch $[a\,H^{\cdot}]$ sich ändern. In einer gewöhnlichen Pufferlösung kann man f_{HA} noch wohl angenähert gleich 1 setzen; $f_{A'}$ ist jedoch merklich kleiner. Verdünnt man nun ein derartiges Gemisch mit Wasser, so wird $f_{A'}$ zunehmen und $[a\,H^{\cdot}]$ daher abnehmen. Fügt man andererseits zu einer Pufferlösung ein Neutralsalz hinzu, so wird f_{HA} zu- und $f_{A'}$ abnehmen; daher wird $[a\,H^{\cdot}]$ in der mit Salz versetzten Lösung größer sein als in der ursprünglichen Pufferlösung. Auf S. 270 werden wir den Effekt der Verdünnung auf das pH einer Pufferlösung eingehender und mehr quantitativ behandeln. An dieser Stelle sei schon darauf hingewiesen, daß eine rationelle Behandlung des Salzfehlers der Indicatoren auch nur unter Zuhilfenahme der Aktivitätstheorie geschehen kann. Eingehender wird dieses Problem auf S. 338 besprochen.

Mehrbasische Säuren. Für die zweite Dissoziationskonstante einer mehrbasischen Säure gilt:

$$HA' \rightleftarrows H^{\cdot} + A'',$$

$$\frac{[a\,H^{\cdot}][a\,A'']}{[a\,HA']} = K_{2a}, \tag{9}$$

in der $[a\,A'']$ die Aktivität der zweiwertigen und $[a\,HA']$ die der einwertigen Anionen bedeutet. K_{2a} ist wieder eine Konstante, unabhängig von der Ionenstärke der Lösung.

---

* Bez. Einzelheiten vgl. I. M. Kolthoff u. W. Bosch: Journ. Physical Chem. **36**, 1685 (1932).

Der Zusammenhang zwischen der *stöchiometrischen zweiten* Dissoziationskonstante K_{2c} und der *thermodynamischen* Konstante K_{2a} ist durch folgende Gleichung gegeben:

$$K_{2a} = K_{2c} \frac{f_{H^\cdot} \cdot f_{A''}}{f_{HA'}}, \tag{10}$$

in der $f_{A''}$ den Aktivitätskoeffizient der zweiwertigen Anionen und $f_{HA'}$ den der einwertigen Anionen vorstellt.

K_{2c} nimmt viel mehr mit der Ionenstärke zu als K_c (Gleichung 7), weil der Aktivitätskoeffizient exponentiell mit dem *Quadrat* der Ionenstärke abnimmt.

Auch der Verdünnungseffekt auf das pH in einem Gemisch eines ein- und zweiwertigen Anions einer schwachen Säure ist viel ausgesprochener als in einem Gemisch einer schwachen Säure mit ihrem einwertigen Anion.

Gilt doch nach Gleichung (9):

$$[a\,H^\cdot] = K_{2a} \frac{[a\,HA']}{[a\,A'']} = K_{2a} \frac{[c\,HA']}{[c\,A'']} \frac{f_{HA'}}{f_{A''}} \tag{11}$$

oder

$$p_a H = -\log K_{2a} + \log \frac{[c\,A'']}{[c\,HA']} - \log \frac{f_{HA'}}{f_{A''}}. \tag{12}$$

$\log K_{2a}$ und $\log \frac{[c\,A'']}{[c\,HA']}$ sind konstant, und daher ändert sich $p_a H$ nur mit $\log \frac{f_{HA'}}{f_{A''}}$.

In einem Gemisch einer schwachen Säure mit ihrem einwertigen Anion gilt nach Gleichung (8):

$$p_a H = -\log K_a + \log \frac{[c\,A']}{[c\,HA]} - \log \frac{f_{HA}}{f_{A'}}. \tag{13}$$

Nehmen wir nun an, daß in dem letztgenannten Gemisch f_{HA} gleich 1 gesetzt werden kann und daß bei den verschiedenen Ionenstärken die einfache Debye-Hückel-Gleichung

$$-\log f = 0{,}5\, z^2 \sqrt{\mu}$$

angewendet werden darf, so sehen wir, daß in Gleichung (13) $p_a H$ sich um $-0{,}5 \sqrt{\mu}$ ändert.

In einem Gemisch eines ein- und zweiwertigen Anions einer schwachen Säure (Gleichung 12) finden wir dagegen, daß $p_a H$ sich um $-\log \frac{f_{HA'}}{f_{A''}}$ oder um $\left(+0{,}5 \sqrt{\mu} - 2 \sqrt{\mu}\right) = -1{,}5 \sqrt{\mu}$ ändert.

Der Verdünnungseffekt auf das pH ist in diesem Falle daher dreimal so groß wie im Gemisch einer Säure mit ihrem einwertigen Anion.

Hätten wir ein Gemisch eines zwei- und dreiwertigen Anions einer schwachen Säure, so ist einfach abzuleiten, daß paH sich hier um $\left(+2\sqrt{\mu} - 4{,}5\sqrt{\mu}\right) = -2{,}5\sqrt{\mu}$ mit der Verdünnung ändert und in einem Gemisch eines drei- und vierwertigen Anions einer schwachen Säure um $\left(+4{,}5\sqrt{\mu} - 8\sqrt{\mu}\right) = -3{,}5\sqrt{\mu}$. Der Verdünnungseffekt nimmt daher mit zunehmender Dissoziationsstufe zu. Quantitativ sind die Verhältnisse nicht so einfach wie oben angegeben, weil besonders für mehrwertige Ionensysteme die einfache Debye-Hückel-Gleichung nur bis zu sehr kleinen Ionenstärken angewendet werden darf (vgl. § 3).

Angenähert sind die Betrachtungen jedoch gültig, wie sich aus verschiedenen Untersuchungen von I. M. Kolthoff und W. Bosch[1] ergibt. Zur Demonstration seien einige Beispiele daraus angeführt.

Äquimolekulares Gemisch von Citronensäure mit Monokaliumcitrat (18°).

Konzentration Citrat	pH gemessen	pH * korrigiert	[H·] korr. × 10^3
2,5 × 10^{-1} molar . . .	2,861	2,857	1,39
1,25 × — . . .	2,912	2,905	1,24
0,5 × — . . .	2,969	2,952	1,12
0,25 × — . . .	3,009	2,975	1,06
0,125 × — . . .	3,050	2,988	1,03
0,05 × — . . .	3,131	3,001	1,00
0,025 × — . . .	3,222	3,009	0,98
0,0125 × — . . .	3,345	3,018	0,96

[1] Über Citronensäure vgl. Rec. trav. chim. Pays-Bas **47**, 558 (1928); über Kohlensäure Rec. trav. chim. Pays-Bas **47**, 819 (1928); über Pyrophosphorsäure Rec. trav. chim. Pays-Bas **47**, 826 (1928); über Bernsteinsäure, Weinsäure und Adipinsäure Rec. trav. chim. Pays-Bas **47**, 861 (1928); über Essigsäure, Capronsäure und Benzoesäure Rec. trav. chim. Pays-Bas **47**, 873 (1928); über Pyridin, Pyramidon und p-Phenylendiamin Rec. trav. chim. Pays-Bas **48**, 37 (1929).

* „pH gemessen" gibt das pH an, das bei 18° mit der Wasserstoffelektrode gemessen wurde. „pH korrigiert" stellt den korrigierten Wert dar für die Eigendissoziation der Säure in den Gemischen und gibt den Wasserstoffexponenten für den Fall, daß die Konzentration der undissoziierten Säure der des einwertigen Citrats gleich wäre. Die so erhaltenen Werte entsprechen daher dem theoretischen Verdünnungseffekt.

Äquimolekulares Gemisch von Mono- und Dikaliumcitrat (18°).

Totale Kaliumkonzentration	Konzentration Mono- bzw. Dicitrat	Totale Ionenstärke μ	pH gemessen	pH korrigiert
0,5 molar	0,167 molar	0,667	4,293	4,301
0,2	0,0668	0,267	4,343	4,350
0,1	0,0334	0,133	4,405	4,408
0,05	0,0167	0,0667	4,485	4,484
0,02	0,00668	0,0267	4,554	4,555
0,01	0,00334	0,0133	4,602	4,600
0.005	0,00167	0,00667	4,622	4,613
0,0025	0,000835	0,00334	4,643	4,621
0,001	0,000334	0,00133	4.606	4,661

Äquimolekulares Gemisch von Di- und Trikaliumcitrat (18°).

Totale Kaliumkonzentration	Konzentration Di- bzw. Tricitrat	Totale Ionenstärke μ	pH gemessen	pH korrigiert
0,5 molar	0,1 molar	0,9	5,612	5,590
0,25	0,05	0,45	5,681	5,662
0,1	0,02	0,18	5,811	5,793
0,05	0,01	0,09	5,911	5,894
0,025	0,005	0,045	6,012	5,998
0,01	0,002	0,018	6,125	6,112
0,005	0,001	0,009	6,187	6,175
0,002	0,0004	0,0036	6,249	6,238
0,001	0,0002	0,0018	6,274	6,264

Gemisch von 0,1 mol Natriumpyrophosphat und 0,05 mol Salzsäure und Verdünnungen bei 18° ($[P_2O_7'''']=[HP_2O_7''']$).

Totale Salznormalität	Ionenstärke μ	pH	$-\log\frac{f_4}{f_3}$
0,4	0,85	8,015	1,339
0,2	0,425	8,232	1,122
0,08	0,17	8,504	0,850
0,04	0,085	8,683	0,671
0,02	0,0425	8,856	0,498
0,008	0,017	8,976	0,378

Im letzten Falle ist der Verdünnungseffekt sehr erheblich; er nimmt mit abnehmender Ladung der Säureanionen im System ab, wie theoretisch zu erwarten war.

Auch der Neutralsalzeffekt auf das pH einer verdünnten Pufferlösung nimmt mit steigender Wertigkeit der Säureanionen im System zu. Im folgenden seien einige Beispiele, welche den Veröffentlichungen von Kolthoff und Bosch entnommen sind, angeführt. Im allgemeinen gibt es hier einen ausgesprochenen Kationeneffekt, während die Art der Anionen praktisch ohne Bedeutung ist.

Neutralsalzeffekt auf Pufferlösungen mit Säureanionen von verschiedener Wertigkeit.

Puffergemisch	Salz	Konzentration Salz (Molarität)	pH bei 18°
0,005 mol Citronensäure und 0,005 mol Monokaliumcitrat	—	—	3,130
	KCl	0,1	3,042
	„	0,5	2,976
	NaCl	0,1	2,989
	„	0,5	2,884
	LiCl	0,1	3,001
	„	0,5	2,832
Äquimolekulares Gemisch von ein- und zweiwertigem Citrat; totale Ionenstärke 0,0133	—	—	4,601
	KCl	0,1	4,386
	„	0,5	4,197
	NaCl	0,1	4,329
	„	0,5	4,069
	LiCl	0,1	4,307
	„	0,5	3,986
Gemisch von 0,002 molarem Di- und 0,002 molarem Tricitrat	—	—	6,118
	KCl	0,1	5,755
	„	0,5	5,470
	NaCl	0,1	5,697
	„	0,5	5,284
	LiCl	0,1	5,636
	„	0,5	5,111
Gemisch von 0,001 molarem quadrivalentem und 0,001 molarem trivalentem Pyrophosphat	—	—	8,974
	KCl	0,1	8,356
	„	0,5	7,903
	NaCl	0,1	8,229
	„	0,5	7,640
	LiCl	0,1	7,405
	„	0,5	6,753

Am Ende dieses Paragraphen sei schließlich noch bemerkt, daß man bei allen chemischen Gleichgewichtsreaktionen mit Aktivitäten und nicht mit Konzentrationen der Reaktionsteilnehmer zu rechnen hat. Daher haben alle Gleichungen im ersten Kapitel (Dissoziation und Hydrolyse) nur angenäherte Bedeutung. Wenn man die Frage exakt vom quantitativen Standpunkte behandeln will, müssen überall Aktivitäten statt Konzentrationen geschrieben werden. So haben wir z. B. S. 21 abgeleitet, daß in einem sauren Salz KHA die Wasserstoffionenkonzentration:

$$[H^{\cdot}] = \sqrt{K_1 K_2}$$

oder in einem Salze K_2HA

$$[H^{\cdot}] = \sqrt{K_2 K_3}$$

ist.

Die Konstanten K stellen hier die stöchiometrischen Dissoziationskonstanten dar, die, wie wir gesehen haben, bis zu einer bestimmten Ionenstärke zuerst zunehmen und später abnehmen. Daher läßt sich auch erwarten, daß das pH einer Lösung eines sauren Salzes nicht von der Verdünnung unabhängig ist, wie sich aus obenstehenden Gleichungen ergeben würde, sondern im allgemeinen mit zunehmender Verdünnung zunehmen wird. Daß dies wirklich zutrifft, ergibt sich aus untenstehenden Beispielen.

pH von Monokaliumcitratlösungen bei 18°.

Konzentration Salz	pH gemessen	(pH berechnet)
0,25 molar	3,59	3,60
0,1	3,67	3,66
0,05	3,73	3,72
0,01	3,83	3,80

pH von Dikaliumcitratlösungen bei 18°.

0,25 molar	4,965	4,945
0,1	5,026	5,020
0,05	5,085	5,100
0,025	5,178	5,189
0,01	5,275	5,288
0,005	5,338	5,356

Zusammenfassend läßt sich sagen, daß die thermodynamischen Dissoziationskonstanten nur eine relativ geringe praktische Bedeutung haben. Sie sind zwar bei verschiedener Ionenstärke konstant; jedoch muß man die Aktivitätskoeffizienten der verschiedenen Komponente kennen, um die Konstante bei verschiedenem Elektrolytgehalt anwenden zu können. Nur bei geringer Ionenstärke kann man die Aktivitätskoeffizienten mit Hilfe der einfachen Debye-Hückel-Gleichung berechnen; bei größeren Ionenstärken wäre es vorteilhafter, die stöchiometrischen Dissoziationskonstanten für verschiedene Typen von Elektrolyten empirisch zu bestimmen.

8. Die Bestimmung der Dissoziationskonstanten. Die meisten Dissoziationskonstanten, die in der Literatur beschrieben sind[1], sind auf Grund der älteren Dissoziationstheorie von ARRHENIUS berechnet worden. Es ist daher von großem praktischen Interesse, zu untersuchen, welcher Wert diesen Zahlen beizulegen ist und wie man aus diesen Angaben die thermodynamischen Dissoziationskonstanten berechnen kann. Wir wollen im folgenden nur die drei wichtigsten Methoden zur Dissoziationskonstantenbestimmung besprechen; für andere Fälle kann man leicht aus alledem, was in den letzten Paragraphen besprochen ist, ableiten, wie die Umrechnung auszuführen ist. Es wird sich ergeben, daß die nach den verschiedenen klassischen Methoden bestimmten und berechneten Dissoziationskonstanten gar nicht denselben Wert zu liefern brauchen.

a) *Die potentiometrische Methode. Die Wasserstoffionen-***aktivität** einer Lösung bekannter Zusammensetzung wird mit Hilfe der Wasserstoff- oder Chinhydronelektrode gemessen. Gewöhnlich verwendet man dazu ein Puffergemisch, dessen Wasserstoffionenaktivität mit zunehmender Verdünnung abnimmt. Will man nun aus dem gemessenen paH und der bekannten Zusammensetzung der Lösung die thermodynamische Dissoziationskonstante berechnen, so muß man den Aktivitätskoeffizienten der verschiedenen Komponenten kennen. Da jedoch die einfache Debye-Hückel-Gleichung nur bis zu sehr geringer Ionenstärke gültig ist und in konzentrierteren Lösungen die Werte der verschiedenen Konstanten zur Berechnung der Aktivitätskoeffizienten nicht bekannt sind, liefert die Berechnung im allgemeinen unsichere Werte. Viel besser ist es, das paH bei zunehmender Verdünnung des Puffergemisches zu messen und die Werte als Funktion von $\sqrt{\mu}$ graphisch darzustellen. Bei großen Verdünnungen gilt doch die einfache Debye-Hückel-Gleichung: $-\log f = 0{,}5\, z^2 \sqrt{\mu}$, so daß paH sich schließlich linear mit $\sqrt{\mu}$ ändert (für ein Gemisch einer undissoziierten Säure mit ihrem einwertigen Anion um $0{,}5\sqrt{\mu}$; für ein Gemisch von ein- und zweiwertigen Anionen einer schwachen Säure um $1{,}5\sqrt{\mu}$ usw.). Die paH-Werte werden also schließlich auf einer Geraden liegen, und graphisch kann man leicht

[1] Betr. einer Zusammenfassung vgl. LANDOLT-BÖRNSTEIN-ROTH: Physikalisch-chemische Tabellen und Ergänzungsbände.

(nach Korrektur für die Dissoziation bzw. Assoziation der verschiedenen Komponenten) den Wert von K bei einer Ionenstärke gleich Null finden.

Die Genauigkeit der Resultate hängt natürlich von der Genauigkeit der Versuchsmethodik ab. Trifft man Vorsorge, das Diffusionspotential möglichst klein zu halten, so kann man die thermodynamische Konstante mit einer Genauigkeit von etwa 2% bestimmen.

Hoffentlich wird man in Zukunft mehr als bisher berücksichtigen, daß nur die thermodynamische Dissoziationskonstante eine wirkliche Konstante vorstellt und daß auf Grund von „Dissoziationsgraden" berechnete Werte keine exakte Bedeutung haben.

b) *Die Leitfähigkeitsmethode.* Die größere Anzahl von Dissoziationskonstanten einbasischer Säuren ist nach der Leitfähigkeitsmethode bestimmt worden. Die nach der klassischen Methode berechneten Werte sind etwas größer als die thermodynamische Dissoziationskonstante und haben eigentlich keine reelle Bedeutung. Bei mittelschwachen und sehr schwachen Säuren ist die Abweichung von der thermodynamischen Konstante glücklicherweise sehr gering, bei stärkeren Säuren wird sie etwas größer. Im letzten Falle findet man nach der klassischen Methode auch keine Konstante mehr; der Wert nimmt mit der Verdünnung zu, während die thermodynamische Konstante von der Ionenstärke unabhängig ist.

Es ist möglich, aus den Äquivalentleitfähigkeiten die wahre Dissoziationskonstante abzuleiten. Nach der klassischen Methode wird die Konstante nach dem OSTWALDschen Verdünnungssatz berechnet

$$K = \frac{\alpha^2 c}{(1-\alpha)},$$

α stellt den elektrolytischen Dissoziationsgrad nach ARRHENIUS dar und ist gleich $\frac{\Lambda_c}{\Lambda_\infty}$, worin Λ_c die Äquivalentleitfähigkeit bei der Konzentration c und Λ_∞ die bei unendlicher Verdünnung bedeutet. Der so gefundene Dissoziationsgrad ist nicht ganz der richtige, und αc stellt nicht die wahre Ionenkonzentration vor. So würden wir in 0,1 n-Salzsäure in analoger Weise einen Dissoziationsgrad $\alpha = \frac{\Lambda_c}{\Lambda_\infty} = f_\lambda = 0{,}923$ ableiten, und $[cH^\cdot]$ würde daher gleich 0,0923 sein. In Wirklichkeit ist $[cH^\cdot]$ jedoch der analytischen Konzentration der Säure, in diesem Falle also 0,1, gleich. Finden wir nun z. B. in einer Lösung einer nicht vollständig dissoziierten Säure einen Wert für αc (klassische Ionenkonzentration) von 0,01, so können wir die wahre Ionenkonzentration finden, indem wir den Wert durch f_λ, das zu der gleichen Ionenstärke gehört, teilen; mit anderen Worten: in der Lösung der unvollständig dissoziierten Säure ist:

$$[c\,H^{\cdot}] = \frac{\alpha c}{f_\lambda},$$

worin f_λ der Leitfähigkeitskoeffizient der Salzsäure bei der gleichen Ionenkonzentration ist. Wir nehmen also an, daß f_λ für verschiedene Säuren bei der gleichen Ionenkonzentration dasselbe ist, was bei geringer Ionenstärke wohl erlaubt ist. Dazu machen wir noch eine andere Approximation, indem f_λ als zu einer Ionenkonzentration αc statt zu $\frac{\alpha c}{f_\lambda}$ gehörend verwandt wird. Die Differenz ist jedoch gering; zudem kann man die Berechnung wiederholen, indem man das zweitemal f'_λ verwendet, das zu dem zuerst berechneten Wert von $\frac{\alpha c}{f_\lambda}$ gehört.

Nach dem Obenstehenden ist also:

$$K_c = \frac{[c\,H^{\cdot}]\,[c\,A']}{[c\,HA]} = \frac{\left(\frac{\alpha c}{f_\lambda}\right)^2}{\left(1 - \frac{\alpha}{f_\lambda}\right)c}, \tag{14}$$

während wir wissen wollen, wie groß

$$K_a = \frac{[a\,H^{\cdot}]\,[a\,A']}{[a\,HA]} = K_c\,\frac{f_H f_A}{f_{HA}}$$

ist. Bei der geringen Ionenstärke kann f_{HA} gleich 1 gesetzt werden, während wir annehmen, daß f_H gleich f_A gesetzt werden kann und daß beide denselben Wert haben wie f_H und f_{Cl} in Salzsäure von der gleichen Ionenstärke. Dadurch wird zwar eine Unsicherheit eingeführt, die jedoch nicht zu umgehen ist. In Lösungen mit einer Ionenstärke kleiner als 0,01 wird der Fehler kleiner als 0,5% sein, bei größeren Ionenstärken kann die Unsicherheit zunehmen. Aus dem Obenstehenden ergibt sich, daß K_a aus den Werten der elektrischen Leitfähigkeit nach folgender Gleichung berechnet werden kann:

$$K_a = \frac{\frac{\alpha^2 c}{f_\lambda^2}\,f_H f_A}{1 - \frac{\alpha}{f_\lambda}}. \tag{15}$$

Unabhängig voneinander haben D. A. MacInnes[1], M. S. Sherill und A. A. Noyes[2] und I. M. Kolthoff[3] in analoger Weise aus den klassischen Konstanten die thermodynamischen Dissoziationskonstanten berechnet.

Die Werte von $f_\lambda = \frac{\Lambda_c}{\Lambda_\infty}$ können aus Kohlrauschs Messungen der elektrischen Leitfähigkeit von Salzsäurelösungen berechnet werden. Die Werte von f_H und f_{Cl} können aus Scatchards[4] potentiometrischen Messungen an Salzsäurelösungen abgeleitet werden. Diese sind sehr zuverlässig, weil die Konzentrationsketten ohne Diffusionspotential waren. Jedoch fand Scatchard daraus nur den mittleren Aktivitätskoeffizienten $\sqrt{f_H f_{Cl}}$ und nicht die individuellen Ionenaktivitäten. Indem man annimmt, daß in einer Kaliumchloridlösung $f_K = f_{Cl}$ ist — was sehr wahrscheinlich ist, wenn wir bedenken, daß beide Ionen dieselbe Struktur haben — und daß die Werte von f_{Cl} in Salzsäurelösungen denen in Kaliumchlorid von derselben Konzentration gleich sind, können f_H und f_{Cl} in Salzsäurelösungen berechnet werden. Streng genommen sind derartige Werte nicht ganz richtig, weil die Kaliumionen wahrscheinlich einen anderen Einfluß auf die Aktivität der Chlorionen haben als die Wasserstoffionen bei derselben Ionenstärke. In folgender Tabelle geben wir jedoch die Werte von f_λ, f_H und f_{Cl} nach obenstehender Methode berechnet.

f_λ, f_H und f_{Cl} in Salzsäure.

Konzentration	$f_\lambda = \frac{\Lambda_c}{\Lambda_\infty}$ (Kohlrausch)	$\sqrt{f_H f_{Cl}}$ (Scatchard)	f_H (Scatchard)	f_{Cl}
0,001	0,992	0,966	0,965	0,966
0,002	0,990	0,954	0,951	0,957
0,005	0,981	0,932	0,926	0,938
0,01	0,974	0,910	0,899	0,921
0,02	0,966	0,881	0,865	0,895
0,03	0,958	—	—	—
0,05	0,947	0,836	0,809	0,864
0,1	0,923	0,801	0,762	0,842

[1] MacInnes, D. A.: Journ. Amer. Chem. Soc. **48**, 2068 (1926).
[2] Sherill, M. S., u. A. A. Noyes: Journ. Amer. Chem. Soc. **48**, 1861 (1926).
[3] Kolthoff, I. M.: Rec. trav. chim. Pays-Bas **46**, 350 (1927).
[4] Scatchard, G.: Journ. Amer. Chem. Soc. **47**, 651 (1925).

In Lösungen mit kleinerer Ionenstärke als 0,001 können f_H und f_{Cl} nach der einfachen Gleichung von DEBYE-HÜCKEL berechnet werden, und wir finden in 0,0005n-HCl $f_H = f_{Cl} = 0{,}975$ und in 0,00025n-HCl $f_H = f_{Cl} = 0{,}982$.

Zur Erläuterung geben wir in beiden folgenden Tabellen die thermodynamischen Dissoziationskonstanten der Essigsäure und o-Nitrobenzoesäure, die aus den Leitfähigkeitsbestimmungen von J. KENDALL[1] berechnet sind.

Die erste Reihe gibt die Konzentration der Säure, die zweite den klassischen Dissoziationsgrad α multipliziert mit 100; die dritte die Dissoziationskonstante nach der klassischen Methode berechnet, die vierte αc (klassische Ionenkonzentration), die fünfte die wahre Ionenkonzentration $\frac{\alpha c}{f_\lambda}$, die sechste die Konzentration der undissoziierten Säure $[c\,HA] = c - \frac{\alpha c}{f_\lambda}$ und die letzte Reihe K_a nach Gleichung (15) berechnet.

Für K_a der Essigsäure wird ein mittlerer Wert von $1{,}76 \times 10^{-5}$ gefunden (25°), während I. M. KOLTHOFF und W. BOSCH[2] bei 18° einen Wert von $1{,}70 \times 10^{-5}$ fanden.

Der für o-Nitrobenzoesäure berechnete Wert von K_a ist bei Ionenstärken zwischen 0,0115 und 0,00046 konstant und gleich $6{,}0\,(\pm 0{,}1) \times 10^{-3}$. Diese Säure ist schon ziemlich stark, und wir sehen daher, daß die klassische Konstante mit der Konzentration zunimmt.

c) *Die kinetische (katalytische) Methode.* Man würde erwarten, daß eine Reaktionsgeschwindigkeit der Aktivität der reagierenden Komponenten proportional wäre, und dies wurde z. B. auch von LEWIS und RANDALL[3] vertreten. Aus experimentellen Untersuchungen hat sich jedoch ergeben, daß dies gar nicht der Fall ist. Es schien daher, als ob die Aktivitätstheorie hier scheiterte, bis J. N. BRÖNSTED in genialer Weise seine Theorie der Säure-Basen-Katalyse aufstellte. Es überschreitet den Rahmen dieser Monographie, diese Theorie hier in extenso zu beschreiben; wir werden daher nur eine kurze und unvollständige Besprechung

[1] KENDALL, J.: Journ. Chem. Soc. London **47**, 651 (1925).

[2] KOLTHOFF, I. M., u. W. BOSCH: Rec. trav. chim. Pays-Bas **47**, 873 (1928).

[3] LEWIS, G. N., u. M. RANDALL: Thermodynamics and the free energy of chemical substances. New York: McGraw Hill Co. 1923.

Thermodynamische Dissoziationskonstante der Essigsäure und o-Nitrobenzoesäure, aus Leitfähigkeiten berechnet.

Konzentration	$100\,\alpha\left(\frac{\Lambda_c}{\Lambda_\infty}\times 100\right)$	$K=\frac{\alpha^2 c}{1-\alpha}$	αc	$\frac{\alpha c}{f_\lambda}$	[c HA]	$K_a=\frac{[aH^\cdot][aA']}{[aHA]}$
			Essigsäure.			
$7{,}37\times 10^{-2}$	1,57	$1{,}845\times 10^{-5}$	$1{,}157\times 10^{-3}$	$1{,}165\times 10^{-3}$	$7{,}254\times 10^{-2}$	$1{,}738\times 10^{-5}$
$3{,}685\times 10^{-2}$	2,216	1,851 × —	$8{,}17\times 10^{-4}$	$8{,}22\times 10^{-4}$	$3{,}603\times 10^{-2}$	1,759 × —
$1{,}842\times 10^{-2}$	3,118	1,849 × —	$5{,}74\times 10^{-4}$	$5{,}76\times 10^{-4}$	$1{,}784\times 10^{-2}$	1,754 × —
$9{,}21\times 10^{-3}$	4,380	1,849 × —	$4{,}03\times 10^{-4}$	$4{,}05\times 10^{-4}$	$8{,}805\times 10^{-3}$	1,759 × —
$4{,}606\times 10^{-3}$	6,141	1,851 × —	$2{,}83\times 10^{-4}$	$2{,}83\times 10^{-4}$	$4{,}323\times 10^{-3}$	1,770 × —
$2{,}303\times 10^{-3}$	8,568	1,849 × —	$1{,}97\times 10^{-4}$	$1{,}97\times 10^{-4}$	$2{,}106\times 10^{-3}$	1,787 × —
			o-Nitrobenzoesäure.			
$3{,}125\times 10^{-2}$	36,85	$6{,}72\times 10^{-3}$	$1{,}152\times 10^{-2}$	$1{,}184\times 10^{-2}$	$1{,}941\times 10^{-2}$	$5{,}92\times 10^{-3}$
$1{,}562\times 10^{-2}$	47,22	6,60 × —	$7{,}38\times 10^{-3}$	$7{,}55\times 10^{-3}$	$8{,}07\times 10^{-3}$	6,00 × —
$7{,}81\times 10^{-3}$	58,22	6,45 × —	$4{,}57\times 10^{-3}$	$4{,}66\times 10^{-3}$	$3{,}15\times 10^{-3}$	6,00 × —
$3{,}91\times 10^{-3}$	69,88	6,33 × —	$2{,}73\times 10^{-3}$	$2{,}76\times 10^{-3}$	$1{,}15\times 10^{-3}$	5,95 × —
$1{,}95\times 10^{-3}$	80,07	6,28 × —	$1{,}56\times 10^{-3}$	$1{,}58\times 10^{-3}$	$3{,}7\times 10^{-4}$	6,20 × —
$9{,}77\times 10^{-4}$	87,94	6,27 × —	$8{,}59\times 10^{-4}$	$8{,}65\times 10^{-4}$	$1{,}12\times 10^{-4}$	6,26 × —
$4{,}88\times 10^{-4}$	93,26	6,29 × —	$4{,}55\times 10^{-4}$	$4{,}57\times 10^{-4}$	$3{,}1\times 10^{-5}$	6,34 × —

geben, insofern sie das uns interessierende Problem berührt; bezüglich Einzelheiten sei auf die Veröffentlichungen von BRÖNSTED und seinen Mitarbeitern verwiesen[1]. (Bezüglich der Säure-Basen-Eigenschaften sei auch auf S. 92 verwiesen.) Der Aktivitätstheorie nach ist die Geschwindigkeit, mit der zwei Komponenten A und B miteinander reagieren, ihren Aktivitäten proportionell:

$$v = k[cA]\,f_A[cB]\,f_B = k[aA]\,[aB].$$

Nach BRÖNSTED (auch CHRISTIANSEN, KRAMERS) wird nun in erster Instanz durch Zusammenstoß der Moleküle ein *kritischer Komplex* AB gebildet, der unmeßbar schnell in C und D zerfällt.

$$A + B \dashrightarrow AB \rightarrow \text{Reaktionsprodukte.}$$

Die Gleichung für die Reaktionsgeschwindigkeit wird dann:

$$v = k\,\frac{[cA]\,f_A[cB]\,f_B}{f_x} = k[cA]\,[cB]\,\frac{f_A f_B}{f_x},$$

worin f_x der Aktivitätskoeffizient des kritischen Komplexes ist. Es ist nun deutlich, daß der Neutralsalzeffekt auf die Reaktionsgeschwindigkeit von einer Änderung des „*kinetischen Aktivitätsfaktors*“ $\frac{f_A f_B}{f_x}$ beherrscht wird; er wird von BRÖNSTED *der primäre Salzeffekt* genannt.

Die Ladung des kritischen Komplexes AB ist natürlich der algebraischen Summe der Ladungen von A und B gleich. Wenn A z. B. ein einwertiges Ion und B ein neutrales Molekül vorstellt, so hat der kritische Komplex auch eine Wertigkeit von 1. Der kinetische Aktivitätsfaktor wird daher zwischen ziemlich weiten Grenzen von dem Elektrolytgehalt unabhängig sein, weil f_A sich ungefähr in gleicher Weise wie f_x ändert. Bei größeren Ionenstärken wird natürlich ein deutlicher Salzeinfluß wahrgenommen werden, weil individuelle Unterschiede auftreten und f_B dann nicht mehr gleich 1 gesetzt werden kann.

Bei der katalytischen Methode zur Wasserstoffionenkonzentrationsbestimmung reagieren die Wasserstoffionen mit neutralen Molekülen (Rohrzuckerinversion; Diazoessigesterspaltung), und der gebildete kritische Komplex hat daher dieselbe Wertigkeit

---

[1] Vgl. besonders die zusammenfassende Übersicht von J. N. BRÖNSTED Chem. Rev. **5**, 231 (1928); auch I. M. KOLTHOFF: Chemisch Weekblad **28**, 110 (1931).

wie die Wasserstoffionen. Der kinetische Aktivitätsfaktor $\frac{f_A f_B}{f_x}$ wird daher nur geringe Beeinflussung von vorhandenen Elektrolyten erfahren. Bei größeren Ionenstärken ist gewöhnlich ein deutlicher Einfluß vorhanden, und zwar nimmt die Reaktionsgeschwindigkeit mit steigendem Elektrolytgehalt bei der Wasserstoffionenkatalyse gewöhnlich zu. Dies wird dadurch erklärt, daß $\frac{f_A}{f_x}$ bei steigender Ionenstärke größer als 1 wird, während auch f_B zunimmt (Aussalzungseffekt). Angenähert können wir jedoch sagen, daß bei geringen Ionenstärken der Elektrolyteffekt sehr gering wird, so daß dann die Reaktionsgeschwindigkeit von der *Wasserstoffionenkonzentration und nicht von der Wasserstoffionenaktivität beherrscht wird.*

Wenn wir daher nach der katalytischen Methode die Wasserstoffionenkonzentration in einer verdünnten Lösung einer mittelstarken oder schwachen Säure (bei Abwesenheit von Salzen) bestimmen, messen wir in der Tat die *Konzentration der Wasserstoffionen*, während nach der potentiometrischen Methode die *Wasserstoffionenaktivität* gefunden wird.

Aus den Resultaten der kinetischen Methode berechnen wir daher die *stöchiometrische Dissoziationskonstante* und nicht die thermodynamische.

In ähnlicher Weise, wie bei der Leitfähigkeitsmethode (sub b) beschrieben wurde, kann man die letzte wieder aus der ersten berechnen.

Für die Hydroxylionenkatalyse gilt Ähnliches wie für die Wasserstoffionenkatalyse.

Der Vollständigkeit halber sei hier noch erwähnt, daß die Säurekatalyse nicht spezifisch für Wasserstoffionen ist, sondern daß alle Substanzen mit saurem Charakter nach BRÖNSTED (vgl. Kap. 4) einen ähnlichen Einfluß ausüben, wenn auch in viel geringerem Maße als die Wasserstoffionen. Ebenso ist die Basenkatalyse nicht spezifisch für Hydroxylionen, sondern alle Substanzen mit basischem Charakter üben qualitativ einen ähnlichen Einfluß aus. Bezüglich Einzelheiten sei auf die Veröffentlichungen von BRÖNSTED verwiesen.

Viertes Kapitel.

Die Säure-Basen-Definition nach BRÖNSTED. Eigenschaften von Säuren und Basen.

1. Definition des Begriffs der Säure und Base. Nach der klassischen Definition sind Säuren Substanzen, die in wässeriger Lösung Wasserstoffionen abspalten, während Basen sich durch eine Dissoziation von Hydroxylionen auszeichnen.

Die heutige Auffassung des Begriffs „Säuren" und „Basen" hat sich daher hauptsächlich auf Grundlage der in *wässeriger Lösung* auftretenden Säure- und Baseneigenschaften entwickelt.

Wenn man versucht, dem allgemeinen Charakter des Begriffs entsprechend eine Theorie der Säuren und Basen unter prinzipiellen und theoretischen Gesichtspunkten aufzustellen, wird sich die ältere, historisch und praktisch begründete Auffassung der Säuren und Basen in mancher Hinsicht als einseitig und unvollständig erweisen.

Als grundlegendes Prinzip der BRÖNSTEDschen[1] Definition wird nun eine *Säure ganz allgemein als ein Stoff betrachtet*, der *ein Proton* (Wasserstoffion; Wasserstoffkern) *abzugeben*, und *eine Base als ein Stoff, der ein Proton zu addieren imstande ist.*

$$\underset{\text{Säure}}{A} \leftrightarrows \underset{\text{Base}}{B} + \underset{\text{Proton}}{H^{\cdot}}. \tag{1}$$

Wenn also eine Substanz als eine Säure fungiert, wird sie selbst in die entsprechende Base B übergeführt, und umgekehrt bildet eine Substanz, welche als eine Base fungiert, eine entsprechende Säure. A und B bilden also ein *korrespondierendes* System, vergleichbar einem korrespondierenden Redoxsystem:

$$\mathrm{Ox} + \mathrm{e} \leftrightarrows \mathrm{Red}.$$

Ein Reduktans ist eine Substanz, die befähigt ist, Elektronen abzuspalten, während ein Oxydans Elektronen aufnehmen kann. Übt eine Substanz ihre reduzierende Wirkung aus, so wird sie in die entsprechende oxydierte Form übergeführt und umgekehrt. Da Elektronen nicht in freiem Zustand in einer

[1] BRÖNSTED, J. N.: Rec. trav. chim. Pays-Bas **42**, 718 (1923) — Journ. Physical Chem. **30**, 777 (1926); besonders Chem. Rev. **5**, 232 (1928), auch Ber. Dtsch. Chem. Ges. **61**, 2049 (1928).

Lösung bestehen können, kann eine Substanz nur dann reduzierend wirken, wenn zu gleicher Zeit ein Oxydans in der Lösung anwesend ist, um die abgegebenen Elektronen aufzunehmen. Umgekehrt kann eine Substanz nur dann ihre oxydierende Wirkung ausüben, wenn gleichzeitig ein Reduktans in der Lösung anwesend ist zur Lieferung der benötigten Elektronen.

Etwas Ähnliches gilt für ein Säure-Basen-System.

Freie Wasserstoffkerne (Protonen) können praktisch ebensowenig in freiem Zustande in einer Lösung bestehen wie Elektronen. Will daher eine Substanz ihre sauren Eigenschaften entwickeln, so muß zu gleicher Zeit eine Base anwesend sein, um die Protonen aufzunehmen. Das Lösungsmittel selbst kann gewöhnlich als solch eine Base fungieren, wie unten eingehender besprochen werden wird.

Eine spezielle Konsequenz des neuen Säure-Basen-Ausdrucks ist, daß die (sog.) Wasserstoffionen und die Hydroxylionen ihre bisher eingenommene hervorragende Stelle als eigentliche Träger der basischen und sauren Eigenschaften einbüßen. Sie sind nur besondere Repräsentanten von Säuren und Basen und spielen nur in Wasser als Lösungsmittel eine hervortretende Rolle.

Ferner ist zu beachten, daß gemäß Schema (1) die Säure- und Baseneigenschaften prinzipiell unabhängig sind von der elektrischen Ladung der Säure- und Basenmoleküle. Während nach den klassischen Ansichten wohl gewöhnlich nur elektrisch neutrale Moleküle als Säuren und Basen anerkannt werden, können nach Brönsteds Definition Moleküle mit elektrischer Ladung als Säuren und Basen auftreten:

$$\begin{array}{rcll}
Al(H_2O)_6^{\cdot\cdot\cdot} & \leftrightarrows & Al(H_2O)_5OH^{\cdot\cdot} & + H^{\cdot} \\
Al(H_2O)_5OH^{\cdot\cdot} & \leftrightarrows & Al(H_2O)_4(OH)_2^{\cdot} & + H^{\cdot} \\
NH_4^{\cdot} & \leftrightarrows & NH_3 & + H^{\cdot} \\
CH_3COOH & \leftrightarrows & CH_3COO' & + H^{\cdot} \\
HCO_3' & \leftrightarrows & CO_3'' & + H^{\cdot} \\
HPO_4'' & \leftrightarrows & PO_4''' & + H^{\cdot} \\
\text{Säure} & & \text{Base} &
\end{array}$$

2. Allgemeine Bedeutung des neuen Säure-Basen-Begriffs. *Die Dissoziation von Säuren und Basen. Die basischen Eigenschaften des Lösungsmittels.* Da freie Protonen nicht in Lösung bestehen können, kann eine gelöste Säure nur dann merklich elektrolytisch dissoziiert sein, wenn das Lösungsmittel Protonen aufzunehmen vermag, mit anderen Worten, wenn dieses basische Eigenschaften hat. Die Dissoziation der Säure wird quantitativ daher nicht nur von der Säurestärke beherrscht, sondern auch von der Basenstärke des Lösungsmittels.

Lösen wir eine Säure in Wasser, so entwickelt dieses basische Eigenschaften unter Bildung von Hydroxonium- oder Hydroniumionen ($H_3O^{\cdot}$):

$$\underset{\text{Säure}}{A} + \underset{\text{Base}}{H_2O} \leftrightarrows \underset{\text{Base}}{B} + \underset{\text{Säure}}{H_3O^{\cdot}}. \qquad (2)$$

In Wasser wird daher die Dissoziation außer von der Art der Säure von den basischen Eigenschaften des Wassers beherrscht:

$$\underset{\text{Base}}{H_2O} + H^{\cdot} \leftrightarrows \underset{\text{Säure}}{H_3O^{\cdot}}. \qquad (3)$$

Es läßt sich ableiten, daß freie Protonen in Wasser nicht vorkommen. So berechnete ich[1], daß in einer normalen Lösung einer starken Säure, in der $[H_3O^{\cdot}]$ also gleich 1 ist, die Protonenkonzentration von der Ordnung 10^{-130}n ist, also keine reelle Bedeutung mehr hat.

Wenn wir also von der Wasserstoffionenkonzentration einer Lösung sprechen, so deuten wir damit immer die *solvatierte* Protonenkonzentration an.

Wasserstoffionen sind daher in Wasser in einem anderen Zustande als in Alkohol. Hier werden $C_2H_5OHH^{\cdot}$ (Äthylhydroliumionen gebildet):

$$\underset{\text{Base}}{C_2H_5OH} + H^{\cdot} \leftrightarrows \underset{\text{Säure}}{C_2H_5OHH^{\cdot}}.$$

Sprechen wir von der Wasserstoffionenkonzentration in einer Ammoniaklösung, so meinen wir damit die Ammoniumkonzentration $NH_4^{\cdot}$:

$$\underset{\text{Base}}{NH_3} + H^{\cdot} \leftrightarrows \underset{\text{Säure}}{NH_4^{\cdot}}.$$

Qualitativ hat das Ammoniumion also dieselben Eigenschaften wie das Hydroxoniumion. A. VOLMER[2] zeigte durch Röntgenanalyse die vollkommene krystallographische Übereinstimmung zwischen dem Ammoniumion im Ammoniumperchlorat NH_4ClO_4 und dem Hydroxonium in Hydroxoniumperchlorat H_3OClO_4.

---

[1] KOLTHOFF, I. M.: Rec. trav. chim. Pays-Bas **49**, 407 (1930).

[2] VOLMER, A.: Liebigs Ann. **440**, 200 (1924).

Schon vor mehr als 20 Jahren hat A. HANTZSCH[1] ausgeführt, daß der kryoskopische Effekt verschiedener Substanzen in Schwefelsäure, Wasser und Ammoniak analog ist, und er hatte schon ganz richtig daraus abgeleitet, daß das Proton in den verschiedenen Lösungsmitteln in solvatiertem Zustande vorhanden ist.

Falls das Lösungsmittel keine basischen Eigenschaften hat, wie Ligroin, Benzol u. dgl., so ist eine gelöste Säure darin elektrolytisch nicht dissoziiert, und die elektrolytische Leitfähigkeit der Säurelösung ist der des Lösungsmittels gleich. Hieraus darf man jedoch nicht folgern, daß die gelöste Substanz sich im betreffenden Lösungsmittel nicht mehr wie eine Säure verhält. Sie kann jedoch ihre sauren Eigenschaften nur dann entfalten, wenn auch eine Substanz anwesend ist, die Protonen aufnehmen kann (Base). So paradox es auch scheint, ist es doch sehr gut möglich und in vielen Fällen wahrscheinlich, daß eine nichtdissoziierte starke Säure in einem Kohlenwasserstoff stärker saure Eigenschaften zeigen kann als eine vollständig dissoziierte Lösung in Wasser.

Die als sehr einfach betrachtete Dissoziation einer Säure in Wasser ist also komplizierter als bisher angenommen worden ist. Das Reaktionsschema:

$$\underset{\text{Säure}}{A} + \underset{\text{Base}}{H_2O} \rightleftarrows \underset{\text{Base}}{B} + \underset{\text{Säure}}{H_3O^{\cdot}}$$

informiert uns aber viel genauer über den stattfindenden Vorgang als die klassische Vorstellung.

Die Dissoziation der Säure in einem Lösungsmittel (z. B. Wasser) ist vergleichbar mit dem Vorgang, der gewöhnlich als „Neutralisation" oder „Salzbildung" bezeichnet wird. Die Base Wasser neutralisiert die Säure A. Im Falle der Perchlorsäure bildet sich in der Tat eine Substanz, die mit einem gewöhnlichen Salz verglichen werden kann:

$$HClO_4 + H_2O \rightarrow H_3O^{\cdot}ClO_4'$$

wie

$$HClO_4 + NH_3 \rightarrow NH_4^{\cdot}ClO_4'.$$

Enthält nun die Lösung eine Substanz, die stärker basische Eigenschaften als das Wasser hat, so findet eine Konkurrenz zwischen beiden Basen um das Proton statt. Betrachten wir

[1] HANTZSCH, A.: Ztschr. f. physik. Ch. **65**, 41 (1908).

z. B. das Ammoniumion, das sich nach der BRÖNSTEDschen Definition wie eine Säure verhält:

$$NH_4^{\cdot} \rightarrow NH_3 + H^{\cdot},$$

$$\underset{\text{Säure}}{NH_4^{\cdot}} + \underset{\text{Base}}{H_2O} \leftrightarrows \underset{\text{Säure}}{H_3O^{\cdot}} + \underset{\text{Base}}{NH_3}.$$

Diese Reaktion, die gewöhnlich als *Hydrolyse* bezeichnet wird, stellt also die Verteilung des Protons zwischen den beiden Basen NH_3 und H_2O vor.

Die alte Definition einer Säure, welche besagt, daß sie mit einer Base ein Salz bildet, ist irreführend. Sogar im einfachsten Fall bei der Reaktion einer starken Säure und starken Base findet keine Salz*bildung* statt:

$$H_3O^{\cdot} + ClO_4^{-} + Na^{\cdot} + OH' \leftrightarrows 2\,H_2O + ClO_4^{\cdot} + Na^{\cdot}.$$

Das Natrium und das Perchlorat sind vor und nach der „Neutralisation" als Ionen vorhanden, und der Vorgang wird nur durch die Reaktion zwischen Hydroxonium- und Hydroxylionen beherrscht.

Noch deutlicher tritt der Unterschied gegenüber der klassischen Vorstellung bei folgenden Säure-Basen-Reaktionen zutage:

$$\underset{\text{Säure}}{CH_3COOH} + \underset{\text{Base}}{C_6H_5NH_2} \leftrightarrows \underset{\text{Säure}}{C_6H_5NH_3^{\cdot}} + \underset{\text{Base}}{CH_3COO'},$$

$$\underset{\text{Säure}}{CH_3COOH} + \underset{\text{Base}}{C_2H_5COO^{\cdot}} \leftrightarrows \underset{\text{Säure}}{C_2H_5COOH} + \underset{\text{Base}}{CH_3COO'}.$$

In keinem der letzten Fälle wird Wasser bei der „Neutralisation" gebildet, im letzten Falle nicht einmal „Salz". Die sog. „Salzbildung" ist nur beschränkt auf Reaktionen, wo die Säure und die Base elektrisch neutral sind.

Im Anfang scheint es etwas befremdend, Wasser als eine Base zu bezeichnen. Dies rührt daher, daß die Eigendissoziation des Wassers wie die anderer Lösungsmittel sehr gering ist und wir konventionell in Wasser die Wasserstoffionenkonzentration mit der Hydroxoniumkonzentration gleichsetzen. Alkohol ist nun eine etwa 500mal schwächere Base als Wasser. Fügen wir zu einer alkoholischen Säurelösung etwas Wasser, so wird es sich qualitativ genau so verhalten wie Ammoniak, das zu einer wässerigen Säurelösung gefügt wird:

(in Alkohol)

$$\underset{\text{Säure}}{C_2H_5OHH^{\cdot}} + \underset{\text{Base}}{H_2O} \leftrightarrows \underset{\text{Säure}}{H_3O^{\cdot}} + \underset{\text{Base}}{C_2H_5OH},$$

(in Wasser)

$$\underset{\text{Säure}}{H_3O^{\cdot}} + \underset{\text{Base}}{NH_3} \leftrightarrows \underset{\text{Säure}}{NH_4^{\cdot}} + \underset{\text{Base}}{H_2O}.$$

Fügen wir zu einer wässerigen Lösung einer wenig dissoziierten Säure Ammoniak, so nimmt die Dissoziation der Säure wegen „Salzbildung" zu. Genau dasselbe Verhalten zeigt Wasser in einer alkoholischen Lösung einer schwachen Säure; ihre Dissoziation nimmt bei Wasserzusatz stark zu. Unten wollen wir diesen Effekt vom quantitativen Gesichtspunkt aus betrachten (vgl. S. 108).

Das *Hydroxylion* als Base nimmt eine besondere Stelle ein; falls wir uns nur auf Wasser als Lösungsmittel beschränken, kann jede Substanz, die bei ihrer Lösung Hydroxylionen abgibt, als eine Base betrachtet werden. Nimmt man statt Wasser ein anderes Lösungsmittel, so kommt man mit der klassischen Basendefinition in Schwierigkeiten, weil dort keine Hydroxylionen gebildet werden können. Betrachten wir z. B. die Dissoziation von Ammoniak in Alkohol:

$$\underset{\text{Säure}}{C_2H_5OH} + \underset{\text{Base}}{NH_3} \leftrightarrows \underset{\text{Säure}}{NH_4^{\cdot}} + \underset{\text{Base}}{C_2H_5O'}.$$

Hier nehmen also die Äthylationen die Stelle der Hydroxylionen ein. Definiert man daher eine Base als eine Substanz, die bei ihrer Lösung Hydroxylionen bildet, so beschränkt man sich auf Wasser als Lösungsmittel, und man hat für jedes Lösungsmittel eine andere Definition zu geben. Nach BRÖNSTEDS Terminologie besteht diese Schwierigkeit nicht mehr, weil seine Ausdrucksweise viel allgemeiner ist:

$$\underset{\text{Säure}}{H_2O} + \underset{\text{Base}}{NH_3} \leftrightarrows \underset{\text{Säure}}{NH_4^{\cdot}} + \underset{\text{Base}}{OH'}.$$

In diesem Falle sehen wir, daß das Wasser sich wie eine Säure verhält und daher nicht nur imstande ist, Protonen aufzunehmen, sondern auch abzugeben. Diesen *amphoteren Charakter* zeigen auch andere Lösungsmittel, wie Alkohol, Ammoniak, Essigsäure, Ameisensäure, Pyridin, Anilin, Schwefelsäure.

$$\underset{\text{Säure}}{H_2O} \leftrightarrows H^{\cdot} + \underset{\text{Base}}{OH'},$$

$$H^{\cdot} + \underset{\text{Base}}{H_2O} \leftrightarrows \underset{\text{Säure}}{H_3O^{\cdot}},$$

das totale Gleichgewicht in Wasser und die Eigendissoziation werden quantitativ von der Säure- und Basenstärke des Wassers beherrscht:

$$\underset{\text{Säure}}{H_3O^{\cdot}} + \underset{\text{Base}}{OH'} \leftrightarrows 2\,H_2O\,.$$

Wir haben schon gesehen, daß eine Säure nur elektrolytisch dissoziiert ist in Lösungsmitteln, die basischen Charakter haben. Umgekehrt können Basen nur dissoziieren, wenn das Lösungsmittel ein Proton abgeben kann, also saure Eigenschaften hat.

In Lösungsmitteln, die nur basischen Charakter haben, kann nur Dissoziation von Säuren, nicht von Basen auftreten; in Lösungsmitteln, die nur sauren Charakter haben, kann nur eine Dissoziation von Basen, nicht von Säuren auftreten, und in Lösungsmitteln mit amphoterem Charakter tritt Säure- und Basendissoziation auf.

Quantitativ hängt der Betrag der Dissoziation außer von der Säure (oder Base) auch von den basischen (bzw. sauren) Eigenschaften des Lösungsmittels ab. Die klassische Dissoziationskonstante gibt uns daher kein wirkliches Bild der Säure- oder Basenstärke. Vergleichen wir z. B. das Verhalten von Säuren in Ammoniak, Wasser und Essigsäure, so nimmt der basische Charakter der Lösungsmittel in der angegebenen Reihe ab. Säuren, die in Wasser „mittelstark“ sind, werden sich daher in Ammoniak wie sehr starke Säuren, in Essigsäure wie sehr schwache Säuren verhalten. Dies trifft in der Tat zu; Ameisensäure verhält sich in Ammoniak wie eine starke Säure, in Wasser wie eine mittelstarke Säure, in Essigsäure wie eine sehr schwache Säure.

Das Verhalten von gelösten Basen wird umgekehrt sein, weil der saure Charakter in der Reihe Ammoniak—Wasser—Essigsäure zunimmt. Ein Amin verhält sich daher in Ammoniak wie eine sehr schwache Base, in Wasser wie eine mittelstarke und in Essigsäure wie eine sehr starke Base.

Aus dem Obenstehenden erkennt man, daß man sehr vorsichtig sein muß in der Entscheidung, ob eine Substanz saure oder basische Eigenschaften hat. Gewöhnlich beschränken wir uns auf das Verhalten der Substanz in Wasser als Lösungsmittel. Entwickelt der Stoff darin keine sauren oder basischen Eigenschaften, so bedeutet dies nur, daß er schwächer saure und basische

Eigenschaften als das Wasser hat; ob er jedoch gar nicht imstande ist, Protonen aufzunehmen oder abzugeben, ist durch den Versuch nicht entschieden. Einwertige Alkohole sind z. B. schwächere Basen und (mit Ausnahme von Methylalkohol) schwächere Säuren als Wasser; fügt man daher ein wenig (etwa 1%) Alkohol zu einer wässerigen Säure- oder Basenlösung, so wird das Gleichgewicht in der Lösung sich kaum ändern.

Würde man jedoch Alkohol zu einer Säure- oder Basenlösung in einem Lösungsmittel mit schwächer basischen oder sauren Eigenschaften als der Alkohol fügen, so würde das Säure-Basen-Gleichgewicht sich sehr stark ändern.

Zur Zeit wissen wir noch wenig Quantitatives über die Säure- und Basenstärke verschiedener Lösungsmittel. In verschiedenen Laboratorien sind Studien darüber in Angriff genommen, und hoffentlich wird unsere Kenntnis sich in einigen Jahren sehr erweitert haben[1].

3. Quantitative Entwicklung der Säure-Basen-Gleichgewichte. Wie wir gesehen haben, gibt die Dissoziationskonstante einer Säure nicht ein richtiges Bild von der Stärke der Säure in zwei Lösungsmitteln, weil die Konstante zum Teil von der basischen Stärke des Lösungsmittels abhängt. Brönsted hat daher eine andere Ausdrucksweise vorgeschlagen, die hier näher besprochen wird.

Nach der Gleichung:

$$\underset{\text{Säure}}{A} \rightleftarrows \underset{\text{Base}}{B} + H^{\cdot} \tag{1}$$

ist

$$\frac{c_B}{c_A}[a\,H^{\cdot}] = K_{\text{Säure}} \tag{4}$$

und

$$\frac{1}{[a\,H^{\cdot}]}\,\frac{c_A}{c_B} = K_{\text{Base}}\,. \tag{5}$$

[1] Über Essigsäure als Lösungsmittel vgl. J. B. Conant u. N. F. Hall: Journ. Amer. Chem. Soc. **49**, 3047 (1929). — Conant, J. B., u. T. H. Werner: Journ. Amer. Chem. Soc. **52**, 4436 (1930). — Hall, N. F.: Journ. Amer. Chem. Soc. **52**, 5115 (1930) — Chem. Rev. **8**, 191 (1930). — Hall, N. F., u. J. T. Werner: Journ. Amer. Chem. Soc. **52**, 4436 (1930). — Ameisensäure als Lösungsmittel: Hammett, L. P., u. N. Dietz jr.: Journ. Amer. Chem. Soc. **52**, 4795 (1930). — Äther als Lösungsmittel: Schwarzenbach, G.: Helv. chim. Acta **13**, 870, 897 (1930); vgl. auch **14**, 1069, 1071 (1931). — Benzol als Lösungsmittel: Brönsted, J. N.: Ber. Dtsch. Chem. Ges. **61**, 2049 (1928). — La Mer, V. K., u. H. C. Downes: Journ. Amer. Chem. Soc. **53**, 888 (1931). — Über Alkohol vgl. S. 105.

$K_{Säure}$ wird die *Aciditätskonstante der Säure*, K_{Base} die *Basizitätskonstante* der Base genannt. Bei einem korrespondierenden Säure-Basen-System hat $K_{Säure}$ den reziproken Wert von K_{Base}. In Gleichungen (4) und (5) stellt $[aH^{\cdot}]$ die Protonenaktivität vor, und c_A und c_B die konventionellen Aktivitäten der Säure und der Base, die in sehr verdünnten Lösungen den Konzentrationen c gleichzusetzen sind; die Wasserstoffionenaktivität ist jedoch in *absoluter* Aktivität ausgedrückt, und es scheint zuerst willkürlich, einen derartigen Unterschied zu machen. Wie wir sehen werden, geben (4) und (5) praktisch brauchbare Ausdrücke für die Aciditäts- bzw. Basizitätskonstante, die nun in verschiedenen Lösungsmitteln vergleichbar sind.

Zwar kann man anführen, daß wir die absolute Protonenaktivität nicht kennen (vgl. den vorigen Abschnitt; Protonen sind in Lösung solvatiert); jedoch können wir das *Verhältnis* der Protonenaktivität in verschiedenen Lösungsmitteln miteinander vergleichen und nach Übereinkunft in einem bestimmten Lösungsmittel die Protonenaktivität gleich der der solvatierten Protonen setzen.

Sagen wir willkürlich, daß die Hydroxoniumionenaktivität in Wasser gleich der Protonenaktivität ist (was, wie wir gesehen haben, bei weitem nicht richtig ist), so machen wir zwar einen ungeheuren Fehler, der jedoch für alle Lösungsmittel derselbe ist, weil der Proportionalitätsfaktor k in allen Fällen

$$[a\,H^{\cdot}] = k\,[a\,H_3O^{\cdot}]$$

derselbe ist. Das Verhältnis der Protonenaktivität bei der gleichen Aktivität der solvatierten Protonen kann durch potentiometrische Messung mit der Wasserstoffelektrode gefunden werden. Das Potential der Wasserstoffelektrode wird in erster Instanz durch folgende Vorgänge beherrscht:

$$H_2 \leftrightarrows 2\,H\,,$$

$$H \leftrightarrows H^{\cdot} + e\,,$$

$$E_H = \frac{RT}{F} \ln \frac{K\,P_{H_2}}{[a\,H^{\cdot}]}\,, \qquad (6)$$

wo P_{H_2} den Wasserstoffdruck vorstellt. Bei gleichem Wasserstoffdruck und gleicher Aktivität der solvatierten Protonen hängt das Potential nur von der Protonenaktivität ab. Vergleichen wir z. B. eine 0,01n-Lösung einer starken Säure, die vollständig dissoziiert ist, in Wasser und Alkohol und bringen wir in beide Lösungen eine Wasserstoffelektrode, so wird das aufgebaute Element eine elektromotorische Kraft haben, weil die Protonenaktivität in beiden Elektroden verschieden ist. Unter Vernachlässigung des Grenzflächenpotentials zwischen Wasser und Alkohol wird die E.M.K. bestimmt durch das Verhältnis der Basenstärke des Wassers und Alkohols:

$$H_2O + H^{\cdot} \leftrightarrows H_3O^{\cdot}.$$

Nach BRÖNSTEDs Terminologie ist:

$$\frac{C_{H_3O^{\cdot}}}{C_{H_2O}} \times \frac{1}{[aH^{\cdot}]} = K_{\text{Bas. Wasser}}. \tag{7}$$

$K_{\text{Bas. Wasser}}$ ist die Basicitätskonstante des Wassers. Betrachten wir die Aktivität des Wassers in verdünnten wässerigen Lösungen als konstant, dann können wir statt (7) schreiben:

$$C_{H_3O^{\cdot}} \times \frac{1}{[aH^{\cdot}]} = K_{\text{konv. Bas. Wasser}}. \tag{8}$$

$K_{\text{konv. Bas. Wasser}}$ ist die konventionelle Basizitätskonstante des Wassers.

In ähnlicher Weise finden wir für Alkohol:

$$\frac{C_{(C_2H_5OHH)^{\cdot}}}{C_{C_2H_5OH}} \times \frac{1}{[aH^{\cdot}]} = K_{\text{Bas. Alkohol}} \tag{9}$$

und

$$C_{(C_2H_5OHH)^{\cdot}} \times \frac{1}{[aH^{\cdot}]} = K_{\text{konv. Bas. Alkohol}}. \tag{10}$$

Aus der Gleichung (6) ergibt sich nun, daß das Potential der gleich sauren Wasser-Alkohol-Kette ist:

$$\left.\begin{aligned} \text{E.M.K.} = E_{H(\text{Wasser})} - E_{H(\text{Alkohol})} &= \frac{RT}{F}\ln\frac{KP_{H_2}}{[aH^{\cdot}]_W} - \frac{RT}{F}\ln\frac{KP_{H_2}}{[aH^{\cdot}]_A} \\ &= \frac{RT}{F}\ln\frac{[aH^{\cdot}]_A}{[aH^{\cdot}]_W}. \end{aligned}\right\} \tag{11}$$

Da in unserem Beipsiel $c(H_3O^{\cdot}) = c(C_2H_5OHH^{\cdot})$, so ist nach (8), (10) und (11)

$$\left.\begin{aligned} \text{E.M.K.} &= \frac{RT}{F}\ln\frac{cC_2H_5OHH^{\cdot}}{cH_3O^{\cdot}} \times \frac{K_{\text{konv. Base Wasser}}}{K_{\text{konv. Base Alkohol}}} \\ &= \frac{RT}{F}\ln\frac{K_{\text{konv. Base Wasser}}}{K_{\text{konv. Base Alkohol}}}. \end{aligned}\right\} \tag{12}$$

Es scheint daher sehr einfach, das Verhältnis der konventionellen Basizitätskonstanten der Lösungsmittel auf potentiometrischem Wege zu bestimmen. Dabei begegnet man praktisch aber der fundamentalen Schwierigkeit, daß die Überführungsarbeit des Protons von einer Lösung in die andere von dem elektrischen Zustand (Potential, Ladung) der beiden Phasen abhängig ist und daß kein Mittel bekannt ist, den elektrischen Anteil von der chemischen Arbeit zu unterscheiden. Wie wir unten noch sehen werden (nächster Abschnitt), gibt es auch noch andere Methoden, nach denen man den Verteilungskoeffizienten des Protons zwischen Wasser und Alkohol bestimmen kann, so daß die Resultate der potentiometrischen Methode damit verglichen werden können.

Kehren wir jetzt wieder zum Ausdruck (4) oder (5) zurück. Es scheint dann ziemlich willkürlich, cB und cA in konventionellen und [aH˙] in absoluten Aktivitäten auszudrücken. Die absolute Protonenaktivität kann jedoch praktisch in verschiedenen Lösungsmitteln miteinander verglichen werden, für aB und aA ist dies zur Zeit im allgemeinen noch nicht möglich. Wie bei der Besprechung der Aktivitätstheorie (vgl. Kap. 3, S. 69) nachdrücklich betont worden ist, stellen wir in sehr verdünnten Lösungen die Aktivität einer Substanz ihrer Konzentration gleich; in Wirklichkeit besteht jedoch nur eine Proportionalität:

$$aA = k \times cA,$$

und konventionell wird der Proportionalitätsfaktor dann in jedem Lösungsmittel gleich 1 gesetzt. Dieser Proportionalitätsfaktor k ist nicht genau bekannt und wird von der Reaktion zwischen Lösungsmittel und dem chemischen Individuum bestimmt; in verschiedenen Lösungsmitteln wird f verschiedene Werte haben. Sagen wir nun z. B., daß die Aktivität des Harnstoffs in einer 0,01 molaren wässerigen Lösung gleich 0,01 und in einer 0,01-molaren alkoholischen Lösung auch gleich 0,01 ist, so bedeutet dies nicht, daß die absoluten Aktivitäten dieser Substanz bei derselben Konzentration in beiden Lösungsmitteln die gleichen sind.

Für die verschiedenen Substanzen und Ionen ist es möglich, das Verhältnis der absoluten Aktivitäten bei denselben konventionellen Aktivitäten in verschiedenen Lösungsmitteln angenähert abzuleiten.

Auch wenn wir dieses Verhältnis genau kennten, so wären noch nicht alle Schwierigkeiten gelöst. Wenn wir z. B. Essigsäure und Benzoesäure im gleichen Lösungsmittel (z. B. Wasser) vergleichen, so wissen wir nichts vom Verhältnis der *wahren* Aktivitäten der ungespaltenen Säuren und der Acetat- und Benzoationen.

Aus dem Obenstehenden ergibt sich, daß die Konstante $K_{A\,Act.}$ im Ausdruck:

$$\frac{[a\,B]}{[a\,A]}[a\,H^{\cdot}] = K_{A\,Act.} = \frac{c_B}{c_A}[a\,H^{\cdot}]\frac{f_B}{f_A} = K_{Säure}\frac{f_B}{f_A}, \qquad (13)$$

in dem $[a\,B]$, $[a\,A]$ und $[a\,H^{\cdot}]$ die wahren Aktivitäten und f_B und f_A die wahren Aktivitätskoeffizienten darstellen, eine absolute thermodynamische Konstante darstellt, welche unabhängig vom Lösungsmittel und der Ionenstärke ist. Praktisch hat dieser Ausdruck wenig Sinn, weil wir das Verhältnis zwischen konventionellen und wahren Aktivitäten nicht kennen. Verwendet man dagegen die Aciditätskonstante $K_{Säure}$ und die Basizitätskonstante K_{Base}

$$\frac{c_B}{c_A}[a\,H^{\cdot}] = K_{Säure}, \qquad (4)$$

$$\frac{c_A}{c_B} \times \frac{1}{[a\,H^{\cdot}]} = K_{Base}, \qquad (5)$$

so kann man die „Konstante" einer Säure in verschiedenen Lösungsmitteln oder die Konstante verschiedener Säuren in demselben Lösungsmittel miteinander vergleichen, da ja $c\,B$ und $c\,A$ reelle Größen sind.

Beim Übergang von einem Lösungsmittel zu einem anderen ändern sich $K_{Säure}$ und K_{Base}, weil die absoluten Aktivitäten von B und A geändert werden. Dieser Effekt wird zum großen Teil von der Dielektrizitätskonstante der Lösungsmittel beherrscht. Beim Übergang von einem Lösungsmittel mit größerer Dielektrizitätskonstante nach einem mit kleinerer Dielektrizitätskonstante, nimmt f um so mehr zu, je größer die Ladung des Ions ist.

Wenn wir annehmen, daß der Aktivitätskoeffizient neutraler Moleküle bei Änderung des Lösungsmittels nicht geändert wird (was quantitativ gar nicht richtig ist, aber nur bei den folgenden qualitativen Betrachtungen angenommen wird; der Effekt ist im allgemeinen kleiner als für Ionen), dann können wir die Richtung angeben, nach welcher sich die Aciditätskonstante einer Säure bei Übergang von Wasser zu einem Lösungsmittel mit kleinerer Dielektrizitätskonstante ändert. In folgender Tabelle bedeutet + eine Zunahme, — eine Abnahme der Aciditätskonstante.

Zunahme (+) oder Abnahme (−) der Aciditätskonstante bei Übergang von einem Lösungsmittel mit größerer nach einem mit kleinerer D.K.

Ladungstypus		f_A	f_B	$\frac{f_A}{f_B}$	$K_{Säure}$
Säure	Base				
A^-	$B^=$	+	++	−	−
A°	B^-	0 (?)	+	−	−
A^+	B	+	0 (?)	+	+
A^{++}	B^+	++	+	+	+

Die Aciditätskonstante elektrisch neutraler Säuren (HA) und von Säureanionen (HA′; HA″ usw.) nimmt also beim Übergang von Wasser nach Alkohol als Lösungsmittel ab, nimmt dagegen zu für Kationensäuren (Ammonium, Chininion, Aluminiumion).

Diese qualitativen Ableitungen werden durch das Experiment bestätigt.

Am Ende dieses Abschnittes wollen wir noch den Zusammenhang zwischen der Aciditätskonstante und der klassischen Dissoziationskonstante besprechen.

$$A \leftrightarrows B + H^{\cdot}$$
$$H^{\cdot} + H_2O \leftrightarrows H_3O^{\cdot}$$
$$\underset{\text{Säure}}{A} + \underset{\text{Base}}{H_2O} \leftrightarrows \underset{\text{Säure}}{H_3O^{\cdot}} + \underset{\text{Base}}{B}$$ („Dissoziation“ der Säure in Wasser).

Aus den Gleichungen:

$$c_{H_3O^{\cdot}} \frac{1}{[a\,H^{\cdot}]} = K_{\text{konv. Base Wasser}} \tag{8}$$

und

$$\frac{c_B}{c_A}[a\,H^{\cdot}] = K_{\text{Säure}} \tag{4}$$

finden wir, daß die *Dissoziationskonstante* $K_{Diss.}$ einer Säure in Wasser:

$$K_{Diss.} = \frac{c_{H_3O^{\cdot}} \times c_B}{c_A} = K_{\text{Säure (Wasser)}} \times K_{\text{konv. Base Wasser}} \tag{14}$$

ist.

Die klassische Dissoziationskonstante ist also dem Produkt der Aciditätskonstante der Säure in Wasser und der konventionellen Basizitätskonstante des Wassers gleich. In ähnlicher Weise finden wir, daß die Dissoziationskonstante in Alkohol:

$$K_{\text{Diss. (Alkohol)}} = K_{\text{Säure (Alkohol)}} \times K_{\text{konv. Base Alkohol}} \tag{15}$$

ist.

Hieraus ersehen wir, daß die Dissoziationskonstante einer Säure in Alkohol, auch wenn $K_{\text{Säure Wasser}}$ und $K_{\text{Säure Alkohol}}$ einander gleich sind, kleiner sein wird als in Wasser, weil die konventionelle Basizitätskonstante des Alkohols kleiner als die des Wassers ist.

Betrachten wir nun schließlich die Säure-Basen-Eigenschaften des Lösungsmittels selbst.

Wasser ist eine amphotere Substanz und verhält sich wie eine Säure und eine Base:

$$\underset{\text{Säure}}{H_2O} \rightleftarrows H^{\cdot} + \underset{\text{Base}}{OH'} \text{ (Wasser als Säure)},$$

$$K_{\text{konv. Säure Wasser}} = c_{OH'} \times [a\,H^{\cdot}], \tag{16}$$

$$\underset{\text{Base}}{H_2O} + H^{\cdot} \rightleftarrows \underset{\text{Säure}}{H_3O^{\cdot}} \text{ (Wasser als Base)},$$

$$K_{\text{konv. Base Wasser}} = c_{H_3O^{\cdot}} \times \frac{1}{[a\,H^{\cdot}]}. \tag{8}$$

Die Eigendissoziation des Wassers wird nun durch diese beiden Konstanten beherrscht:

$$2\,H_2O \rightleftarrows H_3O^{\cdot} + OH',$$

und es ist einfach zu sehen, daß:

$$c_{H_3O^{\cdot}} \times c_{OH'} = K_W = K_{\text{konv. Base Wasser}} \times K_{\text{konv. Säure Wasser}} = 10^{-14} (25^\circ). \tag{17}$$

Genau so findet man in Alkohol:

$$\left.\begin{aligned} K_{\text{Alkohol}} = c_{(C_2H_5OHH^{\cdot})} \times c_{C_2H_5O'} &= K_{\text{konv. Base Alkohol}} \times K_{\text{konv. Säure Alkohol}} \\ &= \text{etwa } 10^{-20} (25^\circ). \end{aligned}\right\} \tag{18}$$

4. Die Säuredissoziation in Äthylalkohol. Im Zusammenhang mit dem im vorigen Abschnitt Besprochenen ist es von Interesse, die Dissoziation der Säuren in Äthylalkohol als Lösungsmittel etwas näher zu betrachten. H. GOLDSCHMIDT[1] und seine Mitarbeiter haben in schon ausgeführten Untersuchungen die Dissoziation verschiedener Säuren in 100proz. Alkohol bei 25° mittels der Leitfähigkeitsmethode bestimmt und daraus nach der klassischen Methode die Dissoziationskonstante der Säuren berechnet. E. LARSSON[2] hat einige dieser Werte auf die Differenz zwischen Ionenkonzentration und konventionelle Ionenaktivität korrigiert

[1] GOLDSCHMIDT, H.: Ztschr. f. physik. Ch. **89**, 129 (1914); **91**, 46 (1916); **99**, 116 (1921). — MATHIESEN, E.: Ztschr. f. physik. Ch. **119**, 439 (1926). — GOLDSCHMIDT u. F. AAS: Ztschr. f. physik. Ch. **112**, 423 (1924).

[2] LARSSON, E.: Untersuchungen über die elektrolytische Dissoziation einiger Elektrolyte in äthylalkoholischer Lösung. Inaug.-Diss. Kopenhagen 1924.

(vgl. auch S. 108) und zudem die Konstante einiger Säuren bei 25° mittels potentiometrischer Messungen bestimmt.

L. MICHAELIS und M. MIZUTANI[1] haben in Wasser-Alkohol-Mischungen mit Hilfe der Wasserstoffelektrode die *Aciditätskonstante* (und nicht die Dissoziationskonstante) verschiedener Säuren bestimmt. Durch graphische Extrapolation kann man daraus die Aciditätskonstante in 100proz. Alkohol ableiten. Bedeutet p wieder den negativen Logarithmus, so ist nach Gleichungen (14) und (15):

$$p\,K_{\text{Diss. Alkohol}} - p\,K_{\text{Säure Alkohol}} = p\,K_{\text{konv. Base Alkohol}} - p\,K_{\text{konv. Base Wasser}}, \qquad (19)$$

wenn wir willkürlich die Aciditäts- und Dissoziationskonstante in Wasser einander gleichsetzen.

In folgender Tabelle sind nun einige Werte von GOLDSCHMIDT, LARSSON und MICHAELIS und MIZUTANI (extrapoliert) miteinander verglichen. $p\,K_{\text{Diss. Wasser}}$ gibt den negativen Logarithmus der Dissoziationskonstante in Wasser, $p\,K_{\text{Diss. Alk. GOLDSCHMIDT}}$ denselben in Alkohol nach GOLDSCHMIDT, $p\,K_{\text{Diss. Alk. korr.}}$ denselben korrigiert nach LARSSON für den Ionenstärkeeffekt, $p\,K_{\text{Diss. Alk. LARSSON}}$ denselben potentiometrisch von LARSSON bestimmt und schließlich $p\,K_{\text{Diss. Alk. Mittel}}$ den mittleren Wert der verschiedenen Daten. In der Reihe $p\,K_{\text{Diss. Wasser}} - p\,K_{\text{Diss. Alk.}}$ ist der Unterschied zwischen den negativen Logarithmen der Dissoziationskonstanten in Wasser und Alkohol gegeben. $p\,K_{\text{Säure M. M.}}$ gibt den aus den Messungen von MICHAELIS und MIZUTANI extrapolierten Wert der Aciditätskonstante in Alkohol, $p\,K_{\text{Diss. Alk.}} - p\,K_{\text{Säure Alk.}}$ den Unterschied zwischen den negativen Logarithmen der Dissoziations- und Aciditätskonstanten in Alkohol. Die letzte Reihe gibt schließlich den mittleren Wert dieser Differenz für ungeladene Säuren und einwertige Kationsäuren.

Wie sich aus der Tabelle ergibt, ist das Verhältnis der Dissoziationskonstanten in Wasser und Alkohol nicht konstant, ungeladene Säuren haben eine Konstante, welche in Alkohol 10^4 bis 10^6mal kleiner ist als in Wasser; bei einwertigen Kationsäuren ist der Unterschied viel kleiner, was sich nach dem im vorigen Abschnitt Besprochenen erwarten läßt (vgl. S. 104).

[1] MICHAELIS, L., u. M. MIZUTANI: Biochem. Ztschr. **147**, 7 (1924) — Ztschr. f. physik. Ch. **116**, 135 (1925). — MIZUTANI: Ztschr. f. physik. Ch. **116**, 150 (1925).

Dissoziation ungeladener Säuren und einwertiger Kationsäuren in Wasser und Alkohol.

Säure	$pK_{Diss.\,W.}$	$pK_{Diss.\,Alk.}$ (GOLDSCHMIDT)	$pK_{Diss.\,Alk.}$ (korrigiert)	$pK_{Diss.\,Alk.}$ (LARSSON)	$pK_{Diss.\,Alk.}$ (Mittel)	$pK_{Diss.\,Alk.} - pK_{Diss.\,W.}$	$pK_{Säure\,Alk.}$ (M. M.)	$pK_{Diss.\,Alk.} - pK_{Säure\,Alk.}$	Mittlerer Unterschied
Ungeladene Säuren.									
Essigsäure	4,73		10,8	10,26	10,6?	5,9	7,5	3,1	
Ameisensäure . .	3,70	9,15			9,15	5,45	5,95	3,2	
Trichloressigsäure .	0,88	5,83	5,96	5,68	5,8	4,9			
Trichlorbuttersäure		6,98	7,08	7,05	7,05				3,05
Benzoesäure . . .	4,2	10,43	10,4	10,13	10,25	6,05	7,4	3,05	
Salicylsäure . . .	3,0	8,67	8,73	8,73	8,7	5,7	5,8	2,9	
p-Nitrophenol . .	7,1			11,2	11,2	4,1	9,2	3,0	
Einwertige Kationsäuren.									
Ammonium . . .	9,4			10,5		1,1	8,35	2,15	
Anilinium	4,7	5,7				1,0	36 ± 0,1	2,1	
Methylanilinium .	4,86	4,9				0,04	2,4	2,5	
	4,3 [1]					0,6			
Dimethylanilinium	4,0 [1]	4,4				+0,4	2,2	2,2	2,27
	5,17					−0,67			
o-Toluidinium . .	4,50	5,6				1,1	3,2	2,4	
m-Toluidinium . .	4,8	5,9				1,1	3,5	2,4	
Pyridinium . . .	5,2	4,7				−0,5	2,6	2,1	

[1] BOURGEAUD, M., u. A. DONDELINGER: Bull. Soc. Chim. **37/38**, 277 (1925).

Die Werte, welche in der letzten Spalte für ungeladene und einwertige Kationsäuren gegeben sind, sollten konstant sein, weil sie die Differenz zwischen den Logarithmen der konventionellen Basizitätskonstante des Alkohols und des Wassers darstellen (Gleichung 19). Für ungeladene Säuren wird jedoch ein mittlerer Wert von 3,05, für einwertige Kationsäuren von 2,27 gefunden. Nun sei hier bemerkt, daß MICHAELIS und MIZUTANI bei ihren Messungen die Differenz zwischen Ionenaktivitäten und Ionenkonzentrationen nicht berücksichtigt haben; ihre Werte beziehen sich auf Konzentrationen. In den meisten Fällen arbeiteten die genannten Autoren mit einem System, das 0,01 n ein-einwertiges Salz enthielt. Ist nun f der Aktivitätskoeffizient der einwertigen Kationsäure oder des einwertigen Anions der ungeladenen Säure, so läßt sich dessen Wert in Alkohol nach LARSSON (l. c.) mit Hilfe folgender Gleichung berechnen:

$$-\log f = 2\sqrt[3]{c}.$$

Für $c = 0{,}01$:

$$-\log f = 0{,}43.$$

Korrigieren wir nun MICHAELIS' und MIZUTANIS Werte um die Differenz zwischen Ionenkonzentration und Ionenaktivität, so müssen die Werte für die Differenz zwischen $pK_{\text{Diss. Alk.}} - pK_{\text{Säure Alk.}}$ (letzte Reihe) für ungeladene Säuren um 0,43 vermindert, für einwertige Kationsäuren um 0,43 vermehrt werden. Die in der letzten Reihe gegebenen Werte geben dann nach Korrektur $3{,}05 - 0{,}43 = 2{,}62$ und $2{,}27 + 0{,}43 = 2{,}70$. Die Übereinstimmung wird dann sehr befriedigend, und wir finden also, daß $pK_{\text{konv. Base Alk.}} - pK_{\text{Diss. Base Wasser}} = 2{,}65$ ist, oder in anderen Worten:

Wasser ist eine ungefähr 400 mal stärkere Base als Äthylalkohol.

5. Einfluß kleiner Mengen Wasser auf die Dissoziation von Säuren in Äthylalkohol. Da Wasser eine viel stärkere Base als Alkohol ist, wird Zusatz geringer Mengen Wasser zu einer alkoholischen Lösung einer schwachen Säure deren Dissoziation stark vermehren (vgl. den ersten Abschnitt dieses Kapitels).

Quantitativ wird der Wassereffekt beherrscht durch den Unterschied des Wassers und Alkohols in der Fähigkeit, das Proton aufzunehmen:

$$\underset{\text{Säure}}{C_2H_5OHH^{\cdot}} + \underset{\text{Base}}{H_2O} \rightleftarrows \underset{\text{Säure}}{H_2OH^{\cdot}} + \underset{\text{Base}}{C_2H_5OH}$$

und

$$\frac{[C_2H_5OHH^{\cdot}][H_2O]}{[H_2OH^{\cdot}]} = K. \tag{20}$$

(Die Konzentration des Alkohols in den alkoholischen Lösungen kann als konstant betrachtet werden.)

In Gleichung (20) stellt K den Verteilungskoeffizienten des Protons zwischen Alkohol und Wasser dar.

Aus Leitfähigkeitsmessungen konnte H. GOLDSCHMIDT[1] ableiten, daß bei 25°:

$$\frac{[C_2H_5OHH^{\cdot}] \times n}{[H_2OH^{\cdot}]} = 0{,}0583 = K\ (25°) \tag{21}$$

ist, wo n die molare Konzentration des Wassers in der alkoholischen Lösung vorstellt.

Betrachten wir nun die Dissoziationskonstante $K_{\mathrm{Diss.\,0}}$ einer Säure in reinem Alkohol:

$$K_{\mathrm{Diss.\,0}} = \frac{[C_2H_5OHH^{\cdot}][B]}{[A]} = \frac{[C_2H_5OHH^{\cdot}]^2}{[A]}. \tag{22}$$

Falls diese Konstante sich bei Zusatz geringer Wassermengen nicht ändert, so finden wir aus (21) und (22), daß die Dissoziationskonstante der Säure bei einer molaren Konzentration des Wassers (K_n) ist:

$$K_n = \frac{\{[C_2H_5OHH^{\cdot}] + [H_2OH^{\cdot}]\}[B]}{[A]} = \frac{[C_2H_5OHH^{\cdot}][B]}{[A]} \frac{(K+n)}{K} \tag{23}$$

oder

$$K_n = K_{\mathrm{Diss.\,0}} \frac{(K+n)}{K} = K_{\mathrm{Diss.\,0}} \frac{(0{,}0583+n)}{0{,}0583}\ (25°). \tag{24}$$

Dabei ist angenommen, daß die Säure so schwach ist, daß n der totalen Wasserkonzentration gleichgesetzt werden kann. Ausdruck (24) gilt nach GOLDSCHMIDT bis zu einer Wasserkonzentration von 0,1 molar, bei größeren Konzentrationen gilt der empirische Ausdruck:

$$K_n = K_{\mathrm{Diss.\,0}} \frac{K+n}{K} (1 + 0{,}9\,n + 0{,}3\,n^2). \tag{25}$$

Falls die Konzentration des Wassers statt in der Molarität in der Aktivität ausgedrückt wäre, so würde Gleichung (24) wahrscheinlich bis zu viel höheren Konzentrationen gültig sein.

---

[1] GOLDSCHMIDT, H.: Ztschr. f. physik. Ch. **89**, 129 (1914).

Zweiter Teil.

Die Eigenschaften der Säure-Basen-Indicatoren.

Fünftes Kapitel

Der Farbumschlag und die Eigenschaften der Indicatoren.

1. Begriffserklärung. Nach WILHELM OSTWALD sind Säure-Basen-Indicatoren schwache Säuren oder Basen, die im nichtdissoziierten Zustande eine andere Farbe besitzen als im Ionenzustande. HANTZSCH u. a. haben gezeigt, daß die Farbänderung nicht durch die Ionisierung, sondern durch die Konstitutionsänderung bedingt ist. Die Erklärung von OSTWALD ist jedoch am zweckmäßigsten, um sich das Verhalten der Indicatoren bei verschiedenen Wasserstoffionenkonzentrationen klarzumachen. Weiter unten (vgl. Kap. 7, S. 231) werde ich noch auf einen Vergleich der Anschauungen von OSTWALD und HANTZSCH zurückkommen. Wir werden dann sehen, daß die Auffassung von HANTZSCH die OSTWALDschen Gedankengänge erweitert, sie aber nicht ersetzen kann. Weiter werden wir sehen, daß es ratsam ist, die OSTWALDsche Definition etwas abzuändern und zu sagen: *Indicatoren sind schwache Säuren oder Basen, deren ionogene Form eine andere Farbe und Konstitution besitzt als die Pseudo- oder normale Form.*

2. Farbumschlag und Intervall der Indicatoren. Wenn wir den Indicator als eine Säure auffassen, so wird diese in wässeriger Lösung zu einem bestimmten Betrage in ihre Ionen gespalten sein. Nennen wir diese Indicatorsäure HJ, dann wird die Ionisierung durch folgende Gleichung veranschaulicht:

$$HJ = H^{\cdot} + J'. \qquad (1)$$

Hierin stellt HJ die saure und J' die alkalische Form dar. Quantitativ wird das Verhältnis durch folgende Gleichung wiedergegeben:

$$\frac{[H^{\cdot}] \times [J']}{[HJ]} = K_{HJ}\text{*}. \qquad (2)$$

Hieraus folgt:

$$\frac{[J']}{[HJ]} = \frac{K_{HJ}}{[H^{\cdot}]}. \qquad (3)$$

Wenn $K_{HJ} = [H^{\cdot}]$ ist, dann ist auch $[J'] = [HJ]$, und der Indicator ist zur Hälfte in seine alkalische Form übergegangen. Aus der Gleichung (3) geht hervor, daß das Verhältnis zwischen der alkalischen und der sauren Form eine Funktion von $[H^{\cdot}]$ ist. Wir können also bei einem Farbindicator *nicht* von einem Umschlags*punkt* sprechen, da der Indicator nicht bei einer bestimmten Wasserstoffionenkonzentration plötzlich von der einen in die andere Form überspringt. Die Farbänderung findet, wie aus (3) hervorgeht, allmählich statt, wenn die Wasserstoffionenkonzentration ungefähr die gleiche Größenordnung besitzt wie die Dissoziationskonstante des Indicators. Bei jeder Wasserstoffionenkonzentration ist natürlich ein bestimmter Teil in saurer und alkalischer Form vorhanden. Da man aber nur gewisse Mengen der einen Form neben der anderen erkennen kann, ist der „Umschlag" des Indicators durch bestimmte Gehalte an Wasserstoffionen begrenzt. Drücken wir die beiden Grenzpunkte der Wahrnehmbarkeit des Umschlages in p_H-Angaben aus, so bedeutet das Gebiet der Wasserstoffionenexponenten zwischen den beiden Grenzwerten das *Umschlagsintervall* oder *Umschlagsgebiet* des Indicators. Die Breite dieses Intervalls ist nicht für alle Indicatoren gleich, weil man bei dem einen Indicator die Färbung des sauren oder des alkalischen Anteils empfindlicher neben dem anderen Teil erkennen kann als bei einem anderen.

Nehmen wir nun an, daß in einem gegebenen Falle etwa 10% der alkalischen Form vorhanden sein müssen, um neben der sauren Form sichtbar zu sein, so haben wir:

$$\frac{[J']}{[HJ]} = \frac{K_{HJ}}{[H^{\cdot}]} = \frac{1}{10}.$$

---

* Oder besser:

$$\frac{[aH^{\cdot}][aI']}{[aHI]} = K_{HJ}.$$

Auf diesen Ausdruck kommen wir später (S. 340) zurück.

Dann ist:

$$[H^{\cdot}] = 10 \times K_{HJ}$$

und

$$p_H = pK_I - 1\,. \tag{4}$$

Hierin bedeutet pK_I den negativen Logarithmus von K_{HJ}. Machen wir die weitere Annahme, daß der Indicator praktisch völlig in die alkalische Form umgesetzt ist, wenn etwa 91% in dieser Form anwesend sind, dann ist:

$$\frac{[J']}{[HJ]} = \frac{K_{HJ}}{[H^{\cdot}]} = 10\,.$$

Oder:

$$[H^{\cdot}] = \tfrac{1}{10} K_{HJ}$$

und

$$p_H = pK_I + 1\,. \tag{5}$$

Nach (4) und (5) beginnt der Umschlag des Indicators bei einem p_H, das um 1 kleiner als pK_I ist, und ist praktisch völlig beendet, wenn das p_H um 1 größer als pK_I ist. Das Umschlagsgebiet umfaßt dann bei diesem Indicator 2 Einheiten des Wasserstoffexponenten. Bei den meisten Indicatoren beträgt dies Grenzgebiet wirklich 2. Wenn nun die saure Form ebenso deutlich neben der alkalischen Form sichtbar ist wie umgekehrt, dann ändert sich die Farbe bei einer gleichen p_H-Änderung gleichviel oberhalb und unterhalb von pK_I. Wenn wir in einer Kurve die Menge der alkalischen Form aufzeichnen, die wir bei verschiedenen Wasserstoffexponenten erhalten, so ergibt sich eine bilogarithmische Linie, deren Zweige sich oberhalb und unterhalb von 50% symmetrisch zueinander verhalten. Abb. 11 gibt eine solche Kurve wieder, in der die Werte für p_H auf der Abszissenachse und der Gehalt an der alkalischen Form auf der Ordinatenachse aufgezeichnet sind. Die Kurve verläuft asymptotisch zur Abszissenachse, da bei jedem p_H eine gewisse Menge der sauren neben der alkalischen Form und umgekehrt anwesend ist (vgl. auch die Umschlagstafel am Ende des Buches).

Bjerrum[1] benutzte zuerst eine solche Kurve, um den Umschlag eines bestimmten Indicators graphisch darzustellen. Clark und Lubs[2] haben dann graphisch gezeigt, wie sich die Disso-

---

[1] Bjerrum, N.: Die Theorie der alkalimetrischen und acidimetrischen Indicatoren. Sammlung Herz **1914**, 30.

[2] Clark, W. M., u. Lubs: Journ. Bacteriol. **2**, 110 (1917) — Journ. Biol. Chem. **25**, 479 (1916).

ziation (α) bei verschiedenen p_H-Werten ändert. Diese Darstellung ist aber etwas weniger übersichtlich, denn diese Kur-

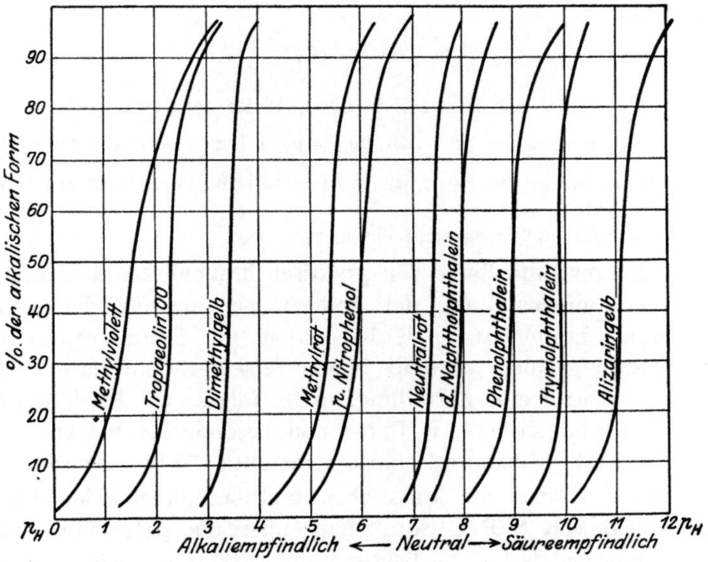

Abb. 11.

ven verlaufen, je nachdem wir es mit einer Indicatorsäure oder einem basischen Indicator zu tun haben, von unten links nach rechts oben oder von rechts unten nach oben links. Die nach Art der Abb. 11 gezeichneten Kurven haben alle den analogen Verlauf. Man kann auch aus einer solchen Kurve einfach die Werte für pK_I ablesen, da diese gleich dem p_H werden, wenn je 50% des Indicators in saurer und alkalischer Form vorhanden sind.

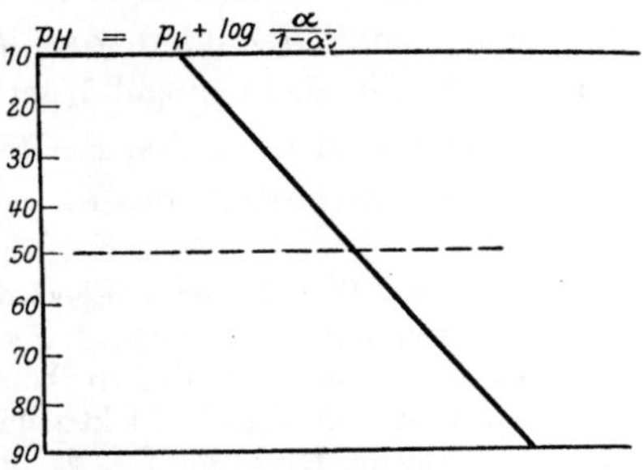

Abb. 12.

J. F. McClendon[1] stellt das Intervall der Indicatoren graphisch durch eine Gerade dar.

[1] McClendon, J. F.: Journ. Biol. Chem. **54**, 647 (1922).

Aus der Gleichung

$$[H^\cdot] = \frac{HJ}{[J']} K = \frac{1-\alpha}{\alpha} K$$

ergibt sich, daß:

$$p_H = p_K + \log \frac{\alpha}{1-\alpha}.$$

In Abb. 12 ist das Intervall in dieser Weise dargestellt.

Die Abszissenachse gibt den $p_H \left(= p_K + \log \frac{\alpha}{\alpha - 1}\right)$; die Ordinatenachse die Menge in Prozenten, die in die alkalische Form umgewandelt ist (von 10—90%).

Der Punkt 50% entspricht einem $p_H = p_K$.

3. Ausgewählte Reihe von praktisch brauchbaren Indicatoren. Eine Zusammenstellung der Indicatoren, die für die p_H-Bestimmung brauchbar sind, ist zuerst im Laboratorium von W. Nernst gegeben worden. Schon 1904 veröffentlichte W. Salesski[1] darüber eine Mitteilung, später folgten die Publikationen von H. Friedenthal[2], B. Fels[3] und besonders von Salm[4], der alle Resultate tabellarisch zusammenstellte (70 Indicatoren).

Darauf folgten die klassischen und bahnbrechenden Untersuchungen von S. P. L. Sörensen[5] über die potentiometrische und colorimetrische p_H-Bestimmung und die Bedeutung der Wasserstoffionenkonzentration in der Biochemie. Es war auch Sörensen, der den Begriff des Umschlagsintervalles eingeführt hat.

Später sind verschiedene neue Indicatoren beschrieben worden, von denen besonders das Methylrot[6] und die Sulfophthaleine[7] sich allgemein eingebürgert haben.

Zur Zeit sind etwa 200 Farbstoffe bekannt, die Säure-Basen-Indicatoreigenschaften haben.

[1] Salesski, W.: Ztschr. f. Elektrochem. **10**, 204 (1904).

[2] Friedenthal, H.: Ztschr. f. Elektrochem. **10**, 113 (1904).

[3] Fels, B.: Ztschr. f. Elektrochem. **10**, 208 (1904).

[4] Salm, E.: Ztschr. f. Elektrochem. **10**, 204 (1904); **12**, 99 (1906); besonders Ztschr. f. physik. Ch. **63**, 83 (1908).

[5] Sörensen, S. P. L.: C. r. du Lab. Carlsberg **8**, 1, 396 (1909) — Biochem. Ztschr. **21**, 131, 231 (1909); **22**, 352 (1910). — Sörensen u. S. Palitzsch: Biochem. Ztschr. **24**, 381 (1910).

[6] Rupp, E., u. R. Loose: Ber. Dtsch. Chem. Ges. **41**, 3905 (1908) — Arch. der Pharm. **253**, 367 (1915).

[7] Clark, W. M., u. H. A. Lubs: Journ. Bacteriol. **2**, 1, 109, 191 (1916).

Die Eigenschaften der meisten dieser Indicatoren sind nur sehr unvollkommen bekannt (Reinheit, Salzfehler, Eiweißfehler), und sie dürfen daher nur mit großer Vorsicht angewandt werden.

Für praktische Zwecke ist es empfehlenswert, eine Auswahl derjenigen Indicatoren zu treffen, die sich als recht brauchbar erwiesen haben. Sie sind in folgender Tabelle zusammengestellt.

Man hat natürlich zu bedenken, daß es etwas willkürlich ist, solch eine ausgewählte Liste von Indicatoren zu empfehlen. Es ist sehr gut möglich, daß man unter den vielen Indicatoren, die im 4. Paragraph besprochen werden, verschiedene Farbstoffe finden kann, die sich als Indicatoren recht brauchbar erweisen werden. Es ist jedoch zweifelhaft, ob sie Vorzüge gegenüber den ausgewählten Substanzen bieten werden.

In der folgenden Liste sind die Indicatoren nach steigendem Umschlagsintervall eingereiht worden.

Die erste Reihe gibt den üblichen Handelsnamen, die zweite die wissenschaftliche Bezeichnung, die dritte das Umschlagsintervall, ausgedrückt im p_H, die vierte die Umschlagsfarben und die fünfte den Namen des Untersuchers, der die Indicatoreigenschaften eingehender studiert hat.

Indicatorkonzentration. Für allgemeine Zwecke empfiehlt es sich, etwa 0,05—0,1% Indicatorvorratlösungen herzustellen.

Wasser als Lösungsmittel: Tropäolin 00; Methylorange, p-Nitrophenol; Natriumsulfoalizarinat, Propyl-α-naphtholorange, Nilblau, Alizaringelb, Diazoviolett, Tropäolin 0.

Alkohol als Lösungsmittel: Die abgewogene Menge des Indicators wird in absolutem Alkohol gelöst und dann mit Alkohol und Wasser auf die angegebene Konzentration verdünnt:

Pentamethoxyrot (70% A), Chinaldinrot (70% A), Hexamethoxyrot (70% A), Dimethylgelb (80% A), Methylrot (60% A), Heptamethoxyrot (70% A), Pinachrom (80% A), Kresolbenzein (60% A), Aurin (60% A), Neutralrot (70% A), α-Naphtholphthalein (70% A), Phenolphthalein (60% A), Thymolphthalein (80% A), Nitramin (70% A), Trinitrobenzoesäure (70% A), Trinitrobenzol (70% A).

Wasser als Lösungsmittel nach Neutralisation der sauren Gruppe. Die *Sulfophthaleine* sind in Wasser schwer löslich, lösen sich aber leicht in verdünntem Alkohol (zuerst in starkem Alkohol, Verdünnen mit Wasser bis 20% A). Derartige Lösungen sind für

Ausgewählte Reihe von empfohlenen Indicatoren.

Handelsname	Wissenschaftlicher Name	Umschlags-intervall	Saure — alkalische Farbe	Untersucher
o-Kresolrot	o-Kresolsulfophthalein	0,2—1,8	rot — gelb	McCrumb und Kenny
m-Kresolpurpur	m-Kresolsulfophthalein	1,2—2,8	rot — gelb	Clark und Lubs
Thymolblau	Thymolsulfophthalein	1,2—2,8	rot — gelb	Clark und Lubs
Pentamethoxyrot	2,4,2′4′, 2″-Pentamethoxy-triphenylcarbinol	1,2—3,2	rotviolett — farblos	Kolthoff
Chinaldinrot	Vgl. S. 161.	1,4—3,2	farblos — rot	McClendon, Kolthoff
Tropäolin 00	Diphenylaminoazo-p-benzol sulfosaures Natrium	1,3—3,2	rot — gelb	Sörensen
Hexamethoxyrot	2,4, 2′4′, 2″4″-Hexamethoxy-triphenylcarbinol	2,6—4,6	rosarot — farblos	Kolthoff
Dimethylgelb	Dimethylaminoazobenzol	2,9—4,1	rot — gelb	Sörensen
Tetrabromphenol-blau	Tetrabromphenoltetrabrom-sulfophthalein	3,0—4,6	gelb — blau	Harden und Drake
Bromphenolblau	Tetrabromphenolsulfophthalein	3,0—4,6	gelb — purpur	Clark und Lubs
Methylorange	Dimethylaminoazobenzolsulfo-saures Natrium	3,1—4,5	rot — gelborange	Sörensen
Bromkresolgrün	Tetrabrom-m-kresolsulfophthalein	3,8—5,4	gelb — blau	B. Cohen
Naphthylrot	α-Naphthylaminoazobenzol	3,7—5,0	rot — gelb	K. Linderström-Lang
Methylrot	Dimethylaminoazobenzolcarbon-säure	4,4—6,3	rot — gelb	Rupp und Loose
Chlorphenolrot	Dichlorphenolsulfophthalein	4,8—6,4	gelb — rot	B. Cohen
p-Nitrophenol	—	5,0—7,0	farblos — gelb	Sörensen
Heptamethoxyrot	2,4,6, 2′4′, 2″4″-Heptamethoxy-triphenylcarbinol	5,0—7,0	rot — farblos	Kolthoff
Bromkresolpurpur	Dibrom-o-kresolsulfophthalein	5,2—6,8	gelb — purpur	Clark und Lubs
Alizarinsulfosaures Natrium	1,2-Dihydroxyanthrachinonsulfo-saures Natrium	5,5—6,8	gelb — rot	Sörensen

Bromthymolblau	Dibromthymolsulfophthalein	6,0—7,6	gelb — blau	Clark und Lubs
Pinachrom (M) (Höchst)	p-Äthoxychinaldin-p-äthoxychinolinäthylcyanin	5,8—7,8	farblos — violett	Kolthoff
Aurin	Phenolbenzein	6,0—7,6	gelb — rot	Kolthoff
Phenolrot	Phenolsulfophthalein	6,4—8,2	gelb — rot	Clark und Lubs
Neutralrot	as. Dimethyldiaminophenazinchlorid	6,8—8,0	rot — braungelb	Sörensen
Kresolrot	o-Kresolsulfophthalein	7,0—8,8	gelb — rot	Clark und Lubs
Kresolbenzein	o-Kresolbenzein	7,2—8,6	gelb — rot	Kolthoff
m-Kresolpurpur	m-Kresolsulfophthalein	7,4—9,0	gelb — purpur	Clark und Lubs
Propyl-α-naphtholorange	Vgl. S. 153.	7,4—8,9	gelb — rot	Slotta und Franke
α-Naphtholphthalein	—	7,8—9,0	schwach rosabraun — blaugrün	Sörensen
Thymolblau	Thymolsulfophthalein	8,0—9,6	gelb — blau	Clark und Lubs
Phenolphthalein	—	8,0—9,8	farblos — rotviolett	Sörensen
Xylenolphthalein	—	9,0—10,5	farblos — blau	Thiel
Thymolphthalein	—	9,3—10,5	farblos — blau	Sörensen
Nilblau	Diäthylaminonaphthophenazoxonium-Sulfat	9,0—10,4	blau — rot	Kolthoff
Alizaringelb	Vgl. S. 154.	10,1—11,1	gelb — lila	Sörensen
Diazoviolett	o-p-Dihydroxyazo-p-nitrobenzol	10,1—12,0	gelb — violett	Kolthoff
Nitramin	Pikrylmethylnitramin	10,8—12,8	farblos — organgebraun	Kolthoff
Tropäolin 0	p-Benzolsulfosäureazo-Resorcin	11,1—12,7	gelb — orangebraun	Sörensen
Trinitrobenzol	—	12,0—14,0	farblos — orange (blaßt ab)	Hegge
Trinitrobenzoesäure (Na-Salz)	—	12,0—13,4	farblos — orangerot (ändert sich beim Stehen in Gelb)	Kolthoff

die meisten Zwecke brauchbar, bei der p_H-Messung in schlecht gepufferten Lösungen hat man jedoch zu berücksichtigen, daß die nichtneutralisierten Sulfophthaleinlösungen eine stark saure Gruppe enthalten und daß die Indicatorlösung das p_H der zu untersuchenden Flüssigkeit ein wenig nach der sauren Seite ändern kann. Daher empfiehlt es sich nach W. M. Clark, die Sulfosäuregruppe mit Natron zu neutralisieren.

Es sei nachdrücklich betont, daß auch die in dieser Weise neutralisierten Indicatorlösungen das p_H wenig gepufferter Lösungen ändern können. Das Problem wird später (S. 328) ausführlicher besprochen werden; für die meisten Zwecke kommt man sehr gut mit den nach folgender Vorschrift hergestellten Lösungen aus: 100 mg Indicator werden in einem Achatmörser mit der in der Tabelle angegebenen Menge $^1/_{10}$n-Natronlauge angerieben. Wenn alles gelöst ist, wird mit Wasser auf 100 bis 200 ccm verdünnt.

Auch von Methylrot und Trinitrobenzoesäure empfiehlt es sich, eine wässerige Lösung herzustellen, indem man die Carboxylgruppe neutralisiert. In Amerika ist das Natriumsalz des Methylrots im Handel zu beziehen (Eastman Kodak Produkt).

Benötigte Menge Natronlauge zur Herstellung neutralisierter Indicatorlösungen in Wasser.

Indicator	Molekulargewicht	ccm $^1/_{10}$n-NaOH für 100 mg
Kresolrot	382	2,65
m-Kresolpurpur	382	2,65
Thymolblau	466	2,15
Tetrabromphenolblau . .	986	1,01
Bromphenolblau	669	1,5
Bromkresolgrün	698	1,45
Methylrot	269	3,7
Chlorphenolrot	423	2,35
Bromkresolpurpur . . .	540	1,85
Bromthymolblau	624	1,6
Phenolrot	354	2,85

4. Beschreibung der verschiedenen Indicatoren. Einteilung in Gruppen.

Phthaleine.

Alle Phthaleine sind in Wasser schwer löslich, in Alkohol lösen sie sich leicht. In saurem Milieu sind die meisten farblos (Lactonform), die alkalische Form ist gefärbt (rot, violett, blau, grün) und besitzt die Chinonphenolatstruktur; in stark alkalischem Milieu verschwindet die Farbe allmählich, weil das Chinonphenolat in die farblose Carboniumform übergeführt wird. Im siebenten Kapitel werden die strukturchemischen Änderungen ausführlicher besprochen werden. Eingehend sind die Abblaßgeschwindigkeiten der verschiedenen Phthaleine in alkalischem Milieu von A. THIEL und Mitarbeitern[1] untersucht und die Geschwindigkeitskonstanten bestimmt worden.

In sehr stark saurem Milieu (konzentrierter Salzsäure oder Schwefelsäure) werden die Phthaleine wieder in gefärbte, chinoide Verbindungen übergeführt. (Phenolphthalein rosa; Thymolphthalein violett; α-Naphtholphthalein grün.) Die Erklärung dieser Erscheinung wird im siebenten Kapitel gegeben werden.

Die praktisch wichtigsten Phthaleine sind: *Phenolphthalein*, *Thymolphthalein* und *α-Naphtholphthalein.*

Phenolphthalein.

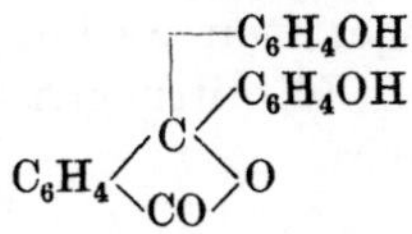

Schmelzpunkt 250°. Lacton; farblos.

Das Handelspräparat ist durch Umkrystallisation aus Methyl- oder Äthylalkohol zu reinigen. Vorratslösung: 0,1% in 60proz. Alkohol. Wie bei allen einfarbigen Indicatoren hängt das Umschlagsintervall von der Konzentration des Indicators ab (vgl. S. 187). Nimmt man 1—2 Tropfen 0,1proz. Indicator auf 10 ccm, so liegt das Intervall zwischen p_H 8,0—9,8 (farblos nach violettrot). Entfärbung in stark alkalischer Lösung.

Bei der Titration mit Natronlauge verhält sich Phenolphthalein wie ein zweibasischer Indicator. Zuerst wird die Lactongruppe in das Anion der Carboxylgruppe übergeführt (die einwertigen Ionen sind farblos), das zweite Äquivalent der Base führt die Substanz in das rotviolette Chinonphenolat über, das sich wie ein zweiwertiges Anion verhält. Die erste und zweite Dissoziationskonstante liegen sehr nahe beieinander, und daher ist das Ver-

[1] THIEL, A., u. R. DIEHL: Marburger Sitzungsber. **62**, 471 (1927). — THIEL, A., u. L. JUNGFER: Ztschr. f. anorg. u. allg. Ch. **178**, 49 (1929). — THIEL, A.: Monatshefte f. Chemie **53/54**, 1008 (1929).

hältnis zwischen p_H und Farbtiefe beim Phenolphthalein (und anderen Phthaleinen) ziemlich verwickelt.

Phenolphthalein ist ein sehr geeigneter Indicator; geringer Eiweißfehler.

Thymolphthalein.

Struktur wie Phenolphthalein; mit 2 Thymol- statt der 2 Phenolgruppen.

Schmelzpunkt: 253°. Vorratslösung 0,1% in 80proz. Alkohol. Umschlagsgebiet zwischen p_H 9,3 und 10,5 von farblos nach blau.

Die farblose Form des Thymolphthaleins ist in Wasser sehr schwer löslich. Daher nimmt man nach Zusatz des Indicators zu einer Lösung mit einem p_H von etwa 10 nach kurzem Stehen ein Abblassen der blauen Farbe wahr. Zuerst stellt sich das gewöhnliche Gleichgewicht ein, das sich jedoch bald infolge der Ausflockung der farbosen Form des Indicators nach der sauren Seite verschiebt. Daher ist das Thymolphthalein für die colorimetrische p_H-Bestimmung nicht sehr geeignet. Je mehr Indicator man nimmt und je länger man wartet, um so ausgesprochener sind die Erscheinungen. Für titrimetrische Zwecke dagegen ist der Indicator gut geeignet.

Xylenolphthalein.

Nach A. THIEL[1] hat Xylenolphthalein etwa dasselbe Umschlagsgebiet wie Thymolphthalein. Da die Löslichkeit des ersten in Wasser etwa 35mal größer ist als die des Thymolphthaleins, hat es gegenüber diesem Indicator große praktische Vorteile. (Nach THIEL ist $K_1 = 10^{-9,07}$; $K_2 = 10^{-9,55}$; Halbwertstufe 9,65.) Vorratslösung 0,01% in 70proz. Alkohol.

α-Naphtholphthalein.

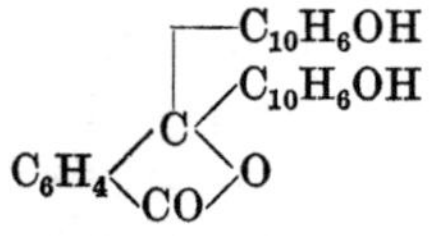

Diese Substanz ist von S. P. L. SÖRENSEN und S. PALITZSCH[2] als Indicator eingeführt und von ihnen nach der Vorschrift von GRABOWSKI dargestellt worden.

---

[1] THIEL, A.: Ztschr. f. angew. Chem. **44**, 863 (1931).

[2] SÖRENSEN, S. P. L., u. S. PALITZSCH: C. r. du Lab. Carlsberg **9** (1910).

Dieser Indicator bildet nach A. THIEL[1] eine je nach dem Reinheitsgrade mehr oder weniger deutlich rosafarbige Substanz, und so wird denn auch der Umschlag als von rosa nach blau oder von schwach gelbrosa nach grün beschrieben. Durch immer weiter getriebene Reinigung ist es THIEL gelungen, ein fast weißes Produkt zu erhalten, so daß anzunehmen ist, daß die im Handel erhältlichen Präparate sehr unrein sind und auch die rosafarbigen Produkte hartnäckig die Verunreinigung festhalten. Die Handelspräparate geben immer eine braune Lösung in Alkohol, während THIEL eine farblose Lösung erhielt. In diesem Sinne verhält sich also das α-Naphtholphthalein wie die anderen Phthaleine.

Schmelzpunkt nach SÖRENSEN und PALITZSCH 253—255°. 0,1proz. Lösung in 50proz. Alkohol. Umschlagsgebiet von 7,4 bis 8,8 von fast farblos nach grünblau.

THIEL gibt noch keine Einzelheiten von seinem reineren Präparate. Nur erwähnt er, daß ein Präparat, das nach W. SCHULENBERG[2] hergestellt und das nach diesem Autor mit dem nach SÖRENSEN gewonnenen Produkt identisch ist, sich verschieden verhält. Es ist mühelos in ganz farblosem Zustande zu gewinnen und verhält sich wie ein zweibasischer Indicator; in der Nähe von p_H 5,7 nimmt man eine Änderung von farblos (sauer) nach gelb wahr, während der Umschlag von gelb nach blau ganz nahe bei dem des gewöhnlichen α-Naphtholphthaleins liegt. Es wäre erwünscht, mehr Einzelheiten über das Verhalten beider Arten von α-Naphtholphthalein zur Verfügung zu erhalten, weil die Angaben in der Literatur sich auf unreine Präparate beziehen.

Verschiedene andere Phthaleine, wie o-Kresolphthalein, Pyrogallolphthalein, Xylenolphthalein usw. und Halogensubstituenten einiger der genannten Phthaleine sind hergestellt und teilweise untersucht worden; im allgemeinen bieten sie jedoch wenig Vorteile gegenüber den anderen genannten Indicatoren.

So fand ich z. B. für o-Kresolphthalein ein Umschlagsgebiet von 8,2 bis 9,8 (farblos nach rot); die Farben des Pyrogallolphthaleins im alkalischen Gebiete sind sehr unbeständig.

Von den verschiedenen *Chlorsubstituenten* des Phenolphthaleins sind die Eigenschaften von A. THIEL und L. JUNGFER[3] untersucht worden.

---

[1] THIEL, A.: Ztschr. f. physik. Ch., Bodenstein-Festband, 352 (1931).
[2] SCHULENBURG, W.: Ber. Dtsch. Chem. Ges. **53**, 1445 (1920).
[3] THIEL, A., u. L. JUNGFER: Ztschr. f. anorg. u. allg. Ch. **178**, 49 (1929).

R. T. K. CORNWALL und A. J. ESSELSTEYN[1] beschreiben das Thymoltetrachlorphthalein:

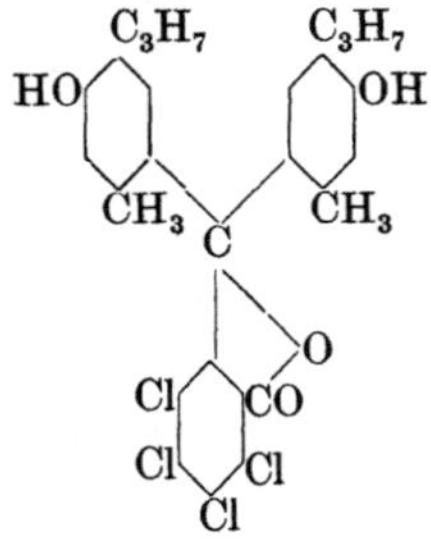

mit einem Umschlagsgebiet von 9,2 (farblos) bis 10,0 (blau).

Das Dibromoderivat dieser Verbindung hat nach den genannten Verfassern ein Intervall in der Nähe von p_H 8,6 (es wird beschrieben von 8,4 [farblos] bis 8,8 [blau]; aber diese Strecke ist allerdings zu klein!).

Vollständigkeitshalber gebe ich noch einige Daten über einige halogenierte Phenolphthaleine (von MELLINCKRODT, St. Louis, Missouri, USA.).

Phenoltetrajodphthalein. Gelbes Pulver; sehr schwer löslich in 95proz. Alkohol. Intervall 8,2 (farblos) bis etwa 10 (blauviolett).

Tetrajodphenoltetrajodphthalein. Weißes Pulver; sehr schwer löslich in Alkohol. Umschlagsgebiet 7,6 (farblos) bis etwa 9,4 (blau).

Tetrabromphenolphthalein. Weißes Pulver; Lösung in Alkohol. Umschlagsgebiet 7,6 (farblos) bis 9,4 (violett).

Tetrabromphenoltetrajodphthalein. Gelbliches Pulver; schwer löslich in Alkohol; alkalische Form geringe Farbintensität. Umschlagsgebiet von etwa 7,2 (farblos) nach 9,0 (blau).

Chlorphenolphthalein (GRÜBLER): Einzelheiten bezüglich Konstitution leider nicht bekannt. 0,1proz. Lösung in Alkohol ist gelb bis gelborange. 1—2 Tropfen Indicator auf 10 ccm Lösung; saure Farbe schwach gelborange; alkalische Farbe rotviolett. Die alkalischen Farben sind sehr labil; man soll nicht länger als 10 bis 15 Minuten mit der Beurteilung warten, weil das Abblassen ziemlich schnell stattfindet. Intervall etwa 9,8—11,4. Es ist von praktischem und theoretischem Interesse, das Verhalten dieser Substanz eingehender zu studieren.

Azoderivate des Phenolphthaleins.

H. EICHLER[2] beschreibt die Herstellung und Anwendung einiger Azofarbstoffe des Phenolphthaleins, ohne jedoch das Umschlagsintervall anzugeben. Auch ist nicht klar, inwiefern diese neuen Indicatoren Vorzüge gegenüber den klassischen haben.

---

[1] CORNWALL, R. T. K., u. A. J. ESSELSTEYN: Journ. Amer. Chem. Soc. **49**, 826 (1927).

[2] EICHLER, H.: Ztschr. f. anal. Ch. **79**, 81 (1929).

I. 1,4 $C_6H_4\left\langle\begin{matrix}N{=}N{-}C_{20}H_{13}O_4\\ SO_3H\end{matrix}\right.$ $(C_{20}H_{14}O_4$ = Phenolphth.)

II. 1,4 $C_6H_4\left\langle\begin{matrix}N_2{-}C_{20}H_{12}O_4{-}N_2\\ SO_3H \qquad\qquad SO_3H\end{matrix}\right\rangle C_6H_4$ 1,4

} *Sulfosäuren.*

III. $C_6H_5N_2{-}C_{20}H_{13}O_4$.

IV. α $C_{10}H_7N_2{-}C_{20}H_{13}O_4$.

V. 1,4 $C_6H_4\left\langle\begin{matrix}N_2C_{20}H_{13}O_3\\ CH_3\end{matrix}\right.$.

VI. 1,2 $C_6H_4\left\langle\begin{matrix}N_2{-}C_{20}H_{13}O_4\\ NO_2\end{matrix}\right.$.

Die freie Sulfosäure II bildet eine zähe Substanz; die übrigen Farbstoffe sind in fester Form darstellbar. Löslich in Alkohol, II auch in Wasser.

	I.	II.	III.
Farben	orange	rotbraun	gelb
Prozentgehalt der Lösung	0,2%	0,2%	0,1—0,2%
Farbe der Lösung	lichtgelb	intensiv gelb	lichtbraun
Lösungsmittel	Alkohol	Wasser	Alkohol
Farbumschlag, sauer	→ farblos	→ stark gelbbraun	→ stark gelb
alkalisch	→ rot	→ lichtgelb	→ braunrot

	IV.	V.	VI.
Farben	dunkelrot	braun	rot
Prozentgehalt der Lösung	0,2%	0,5%	0,5%
Farbe der Lösung	rot	rot	goldgelb
Lösungsmittel	Alkohol	Alkohol	Alkohol
Farbumschlag, sauer	farblos	farblos	rot
alkalisch	intensiv rot	rot	lichtgelb oder farblos

An den mir freundlichst von Herrn Dr. Eichler zugesandten Präparaten habe ich das Umschlagsgebiet festgestellt:

I. 8,0—9,6 hellgelb nach tiefrot,
III. 9,4 bis etwa 10,6 gelb nach rotbraun,
IV. 8,2—9,6 hellgelb nach tiefrot,
V. 8,8—10,6 schwach gelb nach rot.

I und IV sind sehr gut brauchbar, bieten jedoch keine Vorteile gegenüber Phenolphthalein. III und V wären vielleicht an Stelle von Thymolphthalein brauchbar; leider sind die Umschlagsfarben bei III und V nicht sehr ausgesprochen.

Die Sulfophthaleine.

Die zwei Umschlagsgebiete der Sulfophthaleine und der Phthaleine.

Im Gegensatz zu den Phthaleinen sind die Sulfophthaleine in schwach saurer Lösung nicht farblos; sie sind hier in Form der gelb gefärbten chinoiden Verbindung vorhanden.

Strukturchemisch wird die Farbänderung durch folgenden Vorgang beherrscht:

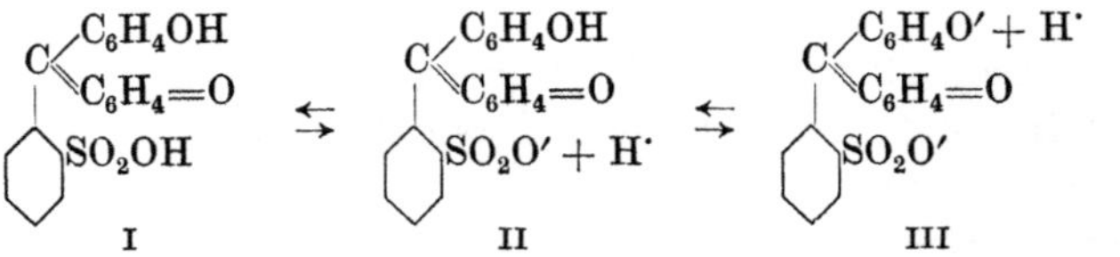

I — Phenolsulfosäure (Phenolrot); in Lösung gelb; chinoid
II — Saure Form; gelb
III — Chinonphenolat; tiefrot

Quantitativ wird das Verhältnis zwischen der gelben und roten Form durch das Dissoziationsverhältnis von II ⇆ III beherrscht.

Die Sulfophthaleine sind Alkali gegenüber viel stabiler als die entsprechenden Phthaleine; doch werden auch sie langsam in stark alkalischer Lösung entfärbt, was W. R. ORNDORFF[1] schon wahrgenommen hat und mehr quantitativ von A. THIEL[2] untersucht wurde. Im siebenten Kapitel werden die entsprechenden Strukturänderungen eingehender besprochen werden.

In der Liste der empfohlenen Indicatoren findet man, daß Thymolblau, Kresolrot und Kresolpurpur zwei Umschlagsgebiete haben, nämlich eins bei ziemlich stark saurer Reaktion und ein anderes von gelb nach blau, rot oder purpur in der Nähe von p_H 7—8. Wie I. M. KOLTHOFF[3] nachgewiesen hat, ist das „saure“ Umschlagsgebiet nicht auf die drei genannten Sulfophthaleine beschränkt, sondern sie zeigen alle eine stark saure Farbe. Die Chinoidgruppe hat nämlich schwach basischen Charakter[4], und

[1] ORNDORFF, W. R., R. C. GIBBS u. S. A. MCNULTY: Journ. Amer. Chem. Soc. **47**, 2767 (1925); **49**, 818, 992 (1927).

[2] THIEL, A.: Monatshefte f. Chemie **53/54**, 1008 (1929).

[3] KOLTHOFF, I. M.: Journ. Physical Chemie **35**, 1433 (1931).

[4] BAYER, A. v., u. R. HALLENSLEBEN: Ber. Dtsch. Chem. Ges. **36**, 2791 (1903). — ORNDORFF, W. R., u. H. T. LACEY: Journ. Amer. Chem. Soc. **49**, 818 (1927).

sie kann in stark saurem Milieu ein Kation bilden. Es ist schwer zu entscheiden, ob die stark saure Form eine Oxonium- oder Carboniumverbindung ist. Auf Grund der Arbeiten von M. Gomberg und Cone[1] würde man sich zugunsten der Chinocarbonium-konfiguration entscheiden.

Den Farbumschlag des Thymolblaus z. B .in stark saurer Lösung kann man sich nach Kolthoff (l. c.) in folgender Weise vorstellen:

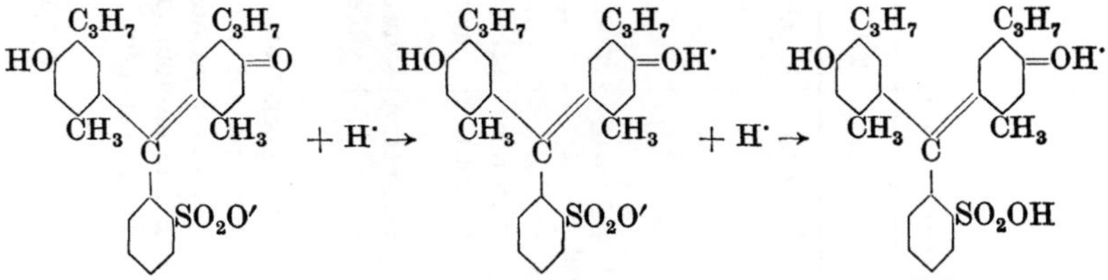

I Thymolsulfophthalein; gelb — II Zwitterion; rot — III Kation; rot

Die stark saure Form II verhält sich also wie ein Zwitterion (vgl. auch bei Methylorange und Methylrot, S. 150—151). Es ist möglich, daß bei Anwesenheit sehr großer Mengen Mineralsäure die Dissoziation der Sulfosäuregruppe aufgehoben wird, so daß der Indicator als Kation vorliegt (Form III).

In folgender Tabelle sind die Farben der verschiedenen Sulfophthaleine in stark saurer Lösung, wie sie von Kolthoff[2] beobachtet sind, wiedergegeben.

Die Farbänderungen des Phenolrots (P.R.) und seines Dichlorderivates sind nicht deutlich ausgesprochen; am besten werden sie im reflektierten Licht wahrgenommen.

Es ist eigenartig, daß die Ionisierung der Chinongruppe einen so erheblichen Einfluß auf die Farbe hat. Die freie Chinonverbindung ist gelb, das entsprechende Kation rot bis rotviolett. Die alkalische Form (Chinonphenolat) dahingegen hat eine viel größere Farbintensität. Das Maximum der Lichtabsorption verschiebt sich bei der Farbänderung von gelb nach dem des Chinonphenolats oder des Zwitterions (bzw. Kations) nach höheren

[1] Gomberg u. Cone: Liebigs Ann. **370**, 192 (1909). — Vgl. auch H. Lund: Journ. Amer. Chem. Soc. **49**, 1346 (1927). — Anderson, L. C., u. M. Gomberg: Journ. Amer. Chem. Soc. **50**, 203 (1928). — Anderson: Journ. Amer. Chem. Soc. **51**, 1889 (1929); **52**, 4567 (1930).

[2] Kolthoff, I. M.: Journ. Physical Chem. **35**, 1433 (1931).

Farbe der Sulfophthaleine in stark saurer Lösung.

Salzsäure-konzentration	T.B.	P.R.	K.P.	K.R.	B.T.B.	C.P.R.	B.P.B.	T.B.P.B.	B.K.P.	B.K.G.
0,001 n	gelb	gelb	gelb	gelb	gelb	gelb	gelb	gelb	gelb	gelb
0,01	orangerot	gelb-orange	orange	orange	,,	,,	,,	,,	,,	,,
0,1	rotviolett	orange	rosarot	orange-rosa	,,	,,	,,	,,	,,	,,
1	,,	,,	,,	rosarot	,,	,,	,,	,,	,,	,,
4	,,	,,	,,	,,	orangerot	orangerot	,,	,,	orange	orange
6	,,	,,	,,	,,	violett	orange	,,	,,	orangerot	,,
12	,,	,,	,,	,,	,,	,,	orange-rosa	schwach gelb	violettrot	violett
Konz. Schwefelsäure	,,	,,	,,	,,	purpur	,,	violettrot	schwach violett	,,	intensiv violett

T.B. = Thymolblau
P.R. = Phenolrot
K.P. = Kresolpurpur
K.R. = Kresolrot
B.T.B. = Bromthymolblau

C.P.R. = Chlorphenolrot
B.P.B. = Bromphenolblau
T.B.P.B. = Tetrabromphenolblau
B.K.P. = Bromkresolpurpur
B.K.G. = Bromkresolgrün

Wellenlängen. Aus den Untersuchungen von W. R. ORNDORFF[1] und Mitarbeitern kann man folgern, daß das Maximum der Absorption der stark sauren Form bei kleinerer Wellenlänge liegt als das der stark alkalischen Form. Auch ist deren Absorptionskoeffizient größer als der der stark sauren Form (alkalische Farbe intensiver).

Aus ORNDORFFs und eigenen Untersuchungen können folgende Schlußfolgerungen gezogen werden:

1. Der basische Charakter der Chinongruppe nimmt bei der Halogensubstitution in die Phenolgruppe ab:

$$K_{\text{Bas.}}\ \text{Phenolrot} > K_{\text{Bas.}}\ \text{Chlorphenolrot} > K_{\text{Bas.}}\ \text{Bromphenolblau} > K_{\text{Bas.}}\ \text{Tetrabromphenolblau.}$$

2. Das Maximum der Lichtabsorption des chinoiden Kations verschiebt sich bei Einführung von Halogen nach höheren Wellenlängen (z. B. in stark saurer Lösung ist Phenolrot orange; Chlorphenolrot orangerot; Bromphenolblau [in Schwefelsäure] violettrot). Die Halogensubstitution hat qualitativ auf die Farbe des Chinonphenolats (stark alkalische Form) einen ähnlichen Einfluß wie auf die des chinoiden Kations.

3. Eine gleiche Parallelität wird wahrgenommen in der Lichtabsorption der stark sauren und alkalischen Formen des Phenol-, Thymol- und Kresolsulfophthaleins.

Der Vollständigkeit halber sei hier erwähnt, daß auch die Phthaleine in stark saurer Lösung eine Farbe annehmen. In wässeriger Lösung sind die Phthaleine fast quantitativ als Lactone vorhanden; man muß jedoch auch hier annehmen, daß ein kleiner Teil in chinoider Form vorliegt. Da das Gleichgewicht so ungünstig liegt, wird die saure Form erst bei viel größeren Aciditäten sichtbar als bei den entsprechenden Sulfophthaleinen.

So fand ich z. B., daß Thymolphthalein in 6n-Salzsäure noch farblos ist, dagegen schwach rosa in 9n-Salzsäure und dunkelviolett in konzentrierter Salz- oder Schwefelsäure. Phenolphthalein ist schwach rosa in 9n- und 12n-Salzsäure und orangebraun in konzentrierter Schwefelsäure.

---

[1] ORNDORFF, W. R., u. Mitarbeiter: Journ. Amer. Chem. Soc. **45**, 486, 495 (1923); **48**, 2212 (1926); **47**, 290 (1925); **48**, 981 (1926); **49**, 826, 1284 1730 (1927); **50**, 1416 (1928); **51**, 1466 (1929).

α-Naphtholphthalein ist farblos in 6n-HCl, schwach grün in 9n-Säure und dunkler grün in konz. HCl oder H_2SO_4. Beim Stehen scheidet sich ein grüner Niederschlag ab.

Dichromatismus einiger Sulfophthaleine.

Die Farbe der Sulfophthaleine hängt von der Lichtmenge und Lichtart ab, die absorbiert wird. In Beziehung hierzu steht die Erscheinung des „Dichromatismus", den die alkalische Form einiger dieser Indicatoren aufweist; besonders Bromphenolblau, Bromkresolpurpur zeigen diese Erscheinung. In dünner Schicht betrachtet sind sie blau, bei größerer Schichtdicke rot. Die Erklärung dieser Erscheinung ist folgende (vgl. CLARK): In alkalischer Lösung ist der Absorptionsstreifen in Gelb und Grün vorherrschend, so daß das durchtretende Licht hauptsächlich rot und blau ist. Das einfallende Licht habe eine Lichtstärke (Intensität) I. Nach Durchtritt durch die Längeneinheit der Flüssigkeit wird die Lichtstärke I a, worin a den „Transmissionskoeffizienten" bedeutet. a ist abhängig von der Art des absorbierenden Mediums und der Wellenlänge des einfallenden Lichtes. Nach Durchgang der Schicht ε wird die Lichtstärke $I a^{\varepsilon}$. Das durchgelassene blaue Licht hat also eine Lichtstärke $I a^{\varepsilon}_{\text{blau}}$ und das rote Licht $I a^{\varepsilon}_{\text{rot}}$.

Wir übernehmen nun einzelne willkürliche Zahlen von CLARK, die den Dichromatismus erklären. Nehmen wir z. B. an, daß die Intensität des blauen Lichtes 100 und die des roten 30 ist:

$$a_{\text{blau}} = 0{,}5; \qquad a_{\text{rot}} = 0{,}8.$$

Für $\varepsilon = 1$:	ist $I a^{\varepsilon}_{\text{blau}} = 50$	und	$I a^{\varepsilon}_{\text{rot}} = 24$;	also blau $>$ rot
10:	„ „ $= 0{,}1$	„	„ $= 3{,}0$;	„ „ $<$ „

Wenn wir also eine dünnere Schicht beobachten, ist die Flüssigkeit blau, in dicker Schicht rot. Wenn die Farbstärke der einfallenden Farben sich ändert, dann ändert sich auch die Farbe. Wenn z. B. $I_{\text{rot}} = 100$ und $I_{\text{blau}} = 30$, dann ist bei $\varepsilon = 1$ $I_{\text{bl}} a_{\text{blau}} = 15$, $I_r a_{\text{rot}} = 80$, also rot $>$ blau. Die Lösung ist also rot. In der Tat sehen wir, daß, wenn wir die Lösung aus dem Tageslicht (viel blau) in einen Raum bringen, der durch eine elektrische Kohlefadenlampe erhellt ist, sich die Farbe der Lösung dann von blau nach rot hin ändert.

Die Betrachtungen sind auch zur Erklärung von Erscheinungen von Bedeutung, die sich bei der Anwendung einiger Phenolsulfophthaleine in trüben Lösungen abspielen, z. B. in Suspensionen von Bakterienkulturen. Wenn die Flüssigkeit in tiefer Schicht vorliegt, erreicht nur wenig Licht vom Boden des Röhrchens her unser Auge. Das meiste Licht ist seitlich eingefallen, wird durch die Teilchen reflektiert und hat also nur eine dünne Schicht der Flüssigkeit durchlaufen. Wir nehmen also eine blaue Farbe wahr. Ein Vergleich der Farbe mit der des Indicators in einer klaren Pufferlösung ist nicht gut möglich, es sei denn, daß man wenig Flüssigkeit nimmt; aber auch dann gilt das Ergebnis nur angenähert.

Nun kann man den Fehler beseitigen, wenn man die Art des Lichtes ändert, indem man entweder rot oder blau fortnimmt; welches von beiden, hängt von dem Absorptionsspektrum der Indicatorlösungen ab.

Ich bemerke hierzu noch, daß Sulfophthaleine in Lösungen verschiedener Stoffe eine ganz andere Farbe besitzen können als in Pufferlösungen, die zum Vergleiche dienen. Wenn nämlich die zu untersuchunde Lösung einen anderen „Transmissionskoeffizienten" für eine der beiden absorbierten Lichtarten hat als die wässerige Pufferlösung, sind die Färbungen in beiden Lösungen nicht mehr vergleichbar. So habe ich bei verschiedenen Stoffen, wie Alkohol, Aceton, einigen Alkaloidsalzlösungen, beobachten können, daß diese den Dichromatismus von Bromphenolblau und anderen Sulfophthaleinen vollständig aufheben. So schlägt Bromphenolblau in alkoholischem Milieu oder in verdünntem Alkohol von gelb nach rein blau um; in wässeriger Lösung sind die Zwischenfarben völlig andere. Diesen Tatsachen hat man also bei der colorimetrischen Bestimmung der Wasserstoffionenkonzentration Rechnung zu tragen.

Glücklicherweise können Bromphenolblau und Bromkresolpurpur durch andere Sulfophthaleine ersetzt werden, die den Dichromatismus nicht zeigen. Statt Bromphenolblau kann man das von W. C. Harden und N. L. Drake[1] hergestellte Tetrabromphenoltetrabromsulfophtalein (Tetrabromphenolblau) gebrauchen. Dieser Indicator hat dasselbe Umschlagsgebiet wie Bromphenolblau (p_H 3,0—4,6) mit einer Farbänderung von rein gelb bis rein blau.

[1] Harden, W. C., u. N. L. Drake: Journ. Amer. Chem. Soc. **51**, 562 (1929).

Chlorphenolrot mit Umschlagsfarben von gelb nach rot ist ein guter Ersatz für Bromkresolpurpur.

Die Sulfophthaleine sind sehr wertvolle Indicatoren, weil sie mit schön voneinander abstechenden Farben von gelb nach rot, blau oder purpur umschlagen.

Herstellung, Reinheit und Eigenschaften der Sulfophthaleine.

Die Bereitung der verschiedenen Sulfophthaleine aus o-Sulfobenzoldichlorid, geschmolzenem Zinkchlorid und Phenol (bzw. anderen Phenolen oder Halogensubstituenten) ist von W. M. Clark und Lubs[1] in ihrer klassischen Veröffentlichung beschrieben worden. A. Cohen[2] hat die Herstellung von Xylenolsulfophthalein beschrieben, während Barnett Cohen[3] später sehr wertvolle neue Sulfophthaleine angegeben hat.

Da B. Cohens Veröffentlichungen schwer zugänglich sind, seien hier einige Einzelheiten über die Darstellung der drei wichtigen Indicatoren Tetrabrom-m-kresolsulfophthalein (Bromkresolgrün), m-Kresolsulfophthalein (Kresolpurpur) und Dichlorphenolsulfophthalein wiedergegeben.

Das *Metakresolsulfophthalein* wird aus o-Sulfobenzoesäure und destilliertem Metakresol erhalten. 36,2 g frisch destilliertes Metakresol werden auf 110° erwärmt und mit 30,8 g o-Sulfobenzoesäure gemischt. Die Mischung wird gerührt und 6 Stunden in einem Bade auf 106° gehalten. Man prüft den Fortschritt der Reaktion, indem dann und wann ein Tropfen in 10proz. Sodalösung und in verdünnter Säure beurteilt wird. Wenn die Farbtiefe maximal ist, kann das Erhitzen abgebrochen werden. Die Mischung wird mit Wasserdampf destilliert, um das Metakresol zu entfernen, und dann noch warm vorsichtig mit Natriumcarbonat versetzt, bis die Lösung tiefpurpurn ist. Man läßt über Nacht stehen und filtriert am nächsten Tage. Zum Filtrat fügt man vorsichtig so viel konzentrierte Salzsäure, daß die Lösung tiefrot ist. Sie wird dann im Vakuum eingedampft und zum Krystallisieren stehengelassen. Kleine grüne Krystalle des Sulfo-

---

[1] Clark, W. M., u. Lubs: Journ. Washington Acad. of Sciences **5**, 610 (1915); **6**, 481 (1916) — Journ. Bacteriol. **2**, 110 (1917).

[2] Cohen, A.: Biochem. Journ. **16**, 31 (1922); **17**, 535 (1923).

[3] Cohen, Barnett: Public Health Reports Reprint **1923**, 814; besonders **41**, 3051 (1926) — Proc. Soc. Exper. Biol. a. Med. **20**, 124 (1922).

phthaleins scheiden sich aus; sie werden mit Wasser gewaschen, um Säure und Salz zu entfernen. Das Produkt ist dann rein genug für die Indicatorherstellung. Ausbeute 12 g.

Bromkresolgrün (Tetrabrom-m-kresolsulfophthalein). Eine Lösung von 25 g Brom in 150 ccm Eisessig wird allmählich zu einer Suspension von 15 g Metakresolsulfophthalein in 150 ccm Eisessig gefügt.

Die Mischung wird gerührt, wobei die Temperatur 30° nicht übersteigen darf. Man verfolgt den Fortschritt der Reaktion, indem man dann und wann einen Tropfen in einem Puffergemisch von p_H 7 auf seine Farbe prüft. Wenn die Farbtiefe maximal ist, wird ein eventueller Bromüberschuß mittels Durchlüftung entfernt. Das Gemisch wird dann in 300 ccm Wasser ausgegossen und mit so viel Natriumbicarbonat versetzt, bis die Lösung bleibend grün ist. Man läßt über Nacht stehen und filtriert. Das Filtrat wird mit Salzsäure versetzt und eingedampft. Beim Verschwinden der Essigsäure scheidet sich das Bromkresolblau als eine dunkle rotbraune Masse aus. Nach Umkrystallisation aus Eisessig erhält man ein hellgelbes Produkt mit einem Schmelzpunkt von 217—218° (korr.).

Chlorphenolrot (Dichlor-phenolsulfophthalein $C_{19}H_{12}O_5SCl_2$) wird nach B. Cohen in folgender Weise dargestellt: 32 g trockenes o-Chlorphenol werden auf 130° erhitzt und mit 23 g krystallinischer o-Sulfobenzoesäure unter Rühren versetzt. Das Gemisch wird ungefähr 6 Stunden auf 130° erhitzt, bis die Farbtiefe maximal ist. Dann wird Wasser zugefügt und der Überschuß an o-Chlorphenol durch Wasserdampfdestillation entfernt. Der Rückstand im Kolben wird vorsichtig mitNatriumbicarbonat versetzt, bis die Lösung tiefblaurot ist. Man läßt über Nacht stehen; dann wird filtriert und das Filtrat mit konzentrierter Salzsäure versetzt, bis ein Niederschlag entsteht. Dieser wird durch Filtration gesammelt und mit verdünnter Salzsäure gewaschen. Da das Chlorphenolrot in Wasser gut löslich ist, verwendet man hier verdünnte Salzsäure. Die Mutterlauge wird wieder zur Krystallisation eingedampft. Das anhaftende Wasser und die Salzsäure werden durch Trocknen in der Wärme entfernt. Die Krystalle sind sehr klein und dunkelgrün gefärbt mit einem roten Glanz. Nach Umkrystallisation aus Eisessig erhält man ein Produkt, das bei 261—262° schmilzt (korr.).

Die gebräuchlichen Sulfophthaleine sind jetzt aus verschiedenen Quellen im Handel erhältlich; es sei jedoch darauf hingewiesen, daß ihre *Reinheit sehr viel zu wünschen übrig läßt.* So geben verschiedene Autoren[1] an, daß daher beim Vergleichen von Präparaten verschiedener Herkunft öfters sehr große Unterschiede in der Farbintensität der Lösungen wahrgenommen werden. Obgleich der Reinheitsgrad bei vielen colorimetrischen p_H-Messungen von untergeordneter Bedeutung ist, können die Verunreinigungen besonders bei Messungen in wenig gepufferten Lösungen zu großen Fehlern Anlaß geben. Meiner Erfahrung nach werden die reinsten Präparate von HYNSON, WESTCOTT und DUNNING (Baltimore, Maryland USA.) geliefert. Für viele Zwecke kommt es nicht darauf an, ob man reine Indicatoren zur Verfügung hat; für Spezialzwecke, wie bei der p_H-Bestimmung in wenig gepufferten Lösungen (vgl. S. 326; z. B. in destilliertem Wasser, Trinkwasser), kann der Reinheitsgrad von großer Bedeutung sein. Wo möglich, soll man durch Schmelzpunktsbestimmung die Zuverlässigkeit der Handelsprodukte prüfen. I. M. KOLTHOFF und T. KAMEDA[2] haben mit Vorteil die konduktometrische Titration angewandt. Die Sulfogruppe in den Sulfophthaleinen verhält sich wie eine starke Säure; bei der Titration mit Natronlauge nimmt die Leitfähigkeit ab wie bei der Bestimmung einer starken Säure. Nach Neutralisation der Sulfosäuregruppe tritt ein Knickpunkt auf von da an nimmt die Leitfähigkeit während der Neutralisation der Phenolgruppe zu, um später nach vollständiger Salzbildung infolge des Auftretens von freier Lauge viel stärker zuzunehmen. Man erhält also zwei Knickpunkte; bei reinen Präparaten soll die verbrauchte Laugenmenge bis zum ersten Knick derjenigen zwischen dem ersten und zweiten gleich sein. Nur bei einigen der von uns untersuchten Präparate war diese Bedingung erfüllt.

Dr. GERHARD KLOTZ (Chemisches Laboratorium, Leipzig N 22), der sich mit der kommerziellen Herstellung von Indicatoren befaßt, war so liebenswürdig, mir einiges aus seiner reichen Erfahrung mitzuteilen.

---

[1] Vgl. z. B. COLLINS: Journ. Ind. and Engin. Chem. **12**, 800 (1920). — SCHLEGEL u. STREUBER: Journ. Ind. and Engin. Chem. **19**, 631 (1927). — MELLON, M. G., u. G. W. FERNER: Journ. Physical Chem. **35**, 1025 (1931).

[2] KOLTHOFF, I. M., u. T. KAMEDA: Journ. Amer. Chem. Soc. **53**, 825 (1931).

Oft werden bei der Kondensation harzige Produkte erhalten, die nach Waschen mit Wasser oftmals ohne weitere Reinigung in den Handel gebracht werden. Obwohl die Harze im isolierten Zustande unlöslich sind, sind sie in Gegenwart eines Sulfophthaleinüberschusses in Sodalösung löslich, so daß die meist angegebene Reinigung durch Umfällung aus Alkalilösung mit Säure nicht zu erzielen ist.

Weiter fand Dr. Klotz, daß die nichtbromierten Sulfophthaleine wie Phenolrot, Kresolpurpur, Thymolblau usw. eine außerordentliche Neigung haben, ihr entsprechendes Phenol molekular zu binden. Wahrscheinlich hängt die Zersetzlichkeit der Indicatorlösungen auch von diesem Phenolgehalt ab.

Für die Reinigung lassen sich allgemeine Regeln nicht aufstellen. Sie sind abhängig davon, ob man nur mit Krystallphenol oder auch mit Kondensationsharzen und evtl. mit anorganischen und organischen Streckungsmitteln, wie sie bei Farbstoffen oft angewandt werden, zu rechnen hat. Hoffentlich wird es Dr. Klotz gelingen, reine Präparate der verschiedenen Phthaleine in den Handel zu bringen.

Im folgenden beschreiben wir einige Einzelheiten der Eigenschaften der wichtigsten Sulfophthaleine, die besonders den wertvollen Mitteilungen von Orndorff entnommen sind.

Thymolsulfophthalein, Thymolblau, $C_{27}H_{35}O_5S$.

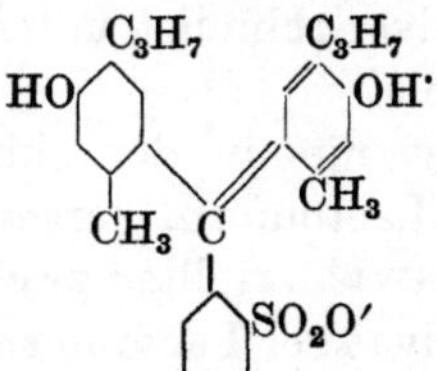

inneres Salz; Zwitterion

Dunkel gefärbte Krystalle mit ungefähr 1 Molekül Krystallwasser (Chinoidhydrat). W. R. Orndorff und T. K. Cornwell[1] beschreiben eine bessere Darstellungsmethode, als Lubs und Clark gegeben haben.

Zwei Umschlagsgebiete: p_H 1,2—2,8 rot nach gelb und p_H 8,0 bis 9,6 gelb nach blau.

[1] Orndorff, W. R., u. T. K. Cornwell: Journ. Amer. Chem. Soc. **48**, 981 (1926).

In gesättigter wässeriger Natriumbicarbonatlösung löst es sich mit roter Farbe, in 10proz. Natronlauge ist es purpurn, nach Verdünnen mit Wasser ändert sich die Farbe nach blau. Beim Ansäuern der alkalischen Lösung bei Zimmertemperatur wird eine amorphe rote Fällung erhalten; beim Siedepunkt dagegen scheiden sich grün aussehende Krystalle aus.

In Wasser ist Thymolblau nur schwer löslich (gelborange), in heißem Wasser löst es sich etwas besser; meiner Erfahrung nach läßt es sich jedoch nicht aus Wasser umkrystallisieren. Bei 25° ist die Löslichkeit 110 mg p. l ($2{,}3 \times 10^{-4}$ molar); in verdünnter Salzsäure nimmt sie ab (in 0,01n-HCl 7,2 mg p. l; 0,05n-HCl 2,6 mg p. l; 0,1n-HCl 1,8 mg p. l; 0,5n-HCl 1,6 mg p. l; 1n-HCl 1,8 mg p. l; 6n-HCl 5,0 mg p. l). Die geringe Löslichkeit bei p_H-Werten zwischen 2,5 und 1,0 erklärt, warum die Farbe des Indicators in Lösungen der genannten Säuregrade abblaßt.

Nach ORNDORFF und CORNWELL kann Thymolblau aus Äther oder Eisessig umkrystallisiert werden; in Aceton, Chloroform, Tetrachlorkohlenstoff, Benzol, Toluol, Xylol und Äthylacetat ist die Löslichkeit sehr gering.

Beim Zerreiben der Krystalle bildet sich ein schokoladenbraunes Pulver, das bei etwa 59° Wasser verliert und sich bei 195° rötet. Zwischen 200 und 220° findet eine geringe Verkohlung statt, und das Pulver schmilzt unter Bildung einer dunkelroten opaken Flüssigkeit.

Das Thymolblau ist nur in der chinoiden Form bekannt, jedoch sind Ester der Lactonform hergestellt.

ORNDORFF und CORNWELL stellten zwei Formen der Dimethyläther dar; die eine (Derivat der Lactonform) war farblos, unlöslich in Wasser und 10% Natron, die andere (Derivat der Chinonform) war gefärbt und unstabil.

Dibromthymolsulfophthalein, Bromthymolblau, $C_{27}H_{28}O_5SBr_2$. Diese Verbindung wurde von ORNDORFF und CORNWELL[1] in der farblosen Form isoliert und von ihnen als Derivat der Lacton- (Sulton-) Form betrachtet. Sie bildet ein gefärbtes chinoides Hydrat, aus dem durch Erhitzen die farblose Verbindung wieder erhalten wird. Das krystallinische Hydrat enthält zwei Moleküle

---

[1] ORNDORFF u. CORNWELL: Journ. Amer. Chem. Soc. **48**, 981 (1926).

Krystallwasser, bildet sehr dunkel gefärbte Krystalle, die beim Zerreiben ein rotes Pulver liefern.

In Wasser löst es sich mit orangeroter Farbe; leicht löslich in Äther, Methyl- und Äthylalkohol, weniger Löslich in Benzol, Toluol, Xylol, unlöslich in Ligroin. Umschlagsintervall von p_H 6,0—7,6 (gelb — blau).

Phenolsulfophthalein, Phenolrot, $C_{19}H_{14}O_5S$. Nach W. R. ORNDORFF und F. W. SHERWOOD[1] enthält das Phenolrot gewöhnlich eine rot gefärbte Verunreinigung mit schwach saurem Charakter, die in Wasser und Natriumbicarbonat schwer löslich, in Natron dagegen leicht löslich ist. Sie empfehlen daher, das Phenolrot durch Lösen in Natriumbicarbonat und Ansäuern des Filtrats zu reinigen. Das lufttrockene Produkt enthält immer etwas Wasser (ungefähr 1—1,5%), das beim Erhitzen auf 120—140° vollständig abgegeben wird. Das trockene Pulver absorbiert wieder etwas Wasser aus der Atmosphäre.

Phenolrot hat eine ähnliche Struktur wie Thymolblau (vgl. S. 133); es ist nur in der tiefgefärbten Form bekannt. Jedoch haben ORNDORFF und SHERWOOD einen farblosen Monomethyläther hergestellt (Nadeln; Schmelzpunkt 178°). Die Lösung dieses Äthers in Wasser ist gelb und bleibt gelb auf Zusatz von Lauge. Durch halbstündiges Erhitzen der farblosen Form auf 170° wird der gefärbte Monomethyläther erhalten.

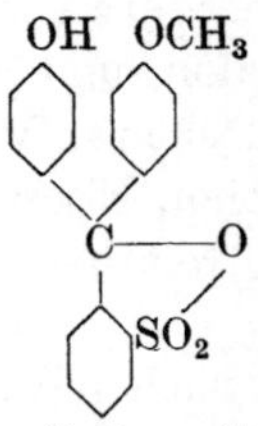

farblos (Lacton = Sulton)

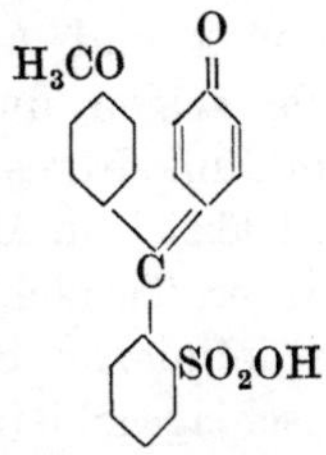

gefärbt (Chinoid)

Umschlagsintervall des Phenolrots: p_H 6,4—8,2 (gelb — rot).

Tetrabromphenolsulfophthalein, Bromphenolblau, $C_{19}H_{12}O_6Br_4S$ (Carbinolform). Nach W. R. ORNDORFF und F. W. SHERWOOD[2] hat das Bromphenolblau gewöhnlich eine orange oder braune Farbe (etwas Hydrat?), durch Umkrystallisation aus Eisessig

[1] ORNDORFF u. SHERWOOD: Journ. Amer. Chem. Soc. **45**, 486 (1923).
[2] ORNDORFF u. SHERWOOD: Journ. Amer. Chem. Soc. **45**, 495 (1923).

und Trocknen über festem Natron werden farblose Krystalle erhalten, die bei 279° unter Zersetzung schmelzen. Es ist merkwürdig, daß Bromphenolblau in der festen Form als farbloses Lacton vorliegt, während Phenolrot nur als chinoide Verbindung bekannt ist. (Meiner Meinung nach sind die Bromatome, welche die Basizität der Chinongruppe stark herabsetzen, hierfür verantwortlich.) Bromphenolblau bildet ein gefärbtes Hydrat.

ORNDORFF und SHERWOOD beschreiben auch die Eigenschaften des Monomethyläthers.

Umschlagsintervall des *Bromphenolblaus:* p_H 3,0—4,6 gelb — purpurn. Für die colorimetrische p_H-Bestimmung nicht sehr geeignet wegen des störenden Dichromatismus. Besser geeignet ist das Tetrabromphenoltetrabromsulfophthalein.

Metakresolsulfophthalein, Kresolpurpur,

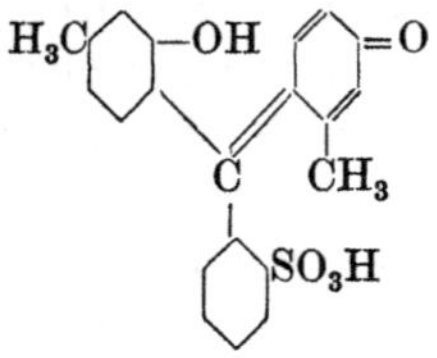

oder das entsprechende Zwitterion.

Kresolpurpur ist immer dunkel gefärbt, was auf die chinoide Struktur hinweist. Das krystallinische Material enthält nach W. R. ORNDORFF und A. C. PURDY[1] immer etwa 1% Wasser; die Krystalle zeigen dunkelgrüne Reflexion und geben beim Zerreiben ein dunkelrotes Pulver. Schwer löslich in Wasser (gelbe Farbe), leicht löslich in Methyl-, Äthylalkohol, Eisessig, unlöslich in Benzol, Äther, Tetrachlorkohlenstoff, Petroläther, Äthylacetat. Kein streng definierter Schmelzpunkt.

Zwei Umschlagsgebiete: p_H 1,2—2,8 rot nach gelb; p_H 7,4—9,0 gelb nach purpurn.

Die stark saure Form ist besser löslich als die des Thymolblaus.

Tetrabromkresolsulfophthalein, Bromkresolgrün. Es wurde von W. R. ORNDORFF und A. C. PURDY[2] in der farblosen Lactonform

[1] ORNDORFF, W. R., u. A. C. PURDY: Journ. Amer. Chem. Soc. **48**, 2212 (1926).

[2] ORNDORFF, W. R., u. A. C. PURDY: Journ. Amer. Chem. Soc. **48**, 2216 (1926).

erhalten; es bildet aber ein gefärbtes Hydrat mit chinoider Struktur. Wenn das gefärbte Hydrat erhitzt wird, verliert es Wasser und geht in die ungefärbte Verbindung über.

Schmelzpunkt der ungefärbten Verbindung: 218—219° (B. COHEN 217—218° korr.).

Das dunkelrote, amorphe Hydrat ändert seine Farbe nach orange bei etwa 90°, wird farblos bei etwa 190° und schmilzt bei 218 bis 219° (scharfer Schmelzpunkt). Wenig löslich in Wasser, gut löslich in Äther, Äthylacetat, Äthylalkohol; weniger löslich in Eisessig und Benzol.

Umschlagsintervall: p_H 3,8—5,6 von gelb nach blau.

Außer den in der Tabelle S. 116 genannten Sulfophthaleinen sind noch verschiedene andere beschrieben worden, die jedoch praktisch keine Vorteile gegenüber den bekannten bieten. Der Vollständigkeit halber werden ihre Eigenschaften hier zusammengefaßt mitgeteilt.

Xylenolblau = p-Xylenolsulfophthalein. Von A. COHEN[1] hergestellt und empfohlen. Dieser Indicator hat dieselben Umschlagsgebiete wie Thymolblau, nämlich zwischen p_H 1,2—2,8 von rot nach gelb und zwischen p_H 8,0 bis 9,6 von gelb nach blau. Nach COHEN ist die Farbstärke die doppelte des Thymolblaus, was ich allerdings an Handelspräparaten nicht bestätigen konnte.

Catecholsulfophthalein. Bei p_H 0,2 rosa; orange bei 0,8; gelb bei 4,0; grün bei 7,0; violett bei 8,5; blau bei 10,2 [2].

Nach C. B. WOOD[3] ist es ein amorphes, dunkelrotes Pulver. Die Intensität der wässerigen Lösung ist nur $^1/_{10}$ von der anderer Sulfophthaleine. Nach WOOD gibt es eine befriedigende Farbänderung im p_H-Gebiet zwischen 0 und 1,5; in alkalischem Milieu nicht zu empfehlen, weil die Farbe nicht stabil ist.

Dijodophenolsulfophthalein (CLARK, COHEN, ELVOVE, l. c.).

p_H 5,7 (gelb) bis 7,3 (purpurn).

Phenolnitrosulfophthalein (CLARK, COHEN, ELVOVE).

p_H 6,6 (gelb) bis 8,4 (purpurn).

Dibromdichlorphenolsulfophthalein (Bromchlorphenolblau) (B. COHEN 1926).

p_H 3,2 (gelb) bis 4,8 (purpurn).

Dibromphenolsulfophthalein (Bromphenolrot) (B. COHEN 1924).

p_H 5,4 (gelb) bis 7,0 (rot).

α-Naphtholsulfophthalein (Naphtholblau) (CLARK und LUBS 1916).

---

[1] COHEN, A.: Biochem. Journ. **16**, 31 (1922); **17**, 535 (1923).

[2] Vgl. W. M. CLARK, B. COHEN u. ELVOVE: Internat. Critical Tables **1** (1927).

[3] WOOD, C. B.: Journ. Amer. Chem. Soc. **52**, 3463 (1930).

Salicylsulfophthalein (Salicylrot) $C_{21}H_{14}O_9S$ (W. C. HARDEN[1]).

p_H 6,6 (gelb) bis 8,2 (violettrot).

Tetrabromsalicylsulfophthalein (Salicylpurpur) $C_{21}H_{10}O_9SBr_4$ (W. C. HARDEN[1]).

p_H 3,2 (gelb) bis 4,6 (purpurn).

Hydrochinonsulfophthalein $C_{19}H_{12}O_6S$. Diese Substanz wurde von W. R. ORNDORFF und C. V. SHAPIRO[2] hergestellt und untersucht. Die feste Substanz liegt als chinoide Form in Gestalt von dunkelroten, dünnen Plättchen vor, die beim Zerreiben ein rotes Pulver ergeben. Dieses Sulfophthalein enthält einen Pyronring.

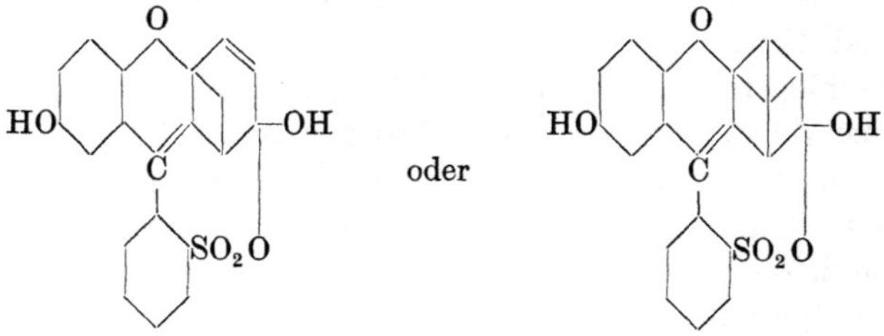

Krystallisiert aus heißer, schwach saurer wässeriger Lösung.

Löslichkeit in Wasser: 117 mg pro Liter bei 22°.

Löslichkeit in absolutem Alkohol: 120 mg pro Liter bei 22°.

Fast unlöslich in organischen Lösungsmitteln.

Die Indicatoreigenschaften wurden von B. COHEN (Privatmitteilung an ORNDORFF) untersucht:

p_H 1—5 braungelb; 5—6 rein gelb; 6,4—8 gelb-grüngelb-olivengrün; mit einem Stich ins Violette; 8—10 nach Purpur.

Die alkalische, blauviolette Farbe ändert sich schnell nach braun. Für praktische Zwecke ist der Indicator daher wenig brauchbar.

Hydroxyhydrochinonsulfophthalein $C_{19}H_{12}O_8S \frac{1}{2} H_2O$.

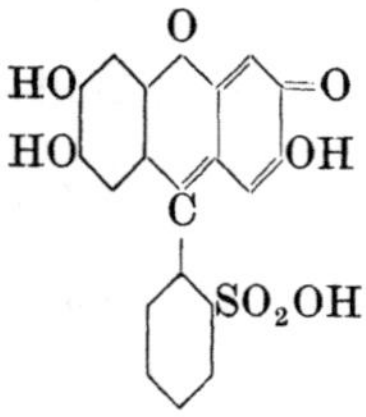

Die Eigenschaften dieser Substanz sind von W. R. ORNDORFF und M. L. WILLARD[3] untersucht worden. Die feste Substanz bildet grüne Kry-

[1] HARDEN, W. C.: Journ. Amer. Chem. Soc. **49**, 3139 (1927).

[2] ORNDORFF, W. R., u. C. V. SHAPIRO: Journ. Amer. Chem. Soc. **50**, 1730 (1928).

[3] ORNDORFF u. WILLARD: Journ. Amer. Chem. Soc. **51**, 1466 (1929).

stalle, die ein halbes Molekül Krystallwasser enthalten und beim Zerreiben ein orangerotes Pulver ergeben.

Schwer löslich in Wasser mit roter Farbe. Die Lösung zeigt eine ausgesprochene *grüne Fluorescenz.*

Löslich in Methyl-, Äthylalkohol, Aceton und Eisessig; unlöslich in Benzol, Toluol, Äther, Petroläther. In konzentrierter Schwefelsäure gibt es eine *gelbe* Lösung, die nicht fluoresciert. Nach ORNDORFF und WILLARD wird Sulfoviolein ($C_{19}H_{10}O_7S$) gebildet, das in fester Form violettrot ist.

Indicatoreigenschaften: ORNDORFF und WILLARD erwähnen nur, daß in wässeriger Lösung die Farbe bei p_H 7,2 orangegelb bis rot und bei p_H 12,0 violettrot ist.

Dibromhydroxyhydrochinonsulfophthalein. Nach ORNDORFF und WILLARD bildet es grüne Krystalle, die in Wasser löslich sind. In der Nähe von p_H 6,4 Farbänderung von orangerot nach violettrot. In konzentrierter Natronlauge blau.

W. C. BOYD und A. W. ROWE[1] haben die Eigenschaften einer neuen Reihe halogenierter Sulfophthaleine beschrieben.

1. *Phenoltetrajodsulfophthalein* $C_{19}H_{10}O_5J_4S$. Rotschwarze kleine Krystalle, die 8—10% Wasser enthalten. Schmelzpunkt 180° (wasserfrei); zersetzt sich bei 210°. Löslich in Methyl-, Äthylalkohol, Aceton, Eisessig, Äthylacetat, weniger in Benzol, Tetrachlorkohlenstoff, $C_2Cl_4H_2$, sehr wenig in Wasser.

Intervall: p_H 7,0 (braungelb) bis 8,2 (rotpurpurn).

2. *o-Kresoltetrajodosulfophthalein* $C_{21}H_{14}O_5J_4S$. Eigenschaften wie 1.

Intervall: p_H 8,8 (braungelb) bis 9,6 (purpurn); jedoch nach HARDEN und DRAKE (vgl. unten) p_H 7,0—8,6! Wahrscheinlich waren die Präparate von BOYD und ROWE nicht rein.

3. *Phenoltetrabromsulfophthalein* $C_{19}H_{10}O_5Br_4S$. Eigenschaften wie 1.

Intervall: p_H 7,2 (braungelb) bis 8,0 (purpurn) (HARDEN und DRAKE 6,6—8,2).

4. *Tetrabromphenoltetrabromsulfophthalein* $C_{19}H_6O_5Br_8S$.

Intervall 5,6—7,0; alle Farben mehr oder weniger grün (HARDEN und DRAKE 3,0—4,6).

Aus den früheren Untersuchungen von W. C. HARDEN und N. L. DRAKE[2] ergibt sich wohl, daß die Indicatoren von BOYD und ROWE nicht rein waren.

Die von diesen Autoren angegebene Reihe von neuen Indicatoren, die wie die von CLARK und LUBS und B. COHEN halogenierte Sulfophthaleine sind, bietet mit Ausnahme des Tetrabromphenoltetrabromsulfophthaleins gegenüber den genannten Indicatoren keine besonderen Vorteile. Die Eigenschaften sind in umstehender Tabelle zusammengefaßt.

Wie schon früher erwähnt (S. 129), ist das Tetrabromphenoltetrabromsulfophthalein (Tetrabromphenolblau) ein guter Ersatz für Bromphenolblau, weil es erstens von gelb nach rein blau umschlägt und keinen Dichromatismus zeigt.

---

[1] BOYD, W. C., u. A. W. ROWE: Journ. Amer. Chem. Soc. **52**, 4954 (1930).

[2] HARDEN, W. C., u. N. L. DRAKE: Journ. Amer. Chem. Soc. **51**, 562 (1929).

Sulfophthaleine nach HARDEN und DRAKE.

Namen	Umschlags-intervall in p_H	Saure — alkalische Farbe	ccm 0,1 n-NaOH zur Lösung von 100 mg Indicator
Tetrabromphenoltetrabromsulfophthalein $C_{19}H_6O_5Br_8S$ M = 986	3,0—4,6	gelb — blau	1,01
Tetrabromphenoltetrachlorsulfophthalein $C_{19}H_6O_5Cl_4Br_4S$ M = 808	3,0—4,6	gelb — blau	1,24
Dibrom-o-kresoltetrabromphenolsulfophthalein $C_{21}H_{12}O_5Br_6S$ M = 856	5,2—6,8	gelb — violett	1,17
Dibrom-o-kresoltetrachlorsulfophthalein $C_{21}H_{12}O_5Br_2Cl_4S$ M = 688	5,2—6,8	gelb — violett	1,45
Dibromphenoltetrabromphenolsulfophthalein $C_{19}H_8O_5Br_6S$ M = 828	5,6—7,2	gelb — purpurn	1,21
Phenoltetrabromsulfophthalein $C_{19}H_{10}O_5Br_4S$ M = 670	6,6—8,2	gelb — purpurn	1,49
Phenoltetrachlorsulfophthalein $C_{19}H_{10}O_5Cl_4S$ M = 492	6,6—8,2	gelb — purpurn	2,03
o-Kresoltetrajodsulfophthalein $C_{21}H_{14}O_5J_4S$ M = 886	7,0—8,6	gelb — purpurn	1,13
o-Kresoltetrabromsulfophthalein $C_{21}H_{14}O_5Br_4S$ M = 698	7,2—8,8	gelb — purpurn	1,43
o-Kresoltetrachlorsulfophthalein $C_{21}H_{14}O_5Cl_4S$ M = 520	7,2—8,8	gelb — purpurn	1,93

Benzeine.

Anschließend an die Phthaleine und Sulfophthaleine sollen die Eigenschaften einiger Benzeine besprochen werden. Die Benzeine enthalten weder die Carboxylgruppe noch die Sulfosäuregruppe und erinnern in ihren Eigenschaften sehr an die Sulfophthaleine. In festem Zustande sind sie im allgemeinen stark gefärbt (chinoide Struktur) und zeigen Farbänderungen im selben p_H-Gebiete wie die Sulfophthaleine. Im Gegensatz zu diesen sind sie in Wasser schwerer löslich, weil sie keine polare Gruppe enthalten. Daher sind Thymolbenzein und α-Naphtholbenzein als Indicatoren für die p_H-Bestimmung unbrauchbar. Die anderen Benzeine können jedoch sehr wertvoll sein, weil sich erwarten läßt, daß ihr Salzfehler kleiner ist als der der entsprechenden Sulfophthaleine[1].

[1] KOLTHOFF, I. M.: Journ. Physical Chem. **35**, 1433 (1931).

Wie diese haben sie zwei Umschlagsgebiete; das eine in stark saurer Lösung (Kationbildung der schwach basischen chinoiden Gruppe; vgl. S. 124) und das andere in schwach saurer, neutraler oder alkalischer Lösung (Chinonphenolatbildung). Für Thymolbenzein sind die entsprechenden Strukturänderungen folgendermaßen:

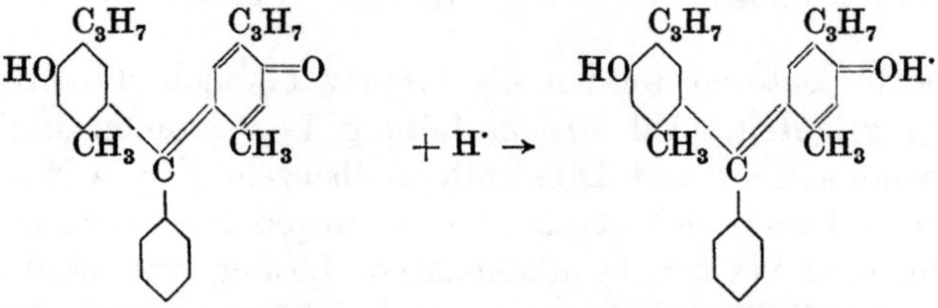

Thymolbenzein; chinoid gelb — stark saure Form; Kation; rot

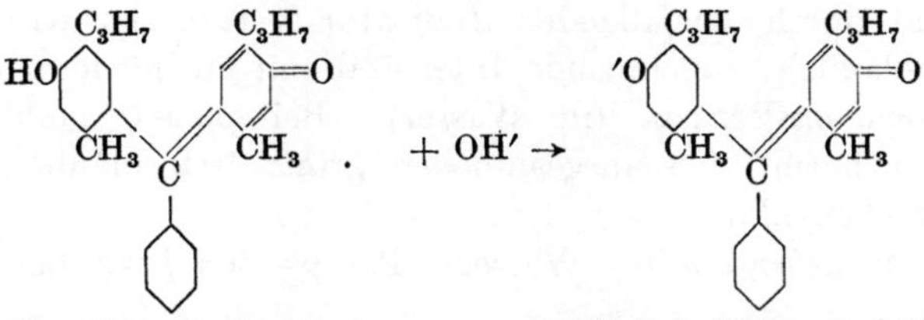

Thymolbenzein; chinoid gelb — alkalische Form; rot, violett, oder blau; Chinonphenolat

In untenstehender Tabelle sind die Farbänderungen in stark saurer Lösung angegeben, wie sie von Kolthoff (l. c. 1931) bestimmt worden sind. (Vgl. mit der entsprechenden Tabelle der Sulfophthaleine S. 126.)

Farbänderung der Benzeine in stark saurer Lösung.

Konzentration Salzsäure	T.Bz.	P.Bz.	o-K.Bz.	B.T.Bz.	B.K.Bz.
0,01 n	gelblich	gelb	gelb	gelb	gelb
0,1	rosa	„	orangerosa	„	„
1	rosarot	„	rosa	„	„
4	„	„	„	„	orange
6	„	„	„	orange	rosa
12	„	„	„	rot	rot
H_2SO_4	„	„	„	violett	violettrot

T.Bz. = Thymolbenzein
P.Bz. = Phenolbenzein (Aurin)
o-K.Bz. = o-Kresolbenzein
B.T.Bz. = Dibromthymolbenzein
B.K.Bz. = Dibromkresolbenzein

Folgende Umschläge wurden im alkalischen Gebiete festgestellt:

Indicator	Umschlagsgebiet	Saure — alkalische Farbe
Dibrom-o-kresolbenzein .	5,2—6,8	gelb — purpurn
Phenolbenzein (Aurin). .	6,0—7,6	gelb — rot
o-Kresolbenzein.	7,2—8,6	gelb — rot

Alle Indicatoren werden als 0,1proz. alkoholische Lösungen vorrätig gehalten. Auf 10 ccm Lösung 1—2 Tropfen Indicator.

Thymolbenzein und Dibromthymolbenzein und α-Naphtholbenzein verhalten sich etwas abnorm wegen ihrer sehr geringen Löslichkeit in Wasser; in alkoholischer Lösung sind sie den entsprechenden Sulfophthaleinen sehr ähnlich.

Thymolbenzein (in Wasser). Bei p_H 9,0 braungelb mit Opalescenz, die durch ausfallenden Indicator verursacht wird; bei p_H 10,2 bläulich; zunehmende Intensität mit steigendem p_H.

Dibromthymolbenzein (in Wasser). Bei p_H 9,0 gelbbraun; 9,2 schwachgrün; 9,8 ausgesprochen grün; 10,2 bläulich, 10,6 ausgesprochen blau.

α-Naphtholbenzein (in Wasser). Bei p_H 9,8 bräunlich; 11,6 grünblau.

Wegen ihrer Schwerlöslichkeit sind die drei letzten Indicatoren für praktische Zwecke in *Wasser* nicht brauchbar.

Die Eigenschaften von einigen der Benzeine sind von ORNDORFF und Mitarbeitern beschrieben worden. Es empfiehlt sich, mehrere Derivate herzustellen, weil sie bei der colorimetrischen p_H-Bestimmung recht brauchbar sein können.

Phenolbenzein (Aurin; Benzaurin, auch Rosolsäure), W. R. ORNDORFF, R. C. GIBBS und S. A. MCNULTY[1]. In 33proz. Kalilauge wird eine farblose Lösung gebildet (Carboniumverbindung wie die Phthaleine).

Thymolbenzein, $C_{27}H_{30}O_2$, W. R. ORNDORFF und H. T. LACEY[2]. Rotes Pulver; aus Alkohol umkrystallisiert; Schmelzpunkt 184°. Unlöslich in Wasser und Ligroin; sehr löslich in Ameisensäure, Essigsäure, Methylalkohol, Aceton; löslich in Äther.

[1] ORNDORFF, W. R., R. C. GIBBS u. S. A. MCNULTY: Journ. Amer. Chem. Soc. **47**, 2767 (1925).

[2] ORNDORFF, W. R., u. H. T. LACEY: Journ. Amer. Chem. Soc. **49**, 818 (1927).

Dibromthymolbenzein, $C_{27}H_{28}O_2Br_2$. Große, rote Krystalle; Schmelzpunkt 96—97°. Löslich in Aceton, Äther, Methyl-, Äthylalkohol, weniger in Ligroin; unlöslich in Wasser.

o-Kresolbenzein, $C_{21}H_{18}O_2$, W. R. ORNDORFF und S. A. MCNULTY[1]. Orangerotes Pulver; Schmelzpunkt 260—262°.

Dibrom-o-kresolbenzein, $C_{21}H_{16}Br_2O_2$, ORNDORFF und MCNULTY.

Pyrogallolbenzein, $C_{19}H_{12}O_5$?, ORNDORFF und WANG[2]:

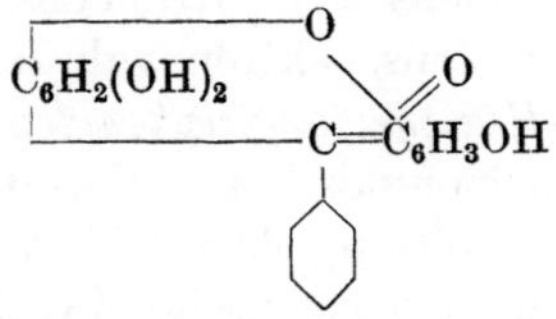

Fast unlöslich in Wasser; löslich in Schwefelsäure (dunkelrot), in konzentrierter Salzsäure orangegelb; in alkalischer Lösung blau. ORNDORFF und WANG stellten das krystallinische Hydrochlorid, Sulfat und Perchlorat dieser Verbindung her.

Die Methoxytriphenylcarbinole (vgl. Tabelle S. 144).

Die Methoxytriphenylcarbinole sind Derivate von Triphenylcarbinol

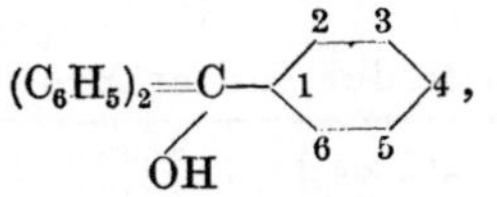

das sich wie eine schwache Base verhält. HAKON LUND[3] hat verschiedene Derivate hergestellt und eingehend untersucht. Seine schönen Versuche sind in einem Gemisch von Wasser und Aceton als Lösungsmittel gemacht worden; I. M. KOLTHOFF[4] hat auch die Indicatoreigenschaften in wässeriger Lösung bestimmt und besonders das Hepta-, Hexa- und Pentamethoxytriphenylcarbinol sehr wertvoll befunden. Im Gegensatz zu Phenolphthalein ist die saure Farbe dieser neuen Indicatoren rot, während sie in alkalischer Lösung farblos sind.

---

[1] ORNDORFF, W. R., u. S. A. MCNULTY: Journ. Amer. Chem. Soc. **49**, 992 (1927).

[2] ORNDORFF, W. R., u. CH. WANG: Journ. Amer. Chem. Soc. **49**, 1284 (1927).

[3] LUND, H.: Journ. Amer. Chem. Soc. **49**, 1346 (1927).

[4] KOLTHOFF, I. M.: Journ. Amer. Chem. Soc. **49**, 1218 (1927).

2, 4, 6, 2', 4', 2'', 4''-Heptamethoxytriphenylcarbinol (*Heptamethoxyrot*), $C_{26}H_{30}O_8$, wird aus 2, 4-Dimethoxyjodobenzol und 2, 4, 6-Trimethoxybenzoesäureäthylester hergestellt; Ausbeute 40%. Schmelzpunkt 147°. Vorratslösung: 0,1% in Alkohol. Der Farbumschlag ist eine merkliche Zeitreaktion; bei colorimetrischen Bestimmungen soll man $^1/_2$ Stunde nach Zusatz des Indicators warten, bevor man vergleicht. Umschlagsgebiet: p_H 5,0—7,0. Wegen des Zeitphänomens für titrimetrische Zwecke weniger geeignet. Über Absorptionsspektren vgl. H. LUND (l. c.).

2, 4, 2', 4', 2'', 4''-Hexamethoxytriphenylcarbinol (*Hexamethoxyrot*), $C_{25}H_{28}O_7$. Schmelzpunkt 184°. Vorratslösung 0,1% in Alkohol. Umschlagsintervall: p_H 2,6—4,6. Vorzüglicher Indicator für colorimetrische und titrimetrische Zwecke.

2, 4, 2', 4', 2''-Pentamethoxytriphenylcarbinol (*Pentamethoxyrot*). Wird nach H. LUND aus 2, 4-Dimethoxyjodobenzol und o-Methoxybenzoesäuremethylester erhalten. Ausbeute 40%. Schmelzpunkt 146—147°. Vorratslösung 0,1% in Alkohol. Umschlagsintervall: p_H 1,2—3,2 (rotviolett — farblos). Geeigneter Indicator.

Die Indicatoren sind Methoxytriphenylcarbinole und verhalten sich wie schwache Basen.

Umschlagsintervalle der Indicatoren nach KOLTHOFF-LUND.

Bezeichnung des Indicators	Abgekürzte Bezeichnung	Konzentration in Alkohol	Intervall in p_H	Saure — alkalische Farbe
2, 4, 6, 2', 4', 2'', 4''-Heptamethoxytriphenylcarbinol	Heptamethoxyrot	0,1%	5,0—7,0	rot — farblos
2, 4, 2', 4', 2'', 4''-Hexamethoxytriphenylcarbinol	Hexamethoxyrot	0,1%	2,6—4,6	rosarot — farblos
2, 4, 2', 4', 2'', 2''-Pentamethoxytriphenylcarbinol	Pentamethoxyrot	0,1%	1,2—3,2	rotviolett — farblos

Cyclohexanonderivate.

B. SANDAHL[1] hat Kondensationsprodukte von Cyclohexanon und dessen Derivaten mit Vanillin hergestellt und ihre Indicatoreigenschaften untersucht. Die Substanzen sind schön krystalli-

[1] SANDAHL, B.: Journ. Pharm. et Chim. (8) **7**, 162 (1928); **11**, 8 (1930).

nisch und ändern ihre Farbe von gelb (sauer) nach rot oder orangerot in alkalischem Milieu.

In konzentrierter Schwefelsäure und Salzsäure lösen sie sich mit intensiv roter Farbe.

Vorratslösung: 0,1% in Alkohol.

Die wichtigsten Repräsentanten der verschiedenen Gruppen sind unten kurz angedeutet; über Herstellung und Eigenschaften sei auf die Mitteilungen von SANDAHL verwiesen.

Herr SANDAHL hatte die Freundlichkeit, uns Muster seiner neuen Indicatoren zur Verfügung zu stellen, so daß wir auch unsere eigenen Erfahrungen mitteilen können, welche im allgemeinen in Übereinstimmung mit den Angaben der zitierten Mitteilung von SANDAHL sind. Wir müssen jedoch nachdrücklich betonen, daß die neuen Indicatoren — besonders für die p_H-Bestimmung — von geringer praktischer Bedeutung sind. Die saure (gelbe) Form ist so schwer wasserlöslich, daß sie nach kurzer Zeit fast quantitativ ausflockt.

I. Di-5-bromo-vanilliden-cyclohexanon, $C_{22}H_{20}Br_2O_5$.

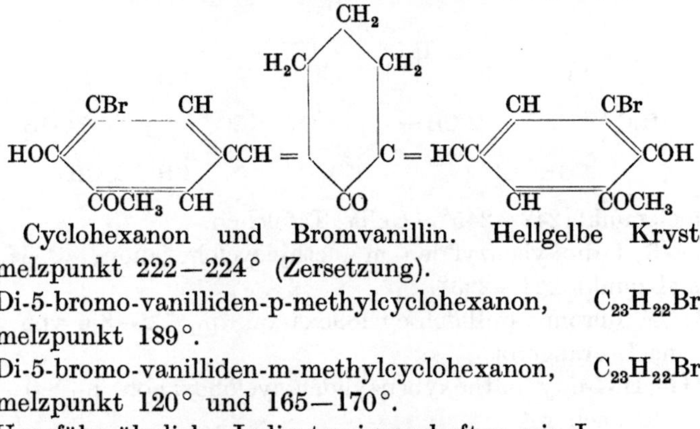

Aus Cyclohexanon und Bromvanillin. Hellgelbe Krystalle. Schmelzpunkt 222—224° (Zersetzung).

Di-5-bromo-vanilliden-p-methylcyclohexanon, $C_{23}H_{22}Br_2O_5$. Schmelzpunkt 189°.

Di-5-bromo-vanilliden-m-methylcyclohexanon, $C_{23}H_{22}Br_2O_5$. Schmelzpunkt 120° und 165—170°.

Ungefähr ähnliche Indicatoreigenschaften wie I.

II. Di-5-nitro-vanilliden-cyclohexanon, $C_{22}H_{20}N_2O_9$.

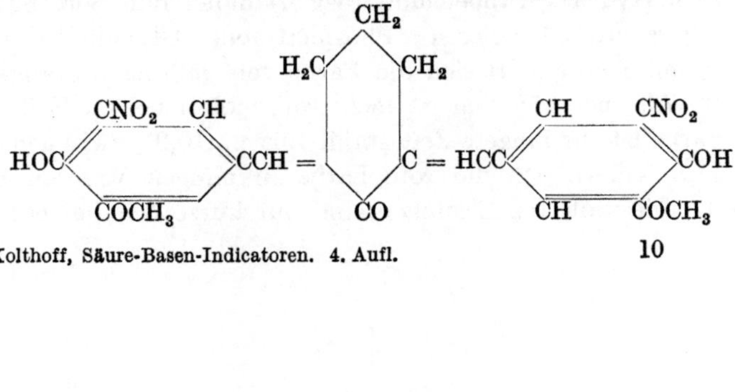

Sehr schwer löslich, auch in Alkohol unlöslich, daher nicht geeignet als Indicator. Schmelzpunkt 241—242°.

III. Di-4-oxy-3-äthoxybenzyliden-cyclohexanon, $C_{24}H_{26}O_5$.

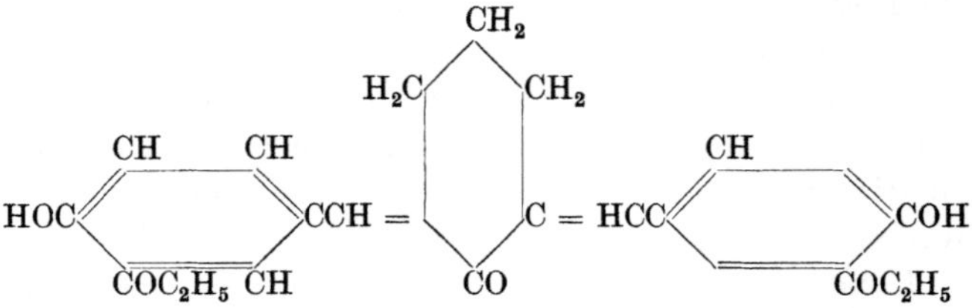

Schmelzpunkt 158°. Gelbe Tafeln. In Wasser unlöslich, wenig löslich in Alkohol.

Di-4-oxy-3-äthoxybenzyliden-p-methylcyclohexanon, $C_{25}H_{28}O_5$. Gelbe Täfelchen. Schmelzpunkt 148—149°.

Di-oxy-3-äthoxy-benzyliden-m-methylcyclohexanon. Citronengelb. Schmelzpunkt 153°.

IV. Di-3, 4-dioxybenzyliden-cyclohexanon, $C_{20}H_{18}O_5$.

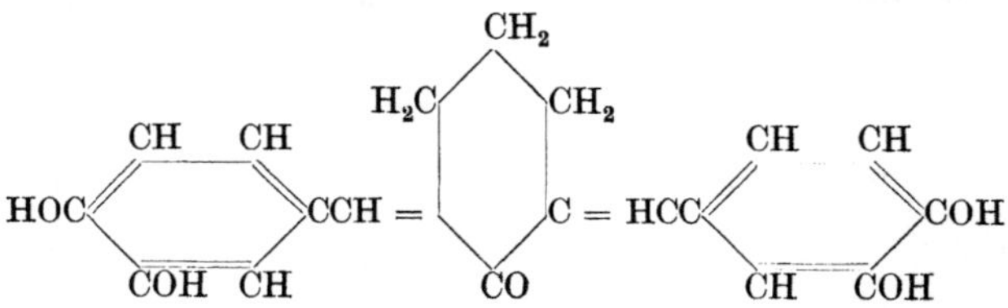

Schmelzpunkt 242—245°. Gelbe Täfelchen.

Di-3, 4-dioxybenzyliden-m-methylcyclohexanon, $C_{21}H_{20}O_5$. Schmelzpunkt 221—223°.

I. Di-5-brom-vanilliden-cyclohexanon. p_H 7,2—8,6 von gelbgrün nach orangerot.

III. Di-4-oxy-3-äthoxybenzyliden-cyclohexanon. p_H 8,0—10,2 von gelb nach rot.

IV. *Di-3, 4-Dioxybenzyliden-cyclohexanon.* Diese Substanz enthält zwei Hydroxygruppen und reagiert daher mit Boratpuffern wie polyvalente Phenole. In Phosphat- oder Glykokoll-Natron-Puffergemischen ändert sich die Farbe von gelb nach orange bei p_H 6,8—7,0; bei höherem p_H mehr rot; violett bei p_H 11,8. Die rote Farbe ist für längere Zeit stabil (bis p_H 10,9), zwischen 10,9 und 11,8 ändert sich die rote Farbe in einigen Minuten nach violett. Die violetten Lösungen sind nur kurze Zeit haltbar und zeigen schon nach 15 Minuten eine ausgesprochene Abblassung. Fügt man zu der roten Indicatorlösung ein wenig Borat, so ändert sich die Farbe nach gelb, auf die violetten Lösungen hat das Borat nur unbedeutenden Einfluß.

Aus alledem ergibt sich wohl, daß die neuen Cyclohexanonderivate als Indicatoren eine unbedeutende Rolle spielen werden.

Die Azoindicatoren.

Azobenzol

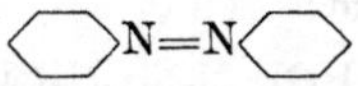

ist in festem Zustande gelb-orange und bildet gelbe Lösungen in organischen Lösungsmitteln. Seine Derivate geben ebenfalls gelb gefärbte Lösungen, die jedoch ihre Farbe in Säure nach rot ändern.

Alkylaminoazobenzol:

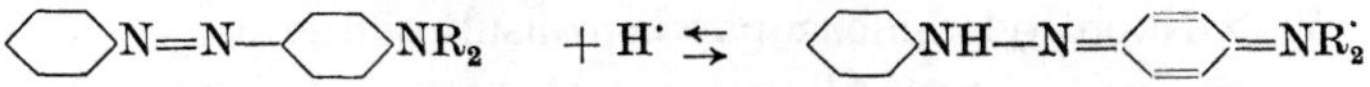

Azoid; gelb — Chinoid; rot bis violett

Die Azoindicatoren, wie Dimethylaminoazobenzol (Buttergelb, Methylgelb), sind in Wasser gewöhnlich sehr schwer löslich und daher für die quantitative p_H-Bestimmung nicht sehr geeignet. Fügt man z. B. einige Tropfen einer 0,1 proz. alkoholischen Methylgelblösung zu 5—10 ccm einer wässerigen Flüssigkeit, so nimmt man fast sofort eine Opalescenz oder Trübung wahr.

Durch Einführung polarer Gruppen, wie der Sulfosäure- oder Carboxylgruppe, erhöht sich die Löslichkeit merklich, so daß sie recht brauchbare Indicatoren werden. Wie wir später im 10. Kapitel sehen werden, sind diese wasserlöslichen Azofarbstoffe von besonderem Vorteil, weil ihr „Salzfehler" zu vernachlässigen ist.

Die Azofarbstoffe verhalten sich wie Indicatorbasen, der Umschlag von gelb nach rot (oder rotviolett) wird von der Kationenbildung (vgl. die oben angegebene Gleichung) begleitet. Auch wenn der Farbstoff eine Sulfosäure- oder Carboxylgruppe (Methylorgange, Methylrot) enthält, wird der Farbumschlag von der basischen Gruppe beherrscht. Das Umschlagsintervall hängt von der Stärke der basischen Gruppe ab. Schon S. P. L. SÖRENSEN[1] hat in seinen bahnbrechenden Untersuchungen eingehend

[1] SÖRENSEN, S. P. L.: C. r. du Lab. Carlsberg **8**, 28 (1909) — Biochem. Ztschr. **21**, 159 (1909).

den Einfluß verschiedener Gruppen auf die Basenstärke der Azoindicatoren untersucht.

Seine Ergebnisse seien in untenstehender Übersicht kurz zusammengefaßt.

Azoindicatoren nach SÖRENSEN.

I. Anilinoazoparabenzolsulfosäuren:

$$HOO_2SC_6H_4N : NC_6H_4NR_1R_2 .$$

II. Anilinoazobenzole:

$$C_6H_5N : NC_6H_4NR_1R_2 .$$

(Wegen ihrer Schwerlöslichkeit wenig geeignet.)

III. Anilinoazoparatoluole:

$$CH_3C_6H_4N : NC_6H_4NR_1R_2 .$$

(Wegen ihrer Schwerlöslichkeit wenig geeignet.)

IV. α-Naphthylaminoazoparabenzolsulfosäuren:

$$HOO_2SC_6H_4N : NC_{10}H_6NR_1R_2 .$$

V. α-Naphthylaminoazobenzole:

$$C_6H_5N : NC_{10}H_6NR_1R_2 .$$

(Wegen ihrer Schwerlöslichkeit wenig geeignet.)

VI. α-Naphthylaminoazoparatoluole:

$$CH_3C_6H_4N : NC_{10}H_6NR_1R_2 .$$

(Wegen ihrer Schwerlöslichkeit wenig geeignet.)

Gruppe			Umschlagsintervall
I	$R_1 = H$	$R_2 = C_6H_5$	p_H 1,4—2,6
II	„	„	1,2—2,1
III	„	„	1,0—2,0
V	„	„	1,4—2,6
VI	„	„	1,1—1,9
I	„	$R_2 = C_6H_5CH_2$	1,9—3,3
II	„	„	2,3—3,3
III	„	„	1,6—2,8
V	„	„	1,9—2,9
VI	„	„	1,6—2,6
I	„	$R_2 = H$	1,9—3,3
II	„	„	1,9—3,3
IV	„	„	3,5—5,7
V	„	„	3,7—5,0
VI	„	„	3,7—5,0

Gruppe			Umschlagsintervall
I	$R_1 = H$	$R_2 = CH_3$	p_H 3,1—4,2
I	„	$R_2 = C_2H_5$	3,1—4,4
I	$R_1 = CH_3$	$R_2 = CH_3$	3,1—4,4
I	„	$R_2 = CH_3$	3,5—4,5
I	„	$R_2 = CH_3$	2,9—4,0
IV	„	„	5,0—5,7
V	„	„	4,8—5,5

Zu dieser Reihe fügt Sörensen noch die folgenden Indicatoren hinzu:

	Umschlagsintervall
Diphenylaminoazometabenzolsulfosäure . .	p_H 1,2—2,3
o-Toluolazo-o-toluidin	1,4—2,9
Metadiäthylanilinoazoparabenzolsulfosäure	2,6—4,0

Über die Lichtempfindlichkeit verschiedener Azoindicatoren in Gegenwart organischer Lösungsmittel haben A. Thiel und W. Springemann[1] eingehende Untersuchungen angestellt. Thiel[2] und Mitarbeiter haben noch verschiedene andere Azoderivate hergestellt. Von einigen (Präparate Thiel) habe ich das Umschlagsintervall bestimmt:

p-Äthylorange (0,1% in Wasser). p_H 3,4—4,8 rosarot nach gelb.

m-Äthylorange (0,1% in Wasser). p_H 2,8—4,3 rosarot nach gelb.

Äthylrot (0,1% in 70proz. Alkohol). p_H 2,9—4,0 (rosarot nach gelborange). Schwer löslich in Wasser; flockt aus.

Außerdem füge ich noch zu diesen Farbstoffen den folgenden hinzu:

Dimethyl-α-naphthylaminazo-o-methoxybenzolparasulfosäure (Eastman Kodak Produkt; Rochester N. Y. USA.). Natriumsalz 0,1% in Wasser: p_H 3,4—4,8 purpurn nach gelborange.

Zu diesen Azofarbstoffen gesellen sich auch noch das o-Methylrot, das Naphtholorange, das Curcumin, das o-p-Dioxyazo-p-nitrobenzol und das Tropäolin 0 (resorcinazosulfanilsaures Natrium).

Die Eigenschaften der wichtigsten Azoindicatoren werden unten etwas eingehender erwähnt:

Tropäolin 00 (auch Orange IV, Anilingelb, Diphenylorange). Schultz Nr. 97. Diphenylaminoazo-p-benzolsulfosäurenatrium:

$$SO_3NaC_6H_4N = NC_6H_4NHC_6H_5.$$

[1] Thiel, A., u. W. Springemann: Ztschr. f. anorg. u. allg. Ch. **176**, 112 (1928).

[2] Vgl. z. B. A. Thiel, A. Dassler u. F. Wülfken: Fortschritte d. Ch., Physik u. physik. Ch. **18**, H. 3 (1924).

Handelspräparat aus Wasser umkrystallisieren. 0,1 proz. wässerige Lösung. Umschlagsgebiet zwischen p_H 1,3—3,0 von rot nach orangegelb. Auf 10 ccm 2 Tropfen Indicator.

Geeigneter Indicator; geringer Salzfehler.

Metanilgelb (auch Victoriagelb, Metanilextra, Tropäolin G). Schultz Nr. 91. Natriumsalz des m-Amidobenzolsulfosäure-azodiphenylamin:

$$SO_3NaC_6H_4N = NC_6H_4NHC_6H_5.$$

Handelspräparat aus Wasser umkrystallisieren. 0,1 proz. wässerige Lösung. Umschlagsgebiet zwischen p_H 1,2—2,3 von rot nach gelb. Auf 10 ccm 2 Tropfen Indicator.

Geeigneter Indicator; geringer Salzfehler.

Dimethylaminoazobenzol (auch Dimethylgelb, Methylgelb, Buttergelb, „Butter-yellow"):

$$C_6H_5N = NC_6H_4N(CH_3)_2.$$

Handelspräparat aus verdünntem Alkohol umkrystallisieren. 0,1 proz. Lösung in 90 proz. Alkohol. Intervall zwischen p_H 2,9 bis 4,0 von rot nach gelb. Auf 10 ccm 1—4 Tropfen Indicator.

Für Titrationen, besonders von schwachen Basen und von an schwache Säuren gebundenem Alkali, sehr geeignet. Für colorimetrische Bestimmungen weniger zu empfehlen, weil der Indicator schnell ausflockt.

Methylorange (auch Helianthin B, Orange III). Schultz Nr. 96. Dimethylaminoazobenzolsulfosäurenatrium:

$$NaO_3SC_6H_4N = NC_6H_4N(CH_3)_2.$$

Handelspräparat aus Wasser umkrystallisieren. 0,1 proz. wässerige Lösung. Umschlagsgebiet zwischen p_H 3,0—4,4 von rot nach orangegelb. Auf 10 ccm Flüssigkeit 1—4 Tropfen Indicator.

Für colorimetrische Bestimmungen sehr geeignet; geringer Salzfehler.

Nach den Untersuchungen von A. THIEL[1] und Mitarbeitern und von I. M. KOLTHOFF[1] verhält sich die freie Säure des Methylorange wie ein Zwitterion:

$$^{\cdot}HN(CH_3)_2RSO_3' \text{ (rot)}$$

(vgl. Kap. 2, S. 50).

[1] THIEL, A., A. DASSLER und F. WÜLKEN: Fortschritte d. Ch., Physik u. physik. Ch. **18**, H. 3 (1924); auch Ber. Dtsch. Chem. Ges. **56**, 1667 (1923). — KOLTHOFF, I. M.: Rec. trav. chim. Pays-Bas **44**, 68 (1925).

Das Verhalten des Methylorange als Indicator wird beherrscht von der Reaktion:

$$\overset{\cdot}{H}N(CH_3)_2RSO_3' + OH' \leftrightarrows N(CH_3)_2RSO_3' + H_2O$$

rot — orange

und quantitativ von der Gleichung:

$$\frac{[\dot{H}N(CH_3)_2RSO_3'][OH']}{[N(CH_3)_2RSO_3']} = K_B.$$

Das Methylorange verhält sich wie eine Indicatorbase.

$$K_b = 2 \times 10^{-11}\ (18°),$$
$$[K_s = 9 \times 10^{-2}\ (18°)].$$

Bezüglich Einzelheiten vgl. Literatur.

Methylrot. Dimethylaminoazobenzol-o-carbonsäure:

$$COOHC_6H_4—N = NC_6H_4N(CH_3)_2.$$

Dieser Indicator wurde von E. RUPP und R. LOOSE[1] eingeführt. Reinigung des Handelspräparates nach SVEN PALITZSCH[2]: 4 g Methylrot werden mit 30 ccm Eisessig erhitzt. Nach Filtration fügt man so lange Wasser hinzu, bis die Lösung sich zu trüben anfängt. Durch Erwärmen läßt man diese Trübung verschwinden und kühlt dann sehr schnell ab. Wenn die zugefügte Menge Wasser nicht zu groß war, so scheidet das Methylrot sich in Krystallen ab.

H. WALES[3] erhält bessere Resultate durch Umkrystallisation aus Toluol.

0,1 proz. Lösung: 1 g Methylrot wird in 300 ccm Alkohol gelöst, dann wird mit Wasser auf 500 ccm aufgefüllt. Oder es wird eine 0,1 proz. wässerige Lösung des Natriumsalzes hergestellt. Umschlagsgebiet zwischen p_H 4,4—6,2 von rot nach gelb. Auf 10 ccm 1—4 Tropfen Indicator.

Geeigneter Indicator; geringer Salzfehler.

Ebenso wie Methylorange verhält das Methylrot sich bei seinem Umschlage zwischen p_H 4,4—6,2 wie eine Base. Wenn wir das freie Methylrot wieder als Zwitterion

$$\dot{N}H(CH_3)_2RCOO'$$

---

[1] RUPP, E., u. R. LOOSE: Ber. Dtsch. Chem. Ges. **41**, 3905 (1908).

[2] PALITZSCH, S.: C. r. du Lab. Carlsberg **10**, 162 (1911).

[3] WALES, H.: Ind. and Engin. Chem. **18**, 876 (1926).

darstellen, wird die Indicatorwirkung beherrscht von der Gleichung: $\dot{}NH(CH_3)_2RCOO' + OH' \rightleftarrows N(CH_3)_2RCOO' + H_2O$
rot gelb

$$K_B = 7 \times 10^{-10} \text{ (18°, Kolthoff[1])}.$$

Auch kann das Zwitterion noch mit Säure reagieren, wobei $\dot{}NH(CH_3)_2RCOOH$ gebildet wird, das ebenfalls rot gefärbt ist, aber eine andere Farbstärke besitzt als das Zwitterion.

Bezüglich Einzelheiten vgl. Literatur.

Naphthylrot. α-Naphthylaminoazobenzol:

$$C_6H_5N = NC_{10}H_6NH_2.$$

Die Darstellungsweise ist von K. Linderström-Lang[2] beschrieben. Vorratslösung 0,1% in 96proz. Alkohol. Umschlagsgebiet zwischen p_H 3,7—5,0 von rot nach gelb. Auf 10 ccm Flüssigkeit 1 bis 2 Tropfen Indicator.

p-Methylrot[3]. Dimethylaminoazobenzol-p-carbonsäure: p_H 1,0 bis 3,0, rot nach gelb. Wegen äußerst geringer Löslichkeit in Wasser als Indicator nicht geeignet.

Das Naphtholorange und seine Derivate.

Im Gegensatz zu den besprochenen Azoindicatoren zeigen das Naphtholorange und seine Derivate in saurer Lösung eine gelbe oder braungelbe, in alkalischer Lösung dagegen eine rosa oder rote Farbe. Bis jetzt war dieses Verhalten nicht klar; es ist aber neuerdings K. H. Slotta und W. Franke[4] gelungen, die Strukturänderung beim Farbumschlag des α-Naphtholorange zu klären. Die saure Form hat Zwitterionencharakter, auf Zusatz von Hydroxylionen wird ein Wasserstoffkern vom Azostickstoffatom fortgezogen und der benachbarte Naphthalinkern wird chinoid:

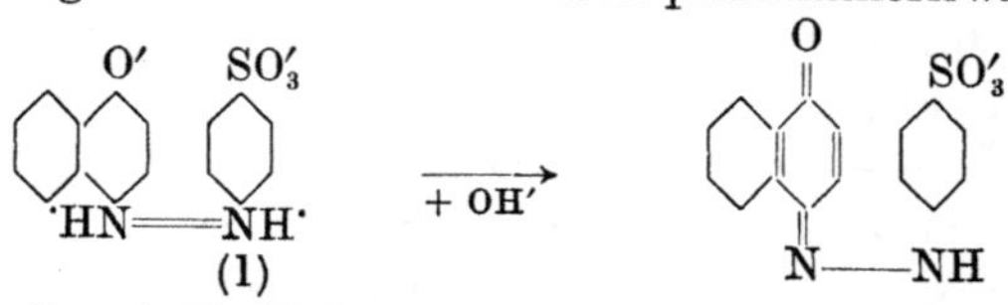

(1)

gelbe, saure Form (α-Naphtholorange) rote, alkalische Form

[1] Kolthoff, I. M.: Rec. trav. chim. Pays-Bas **44**, 68 (1925).
[2] Linderström-Lang, K.: Ztschr. f. physiol. Ch. **173**, 44 (1927).
[3] Thiel, A.: Dassler u. Wülfken: Fortschritte der Ch., Physik u. physik. Ch. **18**, H. 3 (1924).
[4] Slotta, K. H., u. W. Franke: Ber. Dtsch. Chem. Ges. **64**, 86 (1931); vgl. dagegen K. H. T. Pfister: Journ. Amer. Chem. Soc, **54**, 1521 (1932), der die Slotta-Frankesche Interpretation als unannehmbar betrachtet.

Der Wasserstoff des Stickstoffatoms (1) ist für die Indicatorwirkung ohne Bedeutung, er kann durch Alkylgruppen substituiert werden. SLOTTA und FRANKE haben die Indicatoreigenschaften solcher substituierten α-Naphtholorangederivate bestimmt; ihre Resultate sind in folgender Tabelle zusammengefaßt. Die Farbintensität der alkalischen Form nimmt mit zunehmendem Molekulargewicht der Atomgruppe zu; das Hexyl-α-Naphtholorange hat ungefähr die doppelte Intensität wie der unsubstituierte Indicator.

Indicatoreigenschaften der substituierten α-Naphtholorangederivate.

	α-Naphtholorange	Methyl	Äthyl	Propyl	Butyl	Hexyl
Umschlagsgebiet	p_H7,4—8,8	7,4—9,0	7,3—8,9	7,4—8,9	7,3—9,0	7,4—8,9
Halbwert-Stufe	8,27	8,25	8,23	8,26	8,33	8,27
Alkalische Färbung	graurosa	blaßrosa	rosa-carmin	→	carminrot	←
Saure Färbung	blaß-gelbgrün	gelbgrün	gelb	→	goldgelb	←

α-Naphtholorange (Tropäolin 000; α-Naphtholazobenzol-p-sulfosäure):

$$HO_3SC_6H_4N = NC_{10}H_6OH.$$

Dieser Indicator wurde schon von SÖRENSEN (1909) verwandt. Das Handelspräparat kann aus Wasser umkrystallisiert werden. 0,1 proz. wässerige Lösung. Auf 10 ccm 2—4 Tropfen Indicator. Wie ich an den von den Herren SLOTTA und FRANKE zur Verfügung gestellten Indicatoren in Übereinstimmung mit ihrer Erfahrung feststellen konnte, ist die Farbänderung beim Propyl-, Butyl- und Hexylnaphtholorange viel ausgesprochener als beim Tropäolin 000.

Das Propyl-α-naphtholorange ist in die Liste der empfohlenen Indicatoren (S. 116) aufgenommen worden, weil es sich auch in anderen Hinsichten günstig auszeichnet (geringer Salzfehler). Eingehendere Untersuchungen mit diesem neuen Indicator sind sehr erwünscht. Es muß jedoch darauf hingewiesen werden, daß die Farbintensität der roten Form viel geringer ist als die des Kresolrots, das ein ähnliches Umschlagsgebiet hat.

Curcumin (Brilliantgelb; Schultz Nr. 100), Sulfanilsäure-azodiphenylaminosulfosäure (?):

$$O_2NC_6H_4N = NC_6H_3OHCOOH.$$

0,1 proz. Lösung in 50 proz. Alkohol. Umschlagsgebiet zwischen p_H 7,4 bis 8,6 von gelb nach rotbraun. Auf 10 ccm 1—3 Tropfen Indicator.

In stark alkalischer Lösung ändert sich die Farbe wieder mehr nach gelb, und zwar ist die Änderung der Hydroxylionenkonzentration proportional. Dies ist keine Salzwirkung, sondern ein besonderer Effekt der Hydroxylionen. Wenig geeigneter Indicator.

Alizaringelb R. p-Nitranilinazosalicylsäurenatrium:

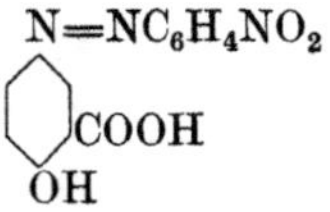

0,1 proz. wässerige Lösung. Umschlagsgebiet zwischen p_H 10,2 und 12,0 von gelb nach violett. Auf 10 ccm 1—3 Tropfen Indicator. Für colorimetrische Bestimmungen sehr geeignet.

o-p-Dihydroxyazo-p-nitrobenzol. Azoviolett:

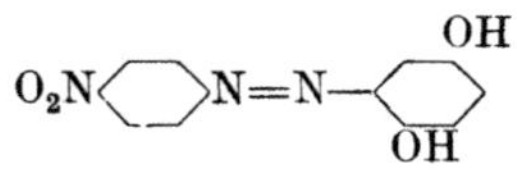

Diese Substanz wurde von K. Suitsu und K. Okuma[1] hergestellt und als Reagens auf Magnesium empfohlen. I. M. Kolthoff[2] stellte fest, daß diese Substanz auch Säure-Basen-Indicatoreigenschaften besitzt.

0,1% des Natriumsalzes in Wasser.

Umschlagsgebiet: p_H 11,0—13 von gelb nach violett. In stark alkalischer Lösung bei Anwesenheit von Magnesium kornblumenblau.

Tropäolin 0 (auch Goldgelb; Chrysoin). Schultz Nr. 101. Natriumsalz von Sulfanilsäureazoresorcin:

$$NaO_3SC_6H_4N:NC_6H_3(OH)_2.$$

0,1 proz. wässerige Lösung. Umschlagsgebiet zwischen p_H 11,0 bis 13,0 von gelb nach orangebraun. Auf 10 ccm 1—3 Tropfen Indicator. Farbänderung nicht besonders scharf ausgesprochen.

---

[1] Suitsu, K., u. Okuma: Journ. Soc. Chem. Ind. Japan **29**, 132 (1926) — Chemical Abstracts **20**, 3000 (1926); auch W. L. Ruigh: Journ. Amer. Chem. Soc. **51**, 1456 (1929).

[2] Kolthoff, I. M.: Mikrochemie, Emich-Festschrift **1930**, 180.

Disazoindicatoren.

Die Disazoindicatoren Congorot, Benzopurpurin B und Benzopurpurin 4 B sind als Indicatoren für die p_H-Bestimmung nicht zu empfehlen. Die alkalische rote Form ist wasserlöslich, die saure blaue oder violette Form unlöslich.

Benzopurpurin B ist von SALM[1] schon genannt worden. Bei p_H 0,3 blau; 1,0 violett; 5,0—12,0 gelb; 14,0 rot.

Benzopurpurin 4 B (auch Baumwollrot 4 B, Sultan 4 B). Schultz Nr. 268. Natriumsalz der o-Tolidindisazo-bi-l-naphthylamin-4-sulfosäure:

$$\begin{matrix}SO_3Na\\NH_2\end{matrix}\!\!>C_{10}H_5N{=}NC_6H_3CH_3{-}C_6H_3CH_3{-}N{=}NC_{10}H_5\!<\!\!\begin{matrix}SO_3Na\\NH_2\end{matrix}$$

Das Handelspräparat ist durch Niederschlagen der wässerigen Lösung mit Salzsäure zu reinigen; auswaschen und trocknen. Dann fügt man wenig Lauge, ungenügend zur Lösung der ganzen Menge Substanz, hinzu und dampft die Lösung ein. 0,1 proz. Lösung in Wasser. Umschlagsgebiet zwischen p_H 1,3—4 von blauviolett nach rot. Auf 10 ccm 1—3 Tropfen Indicator.

Großer Salz- und Eiweißfehler; als Indicator nicht zu empfehlen.

Kongorot (Congo G. R.). Schultz Nr. 148. Natriumsalz der Benzidin-disazo-m-amidobenzolsulfosäure-1-naphthylamin-4-sulfosäure

$$\begin{matrix}SO_3Na\\NH_2\end{matrix}\!\!>C_{10}H_5N{=}NC_6H_4C_6H_4N{=}NC_{10}H_5\!<\!\!\begin{matrix}SO_3Na\\NH_2\end{matrix}$$

Reinigung des Handelspräparates wie bei Benzopurpurin. 0,1 proz. wässerige Lösung. Umschlagsgebiet zwischen p_H 3,0—5,2 von blauviolett nach rot. Auf 10 ccm 1—3 Tropfen Indicator.

Großer Salz- und Eiweißfehler; nicht zu empfehlen.

Triphenylmethanfarbstoffe.

Die wichtigsten Repräsentanten dieser Gruppe sind Krystallviolett, Methylviolett 6 B, Methylgrün, Malachitgrün und Gentianaviolett.

Diese Substanzen verhalten sich wie sehr schwache mehrsäurige Basen, die ihre violette oder grüne Farbe in stark saurer Lösung nach gelb ändern. Die Geschwindigkeit dieser Farb-

[1] SALM, E.: Ztschr. f. physik. Ch. **63**, 83 (1908).

änderung ist von H. C. BIDDLE[1] untersucht worden, während E. Q. ADAMS und L. ROSENSTEIN[2] die Farbe und Ionisation des Krystallvioletts eingehend untersucht haben. Für die praktische Indicatorenkunde haben die Triphenylmethanfarbstoffe eine untergeordnete Bedeutung; die Umschlagsfarben sind nicht ausgesprochen schön, die saure Form ist unstabil, und der Salzfehler ist sehr groß, weil sie in saurer Lösung mehrwertige Kationen bilden.

Krystallviolett[3]:

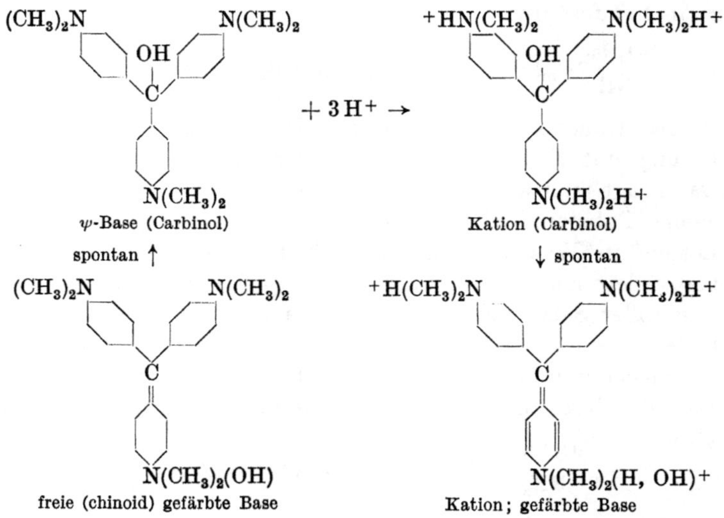

---

[1] BIDDLE, H. C.: Journ. Amer. Chem. Soc. **36**, 101 (1914).

[2] ADAMS, S. Q., u. L. ROSENSTEIN: Journ. Amer. Chem. Soc. **36**, 1452 (1914).

[3] H. LUND [Det kgl. Danske Vidensk. Selsk. **11**, Nr 6 (1931)] gibt folgende Vorstellung vom Umschlag des Krystallvioletts:

$$\left.\begin{array}{l}(CH_3)_2NC_6H_4\\(CH_3)_2NC_6H_4\\(CH_3)_2NC_6H_4\end{array}\right\rangle C^{\cdot} + H^{\cdot} \rightarrow \left.\begin{array}{l}{}^{\cdot}H(CH_3)_2NC_6H_4\\(CH_3)_2NC_6H_4\\(CH_3)_2NC_6H_4\end{array}\right\rangle C^{\cdot} + H^{\cdot} \rightarrow$$

violett — grün

$$\left.\begin{array}{l}{}^{\cdot}H(CH_3)_2NC_6H_4\\{}^{\cdot}H(CH_3)_2NC_6H_4\\(CH_3)_2NC_6H_4\end{array}\right\rangle C^{\cdot} + H^{\cdot} \rightarrow ({}^{\cdot}H(CH_3)_2NC_6H_4)_3C^{\cdot}$$

gelbgrün — orange

Für die p_H-Bestimmung werden sie denn auch fast nie angewandt und sind dazu auch nicht zu empfehlen.

Methylviolett 6 B. Schultz Nr. 430; 5. Aufl. Nr. 517. Pentamethylbenzylpararosanilinchlorhydrat mit wachsenden Mengen vom Tetra- und Hexaderivat:

$$\begin{matrix} C_6H_5CH_2 \\ H_3C \end{matrix}\!\!>\! N_6CH_4\text{—}C\!\!<\!\!\begin{matrix} C_6H_4N(CH_3)_2HCl \\ C_6H_4N(CH_3)_2 \end{matrix}$$

0,1 proz. Lösung in Wasser. Farbe bei p_H 0,1 gelb, 1,5 grün; 3,2 violett. Auf 10 ccm 1—2 Tropfen Indicator.

Gentianaviolett. 0,4—2,7 gelb nach violett. 0,1 proz. Lösung in Wasser.

Methylgrün. Schultz Nr. 456; 5. Aufl. Nr. 519. Chlorzinkdoppelsalz des Bromäthylats des Hexamethyl- und Pentamethylmonoäthyl-p-rosanilinchlorids:

$$(CH_3)_2NC_6H_4\text{—}C\!\!<\!\!\begin{matrix} C_6H_4{=}N(CH_3)_2Cl \\ C_6H_4N(CH_3)_2[C_2H_5]HCl \end{matrix}$$

0,1 proz. Lösung in Wasser. 0,1—2,3 von gelb nach grünblau.

Mauvein. Schultz Nr. 625. 0,1—2,9.

Krystallviolett. 0,8—2,6 (grün bis blauviolett).

Die Nitroindicatoren.

Die Nitroindicatoren haben im allgemeinen eine farblose saure Form, während sie in alkalischer Lösung mehr oder weniger intensiv gelb gefärbt sind. Einer der klassischen Repräsentanten dieser Reihe ist das p-Nitrophenol, dessen Farbumschlag durch folgendes Schema dargestellt wird:

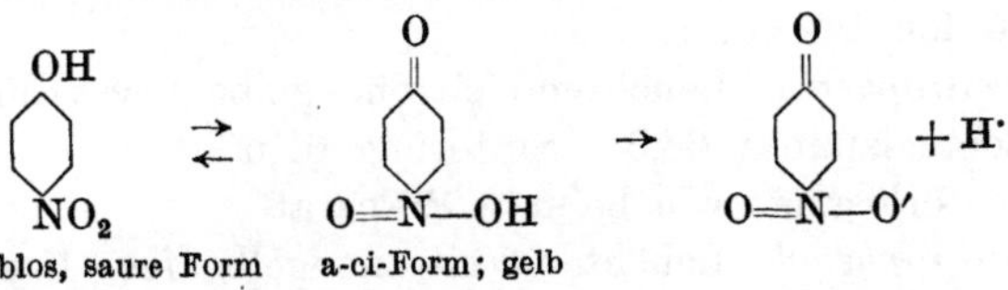

ψ-Säure; farblos, saure Form   a-ci-Form; gelb

L. Michaelis[1] und Mitarbeiter haben die Reihe der Nitrophenole erweitert; diese Indicatoren haben bei der colorimetrischen p_H-Bestimmung ohne Pufferlösungen eine beliebte Anwendung gefunden.

Die Herstellung der Indicatoren wird in den genannten Veröffentlichungen von Michaelis und Gyemant bzw. Michaelis und Krüger beschrieben; über die Herstellung und Reinheit

[1] Michaelis, L., u. A. Gyemant: Biochem. Ztschr. **109**, 165 (1920). — Michaelis u. A. Krüger: Biochem. Ztschr. **119**, 307 (1921).

Umschlagsintervalle der Indicatoren nach MICHAELIS und GYEMANT.

Bezeichnung des Indicators	Abgekürzte Bezeichnung	Konzentration	Intervall in p_H	Saure — alkalische Farbe
2,4-Dinitrophenol	α-Dinitrophenol	0,1%	2,0—4,7	farblos — gelb
2,6- „	β- „	0,1%	1,7—4,4	farblos — gelb
2,5- „	γ- „	0,1%	4,0—6,0	farblos — gelb
p-Nitrophenol		0,1—0,5%	5—7,6	farblos — gelb
m- „		0,1—0,5%	6,5—8,5	farblos — gelb-orange
Alizaringelb G-G	Salicylgelb	0,1%	10,0—12,0	schwach gelb — orange

des β-Dinitrophenols vgl. auch I. W. KULIKOW und S. W. PANOWA[1].

Nach Privatmitteilung von Herrn Dr. GERHARD KLOTZ (Leipzig) kann das β-Dinitrophenol mit α-Dinitrophenol und das γ-Dinitrophenol mit δ- und ε-Dinitrophenol verunreinigt sein. Meta- und Para-Nitrophenol können nach ihm von der Herstellung her, falls einmal umkrystallisiert wurde, keine Verunreinigungen enthalten. Bei der Reinheitsprüfung achte man neben der Schmelzpunktbestimmung und dem Eintritt der Sinterung auf krystalline Form des Präparates und reine Farbe. KLOTZ gibt folgende Beschreibung:

α-Dinitrophenol. Goldgelbe Blättchen; Schmelzpunkt 114°; Sinterung 111°.

Indicatorlösung 0,05—0,1% in 70proz. Alkohol. Auf 10 ccm 1—4 Tropfen Indicator.

β-Dinitrophenol. Leuchtend citronengelbe krystallinische Nadeln; Schmelzpunkt 64,5°; Sinterung 62,5°.

Indicatorlösung: wie beim α-Präparat.

γ-Dinitrophenol. Leuchtend citronengelb; fein krystallinisch. Schmelzpunkt 107,8°; Sinterung 106,5°.

Indicatorlösung: wie beim α-Präparat.

Meta-Nitrophenol. Fast weiße, derbe Krystalle; Schmelzpunkt 98—99°; Sinterung 96°.

Indicatorlösung: 0,1—0,5% in Wasser.

Zur Untersuchung von m-Nitrophenol auf Brauchbarkeit geben MICHAELIS und GYEMANT (l. c.) folgende Vorschrift:

[1] KULIKOW, I. W., u. S. W. PANOWA: Transactions of the Institute for Pure Chemical Reagents Moscow **102**, Nr 8 (1929) — Biochem. Ztschr. **246**, 87 (1932).

Die 0,3proz. Urlösung wird 5—10mal mit Wasser verdünnt. Eine Probe dieser Verdünnung mit einigen Tropfen von $^1/_{15}$molarem primärem Kaliumphosphat (KH_2PO_4) muß völlig farblos sein; eine zweite Probe mit einigen Tropfen von $^1/_{15}$molarem sekundärem Natriumphosphat (Na_2HPO_4) muß grünlichgelb werden; eine dritte Probe mit einigen Tropfen Natronlauge muß deutlich noch stärker (bräunlich)gelb werden.

Para-Nitrophenol. Fast weiße, lockere, leichte Krystalle. Schmelzpunkt 114,5°; Sinterung 112°.

Indicatorlösung: 0,1—0,5% in Wasser.

Selbstverständlich werden die Nitroderivate anderer Phenole auch ausgesprochene Indicatoreigenschaften zeigen (farblos in saurer, gelb in alkalischer Lösung). F. L. Gilbert, F. C. Laxton und E. B. R. Prideaux[1] haben von einer Reihe solcher Verbindungen die Dissoziationskonstante bestimmt. Die Werte sind in untenstehender Tabelle mit dem negativen Logarithmus dieser Konstante (Indicatorkonstante pK_I) angegeben. Das Anwendungsgebiet wird etwa bei $p_H = pK_I \pm 1$ liegen.

Dissoziationskonstanten einiger Nitroverbindungen nach Gilbert, Laxton und Prideaux bei 25°.

Substanz	Dissoziationskonstante K	$pK_I = -\log K$
2, 6-Dinitrohydrochinon	1×10^{-4}	4,00
3, 5-Dinitropyrocatechin	$2,9 \times 10^{-4}$	3,54
2, 4-Dinitroresorcin	$8,85 \times 10^{-4}$	3,05
4, 6-Dinitroresorcin	$1,05 \times 10^{-4}$	3,98
Nitrohydrochinon	1×10^{-6}	6,00
3-Nitropyrocatechin	$1,88 \times 10^{-6}$	5,73
(2. Stufe	$9,3 \times 10^{-12}$	11,03)
4-Nitropyrocatechin	$3,5 \times 10^{-7}$	6,45
(2. Stufe	$1,1 \times 10^{-11}$	10,96)
2-Nitroresorcin	$1,6 \times 10^{-6}$	5,80
4-Nitroresorcin	$1,04 \times 10^{-6}$	5,98
(2. Stufe	$1,55 \times 10^{-9}$	8,81)

Zu den Nitroindicatoren können auch die folgenden gerechnet werden: 2, 5-Dinitrohydrochinon, Dinitrobenzoylenharnstoff, Isopikraminsäure, Nitramin, Trinitrobenzol, Trinitrobenzoesäure und Trinitrotoluol.

[1] Gilbert, F. L., F. C. Laxton u. E. B. R. Prideaux: Journ. Chem. Soc. London **1927**, 2164.

2, 5-Dinitrohydrochinon, vgl. L. J. HENDERSON und A. FORBES[1]. Farbe bei p_H 2 grüngelb, 4 orangegelb, 6 orange, 8 braunrot, 10 rotpurpurn, 12 purpurn. Diese Substanz verhält sich daher mehr oder weniger wie ein Universalindicator (vgl. S. 175).

Dinitrobenzoylenharnstoff. Umschlagsgebiet p_H 6—8; vgl. M. T. BOGERT und G. SCATCHARD[2].

Isopikraminsäure (2, 6-Dinitro-4-aminophenol). Dieser Indicator ist von MELDOLA und HALE[3] empfohlen worden. Vorratslösung: 0,1% in Wasser. Umschlagsgebiet zwischen p_H 4,0 und 5,6 von rosa nach gelb.

Nitramin (Pikrylmethylnitramin). 2,4,6-Trinitrophenylmethylnitramin (Tetryl oder Tetralyt):

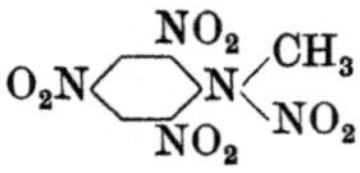

Schmelzpunkt: 127° (P. VAN ROMBURGH[4]), 129° (REVERDIN), 132° (FRANCHIMONT). Nach VAN ROMBURGH wird das Nitramin erhalten, indem man Dimethylanilin mit rauchender Salpetersäure erhitzt; es bildet sich dann unter heftiger Gasentwicklung Pikrylmethylnitramin:

$$C_6H_5N(CH_3)_2 \rightarrow (NO_2)_3C_6H_2NNO_2CH_3 .$$

Unter gleichzeitiger Kernnitrierung wird also die eine der beiden Methylgruppen wegoxydiert und durch NO_2 ersetzt.

Vorratslösung: 0,1% (500 mg in 300 ccm Alkohol mit Wasser auf 500 ccm auffüllen). Umschlagsgebiet zwischen p_H 10,8 bis 13 von farblos nach rotbraun. Auf 10 ccm 1—5 Tropfen Indicator.

Die Indicatorlösung ist im Dunkeln aufzubewahren und etwa alle 3—6 Monate frisch herzustellen. Die braunrote alkalische Farbe ist nicht stabil; daher kann man keine Dauerlösungen der alkalischen Form herstellen.

Die Farbänderungen sind viel deutlicher ausgesprochen als beim Tropäolin 0.

---

[1] HENDERSON, L. J., u. A. FORBES: Journ. Amer. Chem. Soc. **32**, 687 (1910).

[2] BOGERT, M. T., u. G. SCATCHARD: Journ. Amer. Chem. Soc. **38**, 1606 (1916).

[3] MELDOLA u. HALE: Chemical World **1**, 327 (1912).

[4] ROMBURGH, P. VAN: Rec. trav. chim. Pays-Bas **2**, 31 (1883).

Trinitrobenzol. Symmetrisches 1, 3, 5-Trinitrobenzol. Schmelzpunkt 122°. 0,1% in Alkohol.

Umschlagsgebiet von p_H 11,8—14 von farblos nach rotbraun. Die alkalische Form ist nicht stabil, die rotbraune Farbe blaßt beim Stehen ab; die Geschwindigkeit dieser Reaktion nimmt mit steigendem Alkaligehalt der Lösung zu.

Trinitrobenzoesäure. 0,1% Lösung des Natriumsalzes in Wasser.

Umschlagsintervall von 11,6 nach 13,5 von farblos nach orangerot. Beim Stehen ändert sich die rote Farbe in gelb, und die Substanz verliert ihre Indicatoreigenschaften.

2, 4, 6-*Trinitrotoluol.* Verhalten wie Trinitrobenzol.

Chinolingruppe.

Zu dieser Gruppe gehören die folgenden Indicatoren:

Indicator	Umschlags-gebiet	Saure — alkalische Farbe
Chinaldinrot	1,4—3,2	farblos — rot
Pinachrom	5,6—8,0	farblos — rotviolett
Chinolinblau (Cyanin) . .	6,6—8,6	farblos — blau

Chinaldinrot. Chinaldinrot hat die molekulare Zusammensetzung:

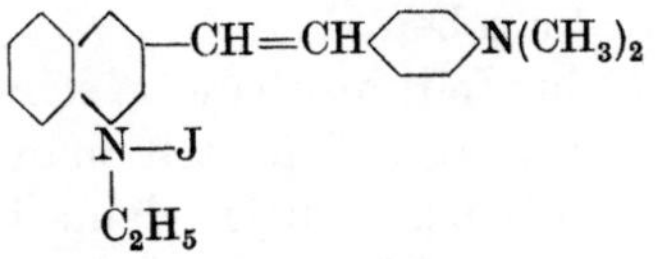

Es wurde von J. F. McClendon[1] zur p_H-Bestimmung im Magensaft verwendet und später eingehender von I. M. Kolthoff[2] untersucht. Die Substanz ist als dunkelrotschwarz gefärbtes Pulver im Handel erhältlich; sie ist in Wasser schwer löslich; löst sich mit schön dunkelroter Farbe in Alkohol.

Vorratslösung: 0,1% in 95proz. Alkohol, in dunkler Flasche aufbewahren.

Umschlagsgebiet von 1,4 bis 3,2 (farblos nach rot). Ziemlich großer Salzfehler, sonst sehr geeigneter Indicator.

---

[1] McClendon, J. F.: Journ. Biol. Chem. **59**, 437 (1924).
[2] Kolthoff, I. M.: Biochem. Ztschr. **194**, 78 (1928).

Pinachrom (M.). p-Äthoxychinaldin-p-äthoxychinolinäthylcyanin. Mol.-Gew. = 518. Wahrscheinliche Formel:

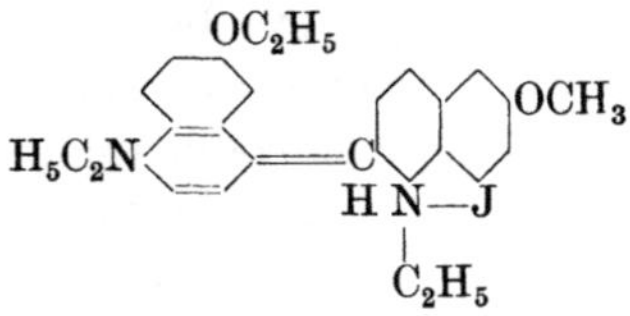

Präparat von den Farbwerken Meister, Lucius & Brüning, Höchst a. M. Die Substanz verhält sich wie eine schwache Base, die in Wasser unlöslich ist, sich in verdünnter Salzsäure wie ein farbloses Salz löst. Die Indicatoreigenschaften wurden von I. M. Kolthoff[1] untersucht.

Vorratslösung *a:* 0,1% in 70proz. Alkohol (rote Lösung); *b:* 0,1% neutralisierte Lösung: 100 mg Indicator werden in 40 ccm Alkohol gelöst, mit 1,9 ccm 0,1n-Salzsäure versetzt und mit Wasser auf 100 ccm aufgefüllt. Diese Lösung hat eine schwach violette Färbung und wird in Jenaer oder Pyrex-Glas aufbewahrt.

Umschlagsgebiet: 5,6—8,0 (schwach rosa nach rotviolett). Das Farbgleichgewicht stellt sich nicht momentan ein; nach Zusatz des Indicators 2 Minuten bis zur Beurteilung abwarten.

In alkalischer Lösung verhält der Indicator sich eigenartig; besonders bei Anwendung des Pinachroms bei der p_H-Bestimmung hat man darauf achtzugeben.

Die freie rot gefärbte Indicatorbase ist schwer löslich in Wasser und flockt beim Stehen aus. Schüttelt man eine mit Indicator versetzte alkalische Lösung kräftig, dann bildet sich ein rotvioletter Schaum, und die Lösung wird fast entfärbt. Schütteln beschleunigt also den Entfärbungsvorgang; die Indicatorbase ist nämlich stark capillaraktiv in der Luft-Wasser-Grenzfläche; beim Schütteln wird sie dort angesammelt und ausgefällt.

Bei der Anwendung des Pinachroms soll man die Röhrchen daher vorsichtig umschwenken und bald nach Indicatorzusatz beurteilen.

Cyanin oder *Chinolinblau*, $C_{19}H_{35}N_2J$, ist nicht als Indicator zu empfehlen, weil die blaue alkalische Form unstabil ist. Die Farbtiefe nimmt nach kurzem Stehen schon merklich ab. In stark alkalischer Lösung wird die blaue Farbe violett. Die Indicatorlösung ist nicht lange haltbar und muß oft frisch hergestellt werden.

[1] Kolthoff, I. M.: Journ. Amer. Chem. Soc. **50**, 1604 (1928).

Indophenole.

Die Indophenole sind eingehend von W. M. CLARK[1] und Mitarbeitern auf ihre *Redoxindicatoreigenschaften* geprüft worden. Dabei ergab sich, daß sie sich auch wie Säure-Basen-Indicatoren verhalten. Alle Indophenole zeigen einen Farbumschlag von dunkelrot oder bräunlichrot (sauer) nach tiefblau. Leider sind die Farben nicht ganz beständig.

In untenstehender Tabelle geben wir die von CLARK und Mitarbeitern bei 30° bestimmten Indicatorkonstanten (Halbwertstufen): $pK_I = -\log K_I = p_H$, bei dem $[HI] = [I']$:

Indicatorkonstanten der Indophenole.

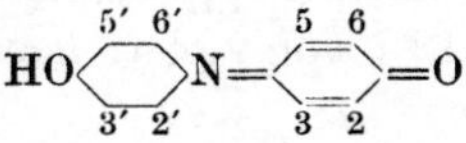

Indophenol

Indophenol	pK_I bei 30°
Indophenol	8,1
2, 6, 3′-Tribromindophenol	5,1
2, 6-Dichlorindophenol	5,7
2, 6-Dibrom-2′-bromindophenol	6,3
2-Chlorindophenol	7,0 (Intervall 6,5—8,5 rot — blau).
2-Methoxyindophenol	8,7

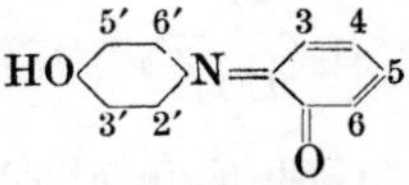

Orthoindophenol

Orthoindophenol	8,4
3′-Bromorthoindophenol	7,1
2′-Methylorthoindophenol	8,8
o-Kresolindophenol	8,4 (Intervall 8,0—9,6 rot — blau).

Indonaphthol-3′-sulfosäure.

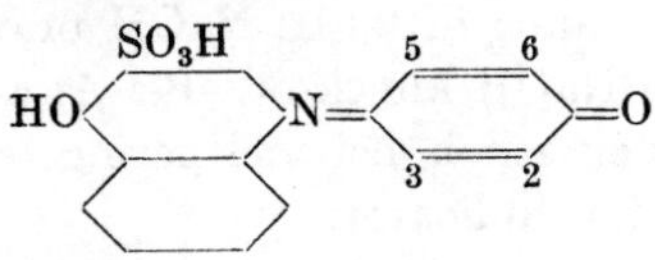

Indonaphthol-3′-sulfosäure	8,7
2, 6-Dichlorindonaphthol-3′-sulfosäure	6,1
2-Methylindonaphthol-3′-sulfosäure	9,0

[1] COHEN, B., M. X. GIBBS u. W. M. CLARK: Public Health Reports **39**, 381, 804 (1924); **40**, 649 (1925).

Über verschiedene andere Substituenten vgl. COHEN, GIBBS, CLARK.

Anthrachinongruppe.

Alizarin. 1, 2-Dioxyanthrachinon:

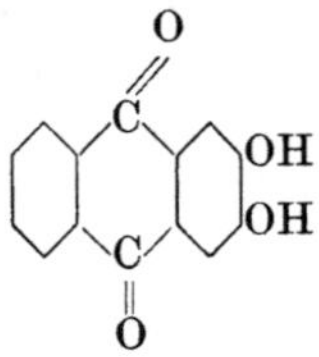

Vorratslösung: 0,1% in 90proz. Alkohol.

Umschlagsgebiet zwischen p_H 5,5 und 6,8 von gelb nach violett und von 10,1—12,1 von violett nach purpurn. Auf 10 ccm 1—4 Tropfen Indicator.

Besser zu verwenden ist das wasserlösliche

Alizarinsulfosaure Natrium:

$$C_6H_4\left\langle {CO \atop CO} \right\rangle C_6H(OH)_2SO_3Na$$

Vorratslösung: 0,1% in Wasser.

Alizarinblau. Schultz Nr. 528. Dioxyanthrachinonchinolin:

$$C_6H_4\left\langle {CO \atop CO} \right\rangle C_9H_5O_2N$$

Schmelzpunkt 270°. Gesättigte alkoholische Lösung.

Umschlagsgebiet zwischen p_H 11,0—13,0 von gelbrot nach blau. Wenig geeigneter Indicator.

1, 2, 6-Trioxyanthrachinon. Präparat GRÜBLER.

Vorratslösung: Gesättigte Lösung in Alkohol. 0,2 ccm zu 10 ccm Lösung. In Wasser unlöslich; löslich in Alkalien. Farbe in 0,005n-NaOH braun; in 0,01n-NaOH orange; in 0,1n-NaOH orangerot; in 0,5n-NaOH kirschrot. Bei Anwesenheit von Salzen tritt die Rotfärbung schon bei viel geringerer Alkalität auf.

Wenig geeigneter Indicator.

Andere Indicatoren.

In nebenstehender Tabelle ist eine Zusammenstellung von Farbstoffen gegeben, die nicht zu einer der genannten Gruppen gehören.

Indicator	Vorratlösung W=Wasser A=Alkohol	Umschlagsgebiet	Farbe sauer	Farbe alkalisch
Phenacetolin	A 0,1%	3,0—6,0	gelb	rot
		10,0—13,0	rot	farblos
Gallein	A 0,1%	3,8—6,6	hellbraun-gelb	rosa
		10,6—13	rosa	violett
Resazurin	A 0,1%	3,8—5,6	orange	violett
Lackmoid	A 0,2%	4,4—6,4	rot	blau
Lackmus	W 0,5%	5,0—8,0	rot	blau
Azolitmin	W 0,5%	5,0—8,0	rot	blau
Rosolsäure	A 0,1%	6,6—8,0	gelb	rot
Neutralrot	A 0,1%	6,8—8,0	rot	gelb-orange
Diorthohydroxystyrilketon	A 0,05%	7,3—8,7	gelb	grün
„*Fast green*“	W	7,4—8,8	grün	blau
Nilblau	W	9,0—10,4	blau	rot
Alkaliblau	W	9,4—13	hellblau	rosa
Poirriers Blau	W	10,0—13,0	blau	purpurn

Resazurin. 0,1 g Farbstoff löst man in 2 ccm 0,1 n-Natronlauge und füllt mit Wasser auf 500 ccm auf. Umschlagsgebiet zwischen p_H 3,8 und 5,6 von orange bis dunkelviolett. Auf 10 ccm 1 bis 5 Tropfen Indicator; wenig geeigneter Indicator.

Lackmoid (auch Resorcinblau), $C_{12}H_9O_3N$. Zur Beurteilung der Güte von käuflichem Lackmoid dient nach Fr. Glaser[1] der Grad seiner Löslichkeit in kochendem Wasser. Wird wenig oder gar kein blauer Farbstoff gelöst, so kann man von einer Verwendung des Präparates absehen. Wird kochendes Wasser durch das Lackmoid dagegen stark und schön blau gefärbt, so ist es brauchbar. In diesem Falle zeigt die alkoholische Lösung des Farbstoffes eine nicht unschön blaue, ins Violette spielende Farbe, während die weniger guten Qualitäten des Lackmoids sich in Alkohol mit bräunlichvioletter Farbe lösen. Um aus den käuflichen Präparaten den rein blauen Farbstoff zu gewinnen, zieht man sie in möglichst fein zerriebenem Zustand mit kochendem Wasser aus, ohne sie jedoch vollständig zu erschöpfen, um ein Inlösunggehen des roten fluorescierenden Farbstoffes, mit dem das Handelslackmoid gewöhnlich verunreinigt ist, zu ver-

[1] Glaser, Fr.: Indicatoren der Acidimetrie und Alkalimetrie, S. 6. Wiesbaden 1901.

meiden. Aus der erkalteten und filtrierten blauen Lösung fällt man den Farbstoff durch schwaches Ansäuern, sammelt ihn nach mehreren Stunden auf dem Filter und wäscht mit kaltem Wasser aus. Dann trocknet man ihn bei nicht zu hoher Temperatur oder löst ihn auf dem Filter in Alkohol und verdunstet diesen auf dem Wasserbade. Bei guten Handelsprodukten beträgt die Ausbeute etwa 40%. Ein sehr reines Lackmoid erhält man auch, wenn man ein gutes Handelspräparat mit 96proz. Alkohol in der Wärme digeriert, die Lösung abfiltriert und im Vakuum über Schwefelsäure verdunstet. Vom geeigneten Präparat bereitet man eine 0,2proz. alkoholische Lösung. Umschlagsgebiet zwischen p_H 4,4—6,4 von rot nach blau. Auf 10 ccm 1—5 Tropfen Indicator.

HOTTINGER[1] empfiehlt Lackmosol statt Lackmoid.

Lackmus wird erhalten durch Gärung ammoniakalischer Auszüge von Lichenen, besonders der Species *Roccella* und *Lecanore*. Das Handelsprodukt ist ein Gemisch verschiedener Substanzen, von denen viele gar keine Indicatoreigenschaften besitzen. Isoliert daraus sind Azolitmin, Erythrolitmin, Erythrolein und Spaniolitmin, von welchen das erste die praktisch wichtigste Substanz ist.

Nach P. SCHEITZ[2] ist das Azolitmin keine einheitliche Substanz.

Lackmus (Azolitmin) ist der klassische Indicator für die Säure-Basen-Titration, wird aber für diesen Zweck fast gar nicht mehr verwandt, weil wir viel bessere Indicatoren zur Verfügung haben. Auch für die colorimetrische p_H-Bestimmung sind weder Lackmus noch Azolitmin zu empfehlen (Salzfehler, Eiweißfehler). Nur in der Form als Indicator*papier* ist er recht brauchbar. (Einzelheiten über Herstellung und Bereitung des Papiers vgl. Kap. 11, S. 381.)

Azolitmin (vgl. F. GLASER [l. c.]). Der im Handel vorkommende Lackmus hat einen wechselnden Gehalt an Azolitmin, im Durchschnitt 4—5%. Es wird aus käuflichem Lackmus gewonnen, indem man ihn mit kaltem Wasser auszieht und die Lösung mit Sand eindampft, nachdem man so viel Salzsäure zugegeben hat, daß die Flüssigkeit stark rot gefärbt ist. Das

[1] HOTTINGER, R.: Biochem. Ztschr. **65**, 177 (1914).
[2] SCHEITZ, P.: Ztschr. f. anal. Ch. **49**, 735 (1910).

nach dem Verdampfen zurückbleibende, vollkommen trockene Pulver wird zerrieben, auf großen glatten Filtern zuerst mit heißem und dann mit kaltem Wasser ausgewaschen und auf dem Wasserbade vollständig getrocknet. Das Azolitmin ist dann auf dem Sand niedergeschlagen. Um aus dem so erhaltenen Pulver die zum Gebrauch fertige Lösung herzustellen, übergießt man es auf einem Filter mit heißem Wasser und einigen Tropfen Ammoniak. Das Filtrat wird mit einigen Tropfen Schwefelsäure angesäuert, wieder neutralisiert und bildet dann eine ausgezeichnete Indicatorlösung. Wenn man die Lösung stark verdünnt und einige Tropfen Schwefelsäure hinzusetzt, scheidet sich das Azolitmin fast völlig rein als braunroter Niederschlag ab, während noch eine kleine Menge eines fremden Körpers in Lösung bleibt. Übergießt man dieses gereinigte Azolitmin mit Wasser, das Spuren von Ammoniak enthält, so löst es sich mit ungemein leuchtender blauer Farbe. Über andere Reinigungsverfahren vgl. GLASER (l. c.). Zur Herstellung der Indicatorlösung löst man 1 g Azolitmin in 100 ccm schwach alkalischem Wasser und neutralisiert vorsichtig mit Säure bis zum violetten Farbton. Umschlagsgebiet etwa zwischen p_H 5,0—8,0 von rot nach blau. Auf 10 ccm 1—10 Tropfen Indicator.

Großer Salz- und Eiweißfehler; für colorimetrische Bestimmungen ungeeignet.

Rosolsäure (Aurin; gelbes Corallin): Gemenge von Aurin, oxydiertem Aurin, Methylaurin und Pseudorosolsäure oder Corallinphthalein; dieses bildet den Hauptbestandteil:

$$O{=}C_6H_4{=}C\begin{array}{l}\diagup C_6H_4OH\\ \diagdown C_6H_3CH_3OH\end{array}$$

(Vgl. mit Phenolbenzein S. 142.)

Vorratslösung: 0,2% in Alkohol von 50%. Umschlagsgebiet 6,9—8,0 von rot nach gelb. Auf 10 ccm 1—4 Tropfen Indicator. Besonders für die Titration von alkoholischen Lösungen sehr geeignet.

Neutralrot[1]. Amino-dimethylamino-toluphenazin-hydrochlorid (Schultz, 5. Aufl., Nr. 670):

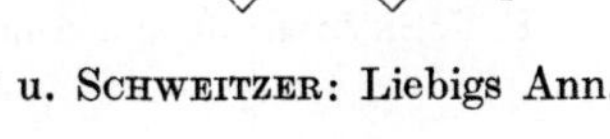

[1] Vgl. BERNTHSEN u. SCHWEITZER: Liebigs Ann. **236**, 332 (1886).

Vorratslösung: 0,1% in 70proz. Alkohol; in dunkler Flasche aufzubewahren und alle 3 Monate frisch herzustellen. Umschlagsgebiet 6,8—8,0 von rot nach gelborange. Auf 10 ccm 1 bis 3 Tropfen Indicator.

Geeigneter Indicator; geringer Salzfehler.

Diorthohydroxystyrilketon:

$$OC = CH = CHC_6H_4(OH)_2 .$$

Ist von ARON als Indicator empfohlen worden.

Vorratslösung: 0,05% in Alkohol.

Umschlagsgebiet 7,3—8,7 von gelb bis grün. Die grüne Farbe blaßt beim Stehen ab; daher nicht geeignet.

„*Fast green*“ *F. C. F.* oder p-Hydroxyerioglucin wird in Amerika als künstlicher Farbstoff verwendet. Das Tetranatriumsalz ist farblos, das Trisalz blau (Absorptionslinie 611 $\mu\mu$) und das Disalz grün (Absorptionslinie 628 $\mu\mu$).

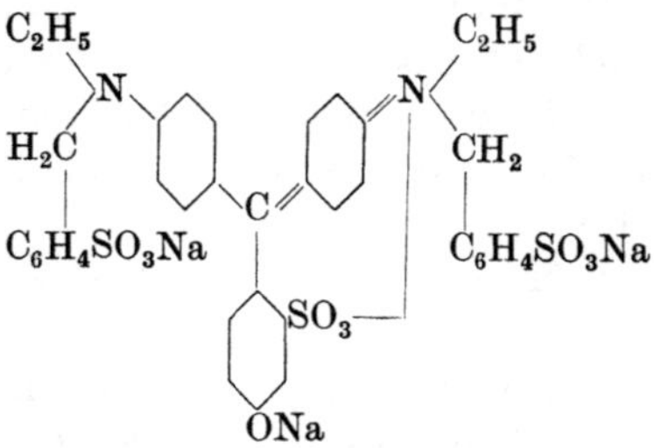

Trinatriumsalz (blau)

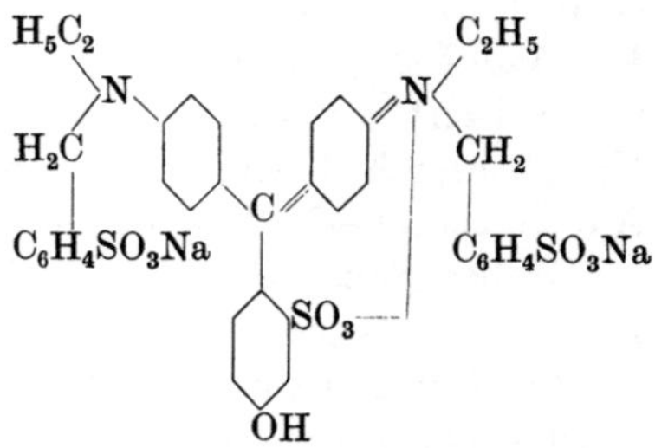

Dinatriumsalz (grün)

Die Konstante der Phenolgruppe beherrscht also den Farbumschlag von grün nach blau. Nach spektrophotometrischen Bestimmungen von W. C. HOLMES und E. F. SNYDER[1] ist pK_I bei 29° 8,1. In stark saurer Lösung ändert sich die grüne Farbe nach gelb.

Nilblau. Diäthylaminonaphthophenazoxoniumchlorid:

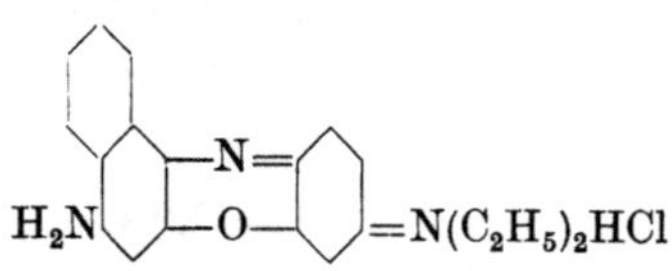

[1] HOLMES, W. C., u. E. F. SNYDER: Journ. Amer. Chem. Soc. **50**, 1907 (1928).

Vorratslösung: 0,1% in Wasser (blau; Maximale Absorption in verdünnter Lösung bei 630 $\mu\mu$).

Umschlagsgebiet 9,0—10,4 von blau nach rot. Die freie Indicatorbase ist rot und in Wasser sehr schwer löslich. Beim Stehen flockt die rote Form aus, und die überstehende Flüssigkeit wird farblos. Dissoziationskonstante (Indicatorkonstante 10^{-10}).

Für Titration geeignet, weniger für p_H-Bestimmung (wegen Ausflockung).

Alkaliblau und *Poirriers Blau* haben fast keine praktische Bedeutung und werden daher nicht besprochen.

Pflanzenextrakte.

Verschiedene Pflanzen enthalten natürliche Farbstoffe, die sich wie Säure-Basen-Indicatoren verhalten. Für praktische Zwecke haben diese Extrakte nur geringe Bedeutung, zumal die Farbstoffe stark verunreinigt sind und die alkalischen Formen gewöhnlich bald zersetzt werden. L. E. WALBUM[1] hat Rotkohlextrakt empfohlen, der ein Umschlagsgebiet zwischen 2,4 bis 4,5 von rot nach grün besitzt.

T. MILOBEDZKI und S. JAJTI[2] haben den alkoholischen Blaukrautextrakt — von den Verfassern „Cop" genannt — untersucht. Er gibt nachstehende Farben: p_H 2,0 rot; p_H 3,0 blaßrot; 4—5 rosa; 6 rosaviolett; 6,5 violett; 7 blau; 7,5 blaugrün; 8 grün; 9 grüngelb; 10 gelbgrün; 11 gelb.

Haltbare „Coplösungen" werden durch Extraktion von Blaukraut mit 50—60proz. Alkohol gewonnen. Aufbewahrung erfolgt in Glasstöpselflaschen von orangefarbigem Glas.

K. HARRISON[3] beschreibt die Indicatoreigenschaften des Sinalbins, das durch Extraktion aus weißem Senf (Sinapis alba) hergestellt wird.

Das Glykosid hat ein Umschlagsgebiet zwischen p_H 6,2 (farblos) und 8,4 (gelb).

O. B. PRATT und H. O. SWARTOUT[4] haben verschiedene Extrakte von Obst und Gemüsen auf ihre Indicatoreigenschaften untersucht. Eine Zusammenstellung ihrer Resultate ist in folgender Tabelle gegeben:

---

[1] WALBUM, L. E.: C. r. du Lab. Carlsberg **10**, 227 (1913).

[2] MILOBEDZKI, T., u. S. JAJTI: Chem. Zentralblatt **1927 I**, 329.

[3] HARRISON, K.: Biochem. Journ. **26**, 88 (1932).

[4] PRATT, O. B., u. H. O. SWARTOUT: Science **71**, 486 (1930).

Art des Extraktes	Umschlags-intervall	Farbe	
		sauer	alkalisch
Äpfel	6,2—7,4	rot	gelbgrün
Brombeeren	6,0—7,4	,,	graublau
Blaubeeren	6,2—7,2	rotpurpurn	grünpurpurn
Cactus	9,0—12,0	rot	schwach purpurn
,, ...	12,0—13,0	schwach purpurn	rotbraun
Kirschen	6,0—7,2	rot	blaupurpurn
Preißelbeeren	6,2—7,2	,,	gelbgrün
Trauben	5,0—6,6	,,	purpurn
,, ...	6,6—7,6	purpurn	grün
Pflaumen	6,2—7,2	rot	gelbgrün
Granatäpfel	6,0—6,8	,,	purpurn
,, ...	6,8—7,6	purpurn	grün
Himbeeren	6,2—7,2	rot	gelbgrün

Alkoholische Lösungen sind haltbar und können als Indicatoren bei Titrationen verwendet werden, besonders wenn man von der sauren nach der alkalischen Seite titriert. In alkalischer Lösung zersetzen sie sich bald, und sie können daher nicht zur Titration alkalischer Lösungen gebraucht werden.

Auch für die p_H-Bestimmung scheinen sie keine Bedeutung zu haben.

5. Indicatoren in sehr stark saurem Bereiche. Indicatoren, die in sehr stark saurem Gebiete umschlagen, haben nur wenig praktische Bedeutung. Es kommt doch höchst selten vor, daß man das p_H konzentrierterer Lösungen von starken Säuren zu bestimmen hat, während derartige Indicatoren für maßanalytische Zwecke natürlich ganz unbrauchbar sind. Vom theoretischen Standpunkte ist es jedoch sehr erwünscht, Indicatoren zu besitzen, die ihren Umschlag bei hoher Acidität zeigen. Erstens kann man mit ihrer Hilfe den wahren Säuregrad verschiedener Mineralsäuren in wässeriger Lösung bei verschiedenen Konzentrationen vergleichen, zudem kann man sie verwenden, um die Acidität starker Säuren in verschiedenen Lösungsmitteln mit derselben in wässeriger Lösung zu vergleichen. Das letzte Problem ist besonders in der letzten Zeit von großer Bedeutung geworden.

Schon früher haben wir in diesem Kapitel erwähnt, daß die Sulfophthaleine und die Benzeine auch in stark saurem Gebiete einen Farbumschlag zeigen.

J. B. Conant und N. F. Hall[1] haben bei ihren schönen Studien über die „Superacidität" in Eisessig schon die folgenden

[1] Conant, J. B., u. N. F. Hall: Journ. Amer. Chem. Soc. **49**, 3062 (1927).

Indicatoren verwandt: Benzalacetophenon, Triphenylcarbinol, Diphenyl-α-naphthylcarbinol, Piperonalacetophenon, Dianisylcarbinol, Anisalcinnamalaceton, Dipiperonalaceton, Dianisalaceton, Diphenylanisylcarbinol, Phenylxanthydrol.

Systematisch ist die Frage jedoch erst von L. P. HAMMETT und A. J. DEYRUP[1] untersucht worden. Im 3. und 4. Kapitel haben wir schon die Schwierigkeiten besprochen, Wasserstoffionenaktivitäten in verschiedenen Lösungsmitteln zu messen und zu vergleichen. Zunächst messen wir doch in Wasser nicht die Protonenaktivität, sondern die der hydratierten Protonen (Hydroniumionen), in anderen Lösungsmitteln die Aktivität der solvatierten Protonen. Daher haben HAMMETT und DEYRUP eine neue Ausdrucksweise der Acidität vorgeschlagen, die sie die *Aciditätsfunktion* H_0 (acidity function) nennen und die mit *einsäurigen Indicatorbasen* gemessen wird. Zuerst müssen wir uns über die Bedeutung dieses Ausdrucks klar sein, weil sonst leicht große Verwirrung entstehen könnte. Die Aciditätsfunktion H_0 wird quantitativ durch folgende Gleichung definiert:

$$H_0 = \log \frac{c_B}{c_{BH^{\cdot}}} + pK'_B\,. \tag{1}$$

Hierin ist c_B die Konzentration der undissoziierten Indicatorbase, $c_{BH^{\cdot}}$ die ihrer Kationen und pK'_B der negative Logarithmus der Basenstärke in Wasser.

Ganz allgemein gilt doch (vgl. S. 77):

$$pK'_B = -\log \frac{a_{H^{\cdot}}\, a_B}{a_{BH^{\cdot}}} = -\log \frac{c_{H^{\cdot}}\, c_B}{c_{BH^{\cdot}}} - \log \frac{f_{H^{\cdot}}\, f_B}{f_{BH^{\cdot}}}\,, \tag{2}$$

hierin bedeutet a die Aktivität, c die Konzentration und f den Aktivitätskoeffizienten. *Konventionell* können wir nun die Aktivitätskoeffizienten in wässeriger Lösung gleich 1 setzen und erhalten dann:

$$pK'_B = -\log \frac{c_{H_3O^{\cdot}}\, c_B}{c_{BH^{\cdot}}}\,. \tag{3}$$

Wenn wir nun das Ionisationsverhältnis zweier einsäurigen Indicatorbasen B_1 und B_2 in *einer und derselben* Lösung vergleichen, so gilt ganz exakt [vgl. Gl. (2)]:

$$pK'_{B_1} - pK'_{B_2} = -\log \frac{c_{B_1}\, c_{B_2H^{\cdot}}}{c_{B_2}\, c_{B_1H^{\cdot}}} - \log \frac{f_{B_1}\, f_{B_2H^{\cdot}}}{f_{B_2}\, f_{B_1H^{\cdot}}}\,. \tag{4}$$

[1] HAMMETT, L. P., u. A. J. DEYRUP: Journ. Amer. Chem. Soc. **54**, 2721 (1932).

Da nun beide Basen zum selben Ladungstypus gehören, können wir das Verhältnis der Aktivitätskoeffizienten im zweiten Glied rechts gleich 1 setzen, so daß wir erhalten:

$$pK'_{B_1} - pK'_{B_2} = -\log \frac{c_{B_1}\, c_{B_2H^\cdot}}{c_{B_2}\, c_{B_1H^\cdot}}. \qquad (5)$$

Dieses Verhältnis kann colorimetrisch oder spektrophotometrisch ermittelt werden. Falls man nun von einer Indicatorbase mit bekanntem pK'_B ausgeht, kann man stufenweise das pK'_B anderer einsäuriger Indicatorbasen (bezogen auf Wasser) in einer größeren Reihe von Lösungen mit zunehmender Acidität messen.

Aus den angegebenen Gleichungen ist einfach abzuleiten, daß H_0 (Gl. 1) ein Maß gibt des Betrages, mit dem eine Base von einem pK'_B gleich 0 mit Wasserstoffionen reagiert, oder der Stärke einer einsäurigen Indicatorbase, die zur Hälfte in die Ionenform umgesetzt ist.

Aus Gleichungen (1) und (2) ergibt sich zudem, daß

$$H_0 = -\log a_{H^\cdot} \frac{f_B}{f_{BH^\cdot}}.$$

In wässeriger Lösung entspricht H_0 also der konventionellen Wasserstoffionenkonzentration (oder besser p_H), in anderen Lösungsmitteln ergibt es die Acidität auf *Wasser* bezogen. Der gemessene H_0-Wert ist vom spezifischen Charakter des Indicators unabhängig, solange wir nur einsäurige Indicatorbasen von ähnlichem Charakter verwenden. Für derartige Basen ist doch $\frac{f_B}{f_{BH^\cdot}}$ in derselben Lösung einander gleich.

Es ist zu beachten, daß es eine größere Reihe von Aciditätsfunktionen gibt, die vom Ladungstypus des verwandten Indicators abhängig sind. Nimmt man z. B. eine einbasische Indicatorsäure

$$A' + H^\cdot \rightleftarrows HA,$$

so erhält man eine Aciditätsfunktion H_- (statt H_0, weil hier die Base ein einwertiges Anion ist):

$$H_- = \log \frac{c_{A'}}{c_{HA}} + pK_{HA},$$

$$pK_{HA} = -\log \frac{a_{H^\cdot}\, a_{A'}}{a_{HA}}$$

oder konventionell in Wasser:

$$pK_{HA} = -\log \frac{c_{H_3O^\cdot}\, c_{A'}}{c_{HA}}.$$

Verwendet man Indicatoren von anderem Ladungstypus, so erhält man wieder andere Aciditätsfunktionen (H_+, H_{++}, $H_=$):

$$B^{\cdot} + H^{\cdot} \leftrightarrows BH^{\cdot\cdot},$$
$$B^{\cdot\cdot} + H^{\cdot} \leftrightarrows BH^{\cdot\cdot\cdot},$$
$$A'' + H^{\cdot} \leftrightarrows HA'.$$

Bei der Bestimmung der Aciditätsfunktion H_0 soll man daher immer einsäurige Indicatorbasen verwenden; Anwendung von Indicatoren, die zu verschiedenem Ladungstypus gehören, würde zu großer Verwirrung führen.

HAMMETT und DEYRUP haben nun das pK'_B verschiedener einsäuriger Indicatorbasen in Wasser-Schwefelsäure- und Wasser-Perchlorsäure-Gemischen gemessen. Alle Indicatoren sind einfarbig und zeigen einen Umschlag von gelb nach farblos oder umgekehrt von farblos nach gelb.

Eine Zusammenstellung ist in folgender Tabelle gegeben:

Einsäurige Indicatorbasen nach HAMMETT und DEYRUP.

Name	Farbe		pK'_B
	alkalisch	sauer	
p-Nitranilin	gelb	farblos	(+1,40)
o-Nitranilin	„	„	+0,16
p-Chlor-o-nitranilin	„	„	−0,56
p-Nitrodiphenylamin	„	„	−2,09
2, 4-Dichlor-6-Nitroanilin	„	„	−2,93
p-Nitroazobenzol	farblos	gelb	−3,06
2, 6-Dinitro-4-methylanilin	gelb	farblos	−4,03
2, 4-Dinitroanilin	„	„	−4,09
N-N-Dimethyl-2, 4, 6-trinitroanilin	„	„	−4,40
Benzalacetophenon	farblos	gelb	−5,32
β-Benzoylnaphthalin	„	„	−5,63
p-Benzoyldiphenyl	„	„	−5,90
6-Brom-2, 4-Dinitroanilin	gelb	farblos	−6,30
Anthrachinon	farblos	gelb	−7,86
2, 4, 6-Trinitroanilin	gelb	farblos	−9,0

Die experimentelle Bestimmung des Verhältnisses $B : BH^{\cdot}$ ist sehr einfach, weil man es mit einfarbigen Indicatoren zu tun hat und also nur die Intensität einer Farbe zu messen hat (vgl. p_H-Messung mit einfarbigen Indicatoren ohne Puffermischungen, S. 310). Allerdings soll man bedenken, daß das Lösungsmittel einen Einfluß auf das Absorptionsspektrum und auf die Farbintensität (Absorptionskoeffizient) ausüben kann, so daß man mit Vergleichslösungen von analoger Zusammensetzung wie die zu untersuchende arbeiten oder bei Vergleich mit wässerigen Lösungen den Lösungsmitteleffekt auf die Farbe bestimmen und dafür eine entsprechende Korrektur anbringen muß.

Einige Werte der von HAMMETT und DEYRUP in Wasser-Schwefelsäure gemessenen Aciditätsfunktion H_0 seien unten angegeben:

Stärke der Schwefelsäure in Proz.	H_0	Stärke der Schwefelsäure in Proz.	H_0	Stärke der Schwefelsäure in Proz.	H_0
0,939	+1,28	31,85	−1,39	76,9	− 6,07
3,08	+0,73	35,41	−1,68	85,4	− 7,35
5,96	+0,44	41,6	−2,16	91,5	− 8,03
10,59	+0,08	48,2	−2,67	96,1	− 8,57
15,92	−0,33	56,8	−3,74	98,95	− 9,31
19,12	−0,54	64,3	−4,55	99,86	−10,02
23,90	−0,85	71,2	−5,40	100,00	−10,60

Die Aciditätsfunktion konzentrierter Schwefelsäure ist daher 10,60; sie ist also um (10,6 + 7,0) = 17,6 Einheiten saurer als Wasser (das p_H von Wasser bei 25° ist 7,0).

Eigenschaften der Indicatorbasen von HAMMETT und DEYRUP:

p-Nitranilin (Kahlbaum). Schmelzp. 148,9°.

o-Nitranilin (Kahlbaum). Aus Alkohol umkrystallisiert; Schmelzp. 71,7°.

p-Chlor-o-nitroanilin. Durch Neutralisation des Hydrochlorids, Umkr. aus Wasser; Schmelzp. 116,1°.

p-Nitrodiphenylamin (Eastman Kodak Co.). Umkr. aus Alkohol; Schmelzp. 133°.

2, 4-Dichlor-6-Nitroanilin. Durch Chlorierung von 4-Chlor-2-nitroanilin nach WITT[1] hergestellt. Umkr. aus Alkohol und Aceton; Schmelzp. 101,1°.

p-Nitroazobenzol. Hergestellt nach JANOWSKY[2]. Umkr. aus Aceton; Schmelzp. 130,8°.

2, 6-Dinitro-4-methylanilin. Durch Nitrierung von Acet-p-toluidin und Verseifung des Acetylderivats (BEILSTEIN und

[1] WITT: Ber. Dtsch. Chem. Ges. 8, 820 (1875).
[2] JANOWSKY: Monatshefte f. Chemie 7, 124 (1886).

KUHLBERG[1], JACKSON und ITTNER[2]). Umkr. aus Alkohol und Aceton; Schmelzp. 169°.

2, 4-Dinitroanilin (Eastman Kodak Co.). Umkr. aus Alkohol und Aceton; Schmelzp. 180°.

N-N-Dimethyl-2, 4, 6-trinitroanilin. Aus Pikrylchlorid und Dimethylamin (P. VAN ROMBURGH[3]). Umkr. aus Eisessig; Schmelzpunkt 141°.

Benzalacetophenon (Eastman Kodak Co.). Umkr. aus Alkohol; Schmelzp. 55,5°.

β-Benzoylnaphthalin. Herstellung nach P. MONTAGNE[4]. Umkr. aus Alkohol; Schmelzp. 82,7°.

p-Benzoyldiphenyl. Herstellung nach MONTAGNE[5]. Umkr. aus Alkohol; Schmelzp. 101,6°.

6-Brom-2, 4-Dinitroanilin. Durch Bromierung von 2, 4-Dinitroanilin nach KÖRNER[6]. Umkr. aus Eisessig; Schmelzp. 150,5 bis 152°.

Anthrachinon (Kahlbaum). Umkr. aus Alkohol.

2, 4, 6-Trinitroanilin (Kahlbaum). Umkr. aus Alkohol.

6. Universalindicatoren. Zur orientierenden Bestimmung des p_H hat man öfter ein Gemisch verschiedener Farbstoffe zu verwenden versucht, so daß man über ein weites p_H-Gebiet (etwa von 3—11) verschiedene Farbnuancen wahrnimmt und daher einen *angenäherten* Eindruck der p_H-Größe erhält. Für eine genaue p_H-Bestimmung sind derartige *Universalindicatoren* natürlich nicht zu empfehlen, weil die Farbunterschiede für gleiche Differenzen im p_H viel geringer sind als bei einzelnen, unvermischten Indicatoren. Persönlich habe ich den „Universalindicatoren" nie eine große Bedeutung zugeschrieben, weil man mit Indicatorpapieren oder einzelnen Indicatorlösungen doch sehr einfach das p_H approximativ feststellen kann. Der Vollständigkeit halber sei hier jedoch erwähnt, daß in der Literatur verschiedene Gemische als Universalindicatoren vorgeschlagen sind.

---

[1] BEILSTEIN u. KUHLBERG: Liebigs Ann. **158**, 341 (1871).

[2] JACKSON u. ITTNER: Amer. Chem. Journ. **19**, 6 (1897).

[3] VAN ROMBURGH, P.: Rec. trav. chim. Pays-Bas **2**, 105 (1883).

[4] MONTAGNE, P.: Rec. trac. chim. Pays-Bas **26**, 281 (1907); auch ROUSSET: Bull. Soc. Chim. Paris (3) **15**, 71 (1896).

[5] MONTAGNE: Rec. trav. chim. Pays-Bas **27**, 357 (1908).

[6] KÖRNER: Jahresber. **1875**, 350.

FELTON (1921) gebrauchte ein Gemisch von gleichen Teilen Methylrot und Bromthymolblau: p_H-Gebiet 4,6—7,6; von Methylrot und Bromkresolpurpur: p_H-Gebiet 4,6—7,0; Methylrot und Thymolblau: angenähert 1,2—9,0. LIZIUS und EVERS (1922): Methylrot 1 Teil, Thymolblau 3 Teile p_H-Gebiet 4—10; Phenolphthalein (1 Teil) und Thymolblau (6 Teile): 8—10; Phenolphthalein (1 Teil) und Thymolphthalein (6 Teile): 8,3—11,0; Tropäolin 0 (1 Teil) und Thymolphthalein (4 Teile): 9—13.

Durch Anwendung eines Gemisches mehrerer Indicatoren erhielt J. MOIR[1] einen Universalindicator für ein ausgedehnteres p_H-Gebiet: Methylrot, α-Naphtholphthalein und Phenolphthalein. F. H. CARR[2] fügte noch Bromthymolblau und Thymolphthalein hinzu. Das Mengenverhältnis der verschiedenen Indicatoren ist nicht angegeben. Beim Mischen gleicher Teile der fünf genannten 0,1 proz. Indicatorlösungen erhielt ich[3] einen brauchbaren „Universalindicator“: p_H 4,0 rot, 5 orangerot, 6 gelb, 7 grüngelb, 8 grün, 9 blaugrün, 10 blauviolett, 11 rotviolett.

E. B. R. PRIDEAUX und A. T. WARD[4] beschreiben die Farbe des von den „British Drug Houses“ (London) in den Handel gebrachten Universalindicators; seine Zusammensetzung wird nicht bekanntgegeben, die Farbänderungen entsprechen aber genau denen des CARRschen Gemisches.

E. BOGEN[5]: 100 mg Phenolphthalein, 200 mg Methylrot, 300 mg Dimethylaminoazobenzol, 400 mg Bromthymolblau, 500 mg Thymolblau in 500 ccm Alkohol, mit 0,1 n-Lauge bis zur Gelbfärbung ($p_H = 6{,}0$) versetzt. $p_H = 1$ kirschrot, 2 rosa, 3 rotorange, 4 orangerot, 5 orange, 6 gelb, 7 gelbgrün, 8 reingrün, 9 blaugrün, 10 blau, zwischen p_H 4 und 10 gut brauchbar.

H. W. VAN URK[6] hat die Zusammenstellung etwas abgeändert und ausgesprochenere Farbänderungen wahrgenommen. Von den anderen Universalindicatoren seien noch genannt:

(KOLTHOFF [1929]): 15 ccm 0,1 proz. Dimethylaminoazobenzol, 5 ccm 0,1 proz. Methylrot, 20 ccm 0,1 proz. Bromthymolblau,

---

[1] MOIR, J.: Journ. Chem. Met. Min. Soc. S. Africa **1917**, 129.

[2] CARR, F. H.: Analyst **47**, 196 (1922).

[3] KOLTHOFF, I. M.: Pharm. Weekblad **66**, 67 (1929).

[4] PRIDEAUX, E. B. R., u. A. T. WARD: Journ. Chem. Soc. London **125**, 423 (1924).

[5] BOGEN, E.: Journ. Amer. Med. Assoc. **89**, 199 (1927).

[6] VAN URK, H. W.: Pharm. Weekblad **65**, 1246 (1928).

20 ccm 0,1 proz. Phenolphthalein, 20 ccm 0,1 proz. Thymolphthalein.

0,1 ccm zu 10 ccm Flüssigkeit: 2,0 schön rosa, 3,0 rotorange, 4,0 orange, 5,0 gelborange, 6,0 citronengelb, 7,0 gelbgrün, 8,0 grün, 9,0 blaugrün, 10,0 violett.

E. L. SMITH[1]: 0,02 proz. Bromkresolgrün, 0,0045 proz. Neutralrot, 0,05 proz. p-Nitrophenol, 0,6 proz. Phenolphthalein in Alkohol; p_H 4,5 orange, ändert sich über grau nach blau, schließlich nach grün und bei 8,5 über grau nach rot (vgl. nächsten Abschnitt).

7. Mischindicatoren. Während die „Universalindicatoren" ihre Farbe über ein sehr weites p_H-Gebiet ändern, ist es für andere Zwecke von Vorteil, Farbstoffe anzuwenden, die bei einem bestimmten p_H plötzlich umschlagen. Besonders für maßanalytische Zwecke sind solche Indicatoren mit einem „Umschlagspunkte" von Bedeutung; bei der colorimetrischen p_H-Bestimmung finden sie weniger Verwendung. Doch auch hier können sie von großem Vorteil sein, besonders *wenn man in der Nähe des „Umschlagspunktes" des Indicators kleine Änderungen im* p_H *messen will.*

Wie wir schon im ersten Paragraphen dieses Kapitels gesehen haben, hat ein einzelner Indicator immer ein *Umschlagsgebiet* und nie einen *Umschlagspunkt*. Durch eine Kombination von zwei geeigneten Farbstoffen gelingt es nun sehr oft, Gemische herzustellen, die bei einem bestimmten p_H ihre Farbe ziemlich scharf ändern. Man kann dabei in folgender Weise verfahren:

a) Man fügt zu dem Indicator einen Farbstoff, der eine komplementäre Farbe von einer der beiden Indicatorfarben hat. So hat Methylgrün fast die komplementäre Farbe der rotvioletten alkalischen Form des Phenolphthaleins. Nimmt man nun ein Gemisch von etwa 1 proz. Phenolphthalein und 0,2 proz. Methylgrün, so ist der „*Mischindicator*" in saurer Lösung grün gefärbt. Bei p_H 8,4 fängt das Phenolphthalein an umzuschlagen, die Farbe wird dann grau; bei p_H 8,8 fahlblau. Hier kompensieren beide Farben einander praktisch vollkommen. Wird die Reaktion noch stärker alkalisch, so überwiegt plötzlich die rotviolette Form des Phenolphthaleins, und bei p_H 9,0 wird die Farbe schön violett. Das Phenolphthalein-Methylgrün-Gemisch hat also einen Umschlagspunkt bei p_H 8,8.

---

[1] SMITH, E. L.: Pharm. Journ. **71** (4), 101 (1930).

Umschlagspunkte geeigneter Mischindicatoren.

Zusammensetzung der Indicatorlösung	p_T	Saure Farbe	Alkalische Farbe	Bemerkungen
1 Teil Dimethylgelb 0,1% in Alkohol 1 „ Methylenblau 0,1% in Alkohol in dunkler Flasche aufbewahren	3,25	blauviolett	grün	Bei $p_H = 3,4$ noch grün, bei 3,2 blauviolett; ausgezeichneter Indicator.
1 Teil Methylorange 0,1% in Wasser 1 „ Indigocarmin 0,25% in Wasser in dunkler Flasche aufbewahren	4,1	violett	„	Guter Indicator, besonders bei künstlicher Beleuchtung.
1 Teil Hexamethoxytriphenylcarbinol 0,1% in Alkohol 1 „ Methylgrün 0,1%	4,0	„	„	Bei $p_H = 4,0$ ist die Farbe blauviolett.
1 Teil Methylorange 0,1% in Wasser 1 „ Anilinblau 0,1% in Wasser	4,3	„	„	
3 Teile Bromkresolgrün 0,1% in Alkohol 1 Teil Methylrot 0,2% in Alkohol	5,1	weinrot	„	Sehr scharfe Farbänderung. Ausgezeichneter Indicator.
1 Teil Methylrot 0,2% in Alkohol 1 „ Methylenblau 0,1% in Alkohol in dunkler Flasche aufbewahren	5,4	rotviolett	„	Bei $p_H = 5,4$ ist die Farbe schmutzig blau, bei $p_H = 5,6$ schmutzig grün, bei p_H 5,2 rotviolett.
1 Teil Bromkresolgrün Na 0,1% in Wasser 1 „ Alizarinsulfosaures Na 0,1% in Wasser	5,6	violett	gelbgrün	Bei $p_H = 5,6$ rotbraun, sehr guter Indicator.
1 Teil Chlorphenolrot Na 0,1% in Wasser 1 „ Anilinblau 0,1% in Wasser	5,8	grün	violett	Bei $p_H = 5,8$ schwach violett.
1 Teil Bromkresolgrün Na 0,1% in Wasser 1 „ Chlorphenolrot Na 0,1% in Wasser	6,1	gelbgrün	blauviolett	Bei $p_H = 5,4$ blaugrün, bei 5,8 blau mit Stich ins Violette, bei 6,2 blauviolett.
1 Teil Bromkresolpurpur Na 0,1% in Wasser 1 „ Bromthymolblau Na 0,1% in Wasser	6,7	gelb	violettblau	Bei $p_H = 6,2$ gelbviolett, bei 6,6 violett, bei 6,8 blauviolett.
2 Teile Bromthymolblau Na 0,1% in Wasser 1 Teil Azolitmin 0,1% in Wasser	6,9	violett	blau	
1 Teil Neutralrot 0,1% in Alkohol 1 „ Methylenblau 0,1% in Alkohol in dunkler Flasche aufbewahren	7,0	violettblau	grün	Bei $p_H = 7,0$ violettblau, ausgezeichneter Indicator.

1 Teil Neutralrot 0,1% in Alkohol 1 „ Bromthymolblau 0,1% in Alkohol	7,2	rosa	grün	Bei $p_H = 7$ schmutzig grün, bei 7,2 schwach rosa, 7,0 deutlich rosa.
2 Teile Cyanin 0,1% in 50proz. Alkohol 1 Teil Phenolrot 0,1% in 50proz. Alkohol Zersetzt sich beim Aufbewahren	7,3	gelb	violett	Bei $p_H = 7,2$ orange, bei 7,4 schön violett, Farbe blaßt beim Stehen ab.
1 Teil Bromthymolblau Na 0,1% in Wasser 1 „ Phenolrot Na 0,1% in Wasser	7,5	„	„	Bei $p_H = 7,2$ schmutzig grün, bei 7,4 schwach violett, bei 7,6 stark violett, ausgez. Indicator.
1 Teil Kresolrot Na 0,1% in Wasser 3 Teile Thymolblau Na 0,1% in Wasser	8,3	„	„	Bei $p_H = 8,2$ rosa, bei 8,4 deutlich violett, ausgez. Indicator.
2 Teile α-Naphtholphthalein 0,1% in Alkohol 1 Teil Kresolrot 0,1% in Alkohol	8,3	schwach rosa	„	Bei $p_H = 8,2$ schwach violett, bei 8,4 stark violett.
1 Teil α-Naphtholphthalein 0,1% in Alkohol 3 Teile Phenolphthalein 0,1% in Alkohol	8,9	„ „	„	Bei $p_H = 8,6$ schwach grün, bei 9,0 deutlich violett.
1 Teil Phenolphthalein 0,1% in Alkohol 2 Teile Methylgrün 0,1% in Alkohol	8,9	grün	„	Bei $p_H = 8,8$ fahlblau, bei 9,0 violett.
1 Teil Thymolblau 0,1% in 50proz. Alkohol 3 Teile Phenolphthalein 0,1% in 50proz. Alkohol	9,0	gelb	„	Farbe von gelb über grün nach violett, ausgezeichn. Indicator.
2 Teile Phenolphthalein 0,1% in 50proz. Alkohol 1 Teil Naphtholphthalein 0,1% in 50proz. Alkohol	9,6	schwach rosa	„	Farbe über grün nach violett, ausgezeichneter Indicator.
1 Teil Phenolphthalein 0,1% in Alkohol 1 „ Thymolphthalein 0,1% in Alkohol	9,9	farblos	„	Bei $p_H = 9,6$ rosa, bei 10,0 violett scharf zu sehen.
1 Teil Phenolphthalein 0,1% in Alkohol 2 Teile Nilblau 0,2% in Alkohol	10,0	blau	rot	Bei $p_H = 10,0$ violett, ausgezeichneter Indicator.
2 Teile Thymolphthalein 0,1% in Alkohol 1 Teil Alizaringelb 0,1% in Alkohol	10,2	gelb	violett	Scharf zu sehen.
2 Teile Nilblau 0,1% in Wasser 1 Teil Alizaringelb 0,1% in Wasser	10,8	grün	rotbraun	

b) Man wählt Indicatorgemische, und zwar solche, deren Komponente ungefähr bei dem gleichen p_H ihre Indicatorwirkung ausüben und dort mehr oder weniger Kontrastfarben bilden. Kennt man die Extinktions- oder Transmissionskoeffizienten der verschiedenen Indicatoren bei verschiedenen Wellenlängen und p_H-Werten, so kann man daraus schon geeignete Kombinationen ableiten. In dieser Hinsicht sei auf die interessanten Veröffentlichungen von E. B. R. PRIDEAUX[1] und von A. THIEL und R. DIEHL[2] verwiesen.

Schon vor etwa 30 Jahren hat M. SCHOLTZ[3] eine größere Reihe Mischindicatoren angegeben, die wenig angewandt werden. Bekannter ist das Methylorange-Indigocarmin-Gemisch, das auch LUTHER[4] und KIRSCHNIK[5] empfohlen haben. K. C. D. HICKMANN und R. P. LINSTEAD[6] verwenden statt Indigocarmin den Farbstoff Xylen-Cyanol (F. T.): 1 Teil Methylorange und 1,4 Teile Xylen-Cyanol in 500 ccm 50proz. Alkohol. In alkalischer Lösung ist die Farbe grün, in saurer Lösung magentarot. Beim p_H 3,8 hat der Mischindicator eine neutrale graue Farbe. Das Methylorange-Indigocarmin-Gemisch verhält sich in ähnlicher Weise (in dunkler Flasche aufzubewahren).

A. COHEN[7] verwendet Mischungen der Sulfophthaleine. So ist ein Gemisch von Bromkresolpurpur und Bromthymolblau grüngelb bei p_H 6,0, reinblau bei p_H 6,8. Er empfiehlt auch Mischungen von Bromkresolpurpur mit Bromphenolblau und von Bromphenolblau mit Kresolrot. Auch andere Kombinationen sind empfohlen worden[8]. I. M. KOLTHOFF[9] hat eine größere Reihe von Kombinationen untersucht, die in der vorstehenden Tabelle zusammengefaßt sind. Im allgemeinen ist es zu empfehlen, die

---

[1] PRIDEAUX, E. B. R.: Journ. Soc. Chem. Ind. **55**, 664, 678, 697 (1926).
[2] THIEL, A., u. R. DIEHL: Sitzungsber. Ges. Naturw. Marburg **64**, 79 (1929).
[3] SCHOLTZ, M.: Ztschr. f. Elektrochem. **10**, 549 (1904).
[4] LUTHER: Chem.-Ztg. **31**, 1172 (1904).
[5] KIRSCHNIK: Chem.-Ztg. **31**, 960 (1907).
[6] HICKMANN u. LINSTEAD: Journ. Chem. Soc. London **121**, 2502 (1922); vgl. auch F. X. MOERK: Amer. Journ. Pharm. **93**, 675 (1921).
[7] COHEN, A.: Journ. Amer. Chem. Soc. **44**, 185 (1922).
[8] Vgl. LIZIUS: Analyst **46**, 355 (1921). — CARR, F. H.: Analyst **47**, 196 (1922). — CHABOT, G.: Chem. Zentralblatt **96**, 1375 (1922). — SIMPSON, G.: Ind. Engin. Chem. **16**, 709 (1924).
[9] KOLTHOFF, I. M.: Biochem. Ztschr. **189**, 26 (1927).

Mischindicatoren in braunen Flaschen aufzubewahren, weil verschiedene Farbstoffe sich am Lichte zersetzen.

In der zweiten Kolonne ist unter p_T der Umschlagspunkt des Mischindicators angegeben.

8. Trübungsindicatoren. Das Auftreten einer Trübung durch Bildung eines Niederschlags hat schon in vielen Einzelfällen als Kriterium einer Reaktion Verwendung gefunden. In der Acidimetrie und Alkalimetrie hat wohl L. KIEFFER[1] als erster die Bildung eines Niederschlags als Anzeichen für den Äquivalenzpunkt gewählt, indem er ammoniakalische Kupfersulfatlösung verwandte. Später sind andere ähnliche Indicatoren vorgeschlagen worden (vgl. K. JELLINEK[2]), die jedoch kaum eine praktische Bedeutung haben. In einer eingehenden Untersuchung hat KARL NAEGELI[3] kolloide Ampholyte als Trübungsindicatoren studiert und einige recht brauchbar gefunden. Viele Ampholyte zeichnen sich durch ihre Schwerlöslichkeit beim isoelektrischen Punkt aus (vgl. Kap. 2); auf der sauren Seite dieses Punktes findet eine Kationen-, auf der basischen Seite eine Anionenbildung statt, und die Löslichkeit nimmt zu. Fügt man daher eine Lösung eines derartigen Ampholyten (Kationen- oder Anionensalz) zu einer Flüssigkeit, so nimmt man nur dann eine Trübung wahr, wenn das p_H derselben ganz nahe dem isoelektrischen Punkte des Ampholyten ist. Für die p_H-Bestimmung sind diese Trübungsindicatoren fast ohne Bedeutung; mehr Anwendung können sie in der Maßanalyse finden. Bezüglich Einzelheiten sei daher auf die eingehende Mitteilung von NAEGELI und Verfassers Buch „Maßanalyse II“ (2. Aufl., S. 56) verwiesen.

9. Fluorescenzindicatoren. Da die Technik und das Interesse für Messungen im ultravioletten Lichte in den letzten Jahren so zugenommen hat, scheint eine kurze Besprechung der Fluorescenzindicatoren angebracht. Sie verhalten sich wie schwache Säuren oder schwache Basen, deren saure oder alkalische Form eine ausgesprochene Fluorescenz zeigt. Fluorescenz kann man in folgender Weise beschreiben: Energie irgendeiner Wellenlänge wird von der Substanz absorbiert und als Energie einer anderen Wellenlänge (gewöhnlich einer größeren als die der absorbierten) ausgestrahlt.

---

[1] KIEFFER, L.: Liebigs Ann. **93**, 386 (1855).
[2] JELLINEK, K.: Ztschr. f. anorg. u. allg. Ch. **130**, 263 (1923).
[3] NAEGELI, K.: Kolloidchem. Beihefte **21**, 306 (1925).

Es läßt sich erwarten, daß man mit Fluorescenzindicatoren ebenso wie mit einfarbigen Farbenindicatoren das p_H einer Lösung bestimmen kann. Wenn die Dissoziationskonstante des Indicators bekannt ist und eine genau abgemessene Menge Indicator zugesetzt wird, so läßt sich aus der Intensität der Fluorescenz die Konzentration der fluorescierenden Form und daher auch das Verhältnis $[HJ]:[J^-]$ (oder $[JOH]:[J^+]$) ableiten (vgl. Methode MICHAELIS S. 310).

Jedoch soll man mit der Anwendung dieser Methode für quantitative Untersuchungen vorsichtig sein. J. EISENBRAND[1] hat in einer sehr wertvollen Untersuchung gezeigt, daß zwischen Lichtabsorption und Fluorescenz bei Lösungen von Chininsulfat in Schwefelsäure ein eindeutiger Zusammenhang besteht. Es gilt das BEERsche Gesetz: Lichtabsorption und Fluorescenzintensität sind nach einer logarithmischen Beziehung einander proportional. In verdünnten Lösungen geht diese Beziehung für den Grenzfall, daß die Extinktion des zur Beobachtung gelangenden fluorescierenden Feldes unendlich klein wird, in die oft beobachtete Gesetzmäßigkeit über: *Konzentration und Fluorescenzintensität sind einander direkt proportional.* Man soll jedoch bedenken, daß diese Regel nur für sehr verdünnte Lösungen gilt, wo die Absorption des fluorescierenden Lichtes durch die Lösung unendlich klein ist.

Für die Anwendung der Fluorescenzindicatoren bei p_H-Messungen ist diese Regel von großer Bedeutung. Eine Bedingung ist doch, daß der Indicator auch in sehr geringen Konzentrationen (wie zweiwertige Chininionen) noch eine bedeutende Fluorescenz hat, so daß man bei sehr geringen Indicatorkonzentrationen auskommen kann. Zusatz größerer Mengen der Indicatoren ist zu umgehen, denn ebenso wie die Farbindicatoren haben sie saure oder basische Eigenschaften, so daß sie das p_H einer Lösung ändern können (vgl. besonders S. 326, ungepufferte Flüssigkeiten).

Wenn die Methodik der Fluorescenzmessung sich mehr eingebürgert hat, wird es nötig sein, nicht nur die Faktoren zu studieren, die die Gleichgewichtsverhältnisse ändern (Neutralsalze, Temperatur), sondern auch diejenigen, die einen Einfluß auf die

---

[1] EISENBRAND, J.: Ztschr. f. physik. Ch. **144**, 441 (1929).

Fluorescenz haben können (Deformationseffekt, Lösungsmittel usw.; vgl. P. W. DANCKWORTT, Luminescenzanalyse, 2. Aufl., Leipzig 1929; F. WEIGERT, Optische Methoden in der Chemie, 1927).

Für die quantitative Fluorometrie sei auch auf die interessante Veröffentlichung von L. J. DESHA[1] hingewiesen. Ein Zusammenhang zwischen Fluorescenz und p_H ist schon in der älteren Literatur beschrieben worden (vgl. KRÜGER[2], BUCKINGHAM[2], KNOBLAUCH[2], WADDEL[2], ZELLNER[2]). O. STARK[3] hat das 2-Methyl-3-aminochinolin für titrimetrische Zwecke empfohlen. Die Ionen zeigen eine ausgesprochene Fluorescenz, während die freie Base inaktiv ist.

Für quantitative Messungen empfiehlt es sich, im filtrierten Lichte der ultravioletten Quarzlampe bei monochromatischer Beleuchtung ($\lambda = 366\ \mu\mu$) zu arbeiten. Man kann dann gewöhnliche Glaszellen verwenden, weil sie die ziemlich langen Wellen des ultravioletten Lichtes durchlassen.

Das Fluorescenzintervall stellt ebensowenig wie das Farbumschlagintervall eine exakte Größe vor. Das Gebiet hängt natürlich auch von der Empfindlichkeit der gebrauchten Instrumente ab.

Dichlorofluorescein[4]. Intervall 4,0—6,6; fluoresciert in alkalischer Lösung. 2 ccm 1 proz. Indicator auf 100 ccm Lösung.

Fluorescein[5]. p_H 3,8 (schwach blaugrüne Fluorescenz) bis 4,3 (intensivgrüne Fluorescenz), nach H. LINSER brauchbar zwischen 3,4 und 4,1.

Salicylsäure[6]. p_H 2,0 (farblos) bis 3,5 (intensiv blaue Fluorescenz).

Acridin[5]. $p_H < 4,85$ (intensiv grüne Fluorescenz) $> 4,85$ (violettblaue Fluorescenz).

---

[1] DESHA, L. J.: Journ. Amer. Chem. Soc. **42**, 1350 (1920).

[2] KRÜGER: Ber. Dtsch. Chem. Ges. **9**, 1572 (1876). — BUCKINGHAM: Ztschr. f. physik. Ch. **14**, 129 (1894). — KNOBLAUCH: Wied. Ann. **54**, 193 (1895). — WADDEL: Journ. Physical Chem. **2**, 171 (1898). — ZELLNER: Pharm. Ztg. **46**, 100 (1901). — KUMMERER: Inaug.-Diss. Berlin 1914.

[3] STARK, O.: Ber. Dtsch. Chem. Ges. **40**, 3434 (1907).

[4] BRAVO, G. A.: Chimie et Industrie **22**, 481 (1929); auch Y. VOLMAR: Anales soc. espanola Fis. Quim. **29**, 247 (1931).

[5] VOLMAR, Y., u. E. WIDDER: Chimie et Industrie **21**, 160 (Spezialnummer Febr. 1929). — VOLMAR, Y.: Arch. Physiol. Biol. **6**, 61 (1928).

[6] EISENBRAND, J.: Pharm. Ztg. **74**, 249 (1929).

β-Methylumbelliferon[1] (0,3% in Alkohol). Anhydridform:

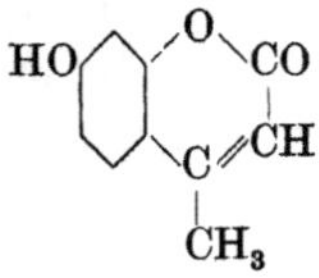

p_H 5,8 (farblos) bis 7,5 (blaue Fluorescenz).

Umbelliferon[2]. p_H 6,5 (schwach blaue Fluorescenz) bis p_H 7,6 (intensiv blaue Fluorescenz); nach H. LINSER[3] von 6,25 bis 7,0 und 7,0 bis 8,0.

Äsculin. Von p_H 3,4 bis 4,1 (H. LINSER).

Chinin ist von verschiedenen Autoren, am eingehendsten von J. EISENBRAND (l. c.) untersucht worden. Es hat zwei Umschlagsintervalle: p_H 5,8 (vergißmeinnichtblaue Fluorescenz) bis 6,5 (violette Fluorescenz [mit blau]); p_H 9,0 (violette Fluorescenz) bis 10,0 (farblos).

Bekanntlich hat Chlorid einen großen Einfluß auf die Fluorescenzintensität, was einer allgemeinen Anwendung des Indicators sehr im Wege steht.

β-Naphthol (EISENBRAND). $p_H < 8,6$ (farblos), bei $p_H > 8,6$ (blau).

Cotarnin (EISENBRAND). Bei p_H 12,5 von gelber nach weißer Fluorescenz.

Naphtholsulfosäuren[4].

Die Natriumsalze der folgenden Naphtholsulfosäuren sind von L. J. DESHA, R. E. SHERILL und L. M. HARRISON[4] quantitativ studiert worden.

Natriumsalz der 1-Naphthol-4-sulfosäure ($K_s = 6,3 \times 10^{-9}$). Saure Form farblos, alkalische Form fluoresciert. Intervall etwa von p_H 7,0 (12,7% Fluorescenz) bis 9,6 (93,1% Fluorescenz).

Natriumsalz der 2-Naphthol-3, 6-disulfosäure ($K_s = 3,2 \times 10^{-10}$). Intervall etwa von p_H 8,6 (farblos) bis 10,6 (fluoresciert).

---

[1] BÜLOW, C., u. W. DICK: Ztschr. f. anal. Ch. **75**, 81 (1928).

[2] ROBL: Ber. Dtsch. Chem. Ges. **59**, 1725 (1926); auch R. MELLIT u. M. A. BISCHOFF: C. r. **182**, 1616 (1926); auch Y. VOLMAR: Anales soc. espanola Fis. Quim. **29**, 247 (1931).

[3] LINSER, H.: Biochem. Ztschr. **244**, 157 (1932).

[4] DESHA, L. J., R. E. SHERILL u. L. M. HARRISON: Journ. Amer. Chem. Soc. **48**, 1493 (1926).

Natriumsalz der 1-Naphthol-2-sulfosäure. Intervall etwa von p_H 8,5 (farblos) bis 10,5 (fluoresciert).

Auch untersuchten DESHA und Mitarbeiter Resorcin- und Hydrochinondisulfosäuren. Ihre Fluorescenz ist jedoch weniger ausgesprochen als die der Naphtholsulfosäuren; zudem zersetzen sie sich ziemlich schnell in alkalischer Lösung.

Wir begnügen uns mit dieser kurzen und unvollständigen Übersicht. Vom quantitativen Standpunkt aus sind die Eigenschaften der Fluorescenzindicatoren noch sehr ungenügend bekannt; Einfluß der Indicatorkonzentration, Salzfehler usw. müssen eingehender untersucht werden. Dasselbe gilt für spezifische Einflüsse; so erniedrigt Chlorid die Fluorescenz der Chininkationen und Naphtholsulfosäureanionen sehr stark. Vorläufig sind daher die Fluorescenzindicatoren von größerer Bedeutung für maßanalytische Bestimmungen in gefärbten Lösungen als für die quantitative p_H-Bestimmung.

10. Die Einteilung der Indicatoren. Auch aus der graphischen Darstellung (S. 113) ist eine einfache Einteilung der verschiedenen Indicatoren ersichtlich, auf die bereits SCHOORL[1] hingewiesen hat. Liegt nämlich das Umschlagsgebiet eines Indicators in der Nähe von $p_H = 7$, so ist er gleichempfindlich für Wasserstoff- wie für Hydroxylionen, man nennt ihn dann *neutral-* oder *gleichempfindlich.* Ist aber der Indicatorexponent pK_I — d. h. der negative Logarithmus von K_{HJ}, der dem p_H-Wert entspricht, bei dem 50% des Indicators umgesetzt sind — kleiner als 7, so schlägt der Indicator erst bei saurer Reaktion um, er heißt dann: *alkaliempfindlich.* Ist hingegen der Indicatorexponent größer als 7, so tritt der Umschlag erst bei alkalischer Reaktion ein, der Indicator ist also *säureempfindlich.*

Einteilung der Indicatoren.

Umschlagsgebiet etwa $p_H = 7$: neutraler Indicator,
z. B. Neutralrot, Phenolrot, Azolitmin;

$p_H > 7$ säureempfindlich,
z. B. Phenolphthalein und Thymolphthalein;

$p_H < 7$ alkaliempfindlich,
z. B. Dimethylgelb, Methylrot.

[1] SCHOORL, N.: Chem. Weekblad **3**, 719, 771, 807 (1906).

Versetzt man also eine neutral reagierende Lösung, wie es die meisten Leitungswässer sind, mit verschiedenen Indicatoren, so gibt:

Neutralrot oder Phenolrot eine Zwischenfarbe,
Phenolphthalein die saure Farbe (farblos),
Dimethylgelb die alkalische Farbe (gelb).

Wenn man also die Reaktion einer Lösung gegen einen Indicator feststellt, erhält man nicht die *wahre Reaktion*, wie sie im ersten Kapitel definiert wurde. Reagiert eine Flüssigkeit beispielsweise gegen Phenolphthalein sauer, so wissen wir, daß ihr p_H kleiner als 8 ist, reagiert sie alkalisch gegen Dimethylgelb, so ist das p_H größer als 4,2. Nur wenn wir die Farbstufe bestimmen, die Neutralrot in der gegebenen Flüssigkeit annimmt, so entspricht der saure oder alkalische Farbton der wahren sauren oder alkalischen Reaktion.

Bisher haben wir stets von Indicatorsäuren gesprochen. Genau die gleiche Theorie gilt auch für die Betrachtung von Indicatorbasen JOH:

$$\mathrm{JOH} \leftrightarrows \mathrm{J}^{\cdot} + \mathrm{OH}',$$

$$\frac{[\mathrm{J}^{\cdot}]}{[\mathrm{JOH}]} = \frac{K_{JOH}}{[\mathrm{OH}']}. \tag{6}$$

Hierin bedeuten $J^{\cdot}$ die saure und [JOH] die basische Form. Da nun [OH′] gleich $\frac{K_W}{[H^{\cdot}]}$ ist, ist auch das zweite Glied der Gleichung (6):

$$\frac{K_{JOH}}{[\mathrm{OH}']} = \frac{K_{JOH}}{K_W} \times [\mathrm{H}^{\cdot}].$$

Setzen wir nun geradeso wie bei den sauren Indicatoren die Konzentration der alkalischen Form in den Zähler ein, so erhalten wir:

$$\frac{[\mathrm{JOH}]}{[\mathrm{J}^{\cdot}]} = \frac{K_W}{K_{JOH} \times [\mathrm{H}^{\cdot}]}. \tag{7}$$

Wenn wir nun für $\frac{K_W}{K_{JOH}}$ eine neue Konstante K′ einsetzen[1], so geht die Gleichung (7) in die Form über:

$$\frac{[\mathrm{JOH}]}{[\mathrm{J}^{\cdot}]} = \frac{K'}{[\mathrm{H}^{\cdot}]}. \tag{8}$$

---

[1] Der negative Logarithmus von $K' = pK_I$ wird die Indicatorkonstante oder besser der Indicatorexponent genannt. $p_H = pK_I$ entspricht der Halbwertstufe.

Wir erhalten hier also die entsprechende Gleichung wie bei den sauren Indicatoren und können somit alles, was dort über das Umschlagsgebiet gesagt ist, auch auf die basischen Indicatoren anwenden.

Das Umschlagsgebiet ist nun für jeden Indicator ein anderes und auch mit dieser Einschränkung keine feststehende Größe. Abgesehen von der persönlichen Beobachtungsgabe ist es auch abhängig von der Dicke der Flüssigkeitsschicht, die beobachtet wird, von der Indicatorkonzentration und der Temperatur.

Insbesondere die Konzentration des Indicators wurde bisher niemals genügend beachtet. Da diese aber bei der colorimetrischen Bestimmung der Wasserstoffionenkonzentration und auch bei manchen Titrationen von Bedeutung ist, so soll sie hier eingehend besprochen werden.

11. Der Einfluß der Indicatorkonzentration auf das Umschlagsgebiet. Wie gleich ersichtlich, besteht ein grundsätzlicher Unterschied zwischen den ein- und den mehrfarbigen Indicatoren. Die ersten werden als die einfachsten zunächst besprochen.

a) *Einfarbige Indicatoren.* Nehmen wir wieder an, daß der Indicator eine Säure von der Formel HJ ist, so folgt aus der Gleichung (2):

$$\frac{[J']}{[HJ]} = \frac{K_{HJ}}{[H^{\cdot}]},$$

$$[J'] = \frac{K_{HJ}}{[H^{\cdot}]} \times [HJ]. \tag{9}$$

Hierin bedeutet [J′] den Gehalt an der gefärbten und [HJ] den an der ungefärbten Form. Nehmen wir nun eine bestimmte Lösung, deren $[H^{\cdot}]$ durch ein bestimmtes Puffergemisch festgelegt ist, dann ist in der Gleichung (9) $\frac{K_{HJ}}{[H^{\cdot}]}$ eine Konstante, die wir K′ nennen; es wird dann:

$$[J'] = K' \times [HJ]. \tag{10}$$

Hieraus ist zu ersehen, daß die Menge der gefärbten Form proportional der Konzentration des nichtdissoziierten Indicators ist. Wenn nun [HJ] größer wird, wird die Färbung bei gleichbleibender Wasserstoffionenkonzentration auch in gleichem Verhältnis stärker. Da aber die meisten Indicatoren nur sehr wenig löslich sind, so nähert sich [HJ] sehr schnell dem Sättigungszustande, so daß die Farbe nur bis zu einem gewissen Grade zunehmen kann. Hat der Indicator die Löslichkeit L, dann ist bei einer bestimmten [H˙] die größtmögliche Farbenstärke [J′] gegeben durch:

$$[J'] = L \times K', \qquad (11)$$

in Worten ausgedrückt heißt das, daß beim Zusatz eines einfarbigen Indicators zu einem bestimmten Puffergemisch die Farbintensität anfangs bis zu einem Höchstwert zunimmt, bei dem die Lösung mit dem Indicator gesättigt ist. Andererseits ist auch ein gewisser Mindestwert des Indicators erforderlich, damit die Sichtbarkeitsgrenze der gefärbten Form erreicht wird; es muß also eine gewisse Menge der gefärbten Form vorhanden sein, damit sie wahrgenommen werden kann. Diese erforderliche Menge ist nicht ein für allemal anzugeben, da sie außer von der persönlichen Beobachtungsgabe besonders von der Schichtdicke der Flüssigkeit abhängt. Ist nun bestimmt, welche Menge der gefärbten Form mindestens vorhanden sein muß, um wahrnehmbar zu sein, und ist dieser Mindestwert J'_{min}, so ist:

$$[J'_{min}] = [HJ_{min}] \times K'. \qquad (12)$$

Bei einer gegebenen Wasserstoffionenkonzentration schwankt die Menge von [J′], d. h. der Farbgrad zwischen $[HJ_{min}] \times K'$ und $L \times K'$. Aus dem Vorhergehenden folgt, daß diese Betrachtung für die colorimetrische Bestimmung der Wasserstoffionenkonzentration von sehr großer Bedeutung ist. Wir werden später nochmals auf diesen Punkt zurückkommen (Kap. 9).

Bei einfarbigen Indicatoren ist die Konzentration des Indicators ebenfalls auf die Größe seines Umschlagsgebietes von Einfluß. Bei der Annahme, daß wir zwei einfarbige Indicatoren benutzen, deren gefärbte Form gleich deutlich wahrnehmbar ist [also J_{min} gleich groß] und deren Dissoziationskonstante auch gleich groß sind, während immer die zur Sättigung der Lösung erforderliche Menge angewendet wird (also $[HJ] = L$), dann folgt aus den Gleichungen (9) bis (12), daß der Anfang des Umschlagsgebietes bei einer Wasserstoffionenkonzentration liegt:

$$[H^{\cdot}] = \frac{L}{[J'_{min}]} \times K_{HJ}. \qquad (13)$$

Wenn nun die Löslichkeit des einen Indicators 100 mal so groß ist wie die des anderen, so wird bei gleicher Wasserstoffionenkonzentration die Konzentration der gefärbten Form des ersten Indicators 100 mal so groß sein wie der entsprechende Wert des zweiten. Mit anderen Worten: der Anfang des Umschlagsgebietes des ersten Indicators wird bei einer Wasserstoffionenkonzentration liegen, die 100 mal so klein ist wie die, bei der der zweite Indicator umzuschlagen beginnt, wenn man nämlich mit gesättigter Indicatorlösung arbeitet. Das p_H des Umschlagsbeginns des ersten Indicators wird also um 2 kleiner sein als der unter Anwendung des anderen Indicators gefundene Wert. Obgleich also die beiden Indicatoren die gleiche Dissoziationskonstante haben, so ist doch das Umschlagsgebiet des leichter löslichen Indicators bedeutend breiter.

Der Endpunkt des Umschlagsgebietes wird von dem leichter löslichen Indicator praktisch nur eine Kleinigkeit früher erreicht werden als von dem weniger leicht löslichen. Dieser Unterschied ist aber nicht von großer Bedeutung. Da das Indicatorsalz leicht löslich ist, werden wir am Ende des Farbumschlages doch nur schwer wieder eine gesättigte Indicatorlösung erreichen, da wir dann wegen der Salzbildung eine große Menge des Indicators zugeben müßten.

In der Annahme, daß das Ende des Umschlagsgebietes erreicht ist, wenn 91% des Indicators in alkalischer Form vorliegen, liegt das Umschlagsgebiet eines Indicators in gesättigter Lösung zwischen den Wasserstoffionenkonzentrationen:

$$[H^\cdot] = \frac{L}{[J'_{min}]} \times K_{HJ} \quad \text{und} \quad [H^\cdot] = \frac{9}{91} \times K_{HJ} = \frac{1}{10} K_{HJ}$$

oder zwischen

$$p_H = pK_I \times \log \frac{[J'_{min}]}{L} \quad \text{und} \quad p_H = pK_I + 1\,.$$

Aus der nachstehenden Untersuchung ist ersichtlich, daß diese Betrachtungen von praktischer Bedeutung sind. Es wurde schon erwähnt, daß die Löslichkeit von Phenolphthalein ziemlich viel größer ist als die von Thymolphthalein, so daß also die Größe des Umschlagsgebietes von Phenolphthalein ebenfalls viel größer ist als die des Thymolphthaleins. Weiterhin ist wieder die Löslichkeit des p-Nitrophenols noch viel größer als die des Phenolphthaleins, so daß also das p-Nitrophenol ein sehr großes und von der Indicatorkonzentration abhängiges Umschlagsgebiet hat.

Phenolphthalein. (Bezüglich Einzelheiten vgl. 2. Aufl. S. 60.) Die Löslichkeit beträgt etwa $^1/_{4000}$ molar, während McCoy[1] eine Löslichkeit von nur $^1/_{12000}$ molar gefunden hatte.

Weiterhin versuchte ich festzustellen, welche kleinste Konzentration der roten Form $[J'_{min}]$ in Nesslerschen Colorimetergläsern mit einer Schichtdicke von 8 cm gegen einen weißen Hintergrund noch durch eine Rotfärbung zu erkennen war. Von einer 1 promill. Lösung wurden verschiedene Verdünnungen gemacht. Zu je 50 ccm gab ich 1 ccm 4n-Natronlauge und beobachtete nun, bei welcher Konzentration eine schwache Rotfärbung gerade erkennbar wurde. Bei einer Indicatorkonzentration von 2×10^{-6} molar war die Rotfärbung gerade noch zu sehen, bei einem Gehalt von 1×10^{-6} war sie zweifelhaft. Bei den von mir gewählten Bedingungen können wir also annehmen, daß $[J'_{min}]$ gleich 2×10^{-6} molar ist. Bei den gewöhnlichen Titrationen ist dieser Wert natürlich größer, da dann ungünstigere Wahrnehmungsbedingungen vorliegen.

Weiter wurde untersucht, bei welchem Gehalte an der gefärbten Form eine weitere Zugabe in den Nesslerschen Colorimetergläsern keine für unser Auge deutlich bemerkbare Veränderung mehr bewirkte. Dies war der Fall, wenn 5—6 ccm einer 1 promill. Lösung zu 50 ccm zugegeben waren, bei anderen Versuchen 1,5 ccm 0,5 proz. Verdünnung.

Hieraus folgt, daß der Beginn des Umschlagsgebietes einer gesättigten Phenolphthaleinlösung liegt bei:

$$[H^\cdot] = \frac{L}{[J'_{min}]} \times K_{HJ},$$

$$L = \frac{1}{4000} = 2{,}5 \times 10^{-4} \text{ molar},$$

$$[J'_{min}] = 2 \times 10^{-6} \text{ molar};$$

bei der Zugrundelegung von $pK_I = 9{,}7$ ist:

$$p_H = 9{,}7 + \log \frac{2 \times 10^{-6}}{2{,}5 \times 10^{-4}} = \mathbf{7{,}6}.$$

In der Tat zeigte ein mit Phenolphthalein gesättigtes Borsäure-Borax-Gemisch ein Sichtbarwerden der rosa Farbe bei $p_H = 7{,}8$.

[1] McCoy: Amer. Chem. Journ. **31**, 563 (1904).

Der Endpunkt des Gebietes liegt aber in unserem Falle bei einem p_H, das kleiner als 10,0 ist, und zwar bei der Anwendung einer gesättigten Phenolphthaleinlösung bei $p_H = 9{,}4$. Dies rührt zum Teil daher, daß pK_I hier keine Konstante ist.

Thymolphthalein. Die Untersuchung wurde in genau der gleichen Weise vorgenommen, so daß es genügen dürfte, wenn ich hier nur die Ergebnisse anführe, ohne nochmals auf Einzelheiten einzugehen.

Die Löslichkeit ist viel geringer als die von Phenolphthalein, da eine Trübung bereits bei Gegenwart von 12,5 ccm einer 0,1 proz. Lösung im Liter eintrat, d. h. bei $1{,}25 \times 10^{-6}$ g im Liter.

Weiter ist:

$$[J'_{min}] = 1 \times 10^{-6}\ \text{g im Liter.}$$

Beginn des Umschlagsgebietes bei:

$$p_H = pK_I + \log \frac{1 \times 10^{-6}}{1{,}25 \times 10^{-6}}.$$

Der Anfang des Umschlagsgebietes liegt also bei einem p_H, das etwa dem pK_I an Größe gleich ist. Das Umschlagsgebiet von Thymolphthalein liegt nach SÖRENSEN zwischen $p_H = 9{,}3$ und 10,5. Ich fand den Anfang bei $p_H = 9{,}2$. Auch aus anderen Versuchen fand ich, daß der Wert für pK_I nicht $\frac{9{,}3 + 10{,}5}{2} = 9{,}9$, sondern nur gleich **9,2** ist.

Hieraus ist ersichtlich, daß wir nicht immer aus der Kurve (vgl. S. 113) direkt das pK_I für den Punkt ablesen können, bei dem 50% des Indicators in die alkalische Form übergegangen sind (vgl. ROSENSTEIN, 1912).

Paranitrophenol. Bei diesem spielt ganz besonders die Löslichkeit für den Umschlag eine große Rolle. Aus einem Präparate mit dem Schmelzpunkte 112—113° wurde eine 1 proz. Lösung angefertigt, von der weiter verschiedene Verdünnungen bereitet wurden. Bei der Beobachtung der Gelbfärbung in NESSLERschen Colorimetergläsern zeigte sich:

$$[J'_{min}] = 10^{-7}\ \text{molar.}$$

$[J'_{max}]$ ist natürlich viel schwieriger zu bestimmen. Bei geringen Konzentrationen von p-Nitrophenol ist die alkalische Färbung grüngelb, bei größerem Gehalt aber goldgelb. Setzte man zu 50 ccm einer sehr verdünnten Alkalilösung 1 ccm 1 proz. p-Nitrophenol, so ergab ein weiterer Zusatz des Indicators fast keinen wahrnehmbaren Farbunterschied mehr. $[J'_{max}]$ ist also etwa 2×10^{-4} g im Liter. Aus den Untersuchungen von SÖRENSEN (vgl. die Tabelle S. 116) ergibt sich, daß das Umschlagsgebiet von p-Nitrophenol zwischen $p_H = 5{,}0$ und 7,0 liegt. Daraus leitet sich die Dissoziationskonstante von p-Nitrophenol mit einem Werte von 10^{-6} ab.

Da nun das p-Nitrophenol einen ziemlich gut löslichen Indicator bildet, ist zu erwarten, daß es bereits bei einem viel geringeren p_H imstande ist, der Flüssigkeit eine Gelbfärbung zu erteilen, wenn man viel Indicator verwendet. Dies ergibt sich aus den folgenden Untersuchungen mit *0,1 n-Essigsäure*, einer Lösung, die ein p_H von 2,87 hat.

Es zeigten:

10 ccm und 1 ccm 1 proz. p-Nitrophenol: geringe bläuliche Färbung;

10 ccm und 2 ccm 1 proz. p-Nitrophenol: nur geringe gelbbläuliche Färbung;

10 ccm und 3 ccm 1 proz. p-Nitrophenol: deutliche Gelbfärbung.

Mit $^1/_{15}$ molarer NaH_2PO_4.

Zu 10 ccm einer wässerigen Lösung wurde so viel 0,1 proz. p-Nitrophenol gegeben, daß eine geringe Gelbfärbung sichtbar war.

Nach der Zugabe von 1,7—1,8 ccm war die Färbung äußerst schwach, bei Gegenwart von 2,0 ccm deutlich erkennbar. Der Versuch wurde mit 1 proz. Lösung wiederholt. Nach Zugabe von

0,14 ccm 1 proz. Lösung war nichts zu sehen,
0,18 „ 1 „ „ eine schwache gelbe Schattierung,
0,20 „ 1 „ „ ziemlich deutliche Gelbfärbung.

Hieraus ist zu entnehmen, daß p-Nitrophenol bereits bei einem p_H von etwa 3,0 (also etwa in 0,1 n-Essigsäure) anfangen kann umzuschlagen, wenn nur eine genügende Menge des Indicators anwesend ist.

Es bedarf keiner weiteren Betonung, daß diese Ableitungen und Betrachtungen von größter Bedeutung für die colorimetrische Bestimmung der Wasserstoffionenkonzentration sind. Die Konzentrationsfehler können am beträchtlichsten bei der Verwendung von p-Nitrophenol als Indicator werden, weniger bei Phenolphthalein und am geringsten bei der Verwendung des so schwer löslichen Thymolphthaleins.

b) *Zweifarbige Indicatoren.* Hier ist der Einfluß der Konzentration auf das Umschlagsgebiet viel verwickelter als im ersten Falle. Zunächst ist zu bemerken, daß auch hier die beiden Äste der Umsetzungskurve (Abb. 11, S. 113) meist nicht symmetrisch zueinander verlaufen, da die Empfindlichkeit, mit der die saure Form neben der alkalischen bestimmbar wird, meist eine andere ist als im umgekehrten Falle. So hat beispielsweise die rote, saure Form des Dimethylgelbs eine viel größere Farbstärke als die gleichkonzentrierte alkalische Form, so daß sie schon bei viel geringeren Konzentrationen neben der anderen bemerkbar ist als im umgekehrten Falle. Hierauf werden wir noch ausführlicher zu sprechen kommen.

Eine weitere Schwierigkeit tritt auf, wenn die eine der beiden Indicatorformen schwer löslich ist. Hierauf ist bei der colorimetrischen Bestimmung der Wasserstoffionenkonzentration besonders zu achten.

Als Beispiel wählen wir zunächst einen Azofarbstoff, nämlich Dimethylaminoazobenzol (Dimethylgelb).

Das Dimethylgelb ist eine schwache Base mit $p_{BOH} = 10$, die sehr schwer löslich ist und eine gelbe Färbung zeigt. Das rot gefärbte Salz dagegen löst sich besser in Wasser. In der Gleichung (8) ist

$$\frac{[JOH]}{[J^{\cdot}]} = \frac{[H^{\cdot}]}{K'}. \tag{8}$$

[JOH] ist die Konzentration der gelben Form, $[J^{\cdot}]$ der Gehalt der roten Form. Zu einer jeden gegebenen Wasserstoffionenkonzentration gehört also ein bestimmtes Verhältnis zwischen der gelben und der roten Form. Geben wir nun zu einer gegebenen Lösung eine zunehmende Menge des Indicators, so wird die Größe von [JOH] und von $[J^{\cdot}]$ steigen, und zwar im gleichen Verhältnisse, bis die Lösung mit [JOH] gesättigt ist. Von diesem Augenblicke an bleibt [JOH] konstant und damit auch $[J^{\cdot}]$. Der Überschuß des Indicators bleibt in der Lösung in kolloider Form, die die gleiche gelbe Färbung besitzt wie die alkalische Form. In einer solchen Lösung läßt also die Indicatorfarbe eine stärker alkalische Reaktion vermuten, als tatsächlich vorliegt.

Aus diesen Gründen ist es richtiger, das in sauren und alkalischen Lösungen ziemlich leicht lösliche Methylorange an Stelle des zuwenig wasserlöslichen Dimethylgelbs bei colorimetrischen Bestimmungen zu verwenden.

Dimethylgelb oder *Dimethylaminoazobenzol.* Ein durch mehrfaches Auskochen mit jeweils frischen Wassermengen gereinigtes Präparat wurde zur Bereitung gesättigter Lösungen verwendet.

1. Ein Teil wurde mit Wasser gut geschüttelt.
2. Ein anderer Teil wurde mit Wasser aufgekocht und einige Tage beiseitegestellt.
3. Endlich wurde eine alkoholische Lösung zum Wasser hinzugefügt und ebenfalls einige Tage sich selbst überlassen. In allen drei Fällen wurde die klare Lösung vorsichtig abgehebert und in NESSLERschen Colorimetergläsern mit Dimethylgelblösungen bekannter Konzentrationen verglichen. Es zeigte sich übereinstimmend, daß die Löslichkeit des Dimethylgelbs etwa 0,5 mg im Liter beträgt. Will man also in 10 ccm Flüssigkeit eine colorimetrische [H˙]-Bestimmung unter Benutzung einer 1 promill. alkoholischen Dimethylgelblösung ausführen, so darf man, um nicht in Schwierigkeiten zu kommen, nicht mehr als 0,05 ccm, also etwa einen Tropfen, benutzen.

12. Einfluß der Temperatur auf das Umschlagsgebiet. SCHOORL[1] hat bereits auf den Einfluß der Wärme auf die Farbe der Indicatoren hingewiesen. Er hatte gefunden, daß durch Erhitzen bis zum Sieden die Färbung der alkaliempfindlichen Indicatoren nach der basischen Seite, die der säureempfindlichen Indicatoren nach der sauren Seite verschoben wurde. Zur Erklärung wies er auf die zunehmende Dissoziationskonstante des Wassers. Diese Deutung ist nach dem Besprochenen auch einleuchtend.

Die Färbung eines sauren Indicators mit saurem Charakter wird von der Gleichung:

$$\frac{[J']}{[HJ]} = \frac{K_{HJ}}{[H^{\cdot}]} \qquad (3)$$

beherrscht.

Wenn nun ein säureempfindlicher Indicator bei einer Wasserstoffionenkonzentration von 10^{-10} umzuschlagen beginnt, so entspricht diese bei gewöhnlicher Temperatur einer Hydroxylionenkonzentration von etwa 10^{-4}. Beim Erwärmen wird nun [OH′],

[1] SCHOORL, N.: Chem. Weekblad **3**, 719, 771, 807 (1903).

die bereits $^1/_{10\,000}$n war, durch die wachsende Dissoziation des Wassers kaum geändert (wenigstens wenn wir mit einer sehr verdünnten Laugenlösung arbeiten) und wird also in der Größenordnung 10^{-4} bleiben. Da aber die Dissoziationskonstante des Wassers bei 100° etwa 100mal so groß wie bei 18° ist, wird auch die Wasserstoffionenkonzentration bei 100° 100mal so groß sein, weil $[H^{\cdot}] = \frac{K_W}{[OH']}$. Die Dissoziationskonstante der verschiedenen Säuren und Basen ändert sich mit der Temperatur meist nur wenig. Unter der Annahme, daß sie für die Indicatoren konstant bleibt, ergibt sich aus der Gleichung (3), daß $\frac{[J']}{[HJ]}$ bei 100° 100mal kleiner als bei 18° geworden ist, weil $[H^{\cdot}]$ 100mal größer geworden ist. Es ist dann zuwenig von der alkalischen Form anwesend, um einen wahrnehmbaren Farbumschlag zu bewirken. Man muß also bei Siedehitze erst so viel Lauge zusetzen, daß $[H^{\cdot}]$ wieder 100mal kleiner wird und sich dem Betrage bei Zimmertemperatur wieder nähert. Dies bedingt aber wiederum eine starke Steigerung der Hydroxylionenkonzentration, so daß also bei 100° das Verhältnis $\frac{[OH']}{[H^{\cdot}]}$ für den Anfangspunkt des Umschlagsgebietes viel größer ist als bei Zimmertemperatur.

Fassen wir einen basischen Indicator ins Auge, so ist nach den Gleichungen (7) und (8):

$$\frac{[JOH]}{[J^{\cdot}]} = \frac{K'}{[H^{\cdot}]} = \frac{K_W}{K_{JOH}} \times \frac{1}{[H^{\cdot}]}.$$

Liegt nun der Beginn des Umschlages eines solchen Indicators bei Zimmertemperatur bei einer $[H^{\cdot}] = 10^{-4}$, d. h. $^1/_{10\,000}$n-Salzsäure, dann wird die $[H^{\cdot}]$ beim Sieden durch die wachsende Dissoziation des Wassers praktisch nicht verändert. Dagegen nimmt K_W 100mal zu, während wir annehmen, daß K_{JOH} unverändert bleibt. Das zweite Glied der abgeleiteten Gleichung (7) und (8) wird also 100mal größer. Der Indicator wird also erst anfangen umzuschlagen, wenn so viel Säure zugegeben ist, daß $[H^{\cdot}]$ 100mal so groß geworden ist. Der Anfang des Umschlagsgebietes liegt also bei erhöhter Temperatur bei einem viel kleineren p_H, aber bei dem gleichen p_{OH}.

Auch aus der Betrachtung der Hydrolyse folgt, daß die sauren Indicatoren beim Erwärmen ihrer Farbe nach der sauren Seite

13*

hin verändern und entsprechend umgekehrt. Ist BJ ein Indicatorsalz, dann wird die Hydrolyse in wässeriger Lösung durch die Gleichung ausgedrückt:

$$J' + H_2O \leftrightarrows HJ + OH',$$

$$\frac{[HJ][OH']}{[J']} = \frac{K_W}{K_{HJ}}.$$

Wird beim Kochen K_W 100 mal größer[1] und bleibt K_{HJ} unverändert, so wird auch $\frac{[HJ]}{[J']}$ 100 mal größer werden, da der Rest unverändert bleibt. Es entsteht also ein 100 mal größerer Betrag der sauren Form.

In den folgenden Versuchen soll gezeigt werden, ob sich wirklich bei den Indicatoren mit saurem Charakter das Umschlagsgebiet etwa um 2 Einheiten der p_{OH}-Achse und bei alkalischen Indicatoren um 2 Einheiten der p_H-Achse verschiebt. Wenn dies der Fall ist, so ist das ein Beweis dafür, daß sich die Dissoziationskonstanten der Indicatoren beim Erwärmen nicht ändern.

Nitramin. Dieser Indicator ändert seine Empfindlichkeit für Lauge, also für Hydroxylionen, bei höherer Temperatur nicht. Hieraus ergibt sich, daß das Nitramin sich wie ein basischer Indicator verhält.

Thymolphthalein. In einem vielgebrauchten, gut ausgedämpften Erlenmeyerkolben aus Jenaer Glas wurden 250 ccm destilliertes Wasser unter Zusatz von 10 Tropfen 1 promill. Thymolphthaleinlösung bei Siedehitze mit 0,1 n-NaOH auf eine schwach blaue Färbung eingestellt. Erforderlich waren 0,7—0,8 ccm 0,1 n-NaOH. Der Versuch wurde viermal wiederholt. Die Farbtönung war nach der Zugabe von 5 ccm 0,1 n-Lauge maximal. Der Indicator beginnt also bei Gegenwart von 3 ccm 0,1 n-Lauge im Liter umzuschlagen, also bei $[OH'] = 3 \times 10^{-4}$ und $p_{OH} = 3{,}53$. Da p_W bei 100° gleich 12,2 ist, beginnt also der Indicator bei p_H $12{,}2 - 3{,}53 = 8{,}67$ umzuschlagen.

Der Indicator ist völlig bei $[OH'] = 2 \times 10^{-3}$ und $p_{OH} = 2{,}70$, d. h. bei $p_H = 9{,}50$ umgeschlagen.

---

[1] Nach den Untersuchungen von KOHLRAUSCH u. HEYDWEILLER: Ann. der Physik (4) **28**, 512 (1909) ist p_{H_2O} bei 100° gleich 12,24; nach LORENZ u. BÖHL: Ztschr. f. physik. Ch. **66**, 733 (1909) ist dieser Wert 12,13. Als Mittelwert für p_{H_2O} bei 100° können wir also 12,2 annehmen.

Der Indicator schlägt also bei 100° bei einem viel größeren Verhältnis von $OH' : H^{\cdot}$ um als bei 18°. Hierauf hat bereits, wie gesagt, SCHOORL hingewiesen.

Auffallend ist, daß der Indicator bei 100° bei einem kleineren p_H umzuschlagen beginnt als bei Zimmertemperatur. Dies beweist noch nicht eine Vergrößerung der Dissoziationskonstante des Thymolphthaleins, sondern kann auch in der größeren Löslichkeit des Indicators bei erhöhter Temperatur begründet sein. Wie bereits erörtert, spielt gerade bei dem Thymolphthalein die Löslichkeit eine besonders wichtige Rolle für das Umschlagsgebiet. Es wurde gezeigt, daß die zugefügten 10 Tropfen der 0,1 proz. Thymolphthaleinlösung sich bei Zimmertemperatur nicht, wohl aber bei Siedehitze lösten. Es ist also wahrscheinlich, daß die Tatsache, daß das Thymolphthalein bei 100° bei einem kleineren p_H als bei Zimmertemperatur umzuschlagen beginnt, teilweise der leichteren Löslichkeit, also der größeren Konzentration, bei höheren Temperaturen zuzuschreiben ist.

Phenolphthalein. Die Versuche wurden entsprechend angestellt. Bei Anwesenheit von 5 Tropfen 1 proz. Phenolphthaleinlösung in 250 ccm kochenden Wassers trat eine schwache Rosafärbung nach dem Zusatz von 0,20 bzw. 0,21 ccm 0,1 n-NaOH auf. Hierbei ist $[OH'] = 8 \times 10^{-5}$, p_{OH} 4,1 und p_H 8,1.

Die Farbstärke hatte nach dem Zusatz von 1,5 ccm 0,1 n-NaOH zu 250 ccm ihren größten Wert erreicht. $p_{OH} = 3,21$ und p_H etwa 9,0.

Der Umschlag des Indicators beginnt also bei ziemlich dem gleichen p_H-Wert wie bei Zimmertemperatur, aber bei einem viel kleineren p_{OH}. Dieses Ergebnis wurde durch Aufkochen einer 0,2 n-Natriumacetatlösung (Präparat KAHLBAUM) mit Phenolphthaleinzusatz nachgeprüft. Bei Zimmertemperatur reagiert eine solche Lösung auf den Indicator sehr schwach alkalisch. Wie bereits erwähnt, ändert sich die Dissoziationskonstante der Essigsäure nach den Ergebnissen von NOYES[1] beim Erwärmen nur ziemlich wenig. (K_{HAC} bei 18° $18,2 \times 10^{-6}$ und bei 100° $11,1 \times 10^{-6}$.) Die Abnahme der Dissoziationskonstante ist also sehr gering und wird hierdurch nur eine geringe Zunahme des Hydrolysegrades bedingen. K_W wird aber 100 mal größer, so daß die Hydrolyse hierdurch stark zunimmt, p_{OH} wird um eine gute

[1] NOYES, A. A.: Journ. Amer. Chem. Soc. **30**, 349 (1908).

Einheit abnehmen, während p_H nur sehr wenig abnehmen wird. Wenn diese Betrachtungen das Richtige treffen, so darf die Färbung der kochenden Lösung nur wenig stärker basisch sein als bei 18°. Dies ließ sich tatsächlich experimentell bestätigen.

Thymolblau. 250 ccm Wasser nahmen bei 100° 2,5 ccm 0,01n-NaOH auf, bevor die gelbe Flüssigkeit einen Stich ins Grüne zeigte: $[OH'] = 10^{-4}$, $p_{OH} = 4,0$ und $p_H = 8,2$. Der Indicator verhält sich also fast genau wie Phenolphthalein. Größte Farbstärke nach Zusatz von etwa 1,5 ccm 0,1n-NaOH, $p_{OH} = 3,2$, $p_H = 9,0$.

Kresolrot. 250 ccm Wasser nahmen 0,6 ccm 0,01n-NaOH auf, bevor eine schwache Rosafärbung zu sehen war: $[OH'] = 2,4 \times 10^{-5}$, $p_{OH} = 4,6$, $p_H = 7,6$. Bei Zimmertemperatur fängt der Indicator bei $p_H = 7,2$ an umzuschlagen.

Phenolrot. 250 ccm Wasser nahmen 0,35 ccm 0,01n-NaOH bei 100° auf, bevor eine schwache Rosafärbung wahrnehmbar war: $[OH'] = 1,2 \times 10^{-5}$, $p_{OH} = 4,9$ und $p_H = 7,3$. Bei Zimmertemperatur liegt der Anfang des Umschlagsgebietes bei $p_H = 6,6$.

Aus den Versuchen geht jedenfalls hervor, daß die Dissoziationskonstante der Phthaleine und Sulfophthaleine durch Kochen wenig verändert wird.

Methylrot. Die Farbe dieses Indicators verändert sich beim Kochen seiner Lösungen nur wenig nach der alkalischen Seite hin.

Eine sehr verdünnte Lösung von Essigsäure in ausgekochtem Wasser wurde mit etwas Methylrot versetzt und in zwei Teile geteilt. Die eine Hälfte wurde erwärmt und mit der kalt gelassenen Probe verglichen. Es zeigte sich, daß durch das Erwärmen die Farbtöne alkalischer geworden waren. Analoge Versuche wurden mit Borsäurelösungen angestellt, die ein weniger deutliches Bild von der Farbenverschiebung lieferten, und mit sehr verdünnten Salzsäurelösungen, die die gleichen Erscheinungen wie die Essigsäure zeigten.

Zur weiteren Bestätigung wurde die Farbänderung von Methylrot in kochender Ammoniumchloridlösung beobachtet. Nach den Angaben von NOYES (vgl. Kap. 1, S. 22) ändert sich nämlich die Dissoziationskonstante von Ammoniak beim Erwärmen nicht. Da nun K_W 100mal größer wird, muß p_H beim Kochen eher kleiner werden, und die Färbung der Lösung muß nach der sauren Seite hin verschoben werden. Dieses wurde auch durch den Versuch bestätigt: Eine mit wenigen Tropfen Methylrot versetzte 0,2n-Ammoniumchloridlösung zeigte eine Zwischenfarbe ($p_H = 5{,}1$). Beim Kochen wurde die Farbe stärker rot, jedoch noch nicht so stark wie die Färbung von Methylrot bei $p_H = 4{,}2$. Nach der Abkühlung ging das p_H auf den Anfangswert zurück.

Aus diesen verschiedenen Versuchen ist übereinstimmend zu folgern, daß das Umschlagsgebiet des Methylrots, ausgedrückt in Werten für p_H, bei Siedetemperatur und bei Zimmerwärme fast vollkommen unverändert bleibt.

p-Nitrophenol. Auch hier verschiebt sich die Farbtönung der Lösung beim Kochen nur wenig nach der basischen Seite. Dieses entspricht aber nicht den Erwartungen über das Verhalten eines sauren Indicators, wenn man nicht annimmt, daß die Dissoziationskonstante des Indicators durch die Temperatursteigerung vergrößert wird. Dies ist in der Tat der Fall. Jedoch hat man zu bedenken, daß die Farbe des p-Nitrophenolations bei Temperaturerhöhung auch tiefer wird.

Hantzsch hat bereits gefunden, daß die Färbung einer p-Nitrophenollösung in organischen Lösungsmitteln durch Erwärmen dunkler wird. Dies wird auch für wässerige Lösungen durch folgenden Versuch bestätigt:

Eine stark alkalische Lösung, die so wenig p-Nitrophenol enthält, daß sie in der Kälte nur hellgelb erscheint, wird beim Erhitzen dunkler gelb, um beim Abkühlen wieder auf die Anfangsfärbung zurückzugehen.

Die Farbänderung von p-Nitrophenol in wässeriger Lösung beim Erwärmen ist auch aus dem nachstehenden Versuche zu ersehen.

Eine durch p-Nitrophenol hellgelb gefärbte Borsäurelösung wurde durch Kochen grüngelb. Bei der Abkühlung trat die ursprüngliche Farbe wieder auf.

Aus allen diesen Versuchen ist ersichtlich, daß sich das Umschlagsgebiet des p-Nitrophenols beim Kochen wenig verschiebt. Aus der Untersuchung von L. Michaelis und A. Gyemant[1] kann man durch Extrapolation ableiten, daß die Konstante von p-Nitrophenol bei 100° etwa 10mal größer ist als bei Zimmertemperatur.

Dimethylgelb. In einem Jenaer Kolben wurden 250 ccm destilliertes Wasser mit 5 Tropfen 2promill. Dimethylgelblösung zum

[1] Michaelis, L., u. A. Gyemant: Biochem. Ztschr. **109**, 165 (1920).

Sieden erhitzt und mit 0,1 n-Salzsäure titriert, bis im Vergleich mit einem blinden Versuche eine Farbänderung erkennbar war. Diese trat ein nach Zusatz von 0,8—0,9 ccm 0,1 n-HCl, entsprechend: $[H^{\cdot}] = 3{,}4 \times 10^{-4}$, $p_H = 3{,}47$ und $p_{OH} = 8{,}73$. Nach dem Zusatze von 12,5 ccm 0,1 n-HCl war die Farbe der Lösung praktisch völlig sauer geworden, entsprechend: $[H^{\cdot}] = 5 \times 10^{-3}$, $p_H = 2{,}30$, $p_{OH} = 9{,}90$.

Bliebe die Dissoziationskonstante des Dimethylgelbs beim Erwärmen unverändert, so würde dieser Indicator bei Siedetemperatur bei einem p_H umschlagen, das um zwei Einheiten kleiner als bei 18° ist, also bei einem p_H = etwa 2,0. Die Tatsache, daß der Umschlag bereits bei p_H 3,47 beginnt, deutet auf eine starke Zunahme der Dissoziationskonstante des Dimethylaminoazobenzols beim Kochen hin.

In Übereinstimmung damit fand A. Richter[1] für Dimethylgelb

Temperatur	p_K
20°	10,91
40°	10,47
60°	10,15
75°	9,92

Methylorange. Dimethylaminoazobenzolsulfosaures Natrium wurde in entsprechender Weise untersucht. Umschlagsbeginn nach Zugabe von 0,5—0,6 ccm 0,1 n-HCl: $[H^{\cdot}] = 2{,}2 \times 10^{-4}$, p_H 3,66 und p_{OH} 9,54. Auch hier nimmt die Dissoziationskonstante der Base beim Kochen zu.

Thymolblau. 100 ccm Wasser nahmen 2,5 ccm 0,1 n-HCl auf, bevor die gelbe Flüssigkeit ein wenig rosa gefärbt war: $[H^{\cdot}] = 2{,}5 \times 10^{-3}$, $p_H = 2{,}6$ und $p_{OH} = 9{,}6$. Der Indicator fängt bei 100° also etwa bei demselben p_H an umzuschlagen wie bei Zimmertemperatur ($p_H = 2{,}8$).

Tropäolin 00: 45 ccm Wasser mit 3 Tropfen 1 promill. Tropäolinlösung wurden aufgekocht und mit 0,1 n-Salzsäure titriert. Umschlagsbeginn nach Zusatz von etwa 5 ccm 0,1 n-HCl: $[H^{\cdot}] = 10^{-2}$, $p_H = 2$ und $p_{OH} = 10{,}2$. Das Ende des Umschlagsgebietes ist hier schwierig zu beobachten.

Auch beim Tropäolin 00 nimmt die Dissoziationskonstante beim Erwärmen zu, da der Anfang des Umschlags bei 18° bei $p_H = 3{,}1$ liegt.

[1] Richter, A.: Ztschr. f. anal. Ch. **65**, 224 (1925).

Methylviolett. 250 ccm Wasser wurden nach dem Zusatz von Methylviolett aufgekocht und mit 0,5n- bzw. 4n-Salzsäure titriert. Beginn der Blaufärbung nach Zusatz von etwa 10 ccm 0,5n-HCl bzw. von 0,4 ccm 4n-HCl: $[H^{\cdot}] = 1,8$ bis 2×10^{-2}, $p_H = 1,70$ und p_{OH} 10,50. Das sehr schwer wahrnehmbare Ende des Umschlages wurde mit 4n-Salzsäure bestimmt. Es scheint bei etwa 0,5n-Lösung zu liegen, wo die Farbe gelb ist.

Aus all diesen Versuchen ist ersichtlich, daß die Lage des Umschlagsgebietes der meisten Indicatoren beim Erwärmen stark verändert wird. Nur die Sulfophthaleine und die Phthaleine ändern ihre Empfindlichkeit für Wasserstoffionen fast gar nicht. In der nachstehenden Zusammenstellung sind die Werte nochmals übersichtlich geordnet.

Veränderung des Umschlagsgebietes der Indicatoren beim Erwärmen ($p_W = 14,2$, bei 100° 12,2).

Indicatoren	18°		100°	
	p_H	p_{OH}	p_H	p_{OH}
Methylviolett	0,1— 3,2	14,1—11,0	0,5— 1,7	11,7—10,5
Thymolsulfophthalein .	1,2— 2,8	13,0—11,4	1,2— 2,6	11,0— 9,6
Tropäolin 00	1,3— 3,3	12,9—10,9	0,8— 2,2	11,2—10,0
Dimethylgelb	2,9— 4,0	11,3—10,2	2,3— 3,5	9,9— 8,7
Methylorange	3,1— 4,4	11,1— 9,8	2,5— 3,7	9,7— 8,5
Methylrot	4,2— 6,3	10,0— 7,9	4,0— 6,0	8,2— 6,2
p-Nitrophenol.	5,0— 7,0	9,2— 7,2	5,0— 6,5	7,2— 5,7
Phenolsulfophthalein . .	6,4— 8,4	7,4— 5,8	7,3— 8,3	4,9— 3,9
o-Kresolsulfophthalein .	7,2— 8,8	7,0— 5,4	7,6— 8,8	4,6— 3,4
Phenolphthalein . . .	8,3—10,0	5,9— 4,2	8,1— 9,0	4,1— 3,2
Thymolsulfophthalein .	8,0— 9,6	6,2— 4,6	8,2— 9,2	4,0— 3,0
Thymolphthalein . . .	9,3—10,5	4,9— 3,7	8,7— 9,5	3,5— 2,7
Nitramin	11,0—12,5	3,2— 1,7	9,0—10,5	3,2— 1,7

Sechstes Kapitel.

Einfluß des Lösungsmittels auf die Indicatoreigenschaften.

1. Allgemeines. Über den Einfluß von verschiedenen Lösungsmitteln auf die Eigenschaften von Säure-Basen-Indicatoren ist zur Zeit noch wenig Quantitatives bekannt. In den beiden folgenden Abschnitten haben wir versucht, die Eigenschaften in Äthylalkohol und in Alkohol-Wasser-Gemischen mehr vom quantitativen Standpunkt zu betrachten. Zuerst sei hier jedoch eine zusammengefaßte Literaturübersicht gegeben.

Wenn man die Übersicht, welche A. THIEL[1] in seinem Buche „Der Stand der Indicatorenfrage" hierüber gibt, liest, so erhält man den Eindruck, daß die ganze Sache noch sehr verworren ist. WADDELL[2] hat schon zur Entscheidung der Frage, ob die Indicatorentheorie von W. OSTWALD richtig ist, den Einfluß schwach ionisierender Lösungsmittel, nämlich von Alkohol, Aceton, Äther, Chloroform und Benzol auf die Farbe folgender Indicatoren untersucht: Fluorescein, Cyanin, p-Nitrophenol, Phenolphthalein, Methylorange, Corallin, Phenacetolin, Lackmoid und Curcumin (vgl. jedoch § 3 dieses Kapitels). SCHOLTZ[3] beschrieb auch einige qualitative Versuche, von denen folgender von Interesse ist: Wenn man zu einer schwach alkalischen wässerigen Phenolphthaleinlösung Alkohol hinzufügt, verschwindet die Rosafärbung. Erwärmt man dann die so erhaltene Lösung, wird sie wieder rosa gefärbt. COHN[4] bestätigte den Versuch von SCHOLTZ und beobachtete u. a. auch, daß eine neutrale alkoholische Seifenlösung Phenolphthalein in der Kälte nicht färbt, jedoch wohl bei höherer Temperatur (vgl. auch BRAUN[5] und F. GOLDSCHMIDT[6], R. MEYER und O. SPRENGLER[7], O. SCHMATOLLA[8]). R. HIRSCH[9] fand, daß Methylalkohol eine etwa 10mal stärkere Wirkung auf die Zurückdrängung der Farbe einer schwach alkalischen wässerigen Phenolphthaleinlösung ausübt als Äthylalkohol. McCOY[10] arbeitete mit einer $^1/_{20000}$n-Barytlösung, welche die äquivalente Menge Phenolphthalein enthielt. Wenn er zu 100 ccm dieser Lösung 2 ccm Alkohol hinzufügte, wurde die Farbe auf die halbe Stärke zurückgebracht. 0,4 ccm Alkohol hatte nach ihm eine noch deutlich wahrnehmbare Wirkung.

---

[1] THIEL, A.: Der Stand der Indicatorenfrage, S. 28, 30. Stuttgart 1911.
[2] WADDELL: Journ. Physical Chem. **2**, 171 (1898); vgl. auch W. D. BANCROFT u. H. L. DAVIS: Journ. Physical Chem. **34**, 1797 (1930).
[3] SCHOLTZ: Ber. Dtsch. Chem. Ges. **14**, 348 (1904).
[4] COHN: Ztschr. f. angew. Ch. **19**, 1389 (1906).
[5] BRAUN: Ztschr. f. angew. Ch. **18**, 573 (1905).
[6] GOLDSCHMIDT, F.: Chem.-Ztg. **28**, 302 (1904).
[7] MEYER, R., u. O. SPRENGLER: Ber. Dtsch. Chem. Ges. **36**, 2591 (1903).
[8] SCHMATOLLA, O.: Ber. Dtsch. Chem. Ges. **35**, 3905 (1902).
[9] HIRSCH, R.: Ber. Dtsch. Chem. Ges. **35**, 2874 (1902).
[10] MACCOY: Amer. Chem. Journ. **31**, 508 (1904).

Wahrscheinlich kann man den Zahlen von McCoy nicht zuviel Wert beimessen, weil er bei der von ihm verwendeten großen Verdünnung wahrscheinlich eine Lösung von Bariumcarbonat und nicht von Baryt hatte. Der Alkohol übt nun auch einen merklichen Einfluß auf den Hydrolysegrad das Carbonates aus. Nach J. H. Hildebrand[1] übt Alkohol auf die Farbe des Phenolphthaleins einen viel größeren Einfluß aus als auf einige andere von ihm untersuchte Indicatoren. Seine hauptsächlichsten Ergebnisse sind in folgender Tabelle zusammengestellt:

Einfluß von Alkohol auf Indicatoren nach Hildebrand.

Indicator	Proz. dissoziiert		Farbverminderung in Proz.
	ohne Alkohol	mit 13 proz. Alkohol	
Phenolphthalein . . .	67	30	37
Lackmus	76	80	—4
Rosolsäure	57	57	0
p-Nitrophenol	80	81	—0

Zu bemerken ist, daß Hildebrand seine Versuche über den Einfluß von Alkohol auf Phenolphthalein mit einer verdünnten Ammoniaklösung ausführte und nicht berücksichtigte, daß auch der Dissoziationsgrad von Ammoniak durch Alkohol herabgesetzt wird.

Eine wichtige Untersuchung über Titrationen in äthylalkoholischer Lösung ist von E. R. Bishop, E. B. Kittredge und J. H. Hildebrand[2] beschrieben worden. Sie bestimmten die Neutralisationskurve von verschiedenen Säuren und Basen in äthylalkoholischer Lösung mit Hilfe der Wasserstoffelektrode. Zudem beobachteten sie, zwischen welchen elektromotorischen Kräften der von ihnen benutzten Kette die Indicatoren ihr Umschlagsgebiet hatten. Leider ist die Konstante der Wasserstoffelektrode in äthylalkoholischer Lösung noch nicht sicher bekannt, so daß aus ihren Versuchen noch nicht das Umschlagsgebiet, in p_H ausgedrückt, abgeleitet werden kann.

2. Die Dissoziationskonstante einiger Indicatoren in reinem Äthylalkohol. Im dritten Abschnitt des vierten Kapitels ist die

[1] Hildebrand, J. H.: Journ. Amer. Chem. Soc. **30**, 1914 (1908).

[2] Bishop, E. R., E. B. Kittredge u. J. H. Hildebrand: Journ. Amer. Chem. Soc. **44**, 135 (1922); vgl. auch I. M. Kolthoff: Journ. Physical Chem. **35**, 2732 (1931).

Dissoziation von Säuren in Äthylalkohol vom allgemeinen Standpunkt besprochen, so daß bezüglich Einzelheiten auf S. 104 verwiesen sei: Indicatoren, die sich wie ungeladene Säuren oder Anionsäuren verhalten, werden in Alkohol eine viel kleinere Dissoziationskonstante als in Wasser haben; für Indicatoren, deren Kation die saure Form vorstellt, wird der Unterschied viel geringer sein. Ich[1] habe nun die Dissoziationskonstante einiger Indicatoren in wasserfreiem Alkohol bestimmt. Dabei wurden alkoholische Pufferlösungen als Vergleichsflüssigkeiten benutzt. Die Konstante wurde nach folgender Gleichung berechnet:

$$K_{\text{Diss. Alk. I}} = \frac{[\text{basische Form}]}{[\text{saure Form}]} \frac{[A]}{[B]} K_{\text{Diss. Alk. Säure}} .$$

$K_{\text{Diss. Alk. I}}$ stellt die Dissoziationskonstante des Indicators in Alkohol vor; [basische Form] : [saure Form] ist das experimentell bestimmte Verhältnis der beiden Indicatorformen in der verwendeten Pufferlösung, [A] : [B] das Verhältnis der Konzentration der Säure und ihres Natriumsalzes in der bezüglichen Pufferlösung und $K_{\text{Diss. Alk. Säure}}$ die Dissoziationskonstante der Puffersäure in Alkohol (bezüglich der Werte vgl. Tabelle S. 205).

Beispiel. Verwendetes Gemisch: 0,05 molar-Salicylsäure und 0,05 molar-Natriumsalicylat in Alkohol. Dissoziationskonstante der Salicylsäure in Alkohol 2×10^{-9}.

Indicator: Bromphenolblau.

Verhältnis: $\frac{[\text{basische Form}]}{[\text{saure Form}]} = \frac{\text{blau}}{\text{gelb}} = \frac{31}{69}$,

daher ist

$$K_{\text{Diss. B. P. B (Alk.)}} = \frac{31}{69} \times 2 \times 10^{-9} = 9 \times 10^{-10}.$$

$$pK_{\text{Diss. B. P. B}} = 9{,}05 .$$

Das obengenannte Gemisch wurde zehnmal verdünnt und die Messungen wiederholt.

Gefunden $pK_{\text{Diss. B. P. B}} = 9{,}09$.

In der letzten Reihe in der Tabelle stellt Δ die Differenz zwischen der Indicatorkonstante in Alkohol und Wasser vor ($pK_{\text{Diss. Alk.}} - pK_{\text{Diss. Wasser}}$).

Wie sich aus der Tabelle ergibt, ist die Dissoziationskonstante der Sulfophthaleine in ihrem Umschlag von der gelben zur

---

[1] Kolthoff, I. M.: Journ. Physical Chem. **35**, 2732 (1931).

Dissoziationskonstanten der sauren Indicatorformen in reinem Äthylalkohol.

Indicator	Art der Pufferlösung	[A] : [B] im Puffer	$K_{Diss. Alk.}$ der Puffersäure	$K_{Diss. Alk.}$ Indicator	$pK_{Ind. Alk.}$	$pK_{Ind. Wasser}$	Δ
Thymolblau	Trichloressigsäure	0,05 : 0,05	$1{,}6 \times 10^{-6}$	$1{,}8 \times 10^{-6}$	5,7	1,65	4,05
		0,02 : 0,08		$2{,}4 \times 10^{-6}$			
2, 4, 2′, 4′, 2″-Pentamethoxytriphenylcarbinol	„	0,05 : 0,05	„	$8{,}6 \times 10^{-7}$	6,0	1,86	4,1
		0,02 : 0,08		$10{,}1 \times 10^{-7}$			
Dimethylaminoazobenzol	„	0,095 : 0,005	„	$6{,}5 \times 10^{-5}$	(5,20)	3,25	(1,95)
		0,09 : 0,01		6×10^{-5}			
Methylorange	„	0,0975 : 0,0025	„	$1{,}4 \times 10^{-3}$	2,9—3,0	3,46	—0,45
		0,095 : 0,005		1×10^{-3}			
Bromphenolblau	Salicylsäure	0,05 : 0,05	2×10^{-9}	9×10^{-10}	9,1	4,10	5,0
		0,02 : 0,08		8×10^{-10}			
Bromkresolgrün	Benzoesäure	0,09 : 0,01	$5{,}6 \times 10^{-11}$	6×10^{-11}	10,3	4,90	5,4
		0,05 : 0,05		$4{,}5 \times 10^{-11}$			
Bromkresolpurpur	„	0,01 : 0,09	„	3×10^{-12}	11,5	6,4	5,1
Bromthymolblau	Veronal	0,09 : 0,01	4×10^{-14}	$1{,}5 \times 10^{-13}$	12,8	7,3	5,5
Phenolrot	„	0,05 : 0,05	„	6×10^{-14}	13,4	8,0	5,4
α-Naphtholphthalein	„	0,05 : 0,05	„	$1{,}5 \times 10^{-14}$	13,8	8,3	5,5
Thymolblau (saures Gebiet)	„	0,005 : 0,095	„	7×10^{-16}	15,15	9,2	5,9
Phenolphthalein	„	0,005 : 0,095	„	(5×10^{-16})	(15,3)	(9,3)	(6,0?)

alkalischen Farbe in Alkohol 10^5—10^6 mal kleiner als in Wasser; diese Differenz ist von derselben Größenordnung wie für Benzoesäure, Salicylsäure und Phenol.

Die Änderung der Dissoziationskonstanten der Kationsäuren Methylorange und Methylgelb beim Übergang von Wasser zu Alkohol ist viel geringer als für die ungeladenen Säuren oder Anionsäuren, was mit den BRÖNSTEDschen Ansichten in Übereinstimmung ist.

3. Einfluß von Wasser auf die Indicatoreigenschaften in Alkohol. *Geringe Mengen Wasser.* Im vierten Kapitel (§ 5) haben wir schon gesehen, daß die Dissoziationskonstante einer Säure in Alkohol durch Zusatz von wenig Wasser stark zunimmt.

Interessant ist nun die Frage, wie die Farbe eines Indicators, der in der rein alkoholischen Säure-Basen-Lösung eine Zwischenfarbe hat, sich auf Zusatz von wenig Wasser ändern wird.

Der Einfluß des Wassers hängt von der Art des Säure-Basen-Systems in der alkoholischen Lösung ab.

a) Der Indicator hat eine Zwischenfarbe *in einer verdünnten Lösung einer starken Säure:*

$$K_{0\,\text{Diss. Ind.}} = \frac{[\text{basische Form}]\,[C_2H_5OHH^{\cdot}]}{[\text{saure Form}]}. \tag{1}$$

Bei Anwesenheit einer molaren Wasserkonzentration n in der alkoholischen Lösung ist nun nach S. 109 (Gleichung 23) die Dissoziationskonstante $K_{n\,\text{Diss. Ind.}}$:

$$\left.\begin{aligned} K_{n\,\text{Diss. Ind.}} &= \frac{[\text{basische Form}]\,\{[C_2H_5OHH^{\cdot}] + [H_2OH^{\cdot}]\}}{[\text{saure Form}]} \\ &= K_{0\,\text{Diss. Ind.}}\,\frac{(0{,}0583 + n)}{0{,}0583}\,(1 + 0{,}9\,n + 0{,}3\,n^2). \end{aligned}\right\} \tag{2}$$

Da die Lösung ursprünglich eine starke Säure enthielt, ist die Summe von $[C_2H_5OHH^{\cdot}] + [H_2OH^{\cdot}]$ konstant und der analytischen Konzentration der Säure gleich.

Aus (1) und (2) ergibt sich dann, daß:

$$\left.\begin{aligned} &\left\{\frac{[\text{basische Form}]}{[\text{saure Form}]}\right\}_n : \left\{\frac{[\text{basische Form}]}{[\text{saure Form}]}\right\}_0 = \frac{K_n}{K_0} \\ &= \frac{0{,}0583 + n}{0{,}0583}\,(1 + 0{,}9\,n + 0{,}3\,n^2) \end{aligned}\right\} \tag{3}$$

oder bei sehr kleinem Wassergehalt:

$$\left\{\frac{[\text{basische Form}]}{[\text{saure Form}]}\right\}_n : \left\{\frac{[\text{basische Form}]}{[\text{saure Form}]}\right\}_0 = 1 + 16\,n. \tag{4}$$

Hieraus ergibt sich, daß die Empfindlichkeit irgendeines *Säure-Basen-Indicators für starke Säuren in Alkohol auf Zusatz kleiner Mengen Wassers sehr stark abnehmen wird*, unabhängig davon, ob der Indicator selber eine Säure oder eine Base ist. Aus dem Obenstehenden läßt sich berechnen, daß ein Indicator in 98,2 proz. Alkohol ($n = 1$) 17 mal weniger empfindlich für starke Säuren ist als in reinem Alkohol.

Experimentell konnten die gezogenen Schlußfolgerungen bestätigt werden[1]. Es sei nur bemerkt, daß der Wassereinfluß auf das Pentamethoxyrot viel größer ist, was aus dem Pseudobasencharakter dieses Indicators erklärt wird.

b) *Die ursprüngliche Lösung in reinem Alkohol enthält eine schwache Säure.* Aus dem Obenstehenden und dem im vierten Kapitel Ausgeführten (S. 108) läßt sich einfach ableiten, daß in diesem Falle der Wassereffekt kleiner sein wird:

$$\left\{\frac{[\text{basische Form}]}{[\text{saure Form}]}\right\}_n : \left\{\frac{[\text{basische Form}]}{[\text{saure Form}]}\right\}_0 = \sqrt{\frac{K_n}{K_0}} = \text{angenähert} \sqrt{1 + 16n} \quad (5)$$

(Vgl. mit dem Ausdruck 4.)

c) *Die ursprüngliche Lösung in reinem Alkohol enthält ein Puffergemisch* (Mischung einer schwachen Säure und ihrem Salz). In diesem Falle bleibt das Indicatorgleichgewicht und daher die Farbe beim Zusatz geringer Wassermengen ungeändert.

Wenn man also den Wassereffekt auf die Farbe irgendeines Indicators in einem bestimmten Lösungsmittel untersucht, soll man immer bedenken, daß die Größe des Effektes von der Art des Säure-Basen-Systems im Lösungsmittel abhängt.

Die unter a), b) und c) gemachten Ableitungen konnten experimentell bestätigt werden. Besonders die unter c) gemachte Schlußfolgerung ist von praktischer Bedeutung, weil man zur Bestimmung der Dissoziationskonstante der Indicatoren in reinem Alkohol nicht Sorge dafür zu tragen hat, den Alkohol ganz wasserfrei herzustellen. Genau dieselben Werte werden erhalten, wenn der Alkohol eine Spur Wasser enthält, wie wenn man das Indicatorgleichgewicht nur in einem Puffergemisch einer schwachen Säure und ihrem Salz untersucht.

Da der Wassereffekt auf die Farbe eines Indicators in einer Lösung einer starken Säure in Alkohol so groß ist, kann davon

---

[1] Kolthoff, I. M.: Journ. Physical Chemie **35**, 2732 (1931).

eine praktische Anwendung zur Wasserbestimmung in absolutem Alkohol gemacht werden. Früher habe ich für diesen Zweck Methylorange in sehr verdünnter Salzsäure benutzt, nach neueren Untersuchungen scheint Pentamethoxytriphenylcarbinol dazu noch viel geeigneter zu sein.

4. Zusatz von Alkohol auf das Indicatorgleichgewicht einer wässerigen Lösung. Da Wasser eine viel stärkere Base als Alkohol ist, bleiben alle Wasserstoffionen auf Zusatz von Alkohol zu einer wässerigen Lösung in der Form von $H_2OH^{\cdot}$-Ionen vorhanden. Alkohol kann jedoch das Säure-Basen-Gleichgewicht der wässerigen Lösung ändern, und der Alkoholeffekt auf die Farbe eines Indicators hängt außer von der Art des Indicators auch von der Art des Säure-Basen-Systems der Lösung ab.

Die Dissoziation sehr starker Säuren wird durch Alkoholzusatz nicht beeinflußt, diejenige schwacher Säuren und Basen wird durch Abnahme der Dielektrizitätskonstante vermindert.

a) *Indicatoren in einer Lösung einer starken Säure.* Die Farbe einer Indicatorsäure ändert sich auf Alkoholzusatz nach der sauren Seite:

$$\frac{[I']}{[HJ]} = \frac{[\text{basische Form}]}{[\text{saure Form}]} = \frac{K_{\text{Ind.}}}{[H_2OH^{\cdot}]}. \tag{6}$$

Bei Anwesenheit von Alkohol wird $K_{\text{Ind.}}$ kleiner, und da $[H_2OH^{\cdot}]$ ungeändert bleibt, wird das Verhältnis [basische Form]:[saure Form] auch kleiner.

Die Farbe einer Indicatorbase (wie Methylorange, Methylgelb) wird sich dagegen auf Alkoholzusatz nach der alkalischen Seite verschieben, weil die Dissoziationskonstante der sauren Form zunimmt (vgl. Kap. 4, S. 104).

b) *Indicator in einer Lösung einer schwachen Säure.* Der Alkoholeffekt ist hier kleiner als in der Lösung der starken Säure, wenigstens auf Indicatorsäuren. Die Dissoziationskonstante der schwachen Säure und der Indicatorsäure ändern sich auf Alkoholzusatz in derselben Richtung:

$$[H_2OH^{\cdot}] = K_{\text{Säure}} \frac{[A]}{[B]} = \sqrt{K_{\text{Säure}}[A]} = K_{\text{Ind.}} \frac{[HJ]}{[J']}, \tag{7}$$

$$\frac{[I']}{[HJ]} = \frac{K_{\text{Ind.}}}{\sqrt{K_{\text{Säure}}[A]}}. \tag{8}$$

Falls sich die Dissoziationskonstante der ungeladenen schwachen Säure und der Indicatorsäure auf Alkoholzusatz in demselben Verhältnis ändern, so ergibt sich aus (6) und (8), daß das Verhältnis der basischen zur sauren Form einer Indicatorsäure in einer Lösung einer starken Säure proportional mit der Abnahme von $K_{Ind.}$ abnimmt, dagegen in der Lösung einer schwachen Säure nur mit der Quadratwurzel.

In ähnlicher Weise können wir zeigen, daß die Farbe einer Indicatorbase sich auf Alkoholzusatz zu einer Lösung einer schwachen Säure stärker ändert als diejenige in der Lösung einer starken Säure:

$$\frac{[IH^{\cdot}]}{[I]} = \frac{[\text{saure Form}]}{[\text{alkalische Form}]} = \frac{\sqrt{K_{\text{Säure}}[A]}}{K_{Ind.}}. \qquad (9)$$

Falls nun $K_{Ind.}$ im gleichen Verhältnis zunimmt wie $K_{\text{Säure}}$ abnimmt, dann finden wir in der Lösung einer schwachen Säure, daß

$$\frac{[IH^{\cdot}]}{[I]} \text{ sich proportional mit } \left(\sqrt{\frac{K_{\text{Ind. Wasser}}}{K_{\text{Ind. Wasser + Alk.}}}}\right)^3 \qquad (10)$$

ändert und in einer starken Säure nur mit

$$\frac{K_{\text{Ind. Wasser}}}{K_{\text{Ind. Wasser + Alk.}}}. \qquad (11)$$

c) *Indicator in einer Lösung einer schwachen ungeladenen Säure mit ihrem Salz.* Noch hervorragender ist das verschiedene Verhalten von Indicatorsäuren und Indicatorbasen in obengenannten Pufferlösungen. Machen wir wieder die Annahme, daß $K_{Ind.}$ und $K_{\text{Säure}}$ sich im gleichen Verhältnis ändern, so wird die Farbe einer Indicatorsäure in einer Pufferlösung der genannten Art durch Alkohol nicht beeinflußt:

$$\frac{[HJ]}{[J']} = \frac{K_{\text{Säure}}[A]}{K_{Ind.}[B]} = \frac{K_{\text{Säure}}}{K_{Ind.}} \text{ Konstante.} \qquad (12)$$

Für eine Indicatorbase finden wir jedoch:

$$\frac{[IH^{\cdot}]}{[I]} = \frac{K_{\text{Säure}}}{K_{Ind.}} \cdot \text{Konstante} \qquad (13)$$

und finden daher unter derselben Annahme wie oben, daß $\frac{[IH^{\cdot}]}{[I]}$ sich proportional dem Verhältnis

$$\left(\frac{K_{\text{Ind. Wasser}}}{K_{\text{Ind. Wasser + Alk.}}}\right)^2 \qquad (14)$$

ändert.

Zusammenfassend ergibt sich also, daß die Farbe einer Indicatorsäure in einer Lösung einer starken Säure sich auf Alkoholzusatz nach der sauren Seite hin ändert; der Effekt ist geringer in einer Lösung einer schwachen ungeladenen Säure, und gar kein Effekt wird beobachtet in einer Pufferlösung einer schwachen ungeladenen Säure mit ihrem Salz. Eine Indicatorbase verhält sich gerade umgekehrt; ihre Farbe in einer Lösung einer starken Säure ändert sich auf Alkoholzusatz nach der alkalischen Seite, der Effekt ist ausgesprochener in einer Lösung einer schwachen, ungeladenen Säure, und er ist am größten in einem Puffergemisch einer schwachen, ungeladenen Säure mit ihrem Salz.

Dieser Alkoholeffekt liefert uns daher ein einfaches Verfahren, zu entscheiden, ob die elektrisch neutrale Form des Indicators sich wie eine Säure oder Base verhält.

Experimentell können die halb quantitativen Ableitungen leicht geprüft werden. Methylorange in 0,01 n-Essigsäure hat eine rotorange Farbe, welche auf Zusatz von 40proz. Alkohol in rein gelb übergeht (alkalisch). Die Farbe von Tetrabromphenoltetrabromsulfophthalein ändert sich dagegen unter denselben Verhältnissen ein wenig nach der sauren Seite hin.

Die Farben von Methylorange, Methylgelb und Hexamethoxytriphenylcarbinol in einem Acetatpuffer ($p_H = 3{,}8$) ändern sich auf Alkoholzusatz sehr stark nach der alkalischen Seite hin; die Farbe des Tetrabromphenoltetrabromsulfophthaleins ändert sich dagegen nur sehr wenig (tiefer grün); Bromkresolgrün in einem Acetatpuffer ($p_H = 5{,}0$) verhält sich dem letzten Indicator ähnlich; in 50proz. Alkohol ist die Farbe sehr wenig nach der alkalischen Seite hin verschoben.

5. Die Empfindlichkeit von Indicatoren in Wasser-Alkohol-Mischungen. Die folgenden Wahrnehmungen über die Empfindlichkeit von Indicatoren für starke Säuren und Basen haben nur praktische Bedeutung. Sie sind einer vorläufigen Mitteilung von I. M. KOLTHOFF[1] entnommen. Es wäre erwünscht, die Untersuchungen auf exakterer Grundlage mit Pufferlösungen zu wiederholen.

Die Versuche wurden so vorgenommen, daß man in einem Becherglase zu einer bestimmten Menge der Wasser-Alkohol-

[1] KOLTHOFF, I. M.: Rec. trav. chim. Pays-Bas **42**, 25 (1923).

Mischung den Indicator zusetzte und dann so lange Lauge oder Säure zufließen ließ, bis eine von der Wasserfärbung abweichende Farbe wahrnehmbar war. Der Alkoholgehalt ist in den Tabellen in Volumprozenten ausgedrückt.

Thymolphthalein.

Alkoholgehalt in Proz.	Empfindlichkeit für Lauge
0	0,002 n
17	0,004 n
20	0,0065 n
48	0,012 n
80	0,025 n
96	0,032 n

Phenolphthalein.

Alkoholgehalt in Proz.	Empfindlichkeit für Lauge
0	0,0002 n
17	0,0004 n
28	0,0008 n
48	0,0010 n
69	0,0013 n
80	0,0015 n
96	0,002 n

Aus diesen Tabellen ergibt sich deutlich, daß die Zahlen nur praktische Bedeutung haben, weil in Wirklichkeit die Empfindlichkeit von Thymolphthalein oder Phenolphthalein für Hydroxylionen viel größer ist, als oben angegeben. Die absolute Genauigkeit können wir jedoch nur mit Pufferlösungen bestimmen. Zu bemerken ist noch, daß Alkohol nicht nur die Farbstärke des Phenolphthaleins ändert, sondern auch die Art der Farbe selbst. In wässeriger alkalischer Lösung ist Phenolphthalein kirschrot, in verdünnten alkoholischen Lösungen mehr violett, in konzentriertem Alkohol bläulichviolett. Zudem ist die Farbstärke einer völlig alkalischen Phenolphthaleinlösung in Alkohol viel geringer als in Wasser[1].

Auch mit Methylalkohol statt Äthylalkohol sind Versuche ausgeführt worden. Es ergab sich, daß der Einfluß von Methylalkohol geringer ist als der von Weingeist, was auch zu erwarten war.

Von den halb empfindlichen Indicatoren, die in Wasser ihr Umschlagsgebiet in der Nähe von p_H 7 haben, kann man die Empfindlichkeit für Säure oder Lauge nicht auf die oben erwähnte Weise bestimmen, weil Spuren von Verunreinigungen im Wasser einen zu großen Einfluß auf das Ergebnis ausüben.

[1] Über den Einfluß von Alkohol auf das Absorptionsspektrum beider Indicatorformen vgl. A. Thiel, F. Wülfken u. A. Dassler: Ztschr. f. anorg. u. allg. Ch. **136**, 406 (1924).

Hier ist es notwendig, mit Puffermischungen zu arbeiten. Da die Wasserstoffexponenten derartiger Mischungen in alkoholischen Lösungen bei der Untersuchung nicht bekannt waren, konnten die genauen Versuche noch nicht gemacht werden.

Doch haben die untenstehenden Versuche praktische Bedeutung, weil man aus den Ergebnissen ableiten kann, welche Indicatoren in konzentriertem Alkohol einen scharfen Umschlag geben.

α-Naphtholphthalein. Umschlag in Wasser zwischen p_H 7,3 bis 8,7 (rosa nach blau). Zu 25 ccm neutralem 96proz. Weingeist fügte ich 15 Tropfen 0,2proz. α-Naphtholphthaleinlösung, sodann 0,01n-Lauge und beurteilte die Farbe in NESSLERschen Colorimetergläsern:

α-Naphtholphthalein in 96proz. Alkohol.

Zugesetzt ccm 0,01 n-Lauge	Farbe der Lösung
0	hellbraun
0,2	Umschlag nach gelb
0,4	rein gelb
0,4—0,7	strohgelb
0,8	gelbgrün
1,0	grün
viel Lauge	blau

Der zweibasische Charakter des α-Naphtholphthaleins erklärt sein eigenartiges Verhalten in alkoholischer Lösung[1].

Rosolsäure. Umschlag in Wasser zwischen p_H 6,9—8,0 (gelb nach rot). In 96- und 99,7proz. Alkohol ist der Indicator rein gelb. Nach Zusatz von 0,1 ccm 0,01n-Natronlauge auf 50 ccm ist die Farbe rosarot. Bei Anwesenheit von 0,2—0,3 ccm 0,01n-Lauge auf 50 ccm ist die Farbstärke am größten. Der Umschlag in Alkohol ist also sehr scharf.

Phenolsulfophthalein. Umschlag in Wasser zwischen p_H 6,4 bis 8,0. Verhalten in Alkohol wie Rosolsäure.

Neutralrot. Umschlag in Wasser zwischen p_H 6,8—8,0. In 99,7proz. Alkohol ist der Indicator gelb (also alkalisch, im Gegensatz zu beiden vorigen Indicatoren). 25 ccm 99,7proz. Alkohol,

---

[1] Vgl. dazu A. THIEL: Ztschr. f. physik. Ch., Bodenstein-Festband, 352 (1931).

mit dem Indicator versetzt, sind schon nach Zusatz von 0,1 ccm 0,01 n-Säure rosarot; bei Anwesenheit von 0,25 ccm 0,01 n-Säure ist die Intensität am höchsten. Der Umschlag in Alkohol ist also sehr scharf.

Azolitmin. Umschlagsgebiet in Wasser zwischen $p_H = 5{,}0$ bis 8,0 (rot nach blau). In Alkohol von 99,7% und 96% hat der Indicator seine Zwischenfarbe, nämlich violett. Übrigens bemerke ich, daß die Farbänderungen mit Säure oder Lauge nicht scharf sind. Azolitmin ist in alkoholischer Lösung also kein geeigneter Indicator.

Curcumin. Umschlagsgebiet in Wasser zwischen p_H 7,8—8,2. In alkoholischer Lösung schlägt es ungefähr mit derselben Menge Lauge um wie in Wasser.

Lackmoid. Umschlagsgebiet in Wasser zwischen p_H 4,4—6,4 (rot nach blau). In 99,7- und 96proz. Alkohol zeigt es seine alkalische Farbe (blau). 25 ccm 96proz. Alkohol mit 0,15 ccm 0,01 n-Säure färben den Indicator schon rosarot. Scharfer Umschlag.

Bromkresolpurpur. Umschlagsgebiet in Wasser zwischen p_H 5,2 bis 6,8 (gelb nach purpur). In 99,7proz. Alkohol zeigt der Indicator eine grüngelbe Farbe. 25 ccm Alkohol mit 0,1 ccm 0,01 n-Salzsäure färben den Indicator rein gelb; umgekehrt mit 0,1 ccm 0,01 n-Lauge blaugrün und mit 0,2 ccm 0,01 n-Lauge blau. Scharfer Umschlag.

p-Nitrophenol. Verhält sich in alkoholischer Lösung gegen Lauge ungefähr wie in Wasser.

Alizarinsulfosaures Natrium. Umschlagsgebiet in Wasser zwischen p_H 3,7—5,2 (gelb nach violett). In 99,7proz. Alkohol zeigt der Indicator eine braune Farbe. Mit Lauge wird die Farbe rotbraun, nicht violett wie in wässeriger Lösung.

Methylrot. Umschlagsgebiet in Wasser zwischen p_H 4,2—6,3 (rot nach gelb). In Alkohol von 99,7% ist der Indicator rein gelb. Wenn man zu 10 ccm Alkohol 0,1 ccm 0,01 n-Salzsäure fügt, wird die Farbe orangegelb. Bei fortgesetztem Säurezusatz ändert sich die Farbe nur sehr langsam nach der roten Seite hin. Umschlag nicht scharf.

Von den sehr alkaliempfindlichen Indicatoren konnte die Empfindlichkeit für Säure auf dieselbe Weise festgestellt werden wie die der säureempfindlichen Indicatoren für Lauge.

Alkoholgehalt in Proz.	Empfindlichkeit gegen Salzsäure	
	Methylorange	Dimethylgelb
0	0,00002 n	0,00007 n
17	0,00006 n	0,00010 n (unscharf)
28	0,00014 n	0,00022 n „
48	0,00034 n	0,0008 n „
96	0,0024 n	0,006 n „

Alkoholgehalt in Proz.	Empfindlichkeit gegen Salzsäure	
	Tropäolin 00	Methylviolett
0	0,0009 n	0,002 n
17	0,0013 n	0,0027 n
28	0,0025 n	—
48	0,012 n (unscharf)	0,03 n
69	0,026 n „	—
96	0,012 n „	0,08 n

Kongorot. Diese Säure gibt in alkoholischen Lösungen Verzögerungserscheinungen, weshalb sie als Indicator ungeeignet ist. Bezüglich Einzelheiten vgl. KOLTHOFF (l. c. 1923).

In mehr quantitativer Hinsicht habe ich die Änderung der Empfindlichkeit der Indicatoren durch Alkohol auf folgende Weise untersucht. In hohe schmale Bechergläschen wurden 25 ccm Leitfähigkeitswasser bzw. 25 ccm der zu untersuchenden Alkohollösung pipettiert. Zu beiden wurde dieselbe Menge Indicatorlösung gefügt und dann zum Wasser eine bekannte Menge Säure oder Lauge, bis eine deutliche Zwischenfarbe erhalten war. Dann wurde aus einer Mikrobürette so lange Säure oder Lauge

Säureempfindliche Indicatoren.

Vol.-% Alkohol der Lösung	E.V. = Empfindlichkeitsverhältnis für Nitramin	E.V. für Tropäolin 0
10	0,55	1,6
20	0,25	—
30	0,13	2,0
40	0,11	3,6
50	0,09	4,8
60	0,08	6,2
70	0,07	8,0
80	0,055	9,0
90	0,055	8,5
95,6	0,06	6,0
99,7	0,06	3,0

zur alkoholischen Lösung gefügt, bis die Farbe in beiden Gläschen dieselbe war. Alle Versuche sind bei 11—12° ausgeführt worden.

In den Tabellen habe ich das Empfindlichkeitsverhältnis (E.V.) der Indicatoren in Wasser und in Alkohol angegeben. Ist dieses Verhältnis kleiner als 1, so ist der Indicator in alkoholischen Lösungen also empfindlicher für Lauge oder Säure; ist es größer als 1, so ist der Indicator unempfindlicher als in Wasser. Hoffentlich können diese Versuche später mit Puffermischungen in alkoholischer Lösung wiederholt werden[1].

Folgende Tabellen gelten nur angenähert, weil die Versuche schwierig auszuführen waren.

Vol.-% Alkohol	E.V. für Thymolphthalein	E.V. für Phenolphthalein	E.V. für Thymolblau	E.V. für Curcumin
10	1,3	1,15	—	—
20	2,0	—	2	0,5
30	4	1,5	—	—
39	9	2,7	5	0,3
46,5	18	7,5	—	—
51	24	—	—	0,27
59	—	25	7,5	—
68	70	100	—	0,3
78	125	380	13	—
87	200	1000	15	0,4
93,5	200	3000	24	0,4
99	200	3200	24	0,4

Alkaliempfindliche Indicatoren.

Vol.-% Alkohol	E.V. für Methylorange	E.V. Dimethylgelb	E.V. Tropäolin 00	E.V. Methylviolett
10	1,25	1,3	1,15	—
19,5	1,55	1,7	1,7	1,75
28,5	2,7	2,8	3,2	4,6
37	4,8	5,0	9	6,8
42	10	—	—	—
49	16	13,5	25	16
57	28,5	23	47	—
65	45	37	69	—
72	64	—	78	—
78	—	70	86	—
87	118	96	82	—
92	140	98	—	—
99,4	23	20	54	—

[1] Vgl. S. 366, wo die Resultate der Versuche von L. MICHAELIS und MIZUTANI mitgeteilt sind.

Vol.-% Alkohol	E.V. für Bromphenolblau	E.V. für Hexamethoxytriphenylcarbinol	E.V. für Thymolblau (in saurer Lösung)
10	0,87		1,0
20	0,62		0,95
30	0,45	4,7	0,85
40	0,42		0,70
50	0,42	4,1	0,64
60	0,17		0,57
70	0,10	2,7	0,5
80	0,08		0,4
90	0,02	1,1	0,15
95,5	saure Farbe	0,2	0,024
99,7	„ „		0,011

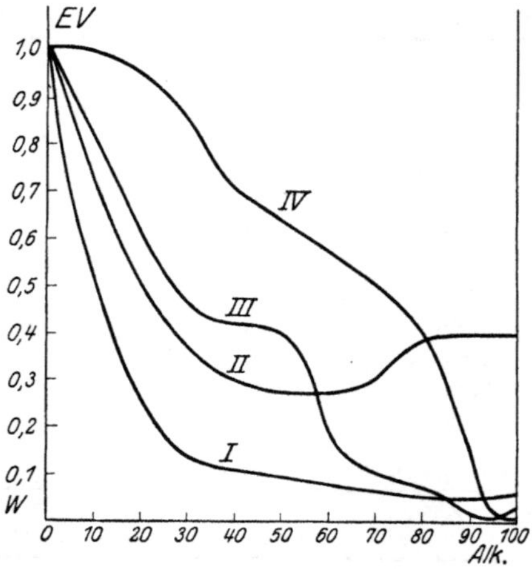

Abb. 13. I Nitramin; II Curcumin; III Bromphenolblau; IV Thymolblau (bei $p_H < 3$).

Es folge eine kurze Besprechung der obenstehenden Ergebnisse. Wenn wir die Änderung des E.V. in Kurven angeben (vgl. die Abb. 13, 14, 15), so sehen wir, daß

a) die Kurven gleichmäßig verlaufen können, d. h. ohne Knick sind. Das E.V. kann mit steigender Alkoholkonzentration immer ab- oder zunehmen, wie bei Phenolphthalein, oder kann bei einer bestimmten Alkoholkonzentration einen Höchst- oder Niedrigstwert erreichen, um sich bei steigender Alkoholkonzentration nicht mehr zu ändern, wie bei Nitramin, Thymolphthalein, Thymolblau (in saurer und alkalischer Lösung), Curcumin.

b) Es tritt bei bestimmter Alkoholkonzentration ein Höchst- oder Niedrigstwert im E.V. auf, wie bei Tropäolin 0, Methylorange, Dimethylgelb, Tropäolin 00. Besonders bei den Azoindicatoren ist der Höchstwert stark ausgeprägt. Bei Methylorange nimmt die Empfindlichkeit gegen Säure zwischen 95proz. und 100proz. Alkohol so stark zu, daß man darauf ein einfaches

Verfahren zur Bestimmung des Wassergehalts des Alkohols begründen kann; vgl. Abschnitt 3 dieses Kapitels.

Aus den mitgeteilten Versuchen und aus den Abbildungen ergibt sich, daß Tropäolin 0, Phenolphthalein, Thymolphthalein, Thymolblau und Bromphenolblau in Alkohol-Wasser-Gemischen empfindlicher gegen starke Säure werden, während Nitramin,

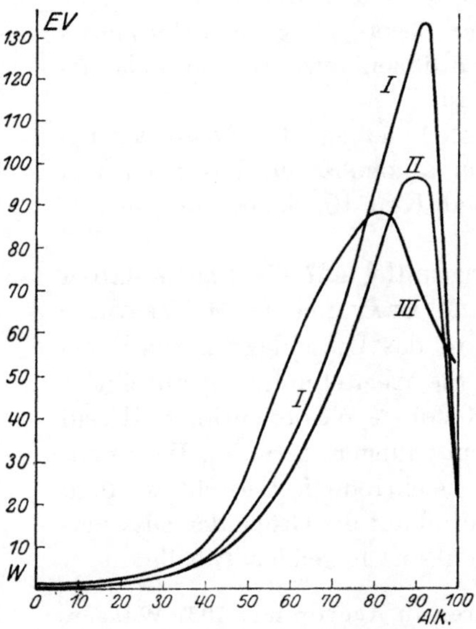

Abb. 14. I Methylorange; II Dimethylgelb; III Tropäolin 00.

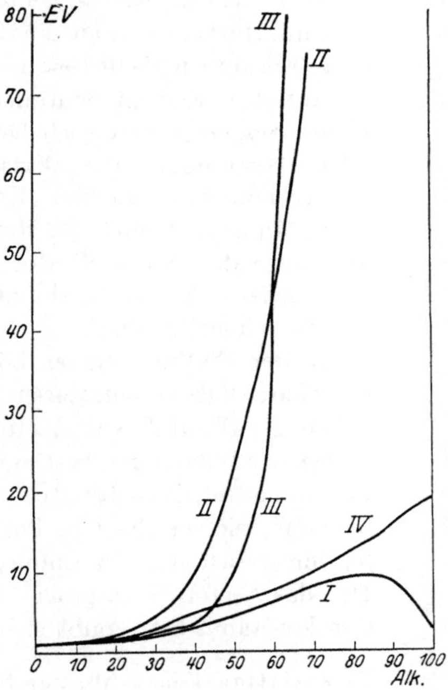

Abb. 15. I Tropäolin 0; II Thymolphthalein; III Phenolphthalein; IV Thymolblau.

Curcumin, Methylorange, Dimethylgelb, Tropäolin 00, Methylviolett alkalienempfindlicher werden.

Hieraus kann man ableiten, daß *Indicatoren, die sich wie Säuren verhalten, bei Anwesenheit von Alkohol empfindlicher gegen starke Säuren werden, unabhängig davon, ob der Indicator säure- oder alkalienempfindlich ist. Umgekehrt werden Indicatoren, die schwache Basen sind, bei Anwesenheit von Alkohol weniger empfindlich gegen Wasserstoffionen.* Vgl. übrigens S. 203 und S. 206, wo das Verhalten der Indicatoren in Alkohol und Alkohol-Wasser-Gemischen vom allgemeinen Standpunkte besprochen ist.

Eigenartig ist, daß Erhöhung der Temperatur in alkoholischer Lösung eben die umgekehrte Wirkung auf die Farbe der Indicatoren ausübt wie in wässeriger Lösung. Während ein saurer Indicator wie Phenolphthalein beim Erwärmen in Wasser säureempfindlicher wird, wird eine schwach alkalische alkoholische Lösung des Indicators stark gerötet. Das Umgekehrte nehmen wir z. B. bei Methylorange wahr. Eine mit starker Säure auf eine Zwischenfarbe gefärbte wässerige Indicatorlösung wird beim Erwärmen gelb, eine alkoholische Lösung rot.

Auf den Einfluß neutraler Salze und Eiweißstoffe auf das Umschlagsgebiet werde ich bei der Besprechung der colorimetrischen Bestimmung der Wasserstoffionenkonzentration ausführlich zu sprechen kommen (Kap. 10).

L. Michaelis und M. Mizutani[1] haben die Dissoziationskonstante der Nitroindicatoren in alkoholischen Lösungen von verschiedener Stärke bestimmt (vgl. Kap. 10, S. 366, wo die Resultate mitgeteilt sind).

6. Der Einfluß anderer Lösungsmittel auf die Eigenschaften der Säure-Basen-Indicatoren. F. M. Cray und G. M. Westrip[2] haben den Einfluß von Aceton auf das Umschlagsintervall verschiedener Indicatoren bestimmt. Sie arbeiteten immer mit einem Lösungsmittel, das neben Aceton 10 Vol.-% Wasser enthielt. Hierin bereiteten sie verschiedene Puffermischungen, deren p_H-Werte potentiometrisch mit der Chinhydronelektrode festgestellt wurden. Daß das Aceton einen großen Einfluß auf die Größe der Dissoziationskonstante hat, ergibt sich wohl aus folgender Tabelle:

Dissoziationskonstante von Säuren in Aceton mit 10% Wasser.

Säure	$p_K = -\log K_{HA}$
Phthalsäure, 1. Stufe	6,10
2. Stufe	11,5
Essigsäure	9,75
Glykokoll	8,35
Monochloressigsäure	7,60

Auch das Ionenprodukt von Wasser wird bei Anwesenheit von Aceton viel kleiner. Nach den Messungen von J. N. Pring[3] ist K_W in Aceton mit 10 Vol.-% Wasser $3,3 \times 10^{-20}$ bei 15°.

[1] Michaelis, L., u. M. Mizutani: Biochem. Ztschr. **147**, 7 (1924).

[2] Cray u. Westrip: Trans. Faraday Soc. **21**, 326 (1925).

[3] Pring: Trans. Faraday Soc. **19**, 705 (1924).

Folgende Tabelle gibt das Umschlagsgebiet und den Indicatorexponenten ($= -\log K_{HJ}$) der wichtigsten Indicatoren, die CRAY und WESTRIP untersucht haben.

Umschlagsintervall und pK_I einiger Indicatoren in Aceton mit 10 Vol.-% Wasser.

Indicator	Umschlagsintervall	pK_I
Phenolrot	13,0—11,0	—
Bromthymolblau	12,8—11,4	12,4
Rosolsäure	12,5—10,5	—
Bromkresolpurpur	11,1—9,6	10,8
Alizarin	11,0—9,5	10,4
Bromkresolblau	9,8—8,3	9,0
Bromphenolblau	8,3—6,5	8,0
m-Kresolpurpur	4,5—2,8	—
Thymolblau	4,0—2,4	—
Methylrot	3,7—1,7	3,6
Methylorange	2,7—1,0	2,4
Dimethylgelb	2,5—0,5	1,8

J. B. CONANT und N. F. HALL[1] haben die Säureempfindlichkeit verschiedener ungesättigter Keton- und Carbinolindicatoren in Eisessig bestimmt. Die Säureempfindlichkeit nimmt nach folgender Reihe zu: Benzalacetophenon (von gelb [sauer] nach farblos); Triphenylcarbinol (von gelb [sauer] nach farblos); Diphenyl-α-naphthylcarbinol (von grünblau [sauer] nach farblos); Piperonalacetophenon (von rotorange [sauer] über gelb nach schwach gelb); Dianisylcarbinol (von rosaorange nach farblos); Anisalcinnamalaceton (rot nach gelb); Dipiperonalaceton (purpurrot nach gelb); Dianisalaceton (rosarot nach schwach gelb); Diphenylanisylcarbinol (orange nach farblos); Phenylxanthydrol (grün fluorescierend nach farblos).

Qualitative Untersuchungen über den sauren Charakter verschiedener Indicatoren (ungeladene Säuren, Anionsäuren und Kationsäuren) im Vergleich mit der Säurestärke anderer Substanzen in Benzol hat J. N. BRÖNSTED[2] vorgenommen. Die Säurestärke nimmt in folgender Reihe ab:

[1] CONANT, J. B., u. N. F. HALL: Journ. Amer. Chem. Soc. **49**, 3062 (1927).

[2] BRÖNSTED, J. N.: Ber. Dtsch. Chem. Ges. **61**, 2049 (1928); vgl. auch V. K. LA MER u. H. C. DOWNES: Journ. Amer. Chem. Soc. **53**, 883 (1931).

1. Chlorwasserstoff	9. Salicylsäure	17. Ameisensäure
2. Methylrot	10. Bromphenolblau	18. Phenylessigsäure
3. Methylgelb	11. β-Dinitrophenol	19. Benzoesäure
4. Trichloressigsäure	12. o-Chlorbenzoesäure	20. Essigsäure
5. Dichloressigsäure	13. Neutralrot	21. Isoamylammoniumion
6. Pikrinsäure	14. m-Chlorbenzoesäure	22. Bromkresolpurpur
7. o-Nitrobenzoesäure	15. Bromkresolgrün	23. Piperidiniumion
8. Monochloressigsäure	16. Benzylammoniumion	24. Bromthymolblau

Siebentes Kapitel.

Die Theorie der Indicatoren.

1. Die Theorien über den Farbumschlag. Über die Frage, welche chemische Veränderungen am Indicator vor sich gehen, die die Farbänderung verursachen, gibt es zwei Auffassungen: die *Ionentheorie* oder die Theorie von WILHELM OSTWALD[1] und die chromophore oder *chemische* Theorie, die gegenwärtig gewöhnlich die Theorie von HANTZSCH genannt wird. Abgesehen von diesen zwei Theorien hat WOLFGANG OSTWALD[2] einen neuen Gesichtspunkt hervorgehoben. Er behauptete nämlich, daß der Farbumschlag von einer Änderung im Dispersitätsgrade des Indicators begleitet sei. Aus den Untersuchungen von KRUYT und KOLTHOFF[3] u. a. geht aber hervor, daß dies nicht immer oder öfters nur im Gebiet molekularer Dimensionen der Fall ist, so daß die Theorie von WOLFGANG OSTWALD nicht allgemeine Gültigkeit besitzt. Selbst wenn sich der Dispersitätsgrad mit der Farbe ändern sollte, so würde die Änderung des Dispersitätsgrades noch nicht die „*Ursache*" der Farbänderung sein, sondern nur auf eine Erscheinung hinweisen, die damit parallel läuft; außerdem ist nicht einzusehen, warum nur Wasserstoff- und Hydroxylionen einen so großen Einfluß auf die Farbe und den Dispersitätsgrad haben sollen. Es gibt zwar einige Fälle, bei denen ein vollkommener Parallelismus zwischen Farbumschlag und Dispersitätsänderung besteht. Ganz ausgesprochen begegnen wir diesem Fall beim *Kongorubin*, das sich nach den eingehenden

---

[1] OSTWALD, WILHELM: Die wissenschaftlichen Grundlagen der analytischen Chemie.

[2] OSTWALD, WO.: Kolloid-Ztschr. **10**, 97, 132 (1912); **24**, 67 (1919).

[3] KRUYT, H. R., u. I. M. KOLTHOFF: Kolloid-Ztschr. **21**, 22 (1917).

Untersuchungen von Wo. OSTWALD[1] wie ein typisches Kolloid verhält. Jedoch ist dies nur ein Einzelfall; Farbstoffe, welche sich wie typische Kolloide verhalten, sind eben als Indicatoren ungeeignet, weil sie natürlich einen großen Salz- und Eiweißfehler zeigen werden. Wir können bei der Besprechung der Theorien der Indicatoren die Auffassung von WOLFGANG OSTWALD außer acht lassen. Es bleiben also noch die Theorien von W. OSTWALD und von HANTZSCH zu besprechen. Nach W. OSTWALD sind die Indicatoren schwache Säuren oder schwache Basen, von denen die nichtdissoziierte Form eine andere Farbe besitzt als die Ionen; mit anderen Worten: OSTWALD schreibt den Farbumschlag eines Indicators dem Übergange in die Ionenform, und umgekehrt, zu. Wenn man daher eine Indicatorsäure HJ betrachtet, so ist sie in wässeriger Lösung folgendermaßen gespalten:

$$\mathrm{HJ} \rightleftarrows \mathrm{H^{\cdot}} + \mathrm{J'},$$

$$\frac{[\mathrm{H^{\cdot}}][\mathrm{J'}]}{[\mathrm{HJ}]} = \mathrm{K_{HJ}},$$

$$\frac{[\mathrm{J'}]}{[\mathrm{HJ}]} = \frac{\mathrm{K_{HJ}}}{[\mathrm{H^{\cdot}}]}.$$

$\frac{[\mathrm{J'}]}{[\mathrm{HJ}]}$ bedeutet nun nichts anderes als das Mengenverhältnis der alkalischen und der sauren Form.

Hier wird also direkt angegeben, wie sich die Farbe ändert, wenn $[\mathrm{H^{\cdot}}]$ größer oder kleiner wird (vgl. Kap. V). Der große Vorteil der Auffassung von OSTWALD ist daher der, daß wir nun quantitativ den Farbumschlag der Indicatoren untersuchen können. Wenn auch die ursprüngliche Auffassung von OSTWALD nicht ganz richtig ist, so ist doch die obenstehende abgeleitete Gleichung stets anwendbar, in dem Falle natürlich, daß der Indicator sich wie eine einbasische Säure verhält. OSTWALD selbst war bemüht, seine Theorie annehmbarer zu gestalten. Er weist darauf hin, daß alle Salze von gefärbten Anionen und farblosen Kationen oder umgekehrt dieselbe Farbe besitzen (z. B. Permanganate, Chromate u. dgl.). In einigen Fällen wurden aber Abweichungen gefunden. Bei Kupfer- und Kobaltsalzen ver-

[1] OSTWALD, WO.: Kolloidchem. Beihefte **10**, 179; **11**, H. 1—2 (1919); **12**, 92 (1920). Vgl. auch LÜERS: Kolloid-Ztschr. **27**, 123 (1920). — WIEGNER: Mitt. Lebensmittelunters. u. Hyg. **11**, 216 (1920). — PAULI, W., u. E. WEISS: Biochem. Ztschr. **203**, 103 (1928).

schwinden diese Anomalien beim Verdünnen. In der stärkeren Lösung sind komplexe Ionen anwesend, die beim Verdünnen in einfache Ionen gespalten werden. Eine genaue Untersuchung, die OSTWALD an 300 Salzen anstellte, bestätigte seine Theorie anscheinend vollständig. Daß die elektrische Ladung für die Farbe ausschlaggebend ist, wird nach ihm noch durch die sog. „Ionenisomerie“ bestätigt, die darin besteht, daß dieselben Stoffe mit verschiedenen Ladungen, wie Ferro und Ferri, Manganat und Permanganat usw., auch eine verschiedene Farbe besitzen.

Trotzdem sind sehr viele Einwände gegen die Theorie von OSTWALD erhoben worden, über die man eine Übersicht in der Monographie von THIEL[1] finden kann. Da viele Einwände übertrieben sind, will ich nur einzelne mit einigen Bemerkungen anführen:

a) Wenn man zu Phenolphthalein wenig Lauge zufügt, wird die Lösung rot, durch mehr Lauge wird sie wieder farblos. Diese Anomalie läßt sich jedoch durch die Bildung von anderen Ionen erklären (vgl. S. 226).

b) Das feste Salz von Phenolphthalein ist rot. Nun behauptet man, daß nicht anzunehmen sei, daß das feste Salz auch noch dissoziiert ist, so daß es gemäß der Auffassung von OSTWALD farblos sein müßte. Dasselbe gilt vom festen Salz des p-Nitrophenols. p-Nitrophenol ist in saurer Lösung farblos, in alkalischer gelb. Das feste Salz müßte, da es nicht dissoziiert ist, farblos sein, während es in Wirklichkeit gelb ist. Nach den heutigen Anschauungen über den Aufbau von Salzen fällt dieser Einwand jedoch fort.

c) Der schwerste Einwand gegen die Auffassung von OSTWALD liegt darin, daß einzelne Farbumschläge deutlich Zeitreaktionen sind; dies ist u. a. bei Tropäolin 000 (MANDA[2]), Hämatein (SALM und FRIEDENTHAL[3]) und Phenolphthalein[4] (WEGSCHEIDER[5]) der Fall. Wenn der Umschlag allein dem direkten

---

[1] THIEL, A.: Der Stand der Indicatorenfrage, S. 43. Sammlung Herz 1911.

[2] MANDA: Ber. Dtsch. Chem. Ges. **42**, 3182 (1909).

[3] SALM u. FRIEDENTHAL: Ztschr. f. Elektrochem. **13**, 127 (1907).

[4] Der langsame Farbumschlag von Phenolphthalein ist dem Kohlensäuregehalt der Lösung zuzuschreiben. Arbeitet man mit kohlensäurefreien Lösungen, dann ist der Farbumschlag scharf, und die Farbe geht beim Stehen nicht mehr zurück.

[5] WEGSCHEIDER, R.: Ztschr. f. Elektrochem. **14**, 512 (1908).

Übergang der ungespaltenen Säure in die dissoziierte Form zuzuschreiben wäre, müßte der Umschlag stets sofort eintreten, da Ionenreaktionen stets augenblicklich verlaufen. Der langsame Umschlag deutet also darauf hin, daß molekulare Reaktionen im Spiele sind.

d) HANTZSCH[1] und HANTZSCH und ROBERTSON[2] untersuchten die Beziehungen zwischen dem BEERschen Gesetze und der Konzentration von gefärbten Elektrolyten. Bei gefärbten Salzen stimmte das BEERsche Gesetz vollkommen, obwohl die Konzentrationen soviel wie möglich geändert wurden. Aber auch in nichtwässerigen Lösungen wie in Methylalkohol, Äthylalkohol, Pyridin, Aceton, Amylalkohol, konzentrierter Schwefelsäure wurden einzelne Stoffe untersucht, und auch für diese Lösungen war das BEERsche Gesetz voll gültig. Wenn nun die Ionen eine andere Farbe hätten als die nichtdissoziierte Verbindung, dann dürfte das nicht der Fall gewesen sein, da sich besonders in nichtwässerigen Lösungen die Dissoziation stark mit der Konzentration ändert. Sie haben also gezeigt, daß die Ionen und die undissoziierte Verbindung dieselbe Farbe haben. Dieser Schluß stimmt jedoch nicht mit Untersuchungen überein, die in Amerika von H. C. JONES und Mitarbeitern ausgeführt worden sind.

Zudem sei hier noch bemerkt, daß nach den modernen Anschauungen über die vollständige Dissoziation der starken Elektrolyte das BEERsche Gesetz in verdünnten Lösungen gültig sein muß. Eben aus diesem Verhalten der komplexen Chromisalzlösungen hat N. BJERRUM schon 1909 gefolgert, daß diese Salze vollständig in Ionen zerfallen sind.

Daß die Farbe vom Ionisierungszustande abhängig ist, ist auch mit den gegenwärtigen physikalischen Anschauungen über die Lichtabsorption in Übereinstimmung. Die äußere Elektronenschale bestimmt die Lichtabsorption; ändert man also den Ionisierungszustand, so geht hiermit eine Lichtabsorptionsverschiebung parallel.

Die OSTWALDsche Definition kann also in gewissem Sinne beibehalten werden, obgleich zugegeben werden muß, daß die sog. *chromophore* Theorie unsere Einsichten in das Verhalten der Indicatoren wesentlich vertieft hat. Für ein gutes Verständnis

---

[1] HANTZSCH, A.: Ztschr. f. physik. Ch. **72**, 362 (1910).
[2] HANTZSCH u. ROBERTSON: Ber. Dtsch. Chem. Ges. **41**, 4328 (1908).

der Indicatoreigenschaften ist sie uns unentbehrlich, und sie wird daher im nächsten Paragraphen eingehender besprochen werden.

2. Die chromophore Theorie. Der Ursprung der *chromophoren* Theorie geht auf BERNTHSEN[1] und FRIEDLÄNDER[2] zurück, die ungefähr gleichzeitig und unabhängig voneinander angaben, daß Phenolphthalein, das in saurer Lösung farblos ist und die Konstitution eines Lactons besitzt, in alkalischer Lösung ein rotes Salz bildet, das nicht von einem Phenol abgeleitet ist, sondern eine chromophore Chinongruppe enthält. Der Farbumschlag ist hier von einer Konstitutionsänderung begleitet. Später haben hauptsächlich HANTZSCH und seine Schüler diese Theorie weiter ausgearbeitet und ermittelt, daß bei jeder Farbänderung auch die Konstitution sich ändert und daß bei unveränderter Konstitution auch die Farbe beständig bleibt. Indessen sei darauf hingewiesen, daß der völlig scharfe Beweis in vielen Fällen noch nicht geliefert worden ist, da der Nachweis der Konstitutionsänderung zuweilen von sehr vielen Schwierigkeiten begleitet ist.

Besonders bei Nitroparaffinen und Nitrophenolen ist die Beziehung zwischen Farbe und Konstitution durch HANTZSCH und seine Schüler nachgewiesen worden. Diese Stoffe sind in alkalischer Lösung gelb gefärbt, in saurer farblos. Nun wiesen HANTZSCH c. s. beim Phenylnitromethan nach, daß die Bildung des Salzes aus der Säure und umgekehrt der Säure aus dem Salze eine langsame Zeitreaktion ist. Wenn eine Lösung des Salzes mit der äquivalenten Menge Säure versetzt wurde, blieb die Farbe stark gelb, während die Leitfähigkeit groß war. Dies letzte wies darauf hin, daß eine starke Säure in der Lösung vorhanden war. Je länger man nun die Lösung stehen ließ, desto schwächer wurde die gelbe Farbe, und gleichzeitig nahm die Leitfähigkeit ab, bis die Farbe schließlich sich nicht mehr änderte und die Leitfähigkeit konstant blieb. Die starke Säure war also in einen neutralen Stoff (oder möglicherweise in eine schwache Säure) übergegangen, mit anderen Worten, wir haben hier einen Fall der Bildung einer *pseudo*-Säure aus der *aci*-Verbindung. Man

---

[1] BERNTHSEN: Chem.-Ztg. **1892**, 1596.

[2] FRIEDLÄNDER: Ber. Dtsch. Chem. Ges. **32**, 575 (1899); vgl. auch A. THIEL: Ztschr. f. physik. Ch. **100**, 479 (1923). — BIRGE, A. F., u. S. F. ACREE: Journ. Amer. Chem. Soc. **41**, 1031 (1919).

nennt nämlich eine starke Säure, die aus einem Stoffe, der selbst keine oder nur eine sehr schwache Säure ist, durch molekulare Umwandlung entsteht, eine *aci*-Verbindung. Die abgeleiteten Salze und Ester heißen *aci*-Salze und *aci*-Ester. Der Stoff, woraus die aci-Verbindung entstanden ist, heißt eine *pseudo-Säure*. In derselben Weise spricht man von *pseudo-Basen* und *baso*-Verbindungen.

Die aci-Verbindung von Phenylnitromethan geht also in saurer Lösung langsam in die pseudo-Verbindung über. Gleichzeitig ändert sich die Farbe von gelb bis beinahe farblos.

HANTZSCH zeigte nun, daß die aci-Verbindung die folgende allgemeine Konstitution besitzt:

$$ORN\begin{matrix}\nearrow O \\ \searrow OH\end{matrix}$$

aci-Verbindung, gelb

während die pseudo-Verbindung die folgende Konstitution hat:

$$RNO_2OH$$

pseudo-Verbindung, farblos.

Es ergab sich nun, daß in saurer Lösung die aci-Verbindung nicht vollständig in die pseudo-Verbindung umgesetzt, sondern daß schließlich ein Gleichgewicht zwischen beiden Stoffen gebildet wird:

aci $\rightleftarrows$ pseudo oder

$$\underset{\text{gelb}}{ORN\begin{matrix}\nearrow O \\ \searrow OH\end{matrix}} \rightleftarrows \underset{\text{farblos}}{RNO_2OH}$$

Wenn man Lauge zusetzt, wird die aci-Verbindung in das aci-Salz übergeführt, wobei also das Gleichgewicht nach links verschoben wird und die Farbe mehr gelb wird.

Hieraus geht hervor, daß beim Übergang in die Salzform keine Ionen der farblosen pseudo-Verbindung gebildet werden, sondern daß die erste in die aci-Verbindung umgelagert werden muß, und daß von dieser die gefärbten Ionen gebildet werden.

HANTZSCH hat ferner noch Beweise geliefert, daß es diese aci- und pseudo-Verbindung wirklich gibt, indem er von beiden Ester ableitete, die im ersten Falle gelb, im zweiten Falle farblos waren.

So hat HANTZSCH auch die Beziehungen zwischen *pseudo-Basen* und baso-Verbindungen aufgeklärt. Wenn man ein Salz von Krystallviolett alkalisch macht, erscheint die Farbe violett, während die Leitfähigkeit groß ist. Wenn man die Lösung stehenläßt, wird sie farblos, und die Leitfähigkeit hat bis zu einem Niedrigstwert abgenommen. Die baso-Verbindung, die eine starke Base und violett gefärbt ist, hat wieder eine andere Konstitution als die farblose pseudo-Verbindung:

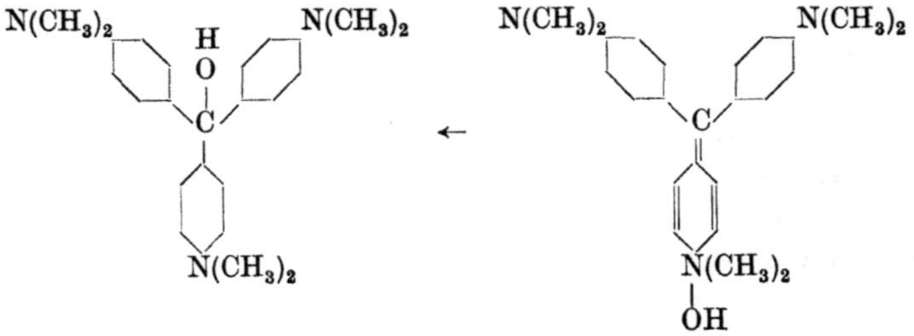

pseudo-Krystallviolettbase, farblos; in Lösung fast neutral — baso-Verbindung, violett; in Lösung stark alkalisch

3. Der Farbumschlag der wichtigsten Indicatortypen. *Die Phthaleine.* Die Gleichgewichtsbedingungen der Phthaleine sind sehr verwickelt. Für die quantitative Interpretation des Farbumschlages nach der alkalischen Seite hin sind folgende reversiblen Umwandlungen zu betrachten (Phenolphthalein ist als Beispiel genommen):

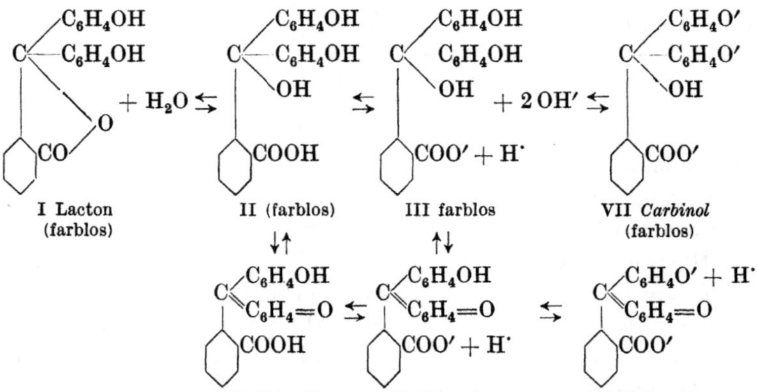

I Lacton (farblos) — II (farblos) — III farblos — VII *Carbinol* (farblos) — IV Chinoid (wahrscheinlich gelb) — V Chinoid (wahrscheinlich gelb) — VI *Chinonphenolat* (rot)

Es ist bekannt, daß die einwertigen Ionen des Phenolphthaleins (Form III) farblos sind. So wird z. B. bei der Titration einer alkoholischen Phenolphthaleinlösung fast ein Äquivalent Lauge verbraucht, bevor die rotviolette Farbe auftritt. Nach L. ROSENSTEIN[1] ist die „scheinbare“ erste Dissoziationskonstante des Phenolphthaleins gleich $1{,}15 \times 10^{-9}$, während $K_2 = 2{,}8 \times 10^{-10}$.

Daher ist

$$\frac{[H^{\cdot}][III]}{[I]} = K_1 = 1{,}15 \times 10^{-9}.$$

Das Gleichgewicht zwischen den Formen I und II ist umkehrbar; also

$$\frac{[I]}{[II]} = K$$

und

$$\frac{[H^{\cdot}][III]}{[II]\,K} = K_1\,.$$

II stellt eine gewöhnliche Carboxylsäure vor. Derartige Säuren, wie Benzoesäure, haben eine Dissoziationskonstante von etwa 10^{-5} oder größer. Nehmen wir nun an, daß die Dissoziationskonstante von II gleich 10^{-5} ist, so finden wir aus der letzten Gleichung:

$$\frac{[H^{\cdot}][III]}{[II]} = K K_1 = 10^{-5},$$

wonach K von der Größenordnung von 10^{-4} ist.

In einer wässerigen Phenolphthaleinlösung ist die Konzentration der Lactonform also etwa 10000 mal größer als die der Hydratform II[2]. Die Konzentration der chinoiden Formen IV und V muß sehr klein sein im Vergleich zu der von I, weil die Lösung farblos ist. Zusatz von Hydroxylionen verschiebt das Gleichgewicht von II und III über V nach dem Chinonphenolat VI.

Im Falle des Phenolphthaleins werden die Gleichgewichtsverhältnisse quantitativ durch folgende Ausdrücke beherrscht:

$$I \leftrightarrows III + H^{\cdot} \qquad\qquad III \leftrightarrows VI + H^{\cdot}$$
$$K_1 = 1{,}15 \times 10^{-9} \qquad\qquad K_2 = 2{,}8 \times 10^{-10}.$$

Der entfärbende Einfluß eines Überschusses Lauge kann nur erklärt werden, indem man annimmt, daß auch in stark alkalischer Lösung ein wenig von III vorhanden ist; diese wird in die farblose Konfiguration VII (Gleichgewicht III $\leftrightarrows$ VII) übergeführt. Aus dem Obenstehenden ergibt sich wohl, daß die Verhältnisse, die den Farbumschlag des Phenolphtahleins und anderer Phthaleine beherrschen, sehr kompliziert sind. Über die Abblaßgeschwindig-

[1] ROSENSTEIN, L.: Journ. Amer. Chem. Soc. **34**, 1117 (1912).

[2] KOLTHOFF, I. M.: Journ. Physical Chem. **35**, 1433 (1931); vgl. auch R. T. BIRGE u. S. F. ACREE: Journ. Amer. Chem. Soc. **41**, 1031 (1919).

keit der Phthaleine wurden in letzter Zeit interessante Untersuchungen von A. THIEL[1] und von H. LUND[2] ausgeführt. Zudem sei hier erwähnt, daß A. THIEL und R. DIEHL[3] sowie E. VOGT[4] aus spektrophotometrischen Untersuchungen schließen konnten, daß das Zentralkohlenstoffatom im Verein mit zwei merichinoid konstituierten Seitenketten als Chromophor in den farbigen Verbindungen der Phthaleine anzusehen ist. Die Chinonphenolattheorie von S. F. ACREE (vgl. Form VI im Schema) findet insofern Bestätigung, als von den Salzen der Phthaleine nur die sekundären den erwähnten Chromophor enthalten. (Einzelheiten vgl. Orig.)

H. LUND[5] hat Gründe, die Richtigkeit der Chinonphenolattheorie zu bezweifeln, und nimmt an, daß das gefärbte Ion des Phenolphthaleins ein positiv geladenes Methankohlenstoffion enthält:

$$C_6H_4\left\langle\begin{matrix} C^{\cdot}(C_6H_4O')_2 \\ COO' \end{matrix}\right.$$

rotviolett

Das Abblassen mit Lauge wird durch folgende Reaktion beherrscht:

$$C_6H_4\left\langle\begin{matrix} C^{\cdot}(C_6H_4O')_2 \\ COO' \end{matrix}\right. + OH' \rightarrow C_6H_4\left\langle\begin{matrix} C(OH)(C_6H_4O')_2 \\ COO' \end{matrix}\right.$$

Es scheint, daß LUNDs Vorstellungsweise das Verhalten der Phthaleine besser erklärt als die Chinonphenolattheorie. Jedoch sind eingehendere Untersuchungen notwendig, bevor eine Entscheidung getroffen werden kann.

Die Farbänderung der Phthaleine in stark saurem Milieu ist nur von untergeordneter praktischer Bedeutung. Bekanntlich nimmt Phenolphthalein in stark saurer Lösung (konz. Salzsäure, Schwefelsäure) eine blaßrosa Farbe an, Thymolphthalein eine violette, α-Naphtholphthalein eine grüne. Diese Farbänderung findet bei viel höherem Säuregrad statt als bei den entsprechenden Sulfophthaleinen oder Benzeinen (vgl. S. 126 u. 141). Dies erklärt sich daraus, daß bei den Phthaleinen das Gleichgewicht zwischen der Lacton- und Chinonform so stark nach der Seite der ersteren

[1] Vgl. z. B. A. THIEL u. JUNGFER: Ztschr. f. anorg. u. allg. Ch. **178**, 62 (1929).

[2] LUND, H.: Journ. Chem. Soc. London **1930**, 1844.

[3] THIEL, A., u. R. DIEHL: Beiträge zur systematischen Indicatorenkunde 11. Mitt. Über Phenolphthalein und Phenolphthaleinderivate. Sitzungsber. Ges. Naturwiss. Marburg **62**, 427 (1927).

[4] VOGT, ECKHARDT: Ztschr. f. physik. Ch. **132**, 101 (1928).

[5] LUND, H.: Det kgl. Danske Videnskab. Selskab. **11**, Nr 6 (1931).

liegt, während der Farbumschlag mit Säure von der basischen chinoiden Gruppe beherrscht wird:

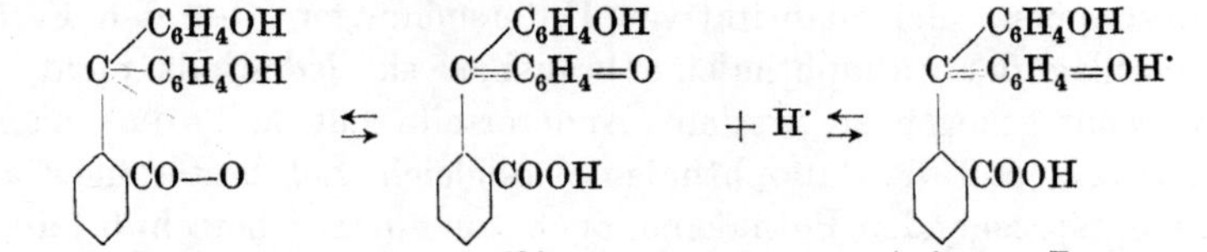

Lacton — Chinon — stark saure Form; rosa

Die Sulfophthaleine. Während die schwach saure Form der Phthaleine meistens farblos ist, ist die der Sulfophthaleine in Lösung gelb gefärbt. Nach H. A. Lubs und S. F. Acree[1] ist die Struktur aller Sulfophthaleine der des Phenolsulfophthaleins gleich. Die verschiedenen tautomeren Formen dieser Substanz sind im folgenden Schema angegeben[2]:

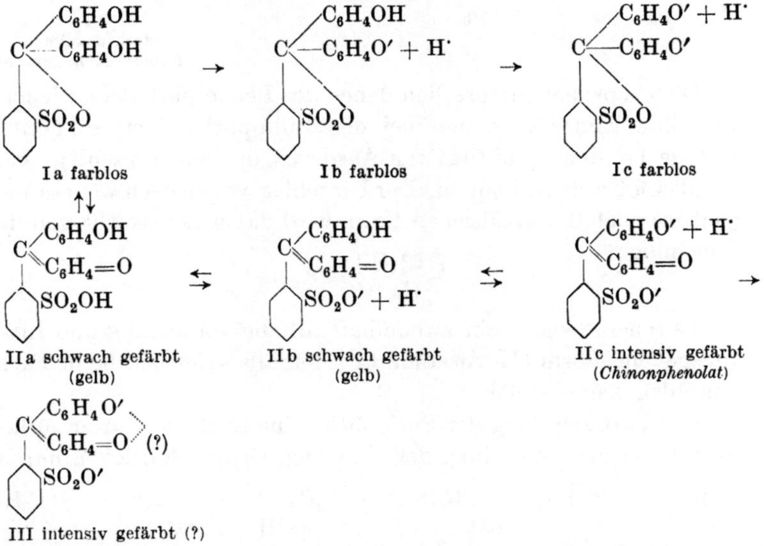

Ia farblos — Ib farblos — Ic farblos

IIa schwach gefärbt (gelb) — IIb schwach gefärbt (gelb) — IIc intensiv gefärbt (*Chinonphenolat*)

III intensiv gefärbt (?)

[1] Lubs, H. A., u. S. F. Acree: Journ. Amer. Chem. Soc. **38**, 2772 (1916). — White, E. C., u. S. F. Acree: Journ. Amer. Chem. Soc. **39**, 648 (1917); **40**, 1092 (1918).

[2] Nach Lund (l. c.) müßte man hier dann annehmen, daß in der gelben Lösung das Sulfophthalein folgende Struktur hat:

$$C_6H_4\langle {C^{\cdot}(C_6H_4OH)(C_6H_4O')} \atop {SO_2O'} ,$$

während mit Lauge das rot gefärbte $C_6H_4\langle {C^{\cdot}(C_6H_4O')_2} \atop {SO_2O'}$-Ion gebildet wird.

Nach Angaben von I. M. KOLTHOFF[1] scheint es jedoch recht zweifelhaft, ob die Sultonformen (Ia, Ib und Ic) wirklich in Lösung vorkommen. Bei quantitativen Untersuchungen über den Farbumschlag der Sulfophthaleine brauchen sie jedenfalls nicht in Betracht gezogen zu werden. Andererseits hat A. THIEL[2] nachgewiesen, daß die Sulfophthaleine, obgleich viel beständiger als die entsprechenden Phthaleine, auch von einem Überschuß Lauge entfärbt werden. Die gebildeten Ionen sind von der farblosen Carbinolform abgeleitet:

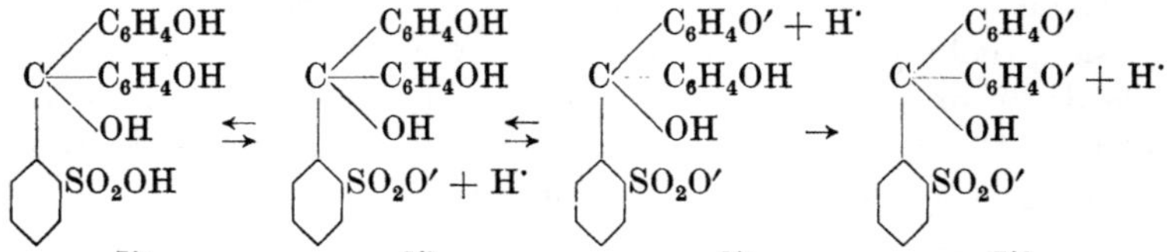

I′a I′b I′c I′d
stark alkalische farblose Konfiguration

Diese Formen entsprechen denen des Phenolphthaleins; jedoch sind ihre Konzentrationen bei den Sulfophthaleinen so gering, daß sie bei dem quantitativen Ausdruck des Farbumschlags vernachlässigt werden können. Der Umschlag von der schwach sauren (gelben) nach der alkalischen Form wird daher beherrscht von der Gleichung:

$$\frac{[II_b][H^{\cdot}]}{[II_c]} = K_I .$$

Es scheint sogar sehr zweifelhaft, ob die von ACREE und LUBS angegebene Form III vorkommt; jedenfalls spielt sie beim Farbumschlag keine Rolle.

Der Farbumschlag der Sulfophthaleine in stark saurem Milieu ist auf eine Kationbildung der chinoiden Gruppe zurückzuführen:

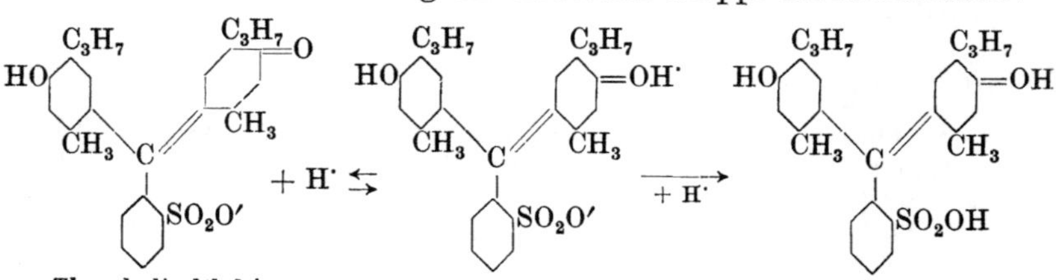

Thymolsulfophthalein (gelb) Zwitterion (rot) Kation (rot)

---

[1] KOLTHOFF, I. M.: Journ. Physical Chem. **35**, 1433 (1931).
[2] Vgl. A. THIEL: Monatshefte f. Chemie **53/54**, 1008 (1929).

Azoindicatoren. Das Verhalten der Azoindicatoren ist sehr verwickelt und noch nicht vollkommen aufgeklärt.

Azobenzol.

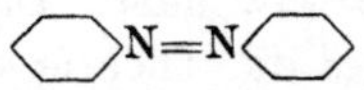

In festem Zustand gelborange; in organischen Lösungsmitteln gibt es eine gelbe Lösung, die von starker Säure rotgefärbt wird.

Dialkylaminoazobenzol.

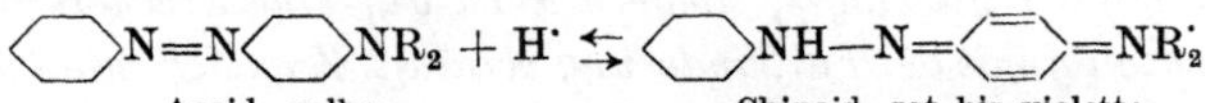

Azoid, gelb; schwache Base — Chinoid, rot bis violett; chinoide Form, starke Base

Beim Methylorange können die Strukturänderungen durch folgende Gleichungen dargestellt werden:

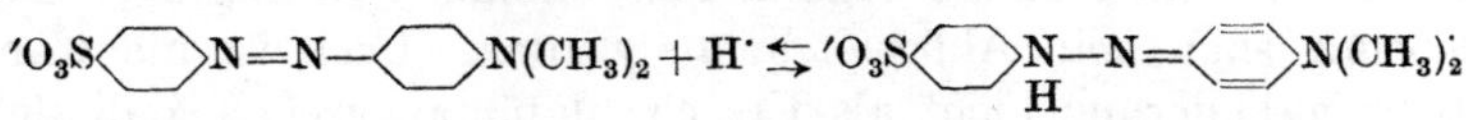

Methylorange; Azoid, gelb — Zwitterion, rot; chinoid

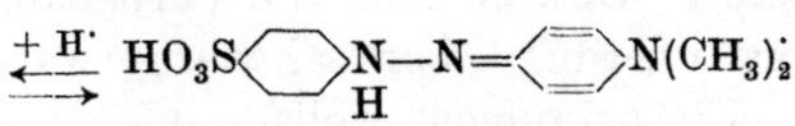

Kation, rot; sehr stark saure Form

Indes bestehen noch verschiedene andere saure Formen des Methylorange, die hier jedoch nicht weiter besprochen werden.

Nitroindicatoren. p-Nitrophenol

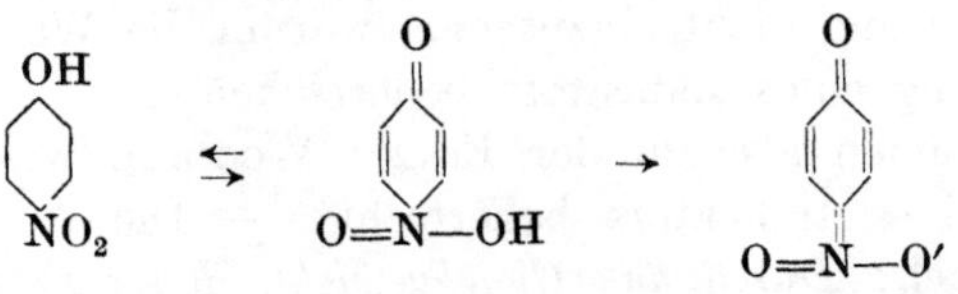

ψ-Säure, farblos — aci-Form; starke Säure, gelb — Anionen, gelb

4. Eine neue Definition der Indicatoren. Aus dem Obenstehenden geht deutlich hervor, daß wir die einfache Erklärung von OSTWALD nicht als vollständig ansehen dürfen. Nach der anderen Seite hin können wir allein durch die Änderung der Konstitution nicht so einfach die Beziehung zwischen der Farbe (also dem Verhältnis der sauren und alkalischen Form) und der Wasserstoffionenkonzentration angeben. Von STIEGLITZ[1] ist nun eine gedankliche Verbindung zwischen der Ionentheorie und der chromophoren Theorie hergestellt worden, aus der hervorgeht,

[1] STIEGLITZ, J.: Journ. Amer. Chem. Soc. **25**, 1112 (1903).

daß man dennoch die Beziehung zwischen dem Farbgrade und der Wasserstoffionenkonzentration berechnen kann, wenn man die Gleichung von OSTWALD anwendet. Doch auch er verwirft als Erklärung des Umschlages die Theorie von OSTWALD, weil diese an sich natürlich noch keine Erklärung der *Farbänderung* gibt, und nimmt die chromophore dafür an. Das entspricht nicht ganz meiner Ansicht. Auch die chromophore Theorie gibt keine *Erklärung des Umschlages, sondern weist auf eine Erscheinung hin, die gleichzeitig mit der Farbänderung verläuft. Zugleich mit der Farbänderung ändert sich auch die Konstitution, doch ist diese an sich nicht die Ursache der Farbänderung.*

Mit dieser Behauptung soll den schönen Untersuchungen von HANTZSCH, die für den organischen Chemiker von großer Bedeutung sind, kein Abbruch getan werden. Doch ist die Konstitutionsänderung nicht als Ursache dafür anzusehen, daß sich die Farbe verändert. Obwohl man die Farbenänderung bequem, die Konstitutionsänderung aber schwierig wahrnehmen kann, verlaufen beide Erscheinungen vollständig gleichzeitig. Wenn man umgekehrt die Änderung der Konstitution eines Indicators bequem, die Farbänderung aber schwierig wahrnehmen könnte, so dürfte man diese doch noch nicht als Ursache der Zustandsänderung des Indicators ansehen. Zudem ist nach der HANTZSCHschen Auffassung nicht einzusehen, warum die Wasserstoffionen den Umschlag eines Indicators beherrschen.

Wir kommen also zu der Frage: Wodurch wird der Farbumschlag eines Indicators beherrscht? — Die Anwort hierauf lautet einfach: *Durch das Gleichgewicht, das zwischen der aci- oder ionogenen Form und der pseudo- oder normalen Form besteht.*

Wenn wir wieder von dem Beispiel p-Nitrophenol ausgehen, dann besteht in wässeriger Lösung ein Gleichgewicht zwischen der aci- und der pseudo-Form, wie es durch folgende Gleichung dargestellt wird:

$$\text{normal} \leftrightarrows \text{aci}\,.$$

Bei eintretendem Gleichgewicht gilt folgende Beziehung:

$$\frac{[\text{aci}]}{[\text{normal}]} = \text{K}\,, \tag{1}$$

$$[\text{aci}] = \text{K} \times [\text{normal}]\,. \tag{2}$$

Die aci-Verbindung verhält sich als starke Säure und wird durch Lauge in das Salz übergeführt:

$$\text{aci} \leftrightarrows H^{\cdot} + A',$$

$$\frac{[H^{\cdot}] \times [A']}{[\text{aci}]} = K_{\text{aci}}. \tag{3}$$

Dieses K_{aci} stellt also die Dissoziationskonstante der aci-Säure dar. Aus der Gleichung (2) folgt nun, daß die Konzentration der aci-Säure gleich K × [normal] ist, mit anderen Worten:

$$\frac{[H^{\cdot}] \times [A']}{[\text{normal}]} = K_{\text{aci}} \times K = K_{HJ}. \tag{4}$$

Aus der Gleichung (4) folgt, daß

$$\frac{[A']}{[\text{normal}]} = \frac{K_{HJ}}{[H^{\cdot}]}.$$

Indessen bedeutet das Verhältnis $\frac{[A']}{[\text{normal}]}$ bei p-Nitrophenol nicht das der Endkonzentration der gelben zur alkalischen Form, weil die freie ungespaltene Säure [aci] ebenfalls gelb ist.

Die gesamte Konzentration der gelben Form ist also [A′] + K × [normal]. Wenn nun die Gesamtkonzentration des Indicators [HJ] ist, dann ist [normal] = [HJ] − [A′] − [aci]. Bei einer bestimmten $[H^{\cdot}]$ ist das Verhältnis der Konzentration der gelben zur farblosen Form

$$\frac{[A'] + K[\text{normal}]}{[\text{normal}]} = \frac{[A'] + K\{[HJ] - [A'] - [\text{aci}]\}}{[HJ] - [A'] - [\text{aci}]} = \frac{K_{HJ}}{[H^{\cdot}]}.$$

Wenn die aci-Säure so stark ist, daß wir annehmen können, daß sie vollständig gespalten ist, können wir die gewöhnliche Gleichgewichtsgleichung

$$\text{normal} \rightleftarrows H^{\cdot} + \text{aci}'$$

zugrunde legen. Die abgeleitete Gleichung, die die Färbung beherrscht, erscheint dann einfach.

Verwickelter wird die Sache, wenn die normale Form sich ebenfalls merklich als Säure verhält, also auch merklich ein Salz bildet. Wir haben dann zwei Säuren:

$$HA \leftrightarrows H^{\cdot} + A', \qquad \frac{[H^{\cdot}] \times [A']}{[HA]} = K_{HA}.$$

$$HJ \leftrightarrows H^{\cdot} + J', \qquad \frac{[H^{\cdot}] \times [J']}{[HJ]} = K_{HJ}.$$

Aus diesen beiden Gleichungen ist abzuleiten, daß bei bestimmter $[H^{\cdot}]$ folgende Beziehung besteht:

$$\frac{[A']}{[HA]} \times K_{HJ} = \frac{[J']}{[HJ]} \times K_{HA}\,.$$

Wenn nun [HJ] die Konzentration der aci-Form, [HA] die der pseudo-Form darstellt, dann ist die Konzentration der gelben Form $[J'] + [HJ]$. Die Konzentration der farblosen Form ist $[A'] + [HA]$. Außerdem ist $[HJ] = K[HA]$. Dann ist

$$[J'] = \frac{K \times [HA] \times K_{HJ}}{[H^{\cdot}]}\,.$$

Die Gesamtkonzentration der gelben Form ist also

$$\frac{K[HA] \times K_{HJ}}{[H^{\cdot}]} + K[HA]\,.$$

Die einfachere auf S. 221 abgeleitete Gleichung (4) stellt die gewöhnliche Gleichung gemäß der Ostwaldschen Erklärung dar, nur ist K_{HJ} nicht die *wahre*, sondern die *scheinbare* Dissoziationskonstante des Indicators, da sie das Produkt der wahren Dissoziationskonstante und der Gleichgewichtskonstante zwischen der normalen und aci-Form ist. Diese Gleichgewichtskonstante liegt bei p-Nitrophenol sehr zugunsten der normalen Verbindung, so daß p-Nitrophenol scheinbar eine sehr schwache Säure ist. Bei o-Nitrophenol ist das Verhältnis günstiger, so daß dieses sich bereits als stärkere Säure verhält. Bei Pikrinsäure ist demgegenüber das Verhältnis bereits so groß, daß in wässeriger Lösung viel von der aci- oder ionogenen neben der pseudo-Verbindung bestehen kann. Sie verhält sich also als ziemlich starke Säure. Mit zunehmender scheinbarer Dissoziationskonstante muß die Stärke der Gelbfärbung der wässerigen Lösungen ebenfalls zunehmen, da in der Lösung dann auch mehr von der aci-Form anwesend ist. Das ist auch tatsächlich der Fall. Pikrinsäure ist in wässeriger Lösung stark gelb, dagegen in organischen Ausschüttelungsmitteln farblos, also in der Pseudoform anwesend.

Auf dieselbe Weise, wie es bei p-Nitrophenol geschehen ist, können wir auch die Beziehungen zwischen der Farbe und der Wasserstoffionenkonzentration bei Phenolphthalein und ähnlichen Indicatoren ableiten. Hier besteht in wässerigen Lösungen ein

Gleichgewicht zwischen der Lactonverbindung L und der Chinonverbindung Ch.

$$L \rightleftarrows Ch\,,$$

$$\frac{[Ch]}{[L]} = K\,,$$

$$[Ch] = K \times [L]\,. \qquad (5)$$

Die Chinonverbindung ist nun wieder in Ionen gespalten:

$$Ch \rightleftarrows Ch' + [H^{\cdot}]\,,$$

$$\frac{[H^{\cdot}] \times [Ch']}{[Ch]} = K_{Ch}\,. \qquad (6)$$

(Wahre Dissoziationskonstante.)

Nun folgt aus (5), daß $[Ch] = K \times [L]$, also

$$\frac{[H^{\cdot}] \times [Ch']}{K \times [L]} = K_{Ch}\,.$$

$$\frac{[H^{\cdot}] \times [Ch']}{[L]} = K_{Ch} \times K = K_{HJ}\,. \qquad (7)$$

Auch hier zeigt sich wieder, daß die Dissoziationskonstante des Indicators eine *scheinbare* ist und aus der wahren Dissoziationskonstante und der Gleichgewichtskonstante zwischen der aci- und der pseudo-Verbindung zusammengesetzt wird. In wässeriger Lösung liegt das Gleichgewicht zwischen L und Ch so ungünstig, daß die Lösung für unser Auge farblos ist (vgl. S. 227). Durch Verschiebung des Gleichgewichts mit Lauge tritt die rote Farbe auf.

Der Umschlag von Dimethylgelb u. dgl. wird von den folgenden Gleichungen beherrscht:

$$\underset{\text{gelb}}{Azo} \rightleftarrows \underset{\text{rot}}{Chinoid}\,,$$

$$\frac{[Ch]}{[Azo]} = K\,,$$

$$[Ch] = K \times [Azo]\,, \qquad (8)$$

$$Ch \rightleftarrows Ch^{\cdot} + OH'\,,$$

$$\frac{[Ch^{\cdot}] \times [OH']}{[Ch]} = K_{Ch}\,. \qquad (9)$$

(Wahre Dissoziationskonstante.)

Aus (8) und (9) folgt, daß

$$\frac{[Ch^{\cdot}] \times [OH']}{K \times [Azo]} = K_{Ch}$$

oder

$$\frac{[Ch^{\cdot}] \times [OH']}{[Azo]} = K_{Ch} \times K = K_{I}\,.$$

(Scheinbare Dissoziationskonstante.)

Die abgeleiteten Gleichungen stimmen also in den verschiedenen Fällen vollständig mit der von OSTWALD überein; die Unterschiede sind allein:

a) Die abgeleiteten Dissoziationskonstanten sind die Produkte der wahren Dissoziationskonstante und der Gleichgewichtskonstante zwischen der aci- (oder baso-) und der pseudo-Verbindung. Doch kann man ruhig die so abgeleitete scheinbare Dissoziationskonstante als Maßstab für die Stärke der Indicatorsäure oder -base ansehen. Es sind ja, wie nach den Untersuchungen der letzten Jahre wahrscheinlich gemacht ist, die meisten Dissoziationskonstanten organischer Säuren und Basen scheinbar, sie stellen nicht die wahren Konstanten dar (vgl. S. 60). Wenn wir uns z. B. die Dissoziationskonstante der Kohlensäure ansehen, dann ist diese:

$$\frac{[H^{\cdot}] \times [HCO_3']}{[H_2CO_3]} = K_{H_2CO_3}\,. \qquad (10)$$

Nun nimmt man an, daß $[H_2CO_3]$ gleich der gesamten Kohlensäurekonzentration ist. Das ist unrichtig, weil der größte Teil als Anhydrid CO_2 anwesend ist. H_2CO_3 und CO_2 stehen miteinander im Gleichgewicht, mit anderen Worten

$$[H_2CO_3] = K \times [CO_2]\,.$$

Wenn wir diesen Wert in die Gleichung (10) einsetzen, finden wir, daß

$$\frac{[H^{\cdot}]\,[HCO_3']}{[CO_2]} = K_{H_2CO_3} \times K = K' = 3 \times 10^{-7}\,.$$

Dies $K' = 3 \times 10^{-7}$ nennen wir nun die Dissoziationskonstante der Kohlensäure. In Wirklichkeit ist es die scheinbare Dissoziationskonstante. Die wahre Dissoziationskonstante ist viel größer, weil das Gleichgewicht zwischen CO_2 und H_2CO_3 sehr zugunsten von CO_2 liegt. Das Verhältnis $\frac{[CO_2]}{[H_2CO_3]}$ ist etwa 1000, so daß die wahre Dissoziationskonstante der Kohlensäure ungefähr 1000 mal größer ist als die scheinbare, also etwa 3×10^{-4}.

Dasselbe ist bei Ammoniak, obgleich in viel geringerem Maße, der Fall. Auch hier rechnen wir stets mit einer scheinbaren Dissoziationskonstante, da wir annehmen, daß alles nichtdissoziierte Ammoniak als NH_4OH anwesend ist, wobei wir nicht das Gleichgewicht

$$NH_4OH \leftrightarrows NH_3 + H_2O$$

in Rechnung setzen. Die wahre Dissoziationskonstante von Ammoniak wird also viel größer sein als die, mit der wir stets arbeiten.

Nach den Auffassungen von SNETHLAGE[1] und besonders A. HANTZSCH[2] ist es sogar fraglich, ob nicht alle Dissoziationskonstanten scheinbar und aus der wahren Dissoziationskonstante und der Gleichgewichtskonstante zwischen der ionogenen und der pseudo-Form zusammengesetzt sind.

Dies wird u. a. durch eine Untersuchung, die HANTZSCH mit Essigsäure und deren Derivaten angestellt hat, bestätigt; daraus folgt nämlich, daß die Ester und Salze eine verschiedene Konstitution besitzen, während mit großer Wahrscheinlichkeit zu schließen ist, daß in der wässerigen Lösung der Essigsäure ein Gleichgewichtszustand besteht zwischen zwei Formen, deren eine die Konstitution des Esters, die andere die des Salzes besitzt. Auch hier haben wir also ein Gleichgewicht:

$$\frac{\text{ionogen}}{\text{pseudo}} = K\,.$$

Wenn man also annimmt, daß alle nichtdissoziierte Essigsäure in wässeriger Lösung nur in einer Form anwesend sei, begeht man einen Fehler, da man dann den Gleichgewichtszustand zwischen der ionogenen und der pseudo-Form nicht in Rechnung setzt. Die wahre Dissoziationskonstante der Essigsäure ist also viel größer als die, mit der wir immer rechnen.

b) Eine zweite Abweichung von der OSTWALDschen Erklärung besteht darin, daß nach meiner Erklärung die Ionen nicht dieselbe Konstitution zu haben brauchen wie die ungespaltenen Säuren.

Wir kommen also zu einer neuen Definition der Indicatoren, und zwar zu folgender:

Indicatoren sind (scheinbar) schwache Säuren oder Basen, deren ionogene oder aci- (resp. baso-) *Form eine andere Farbe und Konstitution besitzt als die pseudo- oder normale Verbindung.*

An Hand dieser Erklärung können wir also die bei Indicatoren stattfindenden Reaktionen ohne Bedenken durch folgende Gleichungen darstellen:

$$HJ \leftrightarrows H^{\cdot} + J'\,,$$

$$JOH \leftrightarrows J^{\cdot} + OH' \quad (\text{oder} \quad J + H^{\cdot} \leftrightarrows JH^{\cdot})\,,$$

[1] SNETHLAGE, Chem. Weekblad **15**, 168 (1918).

[2] HANTZSCH, A.: Ber. Dtsch. Chem. Ges. **50**, 1413 (1917).

worin J′ und J˙ eine andere Konstitution besitzen als HJ und JOH.

In den obenstehenden Gleichungen ist also angenommen worden, daß die aci- oder baso-Verbindungen so stark seien, daß sie als völlig gespalten anzusehen sind, mit anderen Worten

$$\text{pseudo-Säure} \leftrightarrows \text{aci}\genfrac{}{}{0pt}{}{\diagup H^{\cdot}}{\diagdown aci'} .$$

Wenn wir nun berücksichtigen, daß die Dissoziationskonstante den scheinbaren Wert liefert, können wir auch schreiben:

$$\text{pseudo} \leftrightarrows H^{\cdot} + \text{aci}',$$

$$\frac{[H^{\cdot}] \times [\text{aci}']}{[\text{pseudo}]} = K_{HJ} .$$

Dasselbe gilt auch für die Indicatorbasen.

Die neue Definition verstößt nun auch nicht mehr gegen die Tatsache, daß der Umschlag von Indicatoren eine langsame Zeitreaktion ist; in der Erklärung ist ja enthalten, daß ein Gleichgewicht zwischen der ionogenen und normalen Form besteht. Es ist nun sehr wohl möglich, daß das Gleichgewicht zwischen den beiden Formen sich langsam einstellt.

Überdies wird durch diese Definition erklärt, warum das feste Salz des Phenolphthaleins rot ist und das feste Salz des p-Nitrophenols gelb. Die Salze haben ja durchaus die Konstitution und demgemäß auch die Farbe der ionogenen Form, einerlei, ob sie völlig oder teilweise dissoziiert sind. Das stimmt auch mit der Untersuchung von Hantzsch (l. c.) und Hantzsch und Robertsohn (l. c.), wie zu Beginn dieses Kapitels erwähnt, überein, nämlich, daß das Beersche Gesetz bei gefärbten Salzen bei nicht zu großer Konzentration gültig ist. Denn die evtl. vorhandenen nichtdissoziierten Moleküle der Salze sind ionogen und haben dieselbe Farbe und Konstitution wie die Ionen.

Daß das Phenolphthalein durch ein Übermaß an Lauge wieder farblos wird, tut der Erklärung ebenfalls keinen Abbruch, da wir es hier mit zwei Gleichgewichten zu tun haben, nämlich

$$\frac{[\text{Lacton}]}{[\text{Chinon}]} = K_1 , \qquad \frac{[\text{Chinon}]}{[\text{Carbonsäure}]} = K_2 .$$

Durch ein Übermaß an Lauge wird das Gleichgewicht langsam nach der Carbonsäure hin verschoben.

Der einzige Unterschied gegenüber der alten Erklärung von OSTWALD besteht also darin, daß wir nicht sagen dürfen, daß die *Ionen* eine andere Farbe besitzen als die pseudo-Verbindung, sondern die *ionogene Form.* Hier schließt sich dann die chromophore Theorie an, die besagt, daß die *ionogene Form* auch eine andere Konstitution als die Normalform besitzt.

Primär ist indessen das Gleichgewicht

$$\text{pseudo} \leftrightarrows \text{ionogen}\,,$$

das den Umschlag des Indicators beherrscht.

Zusammenfassend können wir also sagen, daß nach der neuen Definition die im fünften Kapitel abgeleiteten Gleichungen vollkommen richtig sind und daß auch kein Widerspruch mit der HANTZSCHschen Auffassung besteht.

Dritter Teil.

Die colorimetrische Bestimmung der Wasserstoffionenkonzentration.

Achtes Kapitel.

Die Pufferlösungen. Herstellung und Eigenschaften.

1. Allgemeines (vgl. auch Kap. 1, S. 23). Pufferlösungen sind Flüssigkeiten von derartiger Zusammensetzung, daß ihre Wasserstoffionenkonzentration ziemlich festgelegt ist, d. h. auf Zusatz von Spuren Säure oder Base ändert sich ihr p_H praktisch nicht. Daher sind sie als Vergleichslösungen bei der colorimetrischen p_H-Bestimmung unentbehrlich. Wenn die Puffergemische in verschlossenen Flaschen von gutem Glas aufbewahrt und evtl. mit einem Desinfiziens (ein winziges Kryställchen Thymol) versetzt werden, können sie meistens wohl zwei Monate unveränderlich aufbewahrt werden. Gewöhnlich ist es jedoch zu empfehlen, sie nach einem Monat frisch herzustellen.

Die meisten Pufferlösungen bestehen aus Gemischen einer schwachen Säure mit ihrem Alkalisalz. Nennt man den negativen Logarithmus der Dissoziationskonstante K_s der Säure p_K, so kann man gewöhnlich aus einer Säure mit ihrem Salz brauchbare Pufferlösungen herstellen mit einem p_H zwischen $p_K + 1$ und $p_K - 1$, also über einen Bereich von 2 p_H-Einheiten. Will man z. B. aus Essigsäure mit einer Dissoziationskonstante von $1{,}86 \times 10^{-5}$ oder einem p_K von 4,73 Pufferlösungen herstellen, so sind sie über einen p_H-Bereich von etwa 3,7—5,7 sehr gut brauchbar. Dabei ist zu bedenken, daß die Intensität der Pufferwirkung[1] (*Pufferkapazität*) einer Reihe Pufferlösungen dort am größten ist, wo das p_H etwa gleich p_K ist oder das Verhältnis Säure : Salz gleich 1

[1] VAN SLYKE, DONALD D.: Journ. Biol. Chem. **52**, 525 (1922); vgl. dazu Kap. 1, S. 25.

ist (vgl. Abb. 16). Je mehr p_H von p_K abweicht, desto geringer wird die Pufferwirkung; wird das Verhältnis Säure:Salz größer als 10:1 oder kleiner als 1:10, so sind sie ganz allgemein nicht mehr unveränderlich aufzubewahren. Geht man nicht von einer einbasischen, sondern einer mehrbasischen Säure aus, so kann man über einen größeren p_H-Bereich brauchbare Pufferlösungen herstellen. So gelingt es z. B. aus Citronensäure und Natronlauge eine brauchbare Reihe von p_H 2—6 anzufertigen. Für die Herstellung von Puffergemischen mit einer großen Pufferkapazität bei wechselnder Zusammensetzung ist es empfehlenswert, von einer Mischung von Säuren mit wenig verschiedenen Dissoziationskonstanten auszugehen.

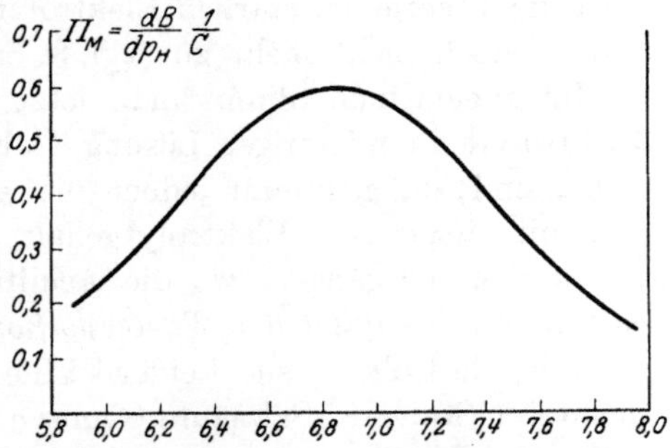

Abb. 16. Molekulare Pufferkapazität der Phosphatlösungen von CLARK.

Die gebräuchlichen Pufferlösungen haben meistens einen geringen Temperaturmodulus, d. h. bei einer Temperaturänderung bleibt die Wasserstoffionenkonzentration fast dieselbe. Dies gilt nur, wenn die Lösungen aus Gemischen einer schwachen Säure mit ihrem Salze bestehen. Eine Ausnahme bilden nur die Borsäure-Metaborat-Gemische; hier nimmt das p_H mit steigender Temperatur merklich ab (vgl. die Tabellen). Bei genauen Untersuchungen hat man diesen Temperatureinfluß zu beachten.

Gemische einer schwachen Base mit ihrem Salz haben ebenso wie die einer Säure mit ihrem Salz eine gute Pufferwirkung. In diesen Lösungen ist die Hydroxylionenkonzentration durch die Dissoziationskonstante der Base und das Verhältnis Base:Salz festgelegt, bei Temperaturänderung ändert sich die Hydroxylionenkonzentration meistens nur sehr wenig. Da nun das Ionenprodukt Kw des Wassers mit der Temperatur stark zunimmt und

$$[H^{\cdot}] = \frac{Kw}{[OH']},$$

so wird das p_H in Gemischen einer Base mit ihrem Salz bei steigender Temperatur merklich abnehmen. Daher sind derartige

Lösungen bei genauen p_H-Messungen bei wechselnder Zimmertemperatur nicht zu empfehlen. Die p_H-Werte der bekannten Puffergemische sind alle durch sorgfältige Messungen mit der Wasserstoffelektrode bestimmt worden. Dabei werden ganz allgemein bei der Berechnung des p_H aus den potentiometrischen Messungen die Standardwerte von S. P. L. SÖRENSEN[1] benutzt. Diese sind darauf gegründet, daß im Standard-Salzsäure-Gemisch — das 0,01n-Salzsäure und 0,09n-Kaliumchlorid enthält — ein p_H von 2,038 angenommen wird. Dieser Wert ist auf Grund des isohydrischen Prinzips von ARRHENIUS aus den Leitfähigkeitsdaten berechnet worden. Nach den modernen Anschauungen über die Theorie der starken Elektrolyte trifft diese Berechnungsweise jedoch nicht mehr zu (vgl. S. 55ff.).

Im allgemeinen nimmt man jetzt doch an, daß die starken Elektrolyte in wässeriger Lösung vollständig in ihre Ionen zerfallen sind; dabei nimmt jedoch die *Aktivität* der Ionen anfänglich mit steigendem Elektrolytgehalt ab. Bei den meisten biochemischen Vorgängen, wo die Acidität von Bedeutung ist, ist es nun die *Aktivität der Wasserstoffionen* $a_{H^{\cdot}}$, welche die beherrschende Rolle spielt. Leider ist die Aktivität der Wasserstoffionen im Standard-Salzsäure-Gemisch noch nicht ganz genau bekannt. Nennen wir pa_H den negativen Logarithmus der Aktivität der Wasserstoffionen, so besteht nach Messungen aus der letzten Zeit wahrscheinlich folgender Zusammenhang zwischen p_H und pa_H:

$$pa_H = p_H + 0{,}04\,.$$

Solange der Wert von pa_H im Standard-Salzsäure-Gemisch noch nicht genau feststeht, ist es besser, *die* p_H-*Werte von* SÖRENSEN *beizubehalten. Die in den Tabellen mitgeteilten Werte beziehen sich auch alle darauf.*

Im Laufe der Zeit sind von einigen Verfassern verschiedene Reihen von Pufferlösungen beschrieben worden. Im folgenden werden die praktisch brauchbaren eingehender besprochen.

2. Die Pufferlösungen nach W. M. CLARK und LUBS[2] (1916). p_H-Gebiet 1,0—10,0. (Vgl. Abb. 17.) CLARK und LUBS haben

[1] SÖRENSEN, S. P. L.: Biochem. Ztschr. **21**, 131 (1909); **22**, 352 (1909) — Ergebn. d. Physiol. **12**, 393 (1912).

[2] CLARK, W. M., u. LUBS: Journ. Bacteriol. **2** 1, 109, 191 (1917); vgl. auch W. M. CLARK: The determination of hydrogenions. 3. Aufl. Baltimore 1928.

eine Stufenleiter von Puffergemischen aufgestellt, deren p_H in Abständen von 0,2 Einheiten von 2,0—10,0 steigt. Sie sind zusammengestellt aus Lösungen von:

	p_H-Bereich
0,2n-Salzsäure und 0,2n-Kaliumchlorid und Wasser	1,0— 2,4
0,1n-Salzsäure und 0,1n-Kaliumbiphthalat und Wasser . . .	2,2— 4,0
0,1n-Natronlauge und 0,1n-Kaliumbiphthalat und Wasser . .	4,0— 6,2
0,1n-Natronlauge und 0,1n-Monokaliumphosphat und Wasser .	6,0— 8,0
0,1n-Natronlauge und 0,1n-Borsäure in 0,1n-KCl und Wasser .	8,0—10,2

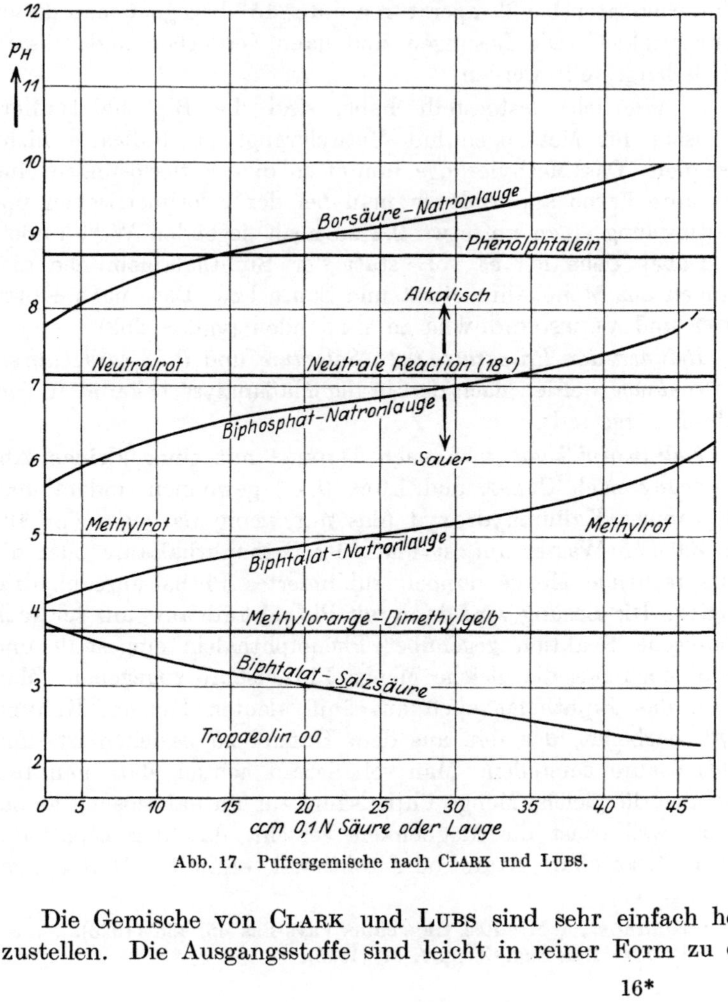

Abb. 17. Puffergemische nach CLARK und LUBS.

Die Gemische von CLARK und LUBS sind sehr einfach herzustellen. Die Ausgangsstoffe sind leicht in reiner Form zu erhalten, und die gleichen Unterschiede der p_H-Werte, die um je 0,2 voneinander abweichen, bieten praktische Vorteile.

Es sei hier jedoch bemerkt, daß die Biphthalat-Salzsäure-Gemische zwei Nachteile haben, wodurch sie weniger geeignet werden:

1. Wiederholt habe ich beobachtet, daß aus den Biphthalat-Säure-Gemischen mit einem p_H kleiner als 3,0 die Phthalsäure in schönen Krystallen auskrystallisieren kann. Besonders in den Wintermonaten bei Temperaturen unter 15° begegnet man dieser Schwierigkeit. Die Lösungen sind dann verdorben und müssen frisch hergestellt werden.

2. Wie ich[1] festgestellt habe, sind die Biphthalatpuffergemische für Messungen mit Methylorange als Indicator nicht geeignet. Das Methylorange nimmt in den Pufferlösungen eine zu saure Farbe an, wodurch man bei der colorimetrischen p_H-Bestimmung einen um etwa 0,2 zu hoch liegenden Wert findet.

Daher ziehe ich es vor, statt der Biphthalatgemische diejenigen aus Monokaliumcitrat und Säure bzw. Base nach Kolthoff und Vleeschhouwer zu verwenden (vgl. S. 253).

Reinheit der Präparate. 0,2n-Salzsäure und *0,1n-carbonatfreie Natronlauge* werden nach den in der Maßanalyse bekannten Verfahren hergestellt.

Kaliumbiphthalat wird nach Dodge[2] mit einer kleinen Abänderung nach Clark und Lubs (l. c.) gewonnen, indem man 60 g reines Kaliumhydroxyd (das nur wenig Carbonat enthält) in 400 ccm Wasser auflöst und 85 g Orthophthalsäure oder die entsprechende Menge doppelt sublimiertes Phthalsäureanhydrid zugibt. Die Lösung wird dann mit Phthalsäure auf ganz schwach alkalische Reaktion gegenüber Phenolphthalein eingestellt und dann nochmals die gleiche Menge Phthalsäure zugegeben. Man kann das Biphthalat auch aus äquivalenten Mengen Kaliumhydrocarbonat, das rein aus dem Handel zu beziehen ist, und Phthalsäure herstellen. Man soll darauf achten, daß man tatsächlich die gleiche Menge Phthalsäure zur Phthalatlösung hinzusetzt, weil sonst die Möglichkeit besteht, daß das Biphthalat einen Überschuß Säure oder Phthalat enthält. Durch Um-

---

[1] Kolthoff, I. M.: Rec. trav. chim. Pays-Bas **45**, 433 (1926).

[2] Dodge: Ind. Eng. Chem. **7**, 29 (1915).

krystallisieren aus Wasser ist dieser Überschuß schwer zu entfernen. Die aufgekochte Lösung wird heiß filtriert und das Kaliumbiphthalat unter häufigem Umrühren beim Abkühlen durch Krystallisation gewonnen. Die abgenutschten Salzmengen werden wenigstens zweimal aus Wasser umkrystallisiert und bei 110—120° getrocknet.

S. B. Smith[1], der das Gleichgewicht im System Phthalsäure—Kaliumbiphthalat eingehend untersucht hat, fand, daß im allgemeinen die Umkrystallisation nicht unter 35° geschehen darf. Falls das Präparat schon rein oder nur mit Kaliumphthalat verunreinigt war, darf die Krystallisation noch bei 25° stattfinden; wenn es jedoch von Anfang an zu sauer war, so ist die Verunreinigung nur bei Krystallisation über 35° zu entfernen, weil sonst immer ein wenig des Salzes 1 Kaliumphthalat · 4 Phthalsäure · 4 H_2O mit auskrystallisiert.

Jedenfalls ist es erwünscht, das umkrystallisierte gebrauchsfertige Produkt durch eine Titration mit Natronlauge mit Phenolphthalein als Indicator auf seine richtige Zusammenstellung zu prüfen.

Molekulargewicht des Kaliumbiphthalats: 204,2.

Monokaliumphosphat, KH_2PO_4. Molargewicht 136,1. Man geht von einem guten Handelsprodukt aus, das zwei- bis dreimal aus Wasser umkrystallisiert und bei 110° bis zur Gewichtskonstanz getrocknet wird. Bei 100° soll es nicht mehr als 0,1% Wasser verlieren. Der Glühverlust soll 13,23% ± 0,1% betragen.

Nach R. Holcomb und R. R. McKibbin[2] setzt sich aus Kaliumdihydrophosphatlösungen bei längerem Stehen oft ein Niederschlag ab, der aus Aluminium- bzw. Eisenphosphat besteht. Diese Verunreinigungen sind durch Umkrystallisation aus Wasser schwer zu entfernen, weil sie in der konzentrierten Salzlösung kolloid gelöst bleiben. Daher empfehlen Holcomb und Kibbin eine $^1/_5$ molare Lösung des Salzes 24 Stunden auf 85° zu halten und dann durch ein dichtes Filter zu filtrieren. Das Filtrat wird eingedampft und in der üblichen Weise umkrystallisiert.

Das Mononatriumphosphat ist viel schwieriger rein darzustellen als das Kaliumsalz, zudem enthält es Krystallwasser. Daher ist es für die Herstellung von Pufferlösungen weniger zu empfehlen.

---

[1] Smith, S. B.: Journ. Amer. Chem. Soc. **53**, 3711 (1931).

[2] Holcomb, R., u. R. R. McKibbin: Journ. Amer. Chem. Soc. **50**, 1695 (1928).

Borsäure, H_3BO_3. Molargewicht 62,0.

Das Handelsprodukt wird zwei- bis dreimal aus Wasser umkrystallisiert, dann in dünner Schicht zwischen Filtrierpapier und im Vakuumexsiccator bei Zimmertemperatur getrocknet. Bei höherer Temperatur verliert die Borsäure auch Konstitutionswasser und geht zum Teil in die Metaborsäure HBO_2 über. Läßt man die bei hoher Temperatur getrocknete Säure an der Luft liegen, so zieht sie schnell Wasser an und geht wieder in die Orthoborsäure über. Durch Titration mit Natronlauge gegen Phenolphthalein als Indicator bei Anwesenheit einer genügenden Menge Mannit oder Invertzucker ist die Borsäure scharf als einbasische Säure zu titrieren. Die 0,1 molare Lösung färbt Methylrot auf Zwischenfarbe.

Kaliumchlorid. Das Handelsprodukt wird zwei- bis dreimal aus Wasser umkrystallisiert und bei 120—150° getrocknet.

In untenstehender Tabelle wird eine Zusammenstellung der Puffergemische nach CLARK und LUBS gegeben. Die Werte beziehen sich alle auf eine Temperatur von 20° C.

Pufferlösungen nach CLARK und LUBS (bei 20°).

0,2n-HCl mit 0,2n-KCl (14,92 g KCl im Liter).

Zusammensetzung (auf je 200 ccm)	p_H	Indicator
97,0 ccm HCl + 50 ccm KCl	1,0	Thymolblau Tropäolin 00 Chinaldinrot Pentamethoxyrot
64,5 „ HCl + 50 „ KCl	1,2	
41,5 „ HCl + 50 „ KCl	1,4	
26,3 „ HCl + 50 „ KCl	1,6	
16,6 „ HCl + 50 „ KCl	1,8	
10,6 „ HCl + 50 „ KCl	2,0	
6,7 „ HCl + 50 „ KCl	2,2	

0,1n-HCl mit 0,1 molarem Kaliumbiphthalat (20,42 g im Liter).

Zusammensetzung (auf je 100 ccm)	p_H	Indicator
46,70 ccm HCl + 50 ccm Biphthalat	2,2	Chinaldinrot Thymolblau Tropäolin 00 (2,2–2,8)
39,60 „ HCl + 50 „ „	2,4	
32,95 „ HCl + 50 „ „	2,6	
26,42 „ HCl + 50 „ „	2,8	Benzolsulfosäure-azonaphthylamin (2,8–3,8)
20,32 „ HCl + 50 „ „	3,0	
14,70 „ HCl + 50 „ „	3,2	Bromphenolblau Hexamethoxyrot (Methylorange hier nicht geeignet) (3,2–3,8)
9,90 „ HCl + 50 „ „	3,4	
5,97 „ HCl + 50 „ „	3,6	
2,63 „ HCl + 50 „ „	3,8	

0,1 n-NaOH mit 0,1 molarem Kaliumbiphthalat
(20,42 g im Liter).

Zusammensetzung (auf je 100 ccm)	p_H	Indicator
0,40 ccm NaOH + 50 ccm Biphthalat	4,0	Bromphenolblau
3,70 „ NaOH + 50 „ „	4,2	Bromphenolblau
7,50 „ NaOH + 50 „ „	4,4	Bromkresolgrün, Methylrot, Alizarinsulfosäure-natrium
12,15 „ NaOH + 50 „ „	4,6	Bromkresolgrün, Methylrot, Alizarinsulfosäure-natrium
17,70 „ NaOH + 50 „ „	4,8	Bromkresolgrün, Methylrot, Alizarinsulfosäure-natrium
23,85 „ NaOH + 50 „ „	5,0	Bromkresolgrün, Methylrot, Alizarinsulfosäure-natrium
29,95 „ NaOH + 50 „ „	5,2	Bromkresolgrün, Methylrot, Alizarinsulfosäure-natrium
35,45 „ NaOH + 50 „ „	5,4	Bromkresolgrün, Methylrot, Alizarinsulfosäure-natrium
39,85 „ NaOH + 50 „ „	5,6	Chlorphenolrot
43,00 „ NaOH + 50 „ „	5,8	Bromkresolpurpur
45,45 „ NaOH + 50 „ „	6,0	

0,1 n-NaOH mit 0,1 molarem Monokaliumphosphat
(13,62 g KH_2PO_4 im Liter).

Zusammensetzung (auf je 100 ccm)	p_H	Indicator
5,70 ccm NaOH + 50 ccm Phosphat	6,0	Chlorphenolrot
8,60 „ NaOH + 50 „ „	6,2	Pinachrom, Bromthymolblau
12,60 „ NaOH + 50 „ „	6,4	Pinachrom, Bromthymolblau
17,80 „ NaOH + 50 „ „	6,6	Pinachrom, Bromthymolblau
23,65 „ NaOH + 50 „ „	6,8	Pinachrom, Bromthymolblau
29,63 „ NaOH + 50 „ „	7,0	Pinachrom, Bromthymolblau; Phenolrot, Neutralrot oder Kresolrot
35,00 „ NaOH + 50 „ „	7,2	Pinachrom, Bromthymolblau; Phenolrot, Neutralrot oder Kresolrot
39,50 „ NaOH + 50 „ „	7,4	Pinachrom, Bromthymolblau; Phenolrot, Neutralrot oder Kresolrot
42,80 „ NaOH + 50 „ „	7,6	Phenolrot, Neutralrot oder Kresolrot
45,20 „ NaOH + 50 „ „	7,8	Phenolrot, Neutralrot oder Kresolrot
46,80 „ NaOH + 50 „ „	8,0	Phenolrot, Neutralrot oder Kresolrot

0,1 n-NaOH mit 0,1 molarer Borsäure in 0,1 molarem KCl
(6,2 g Borsäure und 7,46 g KCl im Liter).

Zusammensetzung (auf je 100 ccm)	p_H	Indicator
(2,61 ccm NaOH + 50 ccm Borsäure-KCl	7,8)	Kresolrot
3,97 „ NaOH + 50 „ „	8,0	Kresolrot
5,90 „ NaOH + 50 „ „	8,2	Thymolblau, Phenolphthalein
8,50 „ NaOH + 50 „ „	8,4	Thymolblau, Phenolphthalein
12,00 „ NaOH + 50 „ „	8,6	Thymolblau, Phenolphthalein
16,30 „ NaOH + 50 „ „	8,8	Thymolblau, Phenolphthalein
21,30 „ NaOH + 50 „ „	9,0	Thymolblau, Phenolphthalein
26,70 „ NaOH + 50 „ „	9,2	Thymolblau, Phenolphthalein
32,00 „ NaOH + 50 „ „	9,4	Thymolblau, Phenolphthalein
36,85 „ NaOH + 50 „ „	9,6	Thymolphthalein, Nilblau
40,80 „ NaOH + 50 „ „	9,8	Thymolphthalein, Nilblau
43,90 „ NaOH + 50 „ „	10,0	Thymolphthalein, Nilblau

E. H. FAWCETT und S. F. ACREE[1] weisen darauf hin, daß die alkalischen Puffergemische nicht luftstabil sind, weil sie Kohlensäure anziehen. Daher empfehlen sie, die Borsäure-Borat-Gemische nach CLARK und LUBS (p_H 8—10) mit gewöhnlicher Luft zu sättigen, so daß luftstabile Lösungen erhalten werden. Ein Boratpuffer mit einem p_H von 8 hat nach 2tägigem Durchleiten von atmosphärischer Luft ein p_H von 7,95, ein Puffer mit einem p_H von 8,63 nach 2 Tagen 8,55, mit einem p_H von 9,03 nach 4 Tagen 8,84, mit einem p_H von 9,64 nach 5 Tagen 9,10, mit einem p_H von 10,00 nach 8 Tagen 9,24. Je stärker alkalisch die Lösung, um so länger dauert es, bevor sie im Gleichgewicht mit der Luft ist. Nach der angegebenen Zeit sind die genannten Gemische lufthaltbar. Es scheint mir jedoch, daß FAWCETTs und ACREEs Vorschlag keinen großen praktischen Wert hat. Zwar ist der Kohlensäuregehalt der Atmosphäre in den verschiedenen Teilen der Welt *ungefähr* konstant, aber er wechselt doch etwas, auch in den verschiedenen Jahreszeiten an derselben Stelle. Daher sollte man eigentlich immer nach dem Erreichen des Gleichgewichtszustandes das p_H elektrometrisch kontrollieren. Viel einfacher scheint es daher, die alkalischen Puffergemische in gut verschlossenen Flaschen aufzubewahren und alle 4—6 Wochen frisch herzustellen. Da die Lösungen eine gute Pufferkapazität haben, wird der Kohlensäureeinfluß der Luft beim gelegentlichen Öffnen der Flaschen kaum merklich sein.

3. Die Pufferlösungen nach S. P. L. SÖRENSEN (l. c.) und S. PALITZSCH[2]. Die Ausgangssubstanzen sind hier oft weniger leicht darzustellen als bei der Reihe nach CLARK und LUBS. Zwar kann man die Stoffe rein von Kahlbaum beziehen, aber eine Gewähr hat man dann nicht. Besonders vorsichtig soll man mit dem Dinatriumphosphat sein.

Die Wasserstoffexponenten der von SÖRENSEN empfohlenen Gemische sind von ihm mit großer Genauigkeit bei 18° bestimmt worden. Von verschiedenen Reihen hat WALBUM[3] die p_H-Änderung zwischen 10° und 70° bestimmt, so daß wir jetzt auch Angaben über das p_H der Vergleichslösung bei anderen Tempera-

[1] FAWCETT, E. H., u. S. F. ACREE: Bureau of Standards Journal of Research (1931).

[2] PALITZSCH, S.: Biochem. Ztschr. **70**, 333 (1915).

[3] WALBUM: Comptes rendus de la Soc. de biol. **83**, 707 (1920).

turen als bei 18° bzw. 20° besitzen. Die p_H-Änderung mit der Temperatur verläuft sehr regelmäßig, so daß man zwischen 10° und 70° durch geradlinige Interpolation die Werte des p_H bei der gewünschten Temperatur ermitteln kann. Es sei hier bemerkt, daß wir im hiesigen Laboratorium fanden, daß das p_H der verschiedenen Citratgemische zwischen 10° und 70° sich praktisch nicht änderte (vgl. auch S. 268).

Die Lösungen von SÖRENSEN bzw. PALITZSCH sind zusammengestellt aus:

	p_H-Bereich
0,1 n-Salzsäure mit 0,1 n-Glykokoll in 0,1 n-NaCl	1,04— 4,0
0,1 n-Natronlauge mit 0,1 n-Glykokoll in 0,1 n-NaCl	8,24—10,48
$^1/_{15}$ molares KH_2PO_4 mit $^1/_{15}$ molarem $Na_2HPO_4 \cdot 2 H_2O$ . .	6,0 — 8,0
0,1 n-Dinatriumcitrat mit 0,1 n-HCl	2,97— 4,96
0,1 n-Dinatriumcitrat mit 0,1 n-NaOH	4,96— 6,3
0,1 n-Borax mit 0,1 n-HCl	8,0 — 9,24
0,1 n-Borax mit 0,1 n-NaOH	9,24—10,0
0,1 n-Borax mit 0,2 n-Borsäure in 0,05 n-NaCl (PALITZSCH) .	7,60—9,24

Es sei hier bemerkt, daß die Glykokoll-Natronlauge-Gemische weniger geeignet sind, weil die Wasserstoffionenkonzentration sich sehr stark mit der Temperatur ändert.

Reinheit der Präparate (vgl. auch vorigen Abschnitt).

Dinatriumphosphat. SÖRENSEN verwendete das KAHLBAUMsche Salz $Na_2HPO_4 \cdot 2 H_2O$. Es kommt jedoch sehr oft vor, daß auch reine Handelssalze mehr oder weniger als 2 Moleküle Wasser enthalten. Das zweite Hydrat ist nämlich gar nicht luftstabil. Man kann ein Handelssalz zwei- bis dreimal aus Wasser umkrystallisieren und darauf im Exsiccator über zerfließendem krystallisiertem Chlorcalcium bis zur Gewichtskonstanz trocknen. N. SCHOORL[1] hat folgende Vorschrift gegeben, nach der man schnellere Resultate erhält: Das umkrystallisierte Handelssalz (12 Moleküle Krystallwasser) wird auf dem Wasserbade in offener Schale erwärmt. Das Salz schmilzt in seinem Krystallwasser. Man dampft nun unter fortwährendem Rühren so lange ein, bis die ganze Masse trocken geworden ist. Das Salz hat dann ungefähr die Zusammensetzung $Na_2HPO_4 \cdot 2 H_2O$ und wird über zerfließendem Chlorcalcium bis zur Gewichtskonstanz getrocknet. In Berührung mit feuchter Luft kann das zweite Hydrat Wasser anziehen und in das siebente Hydrat übergehen. (Dies geschieht,

[1] SCHOORL, N.: Pharm. Weekblad **61**, 971 (1924).

wenn der relative Dampfdruck der Luft größer als 55% ist.) Das Salz muß in gut verschlossenen Flaschen aufbewahrt werden. Bei 100° und 20—30 mm Druck getrocknet, soll der Gewichtsverlust 25,28 ± 0,1% sein. Beim Erhitzen bis 300° geht das Phosphat in Pyrophosphat über. Mit Salzsäure kann es bis zum Mononatriumphosphat titriert werden, gegen Dimethylgelb, Methylorange oder Bromphenolblau als Indicator ($p_T = 4{,}4$). *Molekulargewicht 268,2.*

Borax, $Na_2B_4O_7 \cdot 10\,H_2O$. Molargewicht 382,0. Ein Handelsprodukt wird dreimal aus Wasser umkrystallisiert (Auskrystallisation unter 50°) und im Exsiccator über zerfließendem Bromnatrium bis zur Gewichtskonstanz getrocknet.

Aus dem Handel sind auch leicht reine Salze zu beziehen. Durch Titration gegen Methylrot ($p_T = 5{,}0$) oder Dimethylgelb ist die Zusammensetzung leicht zu prüfen.

Glykokoll (Kahlbaum). *Molekulargewicht 75,05.* Eine Lösung von 2 g Glykokoll in 20 ccm Wasser soll klar sein und darf mit Bariumnitrat keine Fällung, mit Silbernitrat höchstens eine geringe Opalescenz geben. Der Aschengehalt von 5 g Glykokoll darf nicht mehr als 2 mg betragen. Der Stickstoffgehalt soll, nach Kjeldahl bestimmt, 18,67% ± 0,1% betragen.

Pufferlösungen nach Sörensen (bei 18°):
0,1 n-HCl mit 0,1 molarem Glykokoll in 0,1 n-Natriumchlorid
(7,505 g Glykokoll und 5,85 g NaCl im Liter).

Zusammensetzung					p_H bei 18°
0,0 ccm	Glykokoll	und	10,0 ccm	HCl	1,04
1,0 „	„	„	9,0 „	HCl	1,15
2,0 „	„	„	8,0 „	HCl	1,25
3,0 „	„	„	7,0 „	HCl	1,42
4,0 „	„	„	6,0 „	HCl	1,64
5,0 „	„	„	5,0 „	HCl	1,93
6,0 „	„	„	4,0 „	HCl	2,28
7,0 „	„	„	3,0 „	HCl	2,61
8,0 „	„	„	2,0 „	HCl	2,92
9,0 „	„	„	1,0 „	HCl	3,34
9,5 „	„	„	0,5 „	HCl	3,68

Citronensäure (Kahlbaum), $C_6H_8O_7 \cdot H_2O$. *Molekulargewicht 210,0.* Man kann von einem Handelspräparat ausgehen, dieses zweimal aus Wasser umkrystallisieren und über zerfließendem Bromnatrium bis zur Gewichtskonstanz trocknen. Die Säure enthält dann 1 Mol Krystallwasser. Nach SÖRENSEN soll die Säure eine klare Lösung geben, die mit Barium- bzw. Silbernitrat keine Reaktion gibt. Der Aschengehalt von 5 g Citronensäure soll weniger als 1 mg betragen. Bei 70° und 20—30 mm Druck getrocknet, verliert die Säure ihr Krystallwasser, das 8,58% ± 0,1% betragen soll.

Aus der Citronensäure wird die Lösung des sekundären Citrates hergestellt: 21,01 g Citronensäure löst man in 200 ccm n-Natronlauge und füllt dann mit Wasser bis zu 1 l auf.

Nach I. M. KOLTHOFF und F. TEKELENBURG[1] ist die Änderung des p_H mit der Temperatur in diesen Lösungen so klein, daß sie vernachlässigt werden darf.

0,1 n-HCl mit 0,1 molarem Dinatriumcitrat.

Zusammensetzung	p_H
3,33 ccm Citrat + 6,67 ccm HCl	2,27
4,0 „ „ + 6,0 „ HCl	2,97
4,5 „ „ + 5,5 „ HCl	3,36
4,75 „ „ + 5,25 „ HCl	3,53
5,0 „ „ + 5,0 „ HCl	3,69
5,5 „ „ + 4,5 „ HCl	3,95
6,0 „ „ + 4,0 „ HCl	4,16
7,0 „ „ + 3,0 „ HCl	4,45
8,0 „ „ + 2,0 „ HCl	4,65
9,0 „ „ + 1,0 „ HCl	4,83
9,5 „ „ + 0,5 „ HCl	4,89
10,0 „ „ + 0,0 „ HCl	4,96

Nach KOLTHOFF und TEKELENBURG (l. c.) ist der Temperatureinfluß von zu vernachlässigender Größenordnung.

0,1 n-NaOH mit 0,1 molarem Dinatriumcitrat.

Zusammensetzung	p_H bei			
	18° SÖRENSEN	10° WALBUM[2]	40° WALBUM[2]	70° WALBUM[2]
10,0 ccm Citrat + 0,0 ccm NaOH	4,96	4,93	5,04	5,14
9,5 „ „ + 0,5 „ NaOH	5,02	4,99	5,10	5,20
9,0 „ „ + 1,0 „ NaOH	5,11	5,08	5,19	5,29
8,0 „ „ + 2,0 „ NaOH	5,31	5,27	5,39	4,49
7,0 „ „ + 3,0 „ NaOH	5,57	5,53	5,64	5,75
6,0 „ „ + 4,0 „ NaOH	5,97	5,94	6,04	6,15
5,5 „ „ + 4,5 „ NaOH	6,63	6,30	6,41	6,51

[1] KOLTHOFF, I. M., u. F. TEKELENBURG: Rec. trav. chim. Pays-Bas **46**, 33 (1927).

[2] WALBUM: Comptes rendus de la Soc. de biol. **83**, 707 (1920).

$^1/_{15}$ molares KH_2PO_4 (9,078 g im Liter) mit $^1/_{15}$ molarem $Na_2HPO_4 \cdot 2H_2O$ (11,88 g im Liter).

Zusammensetzung	p_H bei 18°
9,5 ccm KH_2PO_4 + 0,5 ccm Na_2HPO_4	5,59
9,0 „ KH_2PO_4 + 1,0 „ Na_2HPO_4	5,91
8,0 „ KH_2PO_4 + 2,0 „ Na_2HPO_4	6,24
7,0 „ KH_2PO_4 + 3,0 „ Na_2HPO_4	6,47
6,0 „ KH_2PO_4 + 4,0 „ Na_2HPO_4	6,64
5,0 „ KH_2PO_4 + 5,0 „ Na_2HPO_4	6,81
4,0 „ KH_2PO_4 + 6,0 „ Na_2HPO_4	6,98
3,0 „ KH_2PO_4 + 7,0 „ Na_2HPO_4	7,17
2,0 „ KH_2PO_4 + 8,0 „ Na_2HPO_4	7,38
1,0 „ KH_2PO_4 + 9,0 „ Na_2HPO_4	7,73
0,5 „ KH_2PO_4 + 9,5 „ Na_2HPO_4	8,04

0,1 n-HCl mit 0,05 molarem Borax (19,10 g im Liter).

Zusammensetzung	p_H bei			
	18° SÖRENSEN	10° WALBUM	40° WALBUM	70° WALBUM
5,25 ccm Borax + 4,75 ccm HCl	7,62	7,66	7,55	7,47
5,5 „ „ + 4,5 „ HCl	7,94	7,96	7,86	7,76
5,75 „ „ + 4,25 „ HCl	8,14	8,17	8,06	7,95
6,0 „ „ + 4,0 „ HCl	8,29	8,32	8,19	8,08
6,5 „ „ + 3,5 „ HCl	8,51	8,54	8,40	8,26
7,0 „ „ + 3,0 „ HCl	8,68	8,72	8,56	8,40
7,5 „ „ + 2,5 „ HCl	8,80	8,84	8,67	8,50
8,0 „ „ + 2,0 „ HCl	8,91	8,96	8,77	8,59
8,5 „ „ + 1,5 „ HCl	9,01	9,06	8,86	8,67
9,0 „ „ + 1,0 „ HCl	9,09	9,14	8,94	8,74
9,5 „ „ + 0,5 „ HCl	9,17	9,22	9,01	8,80
10,0 „ „ + 0,0 „ HCl	9,24	9,30	9,08	8,86

0,1 n-NaOH mit 0,05 molarem Borax (19,10 g im Liter).

Zusammensetzung	p_H bei			
	18° SÖRENSEN	10° WALBUM	40° WALBUM	70° WALBUM
10,0 ccm Borax + 0,0 ccm NaOH	9,24	9,30	9,08	8,86
9,0 „ „ + 1,0 „ NaOH	9,36	9,42	9,18	8,94
8,0 „ „ + 2,0 „ NaOH	9,50	9,57	9,30	9,02
7,0 „ „ + 3,0 „ NaOH	9,68	9,76	9,44	9,12
6,0 „ „ + 4,0 „ NaOH	9,97	10,06	9,67	9,28
5,0 „ „ + 5,0 „ NaOH	11,07	11,24	10,61	9,95

0,1 n-NaOH mit 0,1 molarem Glykokoll in 0,1 n-NaCl
(7,505 g Glykokoll und 5,85 g NaCl im Liter).

Zusammensetzung	p_H bei 18° SÖRENSEN	10° WALBUM (l. c.)	40° WALBUM (l. c.)	70° WALBUM (l. c.)
9,75 ccm Glykokoll + 0,25 ccm NaOH	8,24	—	—	—
9,5 „ „ + 0,5 „ NaOH	8,57	8,75	8,12	7,48
9,0 „ „ + 1,0 „ NaOH	8,93	9,10	8,45	7,79
8,0 „ „ + 2,0 „ NaOH	9,36	9,54	8,85	8,16
7,0 „ „ + 3,0 „ NaOH	9,71	9,90	9,18	8,45
6,0 „ „ + 4,0 „ NaOH	10,14	10,34	9,58	8,82

In der nachstehenden Tabelle geben wir die Reihe Pufferlösungen aus Borsäure und Borax nach PALITZSCH (l. c.).

Die Werte beziehen sich auf eine Temperatur von 18°.

0,2 molare Borsäure und 0,05 n-Natriumchlorid (12,40 g H_3BO_3 und 2,925 g NaCl im Liter) mit 0,05 molarem Borax (19,10 g $Na_2B_4O_7 \cdot 10\,H_2O$ im Liter) nach SVEN PALITZSCH bei 18°.

Zusammensetzung	p_H
1,0 ccm Borax + 9,0 ccm Borsäure	7,36
1,5 „ „ + 8,5 „ „	7,60
2,0 „ „ + 8,0 „ „	7,78
2,5 „ „ + 7,5 „ „	7,94
3,0 „ „ + 7,0 „ „	8,08
3,5 „ „ + 6,5 „ „	8,20
4,5 „ „ + 5,5 „ „	8,41
5,5 „ „ + 4,5 „ „	8,60
6,0 „ „ + 4,0 „ „	8,69
7,0 „ „ + 3,0 „ „	8,84
8,0 „ „ + 2,0 „ „	8,98
9,0 „ „ + 1,0 „ „	9,11
10,0 „ „ + 0,0 „ „	9,24

4. Die Pufferlösungen nach KOLTHOFF bzw. KOLTHOFF und VLEESCHHOUWER. 18°; p_H-Gebiet 2,0—12,0. Wir haben schon erwähnt, daß die Biphthalat-Puffergemische nach CLARK und LUBS einige Schwierigkeiten mit sich bringen. Daher haben I. M. KOLTHOFF und J. J. VLEESCHHOUWER[1] eine andere Reihe Pufferlösungen aus Monokaliumcitrat und Säure bzw. Natronlauge mit einem p_H zwischen 2,2 und 6,0 hergestellt.

[1] KOLTHOFF, I. M., u. J. J. VLEESCHHOUWER: Biochem. Ztschr. **179**, 410 (1926); **183**, 444 (1922).

Da die bis jetzt bekannten Pufferlösungen nur einen p_H-Bereich bis 10,0 haben, haben dieselben Verfasser einige Reihen Puffergemische für stärker alkalische Gebiete angegeben. Für ein p_H zwischen 9,20 und 11,0 werden Soda-Borax-Gemische verwendet, während zwischen 11,0 und 12,2 Gemische von Dinatriumphosphat mit Natronlauge brauchbar sind. Benötigt man Gemische mit noch höherem p_H, so kann man am bequemsten 0,1 n-NaOH mit carbonatfreiem Wasser entsprechend verdünnen.

In vielen bakteriologischen und physiologischen Laboratorien verursacht die Herstellung von Puffergemischen Schwierigkeiten, weil man oft keine eingestellte Säure oder Lauge zur Verfügung hat. Daher habe ich[1] einige Reihen von Puffergemischen angegeben, die ohne Verwendung von Salzsäure oder Natronlauge hergestellt werden. Man geht von reinen krystallisierten Substanzen aus, von denen man durch Abwägen Lösungen von bekanntem Gehalt herstellt. Auf diese Weise kann man aus Mischungen von 0,1 molarem Monokaliumcitrat und 0,1 molarer Citronensäure Pufferlösungen mit einem p_H von 2,2—3,8 erhalten, aus Monokaliumcitrat und Borax von 3,8—6,2, aus 0,1 molarem Monokaliumphosphat und 0,05 molaren Boraxlösungen mit einem p_H zwischen 5,8 und 9,2. Die SÖRENSENschen Phosphatgemische und die Borsäure-Borax-Lösungen nach PALITZSCH (vgl. S. 252) sowie auch die Borax-Soda-Lösungen (KOLTHOFF und VLEESCHHOUWER) gehören eigentlich auch zu dieser Gruppe.

Untenstehende Tabelle gibt eine Zusammenstellung der Pufferlösungen nach KOLTHOFF und VLEESCHHOUWER.

	p_H-Bereich
0,1 molares Monokaliumcitrat mit 0,1 n-HCl	2,2— 3,8
0,1 „ „ „ 0,1 n-NaOH	3,8— 6,2
0,1 „ „ „ 0,1 molarer Citronensäure . .	2,2— 3,8
0,1 „ „ „ 0,1 molarem Borax.	3,8— 6,2
0,1 „ Monokaliumphosphat mit 0,1 molarem Borax . . .	5,8— 9,2
0,1 molares Soda mit 0,1 molarem Borax	9,2—11,2
0,1 molares Dinatriumphosphat mit 0,1 n-NaOH	11,0—12,2

In der ursprünglichen Mitteilung hat KOLTHOFF (l. c. 1925) auch eine Reihe Mischungen von 0,05 molarer Bernsteinsäure mit 0,05 molarer Boraxlösung mit einem p_H zwischen 3,0 und 5,8 angegeben. Diese haben jedoch keine Vorteile gegenüber dem Mono-

[1] KOLTHOFF, I. M.: Journ. Biol. Chem. **63**, 135 (1925); vgl. auch KOLTHOFF u. VLEESCHHOUWER: l. c.

citratgemisch, weshalb wir sie hier nicht erwähnen wollen. Die Citratgemische werden beim Aufbewahren bald trüb durch Pilzwachstum, ein winziges Kryställchen Thymol wirkt hier sehr günstig.

Die stark alkalischen Puffergemische ($p_H > 9{,}0$) sind natürlich in gut verschlossenen Flaschen von guter Qualität aufzubewahren.

Schließlich sei hier erwähnt, daß es in Zusammenwirkung mit Herrn Apotheker J. SLIS (Nachtegaalstraat, Utrecht, Holland) gelungen ist, *Puffertabletten mit einem p_H-Bereich von 3,0—11,2* anzufertigen. Diese Puffertabletten bringen große Vorteile mit sich, weil man die Pufferlösungen nicht mehr durch Mischen verschiedener Flüssigkeiten herzustellen braucht, sondern nur durch Lösen *einer Tablette in 20 ccm Wasser*. Man erhält in dieser Weise ein Puffergemisch mit einem p_H, das auf den Röhrchen angegeben ist. Alle Tabletten sind mit der Wasserstoffelektrode bei 18° geprüft worden und haben im allgemeinen nie eine größere Abweichung gezeigt, als 0,02 im p_H entspricht. Das Arbeiten mit den Puffertabletten bedeutet eine große Zeitersparnis. Die Tabletten werden in Deutschland von den *Vereinigten Fabriken für Laboratoriumsbedarf* (Scharnhorststraße, Berlin) mit zugehöriger Apparatur für die colorimetrische Messung in den Handel gebracht.

Die *Reinheit der Präparate.*

Monokaliumcitrat. $C_8H_7O_7K \cdot H_2O$, *Molargewicht 248. Herstellung des Citrates*: 420 g gewöhnliche Citronensäure werden in etwa 150 ccm warmen Wassers gelöst, dazu fügt man in kleinen Mengen 138,2 g Kaliumcarbonat, das vorher schwach ausgeglüht und in dieser Weise wasserfrei gemacht worden ist. Nachdem die Kohlensäureentwicklung aufgehört hat, wird aufgekocht und schnell filtriert. Bei gestörter Krystallisation scheidet sich das Monokaliumsalz in feinen Krystallen ab. Diese werden abgenutscht, mit ein wenig eiskaltem Wasser nachgewaschen und nochmals umkrystallisiert, wobei man ungefähr die Hälfte des Salzgewichtes an Wasser nimmt. Bei Zimmertemperatur ist das Salz etwa in zwei Teilen Wasser, bei der Siedetemperatur in etwa dem halben Teil Wasser löslich. Die Krystalle werden durch Absaugen gesammelt und an der Luft oder über zerfließendem Bromnatrium im Exsiccator getrocknet. Es enthält dann 1 Mol Krystallwasser. Trocknet man bei 80°, so wird das Salz wasserfrei und kann in dieser Form in gut verschlossenen Flaschen aufbewahrt werden. Das Molargewicht ist dann 230. Durch eine Titration mit Natronlauge gegen Phenolphthalein als Indicator ist die richtige Zusammenstellung leicht zu prüfen.

Das p_H einer 0,1 molaren Lösung ist 3,68, einer 0,05 molaren Lösung 3,73.

Soda, Na_2CO_3. Molekulargewicht 106,0. Dieses Salz wird am einfachsten chemisch rein gewonnen, indem man reines Natriumbicarbonat oder Natriumoxalat (SÖRENSEN) eine halbe Stunde auf 360° erhitzt. Das wasserfreie Salz zieht begierig Wasser an und muß in gut verschlossenen Kalkstopfflaschen aufbewahrt werden. Das Salz soll beim Erhitzen auf 300—360° nicht mehr als 0,1% an Gewicht abnehmen. Durch eine Titration mit Salzsäure auf Dimethylgelb als Indicator ist die richtige Zusammensetzung leicht zu prüfen.

In untenstehenden Tabellen geben wir die p_H-Werte der Pufferlösungen nach KOLTHOFF und VLEESCHHOUWER. Alle Messungen sind bei 18° ausgeführt worden.

0,1 n-HCl mit 0,1 molarem Monokaliumcitrat (24,8 g Salz des Monohydrates oder 23,0 g des wasserfreien Salzes auf 1 l).

Zusammensetzung	p_H
49,7 ccm 0,1 n-HCl + 50 ccm Citrat auf 100 ccm	2,2
43,4 „ 0,1 n-HCl + 50 „ „ „ 100 „	2,4
36,8 „ 0,1 n-HCl + 50 „ „ „ 100 „	2,6
30,2 „ 0,1 n-HCl + 50 „ „ „ 100 „	2,8
23,6 „ 0,1 n-HCl + 50 „ „ „ 100 „	3,0
17,2 „ 0,1 n-HCl + 50 „ „ „ 100 „	3,2
10,7 „ 0,1 n-HCl + 50 „ „ „ 100 „	3,4
4,2 „ 0,1 n-HCl + 50 „ „ „ 100 „	3,6

0,1 n-NaOH mit 0,1 molarem Monokaliumcitrat.

Zusammensetzung	p_H
2,0 ccm 0,1 n-NaOH + 50 ccm Citrat auf 100 ccm	3,8
9,0 „ 0,1 n-NaOH + 50 „ „ „ 100 „	4,0
16,3 „ 0,1 n-NaOH + 50 „ „ „ 100 „	4,2
23,7 „ 0,1 n-NaOH + 50 „ „ „ 100 „	4,4
31,5 „ 0,1 n-NaOH + 50 „ „ „ 100 „	4,6
39,2 „ 0,1 n-NaOH + 50 „ „ „ 100 „	4,8
46,7 „ 0,1 n-NaOH + 50 „ „ „ 100 „	5,0
54,2 „ 0,1 n-NaOH + 50 „ „	5,2
61,0 „ 0,1 n-NaOH + 50 „ „	5,4
68,0 „ 0,1 n-NaOH + 50 „ „	5,6
74,4 „ 0,1 n-NaOH + 50 „ „	5,8
81,2 „ 0,1 n-NaOH + 50 „ „	6,0

0,1 molare Citronensäure (21,0 g im Liter) mit 0,1 molarem Monokaliumcitrat (24,8 g des Monohydrates oder 23,9 g wasserfreien Salzes auf 1 l).

Zusammensetzung	p_H
9,11 ccm Citronensäure + 0,89 ccm Citrat	2,2
8,15 „ „ + 1,85 „ „	2,4
7,15 „ „ + 2,85 „ „	2,6
5,96 „ „ + 4,04 „ „	2,8
4,64 „ „ + 5,36 „ „	3,0
3,16 „ „ + 6,84 „ „	3,2
1,80 „ „ + 8,20 „ „	3,4
0,43 „ „ + 9,57 „ „	3,6

0,05 molarer Borax (19,10 g im Liter) mit 0,1 molarem Monokaliumcitrat.

Zusammensetzung	p_H
1,3 ccm Borax + 50 ccm Citrat auf 100 ccm	3,8
8,8 „ „ + 50 „ „ „ 100 „	4,0
17,2 „ „ + 50 „ „ „ 100 „	4,2
27,0 „ „ + 50 „ „ „ 100 „	4,4
36,0 „ „ + 50 „ „ „ 100 „	4,6
45,6 „ „ + 50 „ „ „ 100 „	4,8
54,8 „ „ + 50 „ „	5,0
62,4 „ „ + 50 „ „	5,2
69,8 „ „ + 50 „ „	5,4
76,6 „ „ + 50 „ „	5,6
83,4 „ „ + 50 „ „	5,8
88,2 „ „ + 50 „ „	6,0

0,1 molares Monokaliumphosphat (13,62 g KH_2PO_4 im Liter) mit 0,05-molarem Borax (19,10 g $Na_2B_4O_7 \cdot 10\,H_2O$ im Liter).

ccm Phosphat	ccm Borax	p_H	ccm Phosphat	ccm Borax	p_H
8,77	1,23	6,0	4,80	5,20	7,8
8,30	1,70	6,2	4,50	5,50	8,0
7,70	2,30	6,4	4,24	5,76	8,2
7,12	2,88	6,6	3,80	6,20	8,4
6,58	3,42	6,8	3,20	6,80	8,6
6,10	3,90	7,0	2,48	7,52	8,8
5,66	4,34	7,2	1,32	8,68	9,0
5,36	4,64	7,4	0,00	10,00	9,2
5,08	4,92	7,6			

0,05 molare Soda (5,3 g Na_2CO_3 im Liter) mit 0,05 molarem Borax (19,10 g $Na_2B_4O_7 \cdot 10\,H_2O$ im Liter).

Zusammensetzung	p_H
100,0 ccm Borax + 0,0 ccm Soda	9,2
64,3 „ „ + 35,7 „ „	9,4
44,5 „ „ + 55,5 „ „	9,6
33,3 „ „ + 66,7 „ „	9,8
24,6 „ „ + 75,4 „ „	10,0
17,85 „ „ + 82,15 „ „	10,2
13,1 „ „ + 86,9 „ „	10,4
8,5 „ „ + 91,5 „ „	10,6
5,25 „ „ + 94,75 „ „	10,8
2,7 „ „ + 97,3 „ „	11,0

0,1 molares Dinatriumphosphat (17,81 g $Na_2HPO_4 \cdot 2\,H_2O$ im Liter) mit 0,1 n-NaOH.

Zusammensetzung	p_H
8,26 ccm 0,1 n-NaOH + 50 ccm Phosphat auf 100 ccm	11,0
12,00 „ 0,1 n-NaOH + 50 „ „ „ 100 „	11,2
17,34 „ 0,1 n-NaOH + 50 „ „ „ 100 „	11,4
24,50 „ 0,1 n-NaOH + 50 „ „ „ 100 „	11,6
33,3 „ 0,1 n-NaOH + 50 „ „ „ 100 „	11,8
43,2 „ 0,1 n-NaOH + 50 „ „ „ 100 „	12,0

5. Andere Puffergemische. In der Literatur liegen noch vereinzelte Angaben von anderen Puffergemischen vor. Weil einige derselben brauchbar sind, wollen wir ihre Zusammensetzung erwähnen.

WALPOLE[1] hat Essigsäure-Acetat-Gemische mit einem totalen Acetatgehalt von 0,2 molar gemessen.

Essigsäure-Acetat-Gemische nach WALPOLE (totale Konzentration 0,2 molares Totalacetat).

Zusammensetzung	p_H
18,5 ccm 0,2 mol. Essigsäure + 1,5 ccm 0,2 mol. Natriumacetat	3,6
17,6 „ 0,2 „ „ + 2,4 „ 0,2 „ „	3,8
16,4 „ 0,2 „ „ + 3,6 „ 0,2 „ „	4,0
14,7 „ 0,2 „ „ + 5,3 „ 0,2 „ „	4,2
12,6 „ 0,2 „ „ + 7,4 „ 0,2 „ „	4,4
10,2 „ 0,2 „ „ + 9,8 „ 0,2 „ „	4,6
8,0 „ 0,2 „ „ + 12,0 „ 0,2 „ „	4,8
5,9 „ 0,2 „ „ + 14,1 „ 0,2 „ „	5,0
4,2 „ 0,2 „ „ + 15,8 „ 0,2 „ „	5,2
2,9 „ 0,2 „ „ + 17,1 „ 0,2 „ „	5,4
1,9 „ 0,2 „ „ + 18,1 „ 0,2 „ „	5,6

[1] WALPOLE, G. S.: Journ. Chem. Soc. London **105**, 2501 (1914).

Nach KOLTHOFF und TEKELENBURG (l. c.) ist die p_H-Änderung des Acetatpuffergemisches zwischen 10 und 60° zu vernachlässigen.

Gemische von McILVAINE[1].

0,1 molare Citronensäure mit 0,2 molarem Dinatriumphosphat.

Zusammensetzung	p_H (McILVAINE)	p_H (SLOTTA und FRANKE)
19,60 ccm Citronensäure + 0,40 ccm Phosphat	2,2	
18,76 „ „ + 1,24 „ „	2,4	
17,82 „ „ + 2,18 „ „	2,6	
16,83 „ „ + 3,17 „ „	2,8	2,88
15,89 „ „ + 4,11 „ „	3,0	
15,06 „ „ + 4,94 „ „	3,2	3,20
14,30 „ „ + 5,70 „ „	3,4	
13,56 „ „ + 6,44 „ „	3,6	3,57
12,90 „ „ + 7,10 „ „	3,8	
12,29 „ „ + 7,71 „ „	4,0	3,92
11,72 „ „ + 8,28 „ „	4,2	
11,18 „ „ + 8,82 „ „	4,4	4,27
10,65 „ „ + 9,35 „ „	4,6	
10,14 „ „ + 9,86 „ „	4,8	4,66
9,70 „ „ + 10,30 „ „	5,0	
9,28 „ „ + 10,72 „ „	5,2	5,01
8,85 „ „ + 11,15 „ „	5,4	
8,40 „ „ + 11,60 „ „	5,6	5,43
7,91 „ „ + 12,09 „ „	5,8	
7,37 „ „ + 12,63 „ „	6,0	5,88
6,78 „ „ + 13,22 „ „	6,2	
6,15 „ „ + 13,85 „ „	6,4	6,32
5,45 „ „ + 14,55 „ „	6,6	
4,55 „ „ + 15,45 „ „	6,8	
3,63 „ „ + 16,47 „ „	7,0	6,97
2,61 „ „ + 17,39 „ „	7,2	
1,83 „ „ + 18,17 „ „	7,4	
1,27 „ „ + 18,73 „ „	7,6	7,60
0,86 „ „ + 19,15 „ „	7,8	
0,55 „ „ + 19,45 „ „	8,0	8,00

Der Salzgehalt der Pufferlösungen nach McILVAINE ist verhältnismäßig hoch, daher wird man hier andere Salzfehler der Indicatoren finden als beim Gebrauch der anderen Puffergemische.

K. H. SLOTTA und W. FRANKE[2] haben die Messungen bei 21°

[1] McILVAINE: Journ. Biol. Chem. **49**, 183 (1921).

[2] SLOTTA, K. H., u. W. FRANKE: Ber. Dtsch. Chem. Ges. **64**, 452 (1931).

wiederholt und Abweichungen zwischen der Säurestufe 4,0–7,0 bis zu 0,19 p_H gefunden. Eine eingehendere Untersuchung scheint erwünscht (Reinheit des Phosphats!).

Für physiologische Zwecke ist es oft vorteilhaft, statt Borat-Borsäure-Mischungen ein anderes Puffersystem zu verwenden. L. MICHAELIS[1] fand, daß Gemische von Veronal (Diäthylbarbitursäure) mit seinem Natriumsalz in der Nähe vom $p_H = 8{,}0$ eine gute Pufferwirkung zeigen.

Da das Natriumsalz des Veronals leicht in reiner Form aus dem Handel zu beziehen ist, werden die Puffergemische aus diesem Salz mit Salzsäure hergestellt. Das Handels-Veronalnatrium ist gewöhnlich rein genug, so daß es ohne Umkrystallisation verwendet werden kann. Es ist ein wasserfreies Salz, das beim Trocknen auf 100° nicht an Gewicht verlieren soll. Die 0,1n-Lösung in Wasser soll genau die äquivalente Menge 0,1n-Salzsäure gegen Methylrot als Indicator verbrauchen.

Vorratslösung: 10,30 g Veronalnatrium werden mit kohlensäurefreiem Wasser im Meßkolben auf ein Volumen von 500 ccm gebracht.

Veronalnatrium-Veronal-Puffergemisch (MICHAELIS). p_H 7,00–9,20.

ccm Veronalnatrium 0,1n	ccm 0,1n-HCl	p_H	ccm Veronalnatrium 0,1n	ccm 0,1n-HCl	p_H
5,36	4,64	7,00	7,69	2,31	8,20
5,54	4,46	7,20	8,23	1,77	8,40
5,81	4,19	7,40	8,71	1,29	8,60
6,15	3,85	7,60	9,08	0,92	8,80
6,62	3,38	7,80	9,36	0,64	9,00
7,16	2,84	8,00	9,52	0,48	9,20

Später hat L. MICHAELIS[2] eine Kombination der Veronal- und Acetatpuffer gegeben, bei der durch passenden Zusatz von Natriumchlorid die Ionenstärke gleich der einer für Blut isotonischen Salzlösung gehalten wird. Die Stammlösung ist eine Lösung $^1/_7$molar, sowohl in bezug auf Natriumacetat wie auf Veronalnatrium; 9,714 g Natriumacetat ($CH_3COONa \cdot 3\,H_2O$) und 14,714 g Veronalnatrium werden in kohlensäurefreiem Wasser zu einem Volumen von 500 ccm gelöst. Von dieser Stammlösung

[1] MICHAELIS, L.: Journ. Biol. Chem. **87**, 33 (1930).
[2] MICHAELIS, L.: Biochem. Ztschr. **234**, 139 (1931).

werden je 5 ccm mit 2 ccm 8,5proz. NaCl-Lösung, mit a ccm $^{n}/_{10}$-HCl und (18 — a) ccm Wasser versetzt. Die folgende Tabelle gibt die Beziehung von a und p_H (Wasserstoffelektrode: 25°).

Zu bemerken ist, daß die Pufferwirkung im p_H-Gebiet zwischen 7 und 5,5 sehr gering ist. Das zugefügte Natriumchlorid hat nur wenig Einfluß auf das p_H; nach MICHAELIS kann man es fortlassen, ohne eine wesentliche Verschiebung des p_H befürchten zu müssen.

Veronal-Acetat-Puffer nach MICHAELIS (25°).

a	p_H	a	p_H
(0	9,64)	6,5	6,75
0,25	9,16	7	6,12
0,5	8,90	8	5,32
0,75	8,68	9	4,93
1,0	8,55	10	4,66
2,0	8,18	11	4,33
3,0	7,90	12	4,13
4,0	7,66	13	3,88
5,0	7,42	14	3,62
5,5	7,25	15	3,20
6,0	6,99	16	2,62

In den folgenden Tabellen geben wir die Zusammensetzung der Puffergemische, die aus krystallisierten Substanzen ohne Verwendung von eingestellter Säure oder Lauge hergestellt werden können.

Puffermischungen, die ohne Salzsäure oder Lauge hergestellt werden.

0,05molare Bernsteinsäure mit 0,05molarem Borax (KOLTHOFF[1]).

Bernsteinsäure ccm	Borax ccm	p_H	Bernsteinsäure ccm	Borax ccm	p_H
9,86	0,14	3,0	7,00	3,00	4,6
9,65	0,35	3,2	6,65	3,35	4,8
9,40	0,60	3,4	6,32	3,68	5,0
9,05	0,95	3,6	6,05	3,95	5,2
8,63	1,37	3,8	5,79	4,21	5,4
8,22	1,78	4,0	5,57	4,43	5,6
7,78	2,22	4,2	5,40	4,60	5,8
7,38	2,62	4,4			

[1] KOLTHOFF, I. M.: Journ. Biol. Chem. **63**, 135 (1925).

0,1 molares KH_2PO_4 + 0,05 molarer Borax (KOLTHOFF).

KH_2PO_4 ccm	Borax ccm	p_H	KH_2PO_4 ccm	Borax ccm	p_H
9,21	0,79	5,8	5,17	4,83	7,6
8,77	1,23	6,0	4,92	5,08	7,8
8,30	1,70	6,2	4,65	5,35	8,0
7,78	2,22	6,4	4,30	5,70	8,2
7,22	2,78	6,6	3,87	6,13	8,4
6,67	3,33	6,8	3,40	6,60	8,6
6,23	3,77	7,0	2,76	7,24	8,8
5,81	4,19	7,2	1,75	8,25	9,0
5,50	4,50	7,4	0,50	9,50	9,2

Gemische von Natriumbicarbonat und Natriumcarbonat. 18°; H. MENZEL[1].

Teile Soda	Teile Bicarbonat	p_H	Teile Soda	Teile Bicarbonat	p_H
Gemische 0,2 molares Bicarbonat und 0,2 molare Soda.					
2,5	7,5	9,47	7,5	2,5	10,35
4	6	9,73	9	1	10,77
5	5	9,90	10	0	11,54
6	4	10,08			
Gemische 0,1 molares Bicarbonat und 0,05 molare Soda.					
1	9	8,94	6	4	9,95
2,5	7,5	9,37	7,5	2,5	10,18
4	6	9,62	9	1	10,58
5	5	9,80	10	0	11,37
Gemische 0,1 molares Bicarbonat und 0,1 molare Soda.					
4	6	9,83	6,25	3,75	10,16
5	5	9,97			
Gemische 0,02 molares Bicarbonat und 0,02 molare Soda.					
2	8	9,50	6,7	3,3	10,33
3,3	6,7	9,79	8	2	10,54
4	6	9,94	10	0	11,23
5	5	10,10			

Natriumbimaleinat und Natronlauge (p_H 5,2—6,8).

J. W. TEMPLE[2] empfiehlt die Anwendung von Puffergemischen aus Natriumbimaleinat $NaHC_4H_2O_4 \cdot 3\,H_2O$ und NaOH. Das saure Natriumsalz wird aus Maleinsäure und Natriumhydroxyd hergestellt in der Weise, wie bei Kaliumbiphthalat beschrieben ist. Nach Umkrystallisation aus Wasser und Trocknen hat es die angegebene Zusammensetzung. Einzelheiten sind nicht angegeben.

[1] MENZEL, H.: Ztschr. f. physik. Ch. **100**, 276 (1921).
[2] TEMPLE, J. W.: Journ. Amer. Chem. Soc. **51**, 1754 (1929).

$^1/_{10}$ molares Natriumbimaleinat und $^n/_{10}$-NaOH.

	p_H
50 ccm Na-Bimaleinat + 7,2 ccm $^n/_{10}$-NaOH auf 100 ccm	5,2
50 „ „ + 10,5 „ „ „ 100 „	5,4
50 „ „ + 15,3 „ „ „ 100 „	5,6
50 „ „ + 20,8 „ „ „ 100 „	5,8
50 „ „ + 26,9 „ „ „ 100 „	6,0
50 „ „ + 33,0 „ „ „ 100 „	6,2
50 „ „ + 38,0 „ „ „ 100 „	6,4
50 „ „ + 41,6 „ „ „ 100 „	6,6
50 „ „ + 44,4 „ „ „ 100 „	6,8

Kakodylsäure-Natriumkakodylat (p_H 5,2—6,5)[1].

ccm 0,2n-Kakodylsäure	ccm 0,2n-Na-Kakodylat	Temperatur	p_H
(10)	(0)	(14°)	(3,86)
9	1	18°	5,20
7	3	16°	5,76
5	5	16°	6,11
3	7	16°	6,48

W. R. G. Atkins und C. F. A. Pantin[2] haben Pufferlösungen hergestellt aus *0,1 molarer Soda* und *0,1 molarer Borsäure* in *0,1 n-Kaliumchlorid.*

Mischungen von 0,1 molarer Soda (10,6 g im Liter) und 0,1 molarer Borsäure in 0,1 n-KCl (6,2 g Borsäure und 7,45 g KCl im Liter).

Zusammensetzung	p_H bei 16°
9,17 ccm Borsäure + 0,83 ccm Soda	7,8
8,88 „ „ + 1,12 „ „	8,0
8,50 „ „ + 1,50 „ „	8,2
8,07 „ „ + 1,93 „ „	8,4
7,57 „ „ + 2,43 „ „	8,6
6,95 „ „ + 3,05 „ „	8,8
6,30 „ „ + 3,70 „ „	9,0
5,64 „ „ + 4,36 „ „	9,2
4,97 „ „ + 5,03 „ „	9,4
4,29 „ „ + 5,71 „ „	9,6
3,60 „ „ + 6,46 „ „	9,8
2,91 „ „ + 7,09 „ „	10,0
2,21 „ „ + 7,79 „ „	10,2
1,54 „ „ + 8,46 „ „	10,4
0,98 „ „ + 9,02 „ „	10,6
0,57 „ „ + 9,43 „ „	10,8
0,35 „ „ + 9,65 „ „	11,0

[1] Walpole, G. S.: Biochem. Journ. **8**, 6, 635 (1914).

[2] Atkins, W. R. G., u. C. F. A. Pantin: Biochem. Journ. **20**, 102 (1926).

Es sei hier bemerkt, daß die Lösungen mit einem p_H kleiner als etwa 9,6 leicht Kohlensäure an der Luft verlieren, die stark alkalischen ziehen Kohlensäure an. Besonders die Gemische mit einem p_H von etwa 8,0 sind schlecht haltbar, weil leicht Kohlensäure entweicht.

Für stark alkalische Lösungen empfehlen E. B. R. PRIDEAUX und F. L. GILBERT[1] 0,1n-Piperidinlösung mit 0,1n-Salzsäure. Zwischen 15 und 55% Neutralisation kann das p_H nach der Gleichung berechnet werden:

$$p_H = 11{,}10\,(\pm 0{,}05) + \log \frac{1-\alpha}{\alpha},$$

wo α die neutralisierte und $1-\alpha$ die Menge der freien Base vorstellt. Wahrscheinlich haben diese Puffergemische einen bedeutenden Temperaturkoeffizienten.

Universalpufferlösungen.

E. B. R. PRIDEAUX und A. T. WARD[2] verwenden eine Mischung von einigen Säuren zur Herstellung allgemein verwendbarer Pufferlösungen mit p_H-Werten zwischen 2,0 und 12,0. Die Mischung besteht aus Phosphorsäure, Phenylessigsäure und Borsäure und enthält 0,04 Mol jeder Säure pro Liter. Neutralisiert wird mit 0,2n-Natronlauge. Mir scheint es, daß diese Universallösung „der Säure" keine allgemeine Anwendung finden wird, weil ihre Pufferwirkung verhältnismäßig klein ist.

Universallösungen nach PRIDEAUX und WARD.
50 ccm Lösung mit der berechneten Menge Lauge und mit Wasser auf 100 ccm angefüllt.

% neutralisiert	p_H	% neutralisiert	p_H
0	1,99	45	6,30
5	2,13	50	6,84
15	2,65	60	7,91
20	3,10	65	8,62
25	3,73	70	9,11
30	4,21	80	10,21
35	4,80	90	11,41 (?)
40	5,43	100	11,94 (?)

H. T. S. BRITTON und R. A. ROBINSON[3] haben die gleichen Gemische gemessen, ohne jedoch nach Laugezusatz auf 100 ccm

[1] PRIDEAUX, E. B. R., u. F. L. GILBERT: Journ. Chem. Soc. London **1927**, 2164.

[2] PRIDEAUX, E. B. R., u. A. T. WARD: Journ. Chem. Soc. London **125**, 426 (1924).

[3] BRITTON, H. T. S., u. R. A. ROBINSON: Journ. Chem. Soc. London **1931**, 458.

anzufüllen. Ihre Werte weichen um 0,05—0,2 im p_H von den von PRIDEAUX und WARD angegebenen Zahlen ab.

H. T. S. BRITTON und R. A. ROBINSON[1] haben einige neue Universalpufferlösungen eingeführt.

100 ccm einer Lösung, die 0,04 molar an Phosphorsäure, Essigsäure und Borsäure ist (Konzentration jeder Säure 0,04 molar), mit 0,2n-Natronlauge bei 18° (BRITTON und ROBINSON).

ccm NaOH	p_H	ccm NaOH	p_H	ccm NaOH	p_H	ccm NaOH	p_H
0	1,81	27,5	4,35	52,5	7,00	77,5	9,91
2,5	1,89	30,0	4,56	55,0	7,24	80,0	10,38
5,0	1,98	32,5	4,78	57,5	7,54	82,5	10,88
7,5	2,09	35,0	5,02	60,0	7,96	85,0	11,20
10,0	2,21	37,5	5,33	62,5	8,36	87,5	11,40
12,5	2,36	40,0	5,72	65,0	8,69	90,0	11,58
15,0	2,56	42,5	6,09	67,5	8,95	92,5	11,70
17,5	2,87	45,0	6,37	70,0	9,15	95,0	11,82
20,0	3,29	47,5	6,59	72,5	9,37	97,5	11,92
22,5	3,78	50,0	6,80	75,0	9,62	100,0	11,98
25,0	4,10						

100 ccm einer Lösung, welche 0,0286 molare Citronensäure, 0,0286 molares Monokaliumphosphat, 0,0286 molare Borsäure, 0,0286 molares Veronal und 0,0286 molare Salzsäure enthält, mit 0,2n-Natronlauge bei 18°.

(a = ohne Wasserzusatz; b = nach Zugabe der Lauge angefüllt auf 200 ccm.)

ccm NaOH	0	2	4	6	8	10	12	14	16	18	
a	2,40	2,55	2,73	2,92	3,12	3,35	3,57	3,80	4,02	4,21	
b	2,58	2,72	2,86	3,03	3,21	3,43	3,66	3,87	4,09	4,26	
ccm NaOH	20	22	24	26	28	30	32	34	36	38	
a	4,40	4,57	4,75	4,91	5,08	5,25	5,40	5,57	5,70	5,91	
b	4,42	—	—	—	5,08	5,25	5,40	5,59	5,70	5,91	
ccm NaOH	40	42	44	46	48	50	52	54	56	58	
a	6,10	6,28	6,45	6,62	6,79	6,94	7,12	7,30	7,45	7,63	
b	6,10	6,28	6,45	6,62	6,79	6,94	7,12	7,30	7,45	7,63	
ccm NaOH	60	62	64	66	68	70	72	74	76	78	
a	7,79	7,98	8,15	8,35	8,55	8,76	8,97	9,20	9,41	9,65	
b	7,79	7,98	8,15	8,35	8,55	8,76	8,97	9,20	9,41	9,65	
ccm NaOH	80	82	84	86	88	90	92	94	96	98	100
a	9,88	10,21	10,63	11,00	11,23	11,44	11,60	11,75	11,85	11,94	12,02
b	9,88	10,21	10,63	11,00	11,23	11,44	11,60	11,75	11,85	11,94	12,02

[1] BRITTON, H. T. S., u. R. A. ROBINSON: Journ. Chem. Soc. London **931**, 1456.

Es sei noch erwähnt, daß ACREE, MILLON, AVORY und SLAGLE[1] ein kompliziertes Gemisch von Monokaliumphosphat, Natriumformiat, Natriumacetat, phenolsulfosaures Natrium, Dinatriumphosphat und Thymol (zur Sättigung) verwenden. Mit Salzsäure bzw. Natronlauge bringt man die Flüssigkeit auf das gewünschte p_H, das man aus einer Kurve ableitet.

6. Einfluß der Temperatur auf das p_H der Pufferlösungen. Wie schon erwähnt, ändert sich die Dissoziationskonstante der meisten Säuren, die für die Herstellung von Puffergemischen verwendet werden, nur sehr wenig mit der Temperatur[2]. Es läßt sich daher erwarten, daß das p_H der meisten Säure-Natronsalz-Pufferlösungen innerhalb weiter Grenzen von der Temperatur unabhängig ist. Aus WALBUMS[3] Messungen zwischen 10° und 70° (vgl. Tabelle S. 251) ergibt sich, daß dies für die Citratlösungen zutrifft. I. M. KOLTHOFF und F. TEKELENBURG[4] haben den Temperaturmodulus der p_H-Werte einer großen Reihe von Puffergemischen gemessen. Ihre Resultate sind in folgender Tabelle zusammengefaßt.

Der große Temperatureinfluß auf das p_H der Natriumhydroxydlösung wird natürlich durch das starke Anwachsen des Ionisationsproduktes des Wassers erklärt.

Die Glykokoll-Salzsäure-Gemische ändern ihr p_H fast nicht mit der Temperatur, während die Glykokoll-Natronlauge-Lösungen sehr temperaturempfindlich sind.

Auf Grund der Zwitterionenstruktur der Aminosäuren (vgl. S. 50) läßt sich ein derartiges Verhalten erwarten.

SVERRE STENE[5] hat das p_H einiger Biphthalat- bzw. Phosphat- bzw. Borat-Pufferlösungen bei einer Temperatur von 150° mit der Wasserstoffelektrode bestimmt.

Das p_H der Biphthalat-Salzsäure-Lösungen ist bei 150° etwa 0,2 größer als bei 20°, der Biphthalat-Natron-Lösungen etwa 0,7 größer als bei 20°, während das p_H der Borsäure-Borat-Puffer bei höherer Temperatur abnimmt (bis p_H 9,0 um etwa 0,5 kleiner bei 150°; p_H 9,2 0,6; p_H 9,6 0,8 und p_H 10,0 1,0). Wegen

---

[1] ACREE, MILLON, AVORY u. SLAGLE: Journ. Inf. Dis. **29**, 7 (1921).

[2] Vgl. H. JAHN u. E. SCHMIDT: Ztschr. f. physik. Ch. **16**, 72 (1895). — NOYES, A. A.: Journ. Amer. Chem. Soc. **30**, 349 (1909).

[3] WALBUM: Comptes rendus de la Soc. de biol. **83**, 707 (1920).

[4] KOLTHOFF, I. M., u. F. TEKELENBURG: Rec. trav. chim. Pays-Bas **46**, 33 (1925).

[5] STENE, SVERRE: Rec. trav. chim. Pays-Bas **49**, 1133 (1930).

Änderung des p_H in Pufferlösungen nach KOLTHOFF und TEKELENBURG.

Zusammensetzung der Lösung	Temperatur	p_H
0,1 mol. Ameisensäure und 0,1 mol. Natriumformiat	20°	3,66
	30°	3,65
	40°	3,65
	50°	3,66
	60°	3,66
0,1 mol. Essigsäure und 0,1 mol. Natriumacetat . .	25°	4,60
	40°	4,61
	50°	4,63
	60°	4,65
0,1 mol. Oxalsäure und 0,1 mol. Natriumbioxalat .	20°	1,39
	30°	1,41
	40°	1,41
	50°	1,42
	60°	1,43
0,1 mol. Natriumbioxalat	18°	2,58
	30°	2,62
	40°	2,66
	50°	2,69
	60°	2,72
0,1 mol. Malonsäure und 0,1 mol. Natriumbimalonat	18°	2,71
	30°	2,71
	40°	2,72
0,1 mol. Bernsteinsäure und 0,1 mol. Natriumbisuccinat	20°	3,96
	30°	3,98
	40°	3,96
	50°	3,95
	60°	3,97
0,1 mol. Natriumbisuccinat	18°	4,71
	30°	4,69
	40°	4,69
	50°	4,71
	60°	4,74
0,1 mol. Glykolsäure und 0,1 mol. Natriumglykolat .	25°	3,65
	40°	3,66
	50°	3,65
	60°	3,66
0,1 mol. Milchsäure und 0,1 mol. Natriumlactat . .	18°	3,67
	30°	3,68
	40°	3,69
	50°	3,70
	60°	3,73

Zusammensetzung der Lösung	Temperatur	p_H
0,1 mol. Weinsäure und 0,1 mol. Natriumbitartrat	18°	2,79
	40°	2,77
	50°	2,75
	60°	2,76
0,1 mol. Natriumbitartrat	18°	3,48
	30°	3,48
	40°	3,46
	50°	3,45
	60°	3,44
0,1 mol. Natriumbitartrat und 0,01 mol. Natriumtartrat	18°	4,16
	30°	4,14
	40°	4,16
	50°	4,16
	60°	4,17
0,1 mol. Mononatriumcitrat	18°	3,66
	30°	3,65
	40°	3,65
	50°	3,66
	60°	3,65
Sörensen-Citrat-Puffer (vgl. S. 251), Citronensäure und einwertiges Citrat	20°	3,51
	30°	3,49
	40°	3,47
	50°	3,48
Sörensen-Citrat-Puffer (vgl. S. 251), ein- und zweiwertiges Citrat	18°	4,45
	30°	4,43
	40°	4,41
	50°	4,40
	60°	4,40
0,1 mol. Dinatriumcitrat	20°	4,96
	30°	4,96
	40°	4,96
	50°	4,97
0,01 mol. β-Oxybuttersäure und 0,01 mol. Natrium-β-oxybutyrat	18°	4,42
	30°	4,42
	40°	4,43
0,1 mol. Fumarsäure und 0,01 mol. Mononatriumfumarat	18°	3,00
	30°	3,01
	40°	3,02
0,01 mol. Mononatriumfumarat	18°	4,30
	30°	4,32
	40°	4,34

Zusammensetzung der Lösung	Temperatur	p_H
0,01 mol. Mononatriumfumarat und 0,02 mol. Dinatriumfumarat	18°	3,66
	30°	3,66
	40°	3,67
0,1 mol. Maleinsäure und 0,1 mol. Mononatriummaleinat	18°	1,90
	30°	1,90
	40°	1,91
0,1 mol. Mononatriummaleinat	20°	4,18
	30°	4,18
	40°	4,19
0,1 mol. Mononatriummaleinat und 0,1 mol. Dinatriummaleinat	18°	5,75
	30°	5,79
	40°	5,82
0,05 mol. Kaliumbiphthalat und 0,025 mol. Salzsäure	18°	2,85
	30°	2,87
	40°	2,88
	50°	2,89
	60°	2,91
0,05 mol. Kaliumbiphthalat	18°	3,94
	30°	3,96
	40°	3,99
	50°	4,02
	60°	4,05
0,05 mol. Kaliumbiphthalat und 0,025 mol. Natronlauge	18°	5,03
	30°	5,05
	40°	5,08
	50°	5,12
	60°	5,16
Glykokoll-Salzsäure (SÖRENSEN, vgl. S. 250)	18°	3,68
	30°	3,64
	40°	3,64
	50°	3,64
Alkalische Lösungen.		
0,1 mol. Natriumhydroxyd	18°	12,99
	30°	12,62
	40°	12,32
	50°	12,06
	60°	11,81
0,01 mol. Natriumhydroxyd	18°	12,06
	30°	11,67
	40°	11,38
	50°	11,12
	60°	10,87

Zusammensetzung der Lösung	Temperatur	p_H
0,1 mol. Glykokoll und 0,05 mol. NaOH	18°	9,31
	30°	9,00
	40°	8,77
	50°	8,54
	60°	8,33
Glykokoll-Natron (SÖRENSEN, vgl. S. 253)	18°	10,01
	30°	9,71
	40°	9,45
	50°	9,27
	60°	9,03
0,05 mol. Natriumcarbonat	18°	11,27
	30°	11,02
	40°	10,85
	50°	10,69
	60°	10,55
0,1 mol. Natriumcarbonat und 0,05 mol. Salzsäure	18°	10,01
	30°	9,91
	40°	9,84
	50°	9,77
	60°	9,70
0,15 mol. Dinatriumphosphat und Natronlauge . .	25°	11,29
	40°	11,08
	18°	11,72
	30°	11,52
	40°	11,36
	50°	11,19
	60°	11,03

Einführung einiger Annahmen in die Berechnung, die nicht ganz berechtigt sind, müssen diese Zahlen mit einigem Vorbehalt angenommen werden.

Die Borsäure-Borat-Lösungen verhalten sich anders als die anderen Puffer aus einer schwachen Säure mit ihrem Salze. Wie schon aus WALBUMS Zahlen (Tabelle S. 252) hervorgeht, nimmt das p_H bedeutend mit der Temperatur ab.

7. Einfluß der Verdünnung auf das p_H von Puffergemischen. In der allgemeinen Besprechung der Eigenschaften von Pufferlösungen haben wir schon gesehen, daß das p_H bei bekannter Zusammensetzung *angenähert* berechnet werden kann (vgl. Kap. 1, S. 23):

$$[H^\cdot] = \frac{[HA]}{[A']} K_1 \quad \text{oder} \quad \frac{[HA']}{[A'']} K_2 \quad \text{usw.}$$

oder allgemein:

$$[H^\cdot] = \frac{[s]}{[b]} K,$$

wo s die Konzentration der sauren Form und b die der basischen Form von jedem Ladungstypus vorstellt und K die entsprechende Konstante.

Aus dieser Gleichung würde sich ergeben, daß das p_H einer Pufferlösung bei Verdünnung ungeändert bleibt. Dies trifft jedoch nicht ganz zu, weil die Gleichung nicht vollkommen richtig ist:

a) [s] und [b] sind nicht die analytischen Konzentrationen der sauren und basischen Form, sondern die Konzentrationen nach Einstellung des Dissoziationsgleichgewichtes.

Nehmen wir z. B. ein Gemisch eines sauren und normalen Salzes (wie einen Biphthalat-Phthalat-Puffer):

$$[H^\cdot] = \frac{[HA']}{[A'']} K_2 .$$

Ist nun die analytische Konzentration des Biphthalats gleich s und die des Phthalats gleich b, dann ist [HA′] etwas kleiner als s, [A″] etwas größer als b wegen der Dissoziation:

$$HA' \leftrightarrows H^\cdot + A'' .$$

Angenähert gilt dann:

$$[HA'] = s - [H^\cdot] ,$$
$$[A''] = b + [H^\cdot]$$

und in der Pufferlösung:

$$[H^\cdot] = -\frac{b + K_2}{2} + \sqrt{\left(\frac{b + K_2}{2}\right)^2 + K_2 s} . \qquad (1)$$

Ganz exakt ist diese Gleichung nicht, weil wir die Dissoziation des Wassers unberücksichtigt ließen. Diese braucht jedoch nur in Betracht gezogen zu werden, wenn das p_H der Lösung nahe bei 7 ist und sie sehr stark verdünnt ist.

Für die Ableitung der exakteren Gleichung können wir die Regel der Elektroneutralität anwenden:

$$[Na^\cdot] + [H^\cdot] = [HA'] + 2[A''] + [OH']$$

oder (falls wir mit Natriumsalzen arbeiten)

$$[s] + [2b] + [H^\cdot] = [HA'] + 2[A''] + [OH'] .$$

Weiter ist bekannt, daß

$$[HA'] + [A''] = s + b$$

und nach dem Obenstehenden:

$$[HA'] = s - [H^{\cdot}] + [OH'],$$
$$[A''] = b + [H^{\cdot}] - [OH']$$

und

$$[H^{\cdot}] = \frac{s - [H^{\cdot}] + [OH']}{b + [H^{\cdot}] - [OH']} K_2$$

oder

$$[H^{\cdot}] = -\frac{b + K_2}{2} + \sqrt{\frac{(b + K_2)^2}{2} + sK_2 + K_w + \frac{K_w K_2}{[H^{\cdot}]}}. \qquad (2)$$

Diese Gleichung 3. Grades ist nicht einfach zu lösen. Man kann jedoch immer einfach auskommen, indem man zuerst Gleichung (1) anwendet. Mit diesem angenäherten Wert von $[H^{\cdot}]$ kann der Quotient $K_w K_2/[H^{\cdot}]$ in Gleichung (2) und daher $[H^{\cdot}]$ nach (2) berechnet werden. Die Überschlagsrechnung kann, wenn nötig, wiederholt werden.

Falls die Pufferlösung alkalische Reaktion hat (Carbonat-Bicarbonat), so findet man bei großer Verdünnung

$$[HA'] = s + [OH'],$$
$$[A''] = b - [OH']$$

und angenähert:

$$[H^{\cdot}] = \frac{K_w + K_2 s}{2b} + \sqrt{\left(\frac{K_w + K_2 s}{2b}\right)^2 + \frac{K_2 K_w}{b}}. \qquad (3)$$

Die Gleichungen (1), (2) und (3) brauchen nur bei extrem großen Verdünnungen berücksichtigt zu werden. Nehmen wir z. B. ein Gemisch von 0,001 molarem saurem und 0,001 molarem normalem Salz mit $K_2 = 10^{-5}$; nach der allgemeinen Gleichung ist dann:

$$[H^{\cdot}] = \frac{s}{b} \cdot K_2 = 10^{-5}.$$

In Wirklichkeit ist s aber nicht gleich 10^{-3}, sondern $10^{-3} - [H^{\cdot}]$, und b gleich $10^{-3} + [H^{\cdot}]$, also

$$[H^{\cdot}] = \frac{10^{-3} - 10^{-5}}{10^{-3} + 10^{-5}} K_2 = \text{appr. } 10^{-5}.$$

Hier genügt also noch die allgemeine Gleichung. Nur wenn die Dissoziation so bedeutend ist, daß $[H^{\cdot}]$ nicht mehr gegenüber [s] und [b] zu vernachlässigen ist, hat man die kompliziertere Gleichung zu verwenden.

b) Die Gleichung:

$$[H^{\cdot}] = \frac{[HA]}{[A']} K_1 \quad \text{oder} \quad \frac{[HA']}{[A'']} K_2 \quad \text{usw.}$$

ist thermodynamisch nicht richtig; wie wir im dritten Kapitel gesehen haben, ist nach der Aktivitätstheorie:

$$[a\,H^{\cdot}] = \frac{[a\,HA]}{[a\,A']} K_1 = \cdots \quad \text{usw.,} \tag{4}$$

wobei das Symbol a die Aktivität der bezüglichen Komponente vorstellt.

In einem Gemisch einer undissoziierten Säure mit ihrem Salz können wir auch schreiben:

$$[a\,H^{\cdot}] = \frac{f_0\,[HA]}{f_1\,[A']} K_1\,, \tag{5}$$

wobei f den Aktivitätskoeffizienten vorstellt.

In den verdünnten Pufferlösungen (ohne Zusatz von Neutralsalz) ist f_0 gleich Eins zu setzen, m. a. W.: die Aktivität der Säure ist ihrer Konzentration gleich.

Der Aktivitätskoeffizient des Ions f_1 ändert sich jedoch mit der Ionenstärke der Lösung und wird nur in unendlich verdünnten Lösungen gleich Eins.

Wenn wir Gleichung (5) als Funktion des p_H schreiben, so finden wir

$$p_aH = \log f_1 + pK_1 - \log \frac{[HA]}{[A']}\,. \tag{6}$$

pK_1 ist eine thermodynamische Konstante, während wir f_0 gleich 1 setzen. $\frac{[HA]}{[A']}$ stellt das Verhältnis der analytischen Konzentration der Säure und ihres Salzes dar und ist bei verschiedenen Verdünnungen konstant. (Über die Korrektur bei extremen Verdünnungen vgl. unter a.) Aus Gleichung (6) ergibt sich dann, daß p_aH sich bei der Verdünnung um denselben Betrag wie $\log f_1$ ändert. Da f_1 mit abnehmendem Elektrolytgehalt größer wird, um sich schließlich dem Wert 1 zu nähern, so wird p_aH bei zunehmender Verdünnung größer, m. a. W.: die Lösung wird alkalischer.

Vergleichen wir das Puffergemisch einer schwachen Säure mit ihrem Salze bei zwei verschiedenen Verdünnungen (1) und (2), so ergibt sich aus dem Obenstehenden, daß

$$p_aH_1 - p_aH_2 = \log f_1 - \log f_1'\,. \tag{7}$$

Haben wir ein Gemisch eines sauren und normalen Salzes (HA' und A''), so ist:

$$p_aH = \log \frac{f_2}{f_1} + pK_2 - \log \frac{[HA']}{[A'']}\,, \tag{8}$$

in der f_2 den Aktivitätskoeffizienten des zweiwertigen Anions A'' und f_1 den des einwertigen Anions HA' vorstellt.

Haben wir ein Salzgemisch eines zwei- und dreiweritgen Anions (zwei- und dreiwertiges Citrat), so ist:

$$\mathrm{paH} = \log \frac{f_3}{f_2} + \mathrm{pK}_3 - \log \frac{[\mathrm{HA}'']}{[\mathrm{A}''']} \quad \text{usw.} \tag{9}$$

Wie wir im dritten Kapitel gesehen haben (S. 66), läßt sich die Änderung von f mit der Ionenstärke aus der DEBYE-HÜCKELschen Gleichung berechnen:

$$-\log f = \frac{0{,}5\, z^2 \sqrt{\mu}}{1 + 0.329 \times a \times 10^8 \sqrt{\mu}}, \tag{10}$$

wo z die Wertigkeit des Ions, μ die Ionenstärke (vgl. S. 65) und a die (scheinbare) Ionengröße vorstellt.

Kehren wir jetzt zu unserer Gleichung (7) zurück, so ergibt sich, daß bei Verdünnung eines Puffergemisches einer schwachen Säure und ihres Salzes die paH-Änderung berechnet wird nach:

$$\left.\begin{aligned} \mathrm{paH}_1 - \mathrm{paH}_2 = \Delta\,\mathrm{paH} &= \frac{0{,}5\sqrt{\mu_1'}}{1 + 0{,}329 \times a \times 10^8 \sqrt{\mu_1'}} \\ &- \frac{0{,}5\sqrt{\mu_1}}{1 + 0{,}329 \times a \times 10^8 \sqrt{\mu_1}}, \end{aligned}\right\} \tag{11}$$

und angenähert ändert sich das paH mit der Differenz:

$$0{,}5\,(\sqrt{\mu_1'} - \sqrt{\mu_1})\,. \tag{12}$$

Betrachten wir nun ein Puffergemisch aus einem ein- und zweiwertigen Anion.

Aus den Gleichungen (8) und (10) ergibt sich, daß

$$\mathrm{paH} = -\frac{1{,}5\sqrt{\mu}}{1 + 0{,}329 \times a \times 10^8 \sqrt{\mu}} + \mathrm{pK}_2 - \log \frac{[\mathrm{HA}']}{[\mathrm{A}'']}\,. \tag{13}$$

Bei der Verdünnung ändert sich paH angenähert mit der Differenz aus

$$1{,}5\,(\sqrt{\mu_1'} - \sqrt{\mu_1})\,. \tag{14}$$

Haben wir ein Gemisch eines zwei- und dreiwertigen Anions, so ergibt sich aus (9) und (10), daß

$$\mathrm{paH} = -\frac{2{,}5\sqrt{\mu}}{1 + 0{,}329 \times a \times 10^8 \sqrt{\mu}} + \mathrm{pK}_3 - \log \frac{[\mathrm{HA}'']}{[\mathrm{A}''']}\,. \tag{15}$$

Bei der Verdünnung einer derartigen Lösung ändert sich paH angenähert mit der Differenz

$$2,5\,(\sqrt{\mu_1'} - \sqrt{\mu_1})\,. \qquad (16)$$

Je höher die Wertigkeit der p_H-bestimmenden Ionen im Puffergemisch, um so ausgesprochener ist die Änderung des paH bei der Verdünnung. Bei gleicher Verdünnung ist diese Änderung in einem Di-Tricitrat-Gemisch etwa 5mal größer als in einer Essigsäure-Acetat-Lösung und in einem Phosphat- oder Biphthalat-Lauge-Puffer etwa 3mal größer als im Acetatgemisch.

Quantitativ können wir den Verdünnungseffekt berechnen, wenn wir den Ionendurchmesser a [Gleichung (10) usw.] kennen.

Falls die gewöhnlichen Pufferlösungen bei einer Ionenstärke kleiner als 0,1 ($\mu < 0,1$) gebraucht werden, können wir für alle einen mittleren Ionendurchmesser von 4×10^{-8} ($a = 4 \times 10^{-8}$ cm) annehmen und daher für alle die Änderungen von $-\log f_1$ bzw. $-\log f_2/f_1$ bzw. $-\log f_3/f_2$ berechnen. Nachdrücklich sei betont, daß die Annahme eines konstanten Ionendurchmessers für verschiedene Typen von Ionen wissenschaftlich gar nicht gerechtfertigt ist, für praktische Zwecke jedoch und unter den besprochenen Bedingungen ($\mu < 0,1$) ist die Annäherung erlaubt. In folgender Tabelle sind die Werte von $-\log f_1$ bzw. $-\log f_2/f_1$ bzw. $-\log f_3/f_2$ unter Berücksichtigung eines Ionendurchmessers $a = 4 \times 10^{-8}$ bei verschiedenen Ionenstärken berechnet.

μ	$\sqrt{\mu}$	$-\log f_1$	$-\log \frac{f_2}{f_1}$	$-\log \frac{f_3}{f_2}$
0,5	0,707	0,20	0,60	1,00
0,2	0,45	0,14	0,42	0,70
0,15	0,39	0,13	0,38	0,63
0,1	0,32	0,11	0,34	0,57
0,05	0,224	0,09	0,26	0,43
0,025	0,158	0,07	0,20	0,33
0,01	0,100	0,04	0,13	0,22
0,005	0,071	0,03	0,11	0,18
0,0025	0,050	0,025	0,07	0,11
0,001	0,032	0,016	0,05	0,08

Mit Hilfe dieser Zahlen kann man leicht den Einfluß der Verdünnung auf das p_H eines Puffergemisches berechnen. Verdünnen wir z. B. ein Gemisch, das 0,1n-Essigsäure und 0,1n-Natriumacetat enthält, 10mal, so ändert sich μ von 0,1 auf 0,01 und

$-\log f_1$ ändert sich von 0,11 in 0,04. Diese Differenz entspricht einer Zunahme von 0,07 im p_H.

Unten geben wir einige Beispiele des Verdünnungseffektes auf das p_H einiger Typen von Pufferlösungen. Die Werte sind experimentell mit der Wasserstoffelektrode gemessen (18°) und mit Hilfe der Tabelle berechnet worden[1].

0,1n-Essigsäure und 0,1n-Natriumacetat.

Verdünnung	μ	p_H exp.	p_H ber.
—	0,1	4,61	(4,61)
2 mal	0,05	4,63	4,63
4 „	0,025	4,65	4,65
10 „	0,01	4,68	4,68
20 „	0,005	4,69	4,69
40 „	0,0025	4,70	4,695

Biphthalat-Phthalat-Puffer nach CLARK (vgl. S. 247).
50 ccm $^{m}/_{10}$-Kaliumbiphthalat + 29,95 ccm $^{n}/_{10}$-NaOH mit Wasser auf 100 ccm. p_H nach CLARK 5,20.

Verdünnung	μ	p_H exp.	p_H ber.
—	0,110	5,21	(5,21)
2 mal	0,055	5,28	5,28
5 „	0,022	5,35	5,36
10 „	0,011	5,40	5,42
25 „	0,0044	5,46	5,45
50 „	0,0022	5,48	5,48

Monophosphat-Diphosphat-Puffer nach CLARK (vgl. S. 247).
50 ccm $^{m}/_{10}$-Monokaliumphosphat + 29,63 ccm $^{n}/_{10}$-NaOH auf 100 ccm. p_H nach CLARK 7,00.

Verdünnung	μ	p_H exp.	p_H ber.
—	0,109	6,99	(6,99)
2 mal	0,055	7,06	7,06
5 „	0,022	7,14	7,14
10 „	0,011	7,17	7,20
20 „	0,0055	7,18	7,22
(50 „	0,0022	7,20	7,26)

In der letzten Verdünnung hat die Kohlensäure der Luft wahrscheinlich einen geringen Einfluß gehabt.

[1] Vgl. I. M. KOLTHOFF: Biochem. Ztschr. **195**, 239 (1928).

Mono-Bicitrat-Gemisch.

Die Lösung enthielt 0,0334 molares Mono- und 0,0334 molares Dikaliumcitrat im Liter.

Verdünnung	μ	p_H exp.	p_H ber.
—	0,133	4,405	(4,405)
2 mal	0,0667	4,48	4,48
5 „	0,0267	4,55	4,57
10 „	0,0133	4,60	4,63
20 „	0,0067	4,62	4,66
40 „	0,0033	4,64	4,69

Bi-Tricitrat-Gemisch.

Die Lösung enthielt $^m/_{100}$-Di- und $^m/_{100}$-Trikaliumcitrat im Liter.

Verdünnung	μ	p_H exp.	p_H ber.
—	0,09	5,91	—
2 mal	0,045	6,01	6,04
5 „	0,018	6,13	6,17
10 „	0,009	6,19	6,24
25 „	0,0036	6,25	6,31
50 „	0,0018	6,27	6,35

In den Citratpufferlösungen ist die Übereinstimmung zwischen den experimentellen und berechneten Werten nicht so schön wie in den anderen Gemischen, weil der angenommene Wert des Ionendurchmessers ($a = 4 \times 10^{-8}$ cm) zu klein ist. Nehmen wir einen Wert von 6×10^{-8} cm, so ist die Übereinstimmung wieder ausgezeichnet.

Für Borsäure-Natronlauge-Gemische läßt sich der Verdünnungseffekt nicht mehr einfach berechnen. Das Verhalten dieser Pufferlösungen ist sehr kompliziert wegen der Komplexbildung von Borsäure mit Borationen.

In einer wässerigen Lösung nimmt die Dissoziationskonstante der Borsäure mit zunehmender Konzentration der Säure stark zu, weil die sich bildende komplexe Polyborsäure einen viel stärker sauren Charakter hat als die Orthoborsäure[1].

Der Einfluß der Verdünnung auf Borsäure-Natronlauge-Gemische ist eingehender von KOLTHOFF und W. BOSCH[2] untersucht worden.

[1] KOLTHOFF, I. M.: Rec. trav. chim. Pays-Bas **45**, 501 (1926).

[2] KOLTHOFF, I. M., u. W. BOSCH: Rec. trav. chim. Pays-Bas **46**, 180 (1927).

Neuntes Kapitel.

Die colorimetrische Bestimmung der Wasserstoffionenkonzentration.

1. Allgemeine Grundlagen des Verfahrens. Die Grundlage des Verfahrens beruht auf der Annahme, die Farbengleichheit eines Indicators in zwei verschiedenen Lösungen zeige an, daß beide Lösungen dieselbe Wasserstoffionenkonzentration besitzen. Nach der einfachen Dissoziationstheorie der Indicatoren ist doch:

$$[H^{\cdot}] = \frac{[HJ]}{[J']} K_I .$$

Ist nun das Verhältnis von [HJ] : [J′] in zwei Lösungen dasselbe, so muß die Wasserstoffionenkonzentration beider auch gleich sein. Wie wir später (vgl. S. 340) ausführlicher besprechen werden, ist die gegebene Gleichung nicht ganz richtig, weil wir die Gleichgewichtsbedingungen in Konzentrationen und nicht in Aktivitäten der bezüglichen Reaktionsteilnehmer ausgedrückt haben. Vorläufig werden wir diesen Unterschied vernachlässigen und annehmen, daß Farbengleichheit Identität der Wasserstoffionenaktivität andeutet.

Bei der colorimetrischen p_H-Bestimmung sind wir auf die Anwendung von Vergleichslösungen von bekanntem p_H angewiesen. Sie ist also ein Vergleichsverfahren, dessen Richtigkeit in erster Linie auf der Richtigkeit und Zuverlässigkeit der Vergleichslösungen beruht. Das p_H der Vergleichs- oder Pufferlösungen ist, wie wir im vorigen Kapitel besprochen haben, mit Hilfe der Wasserstoffelektrode gemessen worden. Nach dieser potentiometrischen Methode bestimmt man nicht die Wasserstoffionen*konzentration*, sondern deren *Aktivität*. Wenn wir also sagen, daß bei Farbengleichheit des Indicators in der unbekannten und Pufferlösung beide Flüssigkeiten dasselbe p_H haben, so meinen wir, daß die Wasserstoffionen*aktivität* beider dieselbe ist (vgl. S. 64 u. 84). Das colorimetrische Verfahren stützt sich auf die potentiometrische Methode, die als Urverfahren zu betrachten ist.

Es sei hier am Anfang des Kapitels schon nachdrücklich betont, daß, obgleich man den experimentellen Fehler der colorimetrischen Methode durch geeignete Wahl der Meßinstrumente und Versuchs-

bedingungen auf sehr kleine Werte (etwa 0,01 im p_H) *herabsetzen kann, die Resultate nicht dieselbe exakte Bedeutung haben wie diejenigen, die nach der potentiometrischen Methode erhalten werden.* Dies ist darauf zurückzuführen, daß die Annahme, Farbengleichheit entspreche Gleichheit der Wasserstoffionenaktivität, nicht ganz richtig ist. Für exakte Untersuchungen soll das potentiometrische Verfahren immer als Standardmethode betrachtet werden. Die colorimetrische Methode ist von großer praktischer Bedeutung, weil sie im Wesen so einfach ist, genau reproduzierbare Resultate liefert und kein besonderes Instrumentarium erfordert. Die Technik ist so einfach, daß auch Personen, die keine chemische Erziehung genossen haben und die theoretischen Grundlagen des Verfahrens gar nicht verstehen, sie schnell beherrschen können. So paradox es auch scheint, so birgt doch diese Einfachheit eine große Gefahr in sich, weil die verschiedenen Ursachen, die für größere oder kleinere Abweichungen in den erhaltenen Resultaten verantwortlich sind, öfters nicht berücksichtigt werden. Jedem Arbeiter auf diesem Gebiete sei daher dringend empfohlen, die Fehlerquellen des colorimetrischen Verfahrens (S. 326) eingehend zu studieren.

2. Ausführung der Bestimmung mit Pufferlösungen. Im allgemeinen empfiehlt es sich, sofern man sich nicht mit Serienanalysen beschäftigt, die Messung mit zwei verschiedenen Indicatoren auszuführen. Wenn man gar nichts von der Acidität der Lösung weiß, muß das p_H der Lösung zunächst roh angenähert bestimmt werden, damit man die Wahl der geeigneten Indicatoren richtig treffen kann. Selbstverständlich können nur diejenigen Indicatoren gebraucht werden, die in der unbekannten Lösung eine deutliche Mischfarbe geben; falls der Farbstoff die Farbe der rein sauren oder basischen Form annimmt, kann er nicht verwendet werden. Zur Orientierung der Reaktion prüft man die Flüssigkeit zunächst mit verschiedenen Indicatorpapieren, wie Kongo-, Lackmus-, Phenolphthalein-, Curcumapapier, oder man versetzt kleine Flüssigkeitsmengen mit den verschiedenen Indicatoren (z. B. auf der Tüpfelplatte). Findet man z. B., daß eine Flüssigkeit mit Phenolphthalein farblos bleibt und auf Methylorange alkalisch reagiert, so muß das p_H zwischen 8 und 4,5 liegen. Wird bei weiterer Prüfung gefunden, daß auch Methylrot eine alkalische Reaktion anzeigt, so weiß man, daß das p_H der

Lösung zwischen 6 und 8 liegt und daß Bromthymolblau, Phenolrot, Kresolrot, Neutralrot wahrscheinlich geeignete Indicatoren zur p_H-Messung sind. Universalindicatoren (vgl. S. 175) sind zur Schätzung des p_H-Wertes sehr geeignet.

Zur eigentlichen Bestimmung nimmt man gewöhnliche farblose Reagensgläser von Resistenzglas (Jena; Köln-Ehrenfeld; Pyrex usw.) *von möglichst gleichem Durchmesser.*

Zu je 3—10 ccm der Lösung gibt man etwas von dem Indicator, etwa 0,03—0,10 ccm von dem im 5. Kapitel angegebenen Konzentrationen, und behandelt die Vergleichslösungen genau gleichartig. Um die Farben der Lösungen miteinander zu vergleichen, benutzt man am besten Reagensglasgestelle, in denen die Gläschen schräg mit einem Winkel von 35—40° zur Senkrechten gegen einen weißen Hintergrund von Milchglasscheiben oder Papier stehen. Die Farben lassen sich nun auf zweierlei Art beurteilen. Einmal kann man durch die Röhrchen hindurch gegen den hellen Hintergrund beobachten. Andererseits kann man auch durch das um etwa 35—40° gedrehte Gestell von unten nach oben sehen. Man muß stets so viel Vergleichslösungen bereitstellen, daß die Farbe der zu untersuchenden Flüssigkeit nicht aus der Reihe herausfällt, sondern stets zwischen zwei der Vergleichslösungen liegt. Weiter müssen die Vergleichslösungen und die zu *untersuchende Lösung mit gleichen Mengen* (genau abzumessen) *desselben Indicators versetzt sein.* Bei einfarbigen Indicatoren ist die Konzentration von sehr großer Bedeutung. Bei zweifarbigen spielt sie keine so große Rolle, da man ja das Verhältnis zwischen der sauren und der alkalischen Form beurteilt. Es ist aber auch hier zweckmäßig, den Indicator nicht mit dem Tropfglas, sondern aus einer kleinen Pipette zuzugeben. So wurden Unterschiede bei Doppelbestimmungen zwischen verschiedenen colorimetrisch gefundenen Werten mit Phenolphthalein darauf zurückgeführt, daß der Indicator aus einer Tropfflasche zugesetzt wurde. Auch für Thymolphthalein, p-Nitrophenol und Nitramin u. a. gilt das gleiche.

Auswahl geeigneter Indicatoren. Besonders diejenigen Indicatoren sind bei einer colorimetrischen p_H-Bestimmung zu verwenden, deren saure und alkalische Form ziemlich beständig und genügend in Wasser löslich sind und nicht nach kurzer Zeit ausflocken.

Im 5. Kapitel sind die wichtigsten Eigenschaften der Indicatoren ausführlicher besprochen worden, und der Leser sei darauf verwiesen. Zur Erläuterung seien einige Beispiele hier etwas näher besprochen. Methylviolett in 0,05n-Salzsäure ist grün, nach 15 Minuten ist die Farbe schon deutlich abgeschwächt, und nach längerer Zeit verschwindet sie ganz. Für die p_H-Bestimmung ist Methylviolett daher kaum zu empfehlen; an seiner Stelle sind Kresolrot oder Thymolblau zu verwenden. Zur Erhaltung stabiler saurer Lösungen (rot) des letztgenannten Indicators soll man nicht mehr als 0,1 ccm 0,1proz. Lösung auf 10 ccm Flüssigkeit verwenden, weil sonst die saure Form des Indicators beim Stehen ausflockt. Die Azoindicatoren sind alle schwache Basen, die in Wasser sehr schwer löslich sind; durch Einführung polarer Gruppen in das Molekül (Sulfosäure in Methylorange; Carboxylgruppe in Methylrot) wird ihre Löslichkeit erhöht. Obgleich das Methylgelb (Dimethylaminoazobenzol) als Indicator in der Neutralisationsanalyse sehr brauchbar ist, kann es schwer für genaue colorimetrische Bestimmungen verwendet werden; Methylorange mit fast dem gleichen Umschlagsintervall dagegen ist sehr geeignet. Gibt man z. B. zu 10 ccm einer Lösung vom p_H 3,6 0,1 ccm 0,05proz. Dimethylaminoazobenzollösung (in Alkohol) und beobachtet sofort und nach 15 Minuten, so nimmt man ein deutliches Abblassen der Farbe beim Stehen wahr, weil ein großer Teil des Indicators ausflockt. Methylorange (und auch Tropäolin 00) können wenigstens einige Tage in Pufferlösungen gehalten werden, ohne daß diese ihre Farbe ändern. Die saure Form des Methylrots ist nicht so stabil wie die des Methylorange, der Indicator ist aber immerhin für colorimetrische Bestimmungen sehr geeignet. Will man jedoch die Änderung der Reaktion einer Lösung auf längere Zeit untersuchen (wie das in der Bakteriologie üblich ist), so ist Bromkresolgrün dem Methylrot vorzuziehen. Obgleich Neutralrot ein sehr geeigneter Indicator ist, muß man nach Farbstoffzusatz ziemlich schnell arbeiten, weil die alkalische Form nicht ganz stabil ist. Phenolphthalein bringt keine Schwierigkeiten mit sich, weil die saure Form löslich genug ist, um haltbare Lösungen zu geben. Wie S. 119 u. 227 besprochen ist, ist die rote alkalische Form nicht stabil und wird beim Stehen teilweise in die farblose Carboniumverbindung übergeführt. Besonders im Umschlagsgebiet des Indicators ist diese Umwandlung so langsam, daß die Vergleichsfarben in Pufferlösungen wenigstens einen halben Tag unverändert haltbar sind. *Thymolphthalein ist für die p_H-Bestimmung nicht besonders geeignet.* Die saure Form ist in Wasser sehr schwer löslich, und man nimmt mit diesem Indicator fast immer Abblassungserscheinungen wahr. Fügt man z. B. 0,1 ccm einer 0,1 proz. Indicatorlösung zu 10 ccm eines Carbonatpuffers vom p_H 10, dann nimmt man eine hellblaue Farbe wahr, die beim Stehen wegen Ausfallens der sauren Form schnell abblaßt. Beim Arbeiten mit Thymolphthalein muß man daher Puffer und unbekannte Lösung gleichzeitig mit Indicator versetzen und sofort beurteilen. Aber auch dann sind die Resultate nicht immer zuverlässig.

Die alkalische rote Form des Nilblaus ist in Wasser sehr schwer löslich und flockt beim Stehen quantitativ aus. Daher soll man auch mit der Anwendung dieses Indicators sehr vorsichtig sein. Die rotbraune Färbung des sehr säureempfindlichen Nitramins geht beim Stehen in alkalischen Lösungen wieder in farblos und hellgelb zurück; der Indicator wird dabei zerstört.

Die Sulfophthaleine unterscheiden sich durch ihre scharf ausgesprochenen Umschlagsfarben und die Beständigkeit beider Formen. Bromphenolblau und Bromkresolpurpur sind wegen des ausgesprochenen Dichromatismus beim Umschlag für die p_H-Bestimmung weniger geeignet (vgl. S. 128). Glücklicherweise besitzen wir im Tetrabromphenoltetrabromsulfophthalein, Bromkresolgrün und Chlorphenolrot einen ausgezeichneten Ersatz für diese beiden Indicatoren.

Ganz allgemein geben die Indicatoren mit kleinem Umschlagsintervall bei der colorimetrischen Messung die besten Resultate. Hier sind die Farbunterschiede bei geringen Änderungen der Wasserstoffionenkonzentration viel schärfer wahrnehmbar, als wenn das Umschlagsgebiet ausgedehnter ist. Wenn man auch bei der Anwendung von Indicatoren mit einem großen Umschlagsgebiete natürlich nur eine geringe Reihe von Indicatoren vorrätig zu halten braucht, um die Messung bei jedem p_H vornehmen zu können, ist es doch besser, nur die Indicatoren mit kleinem Intervall zu verwenden. Die Gesamtzahl der Indicatoren, die nötig ist, um bei jedem in Frage kommenden p_H Bestimmungen auszuführen, wird freilich größer; aber zu gleicher Zeit wächst die Genauigkeit der Einzelbestimmung. So hat Lackmus oder

Azolitmin ein Umschlagsgebiet von etwa 5—8, Neutralrot von 6,8—8,0 und Phenolrot von 6,4—8,0. Diese drei Indicatoren kann man also bei p_H-Werten zwischen 6,8 und 8,0 verwenden. Bei Neutralrot und Phenolrot ist der Umschlag viel deutlicher als bei Lackmus.

Im Zusammenhang hiermit sind auch die sog. Universalindicatoren (vgl. S. 175) für genaue Messungen nicht zu empfehlen.

Genauigkeit der colorimetrischen Messung. Bei Verwendung von Pufferlösungen, die je 0,2 p_H-Einheiten voneinander entfernt sind, ist nach einiger Übung leicht eine Genauigkeit von 0,05—0,1 im p_H zu erhalten. Die Abschätzung bis auf 0,01 p_H hat nur Sinn, wenn man Vergleichslösungen benutzt, die nur 0,05—0,1 im p_H voneinander abweichen, wie dies z. B. bei der p_H-Bestimmung im Blutserum üblich ist. Ohne Colorimeter oder Spektrophotometer ist diese Genauigkeit nach einiger Übung mit dem bloßen Auge zu erreichen. Im allgemeinen sei man sich bewußt, daß eine Übertreibung der Meßgenauigkeit wenig Sinn hat, weil andere Faktoren (Unterschied in der Ionenstärke zwischen Puffer und Lösung; vgl. S. 341) das Resultat beeinträchtigen. Eine noch größere Genauigkeit als 0,05 im p_H läßt sich wohl kaum erzielen, da u. a. auch die in den Lösungen vorhandenen Elektrolyte die Färbungen etwas beeinflussen. Wie aus der Abb. 11 im 5. Kapitel (S. 113) ersichtlich ist, ist die absolute Farbänderung eines Indicators bei geringen Änderungen der Wasserstoffionenkonzentration am größten, wenn p_H annähernd gleich pK_I ist. Bei colorimetrischen Bestimmungen wird also der Indicator das p_H am genauesten angeben, dessen pK_I dem p_H der zu prüfenden Lösung etwa gleichkommt, d. h. das gesuchte p_H muß ungefähr in der Mitte des Umschlagsgebietes des Indicators liegen. Liegt das gesuchte p_H mehr an den Endpunkten des Umschlagsintervalls, so wird sich die Farbe im allgemeinen bei gleichen p_H-Unterschieden weniger ausgesprochen ändern. Dies gilt besonders für die zweifarbigen Indicatoren, da man ja bei den einfarbigen Indicatoren keine Verhältniswerte beurteilt, sondern nur die absolute Menge einer einzigen Form. Bei den Sulfophthaleinen liegt der Höchstwert der Genauigkeit nicht bei $p_H = pK_I$, sondern im sauren Anfange des Umschlagsintervalls, wegen des großen Unterschiedes in der Farbintensität zwischen der alkalischen und sauren Form der Indicatoren.

Nach J. T. SAUNDERS[1] kann man mit den folgenden Indicatoren im angegebenen Gebiet mit einer Genauigkeit von 0,01 bis 0,02 p_H messen.

Indicator	Anwendungsgebiet
Bromkresolpurpur	5,80—6,40
Bromthymolblau	6,40—7,20
Phenolrot	7,10—7,90
Kresolrot	7,65—8,45
Thymolblau	8,40—9,20

Mikrobestimmung des p_H. Wenn man nur kleine Flüssigkeitsmengen zur Verfügung hat, kann man das p_H nach demselben Prinzip wie oben bestimmen, indem man statt gewöhnlicher Reagensgläschen mit Capillarröhren arbeitet[2]; F. VLÈS[3] hat für die Messung ein Mikrocolorimeter beschrieben. L. D. FELTON[4] bringt einen Tropfen der zu untersuchenden Lösung auf eine Porzellanplatte (Tüpfelplatte), fügt einen Tropfen Indicator hinzu und vergleicht die Farbe mit auf dieselbe Weise behandelten Puffermischungen. Mit der Anwendung dieses Mikroverfahrens sei man sehr vorsichtig, besonders wenn die zu untersuchende Lösung wenig gepuffert ist. In diesem Falle kann man sehr große Fehler machen, weil das Verhältnis der Konzentration des Indicators zur Pufferkapazität sehr groß wird und der zugesetzte Indicator das p_H der zu untersuchenden Lösung ändern wird, falls man nicht einen isohydrischen Indicator verwendet (vgl. S. 330). Bezüglich Einzelheiten über die mikrocolorimetrische p_H-Bestimmung vgl. übrigens die Literatur[5].

3. Die p_H-Bestimmung ohne Pufferlösungen. *Prinzip der Methode. Dissoziationskonstanten der Indicatoren.* Das Verhältnis zwischen der Wasserstoffionenaktivität einer Lösung und der

---

[1] SAUNDERS, J. T.: Proc. Cambridge Philos. Soc. **1**, 30 (1923); vgl. auch WELLS: Journ. Amer. Chem. Soc. **42**, 2160 (1920).
[2] WALTHER, O. A., u. J. ULRICH: Bull. Soc. Chim. Biol. **8**, 1106 (1926).
[3] VLÈS, F.: Comptes rendus de la Soc. de biol. **94**, 879 (1926).
[4] FELTON, L. D.: Journ. Biol. Chem. **46**, 299 (1921).
[5] MYERS, V. C., H. W. SCHMITZ u. L. L. BOOHER: Journ. Biol. Chem. **57**, 209 (1923). — BROWN, J. H.: Journ. Lab. Clin. Med. **9**, 239 (1924); nach Chemical Abstracts **18**, 1135 (1924). — SMITH: Chemical Abstracts **19**, 1722 (1925).

Farbe eines Indicators in derselben ist gegeben durch die Gleichung

$$[a\,H^{\cdot}] = \frac{[HJ]}{[J']} K_I , \tag{1}$$

in der [HJ] die Konzentration der sauren, [J'] die der alkalischen Form und K_I die Dissoziationskonstante des Indicators vorstellt; oder

$$p\,a\,H = \log \frac{[I']}{[HJ]} + p\,K_I , \tag{2}$$

in der $p\,K_I$ die Indicatorkonstante ist. Sind K_I oder $p\,K_I$ bekannt und wird das Verhältnis [HJ] : [J'] experimentell bestimmt, dann können $[a\,H^{\cdot}]$ und $p\,a\,H$ einfach berechnet werden. Auf dieser Grundlage ist es möglich, das p_H colorimetrisch ohne Pufferlösungen zu bestimmen. Zu bedenken ist, daß K_I keine absolute Konstante ist; die Dissoziationskonstante, oben als eine Funktion der Konzentration der verschiedenen Reaktionsteilnehmer geschrieben, ändert sich mit der ionalen Stärke der Lösung.

In Wirklichkeit ist die Konstante K'_I im Ausdruck

$$[a\,H^{\cdot}] = \frac{[a\,HJ]}{[a\,J']} K'_I = \frac{[HJ]}{[J']} K'_I \times \frac{f_{HJ}}{f_J} \tag{3}$$

konstant. Das Symbol a bezeichnet wieder die Aktivität der betreffenden Komponenten, f den Aktivitätskoeffizienten.

Aus (1), (2) und (3) ist einfach zu sehen, daß

$$p\,K_I = p\,K'_I - \log \frac{f_{HJ}}{f_J} . \tag{4}$$

Da $p\,K'_I$ eine Konstante ist und $-\log f_{HJ}/f_J$ bei Indicatorsäuren bei steigender Ionenstärke zunächst negative Werte annimmt, muß $p\,K_I$ mit zunehmendem Elektrolytgehalt der Lösung abnehmen. Bei einer ziemlich großen Ionenstärke, die für verschiedene Elektrolyte verschieden ist, aber gewöhnlich höher als 0,5n liegt, wird ein Minimum erreicht; von dort an nimmt $p\,K_I$ mit steigendem Elektrolytgehalt zu. Nur bei sehr kleinem Elektrolytgehalt (etwa unter 0,01n) kann der spezifische Einfluß der individuellen Ionen auf den Aktivitätskoeffizienten der beiden Indicatorformen vernachlässigt werden; für praktische Zwecke kann man, ohne einen großen Fehler zu machen, den Elektrolyteinfluß unterhalb einer gewissen ionalen Stärke für verschiedene Ionen gleich rechnen. Bei größerem Elektrolytgehalt muß man jedoch unbedingt für jedes Salz den spezifischen Einfluß auf das

Verhältnis der Aktivitätskoeffizienten beider Indicatorformen (und auch auf die Lichtabsorption, vgl. S. 319) einzeln bestimmen.

Die Indicatorkonstante ist auch von der Temperatur abhängig, und bei der Anwendung der Methode ohne Pufferlösungen ist es erwünscht, den Temperatureffekt zu berücksichtigen. I. M. KOLTHOFF[1] hat die verschiedenen Werte, über die in der Literatur berichtet ist, zusammengestellt und versucht, daraus die pK_I bei verschiedener Ionenstärke und Temperaturen abzuleiten.

Da die Kenntnis der Indicatorkonstante für die Anwendung der colorimetrischen Methode ohne Pufferlösungen von grundlegender Bedeutung ist, sei über die Resultate etwas ausführlicher berichtet.

Aus Gleichung (2) ergibt sich, daß pK_I berechnet werden kann, wenn das paH der Lösung, in der das Indicatorgleichgewicht bestimmt wird, bekannt ist. Meistens wurde paH (p_H) mit Hilfe der Wasserstoffelektrode bestimmt und aus der E.M.K. nach den Standardgleichungen von S. P. L. SÖRENSEN[2] berechnet (Sörensen-Werte). Nach den modernen Anschauungen über die elektrolytische Dissoziation starker Elektrolyte hat dieser Sörensen-Wert keine exakte Bedeutung. SÖRENSEN (1909) gründete seine Berechnungen auf die elektrolytische Dissoziationstheorie von ARRHENIUS und nahm an, daß das p_H einer 0,1n-Salzsäurelösung gleich 1,038 ist; in Wirklichkeit ist das p_H (negativer Logarithmus der Wasserstoffionen*konzentration*) gleich 1,00 und das paH $= 1{,}08 \pm 0{,}01$. Die Mehrzahl der Autoren verwendet SÖRENSENS Gleichungen zur p_H-Berechnung, jedoch nehmen J. SENDROY und A. B. HASTINGS[3] und auch K. BUCH[4] einen Wert von paH von 1,08 in 0,1n-Salzsäure und von 2,08 in einem Gemisch von 0,01n-HCl und 0,01n-KCl an.

Obgleich der „Sörensen-Wert" keine exakte Bedeutung hat, scheint es doch besser, vorläufig alle Werte auf diese Basis zu beziehen, weil das p_H der meisten Pufferlösungen in der Literatur in entsprechender Weise ausgedrückt ist. Sobald die konstante Differenz zwischen p_H (SÖRENSEN) und paH international fest-

[1] KOLTHOFF, I. M.: Journ. Physical Chem. **34**, 1466 (1930).

[2] SÖRENSEN, S. P. L.: C. r. du Lab. Carlsberg **8**, 23 (1909); vgl. auch W. M. CLARK: The determination of hydrogen ions. 3. Aufl. 1928.

[3] SENDROY, J., u. A. B. HASTINGS: Journ. Biol. Chem. **82**, 198 (1929).

[4] BUCH, K.: Soc. Scient. Finnica **2**, 29 (1926).

gelegt ist, können alle Sörensen-Werte in einfacher Weise in paH umgerechnet werden. Es ist nicht empfehlenswert, diese Änderung jetzt schon vorzunehmen; dies würde die heutige Verwirrung im p_H-Ausdruck noch größer machen, weil verschiedene Autoren nicht dieselbe Differenz zwischen p_H (SÖRENSEN) und paH verwenden.

Im folgenden geben wir eine Übersicht der pK_I-Werte, die in der Literatur zu finden sind. In der ersten Reihe ist die Temperatur, in der zweiten die angewandte Methode zur pK_I-Bestimmung, in der dritten die verwendete Pufferlösung, in der das Verhältnis der beiden Indicatorformen gemessen wurde, in der vierten das berechnete pK_I in der Pufferlösung (dritte Reihe) und in der letzten Reihe der Autor.

Am Ende dieser Übersicht geben wir eine zusammenfassende Tabelle, in der die zuverlässigsten pK_I-Werte bei verschiedenen Temperaturen und Ionenstärken wiedergegeben sind.

Bromphenolblau.

Temperatur	Verwendete Methode	Art der Pufferlösung	pK_I	Autor
(ungefähr 25° ?)	Spektrophotometrisch	Clark u. Lubs	4,05	BRODE[1]
(ungefähr 18° ?)	„	Sörensen	4,0	PRIDEAUX[2]
(ungefähr 18° ?)	„	Acetat	4,10	VLÈS[3]
20°	Colorimetrisch	Clark u. Lubs	4,1	CLARK u. LUBS[4]
15°	„	„ „ „	4,00 ± 0,05	KOLTHOFF[5]
30°	„	„ „ „	4,10 ± 0,1	GILLESPIE[6]
30°	„	„ „ „	4,1	VAN ALSTINE[7]
18°	„	*sehr* verd. Salzsäure	4,09	GÜNTELBERG u. SCHIODT[8]
18°	„	ibid. + 0,05n-KCl	4,10	KOLTHOFF[9]
18°	„	„ + 0,1n-KCl	3,84	GÜNTELBERG u. SCHIODT
18°	„	„ + 0,5n-KCl	3,77	„ „ „
18°	„	„ + 1-nKCl	3,71	„ „ „

[1] BRODE, W. C.: Journ. Amer. Chem. Soc. **46**, 481 (1924).
[2] PRIDEAUX, E. B. R.: Journ. Soc. Chem. Ind. **45**, 664, 678, 697 (1926).
[3] VLÈS, F.: Arch. Phys. Biol. **4**, 285 (1926).
[4] CLARK, W. M., u. H. A. LUBS: Journ. Bacteriol. **2**, 1, 109, 191 (1917).
[5] KOLTHOFF, I. M.: Rec. trav. chim. Pays-Bas **43**, 144 (1924).
[6] GILLESPIE, L. J.: Journ. Amer. Chem. Soc. **42**, 742 (1920) — Soil Science **9**, 115 (1920).
[7] VAN ALSTINE, E.: Soil Science **10**, 467 (1920).
[8] GÜNTELBERG, E., u. E. SCHIODT: Ztschr. f. physik. Ch. **135**, 393 (1928).
[9] KOLTHOFF, I. M.: Journ. Physical Chem. **32**, 1820 (1928).

Die Pufferlösungen nach CLARK und LUBS (Biphthalat) haben eine Ionenstärke von etwa 0,05—0,06; die Citratgemische nach SÖRENSEN von etwa 0,2.

Bromkresolgrün.

Temperatur	Verwendete Methode	Art der Pufferlösung	pK_I	Autor
27°	Spektrophotometrisch	Clark u. Lubs	4,68	HOLMES u. SNYDER[1]
30°	„	„ „ „	4,67	B. COHEN[2]
Zimmert.	„	Citrat	4,7	PRIDEAUX (l. c.)
20°	Colorimetrisch	Acetat	4,64	HASTINGS, SENDROY u. ROBSON[3]
38°	„	„	4,68	Dieselben

Chlorphenolrot.

30°	Spektrophotometrisch	Clark u. Lubs	5,98	B. COHEN (l. c.)
20°	Colorimetrisch	Acetat u. Citrat	5,98	HASTINGS u. ROBSON (l. c.)
38°	„	Citrat	5,98	„ „ „

Bromkresolpurpur.

18°	Spektrophotometrisch	Citrat (Sörensen)	6,15	BUCH[4]
Zimmert. (18°?)	„	„ „	6,3	PRIDEAUX (l. c.)
Zimmert. (25°?)	„	Clark u. Lubs	6,3	BRODE (l. c.)
20°	Colorimetrisch	„ „ „	6,3	CLARK u. LUBS (l. c.)
30°	„	„ „ „	6,26	GILLESPIE (l. c.)
20°	„	„ „ „	6,28	BARNETT u. BARNETT[5]
Zimmert. (25°?)	„	„ „ „	6,3	VAN ALSTINE (l. c.)
15°	„	„ „ „	6,07	KOLTHOFF (l. c.)
20°	„	Acetat, Citrat	6,15	HASTINGS, SENDROY u. ROBSON (l. c.)
38°	„	„ „	6,05	Dieselben

[1] HOLMES, W. C., u. E. F. SNYDER: Journ. Amer. Chem. Soc. **47**, 221, 226, 2232 (1925).

[2] COHEN, B.: Public Health Reports **42**, 3051 (1927).

[3] HASTINGS, A. B., J. SENDROY u. W. ROBSON: Journ. Biol. Chem. **65**, 381 (1925).

[4] BUCH, K.: Soc. Scient. Finnica **2**, 29 (1926).

[5] BARNETT, G. D., u. C. W. BARNETT: Proc. Soc. Exper. Med. **18**, 127 (1920/21).

Bromthymolblau.

Temperatur	Verwendete Methode	Art der Pufferlösung	pK_I	Autor
18°	Spektrophotometrisch	Phosphat (Sörensen)	7,06	BUCH (l. c.)
Zimmert. (18°?)	„	„ „	7,1	PRIDEAUX (l. c.)
Zimmert. (25°?)	„	Clark u. Lubs	7,10	BRODE (l. c.)
Zimmert. (18°?)	„	Borsäure-Borax	7,0	VLÈS (l. c.)
20°	Colorimetrisch	Clark u. Lubs	7,1	CLARK u. LUBS (l. c.)
15°	„	„ „ „	7,08	KOLTHOFF (l. c.)
20°	„	„ „ „	7,10	GILLESPIE (l. c.)
Zimmert. (25°?)	„	„ „ „	7,10	VAN ALSTINE (l. c.)

Phenolrot.

Temperatur	Verwendete Methode	Art der Pufferlösung	pK_I	Autor
18°	Spektrophotometrisch	Phosphat (Sörensen)	7,86	BUCH (l. c.)
Zimmert. (25°?)	„	Clark u. Lubs	7,90	BRODE (l. c.)
Zimmert. (18°?)	„	Phosphat, Borat	7,9	PRIDEAUX (l. c.)
20°	Colorimetrisch	Clark u. Lubs	7,87	BARNETT u. CHAPMAN[1]
20°	„	„ „ „	7,78	BARNETT u. BARNETT (l. c.)
20°	„	„ „ „	7,9	CLARK u. LUBS (l. c.)
29°	„	„ „ „	7,72	GILLESPIE (l. c.)
25°	„	„ „ „	7,76	WU[2]
Zimmert. (25°?)	„	„ „ „	7,9	VAN ALSTINE (l. c.)
15°	„	„ „ „	7,85	KOLTHOFF
20°	„	Phosphat (Sörensen)	7,74	HASTINGS, SENDROY u. ROBSON (l. c.)
38°	„	„ „	7,61	Dieselben

o-Kresolrot.

Temperatur	Verwendete Methode	Art der Pufferlösung	pK_I	Autor
Zimmert. (25°?)	Spektrophotometrisch	Clark u. Lubs	8,20	BRODE (l. c.)
Zimmert. (18°?)	„	Borat (Sörensen)	8,2	PRIDEAUX (l. c.)
Zimmert. (18°?)	„	Borat (Palitzsch)	8,30	VLÈS (l. c.)
20°	Colorimetrisch	Clark u. Lubs	8,3	CLARK u. LUBS (l. c.)
24°	„	„ „ „	8,08	GILLESPIE (l. c.)
15°	„	„ „ „	8,17	KOLTHOFF (l. c.)
Zimmert. (25°?)	„	„ „ „	8,3	VAN ALSTINE

[1] BARNETT, G. D., u. H. S. CHAPMAN: Journ. Amer. Med. Assoc. **70**, 1062 (1918).
[2] WU, H.: Proc. Soc. Exper. Biol. Med. **21**, 111 (1923/24).

m-Kresolpurpur.

Saures Gebiet.

Temperatur	Verwendete Methode	Art der Pufferlösung	pK_I	Autor
30°	Spektrophotometrisch	Clark u. Lubs	1,51	B. COHEN (l. c.)

Alkalisches Gebiet.

Temperatur	Verwendete Methode	Art der Pufferlösung	pK_I	Autor
30°	Spektrophotometrisch	Clark u. Lubs	8,32	B. COHEN (l. c.)

Thymolblau.

Saures Gebiet.

Temperatur	Verwendete Methode	Art der Pufferlösung	pK_I	Autor
Zimmert. (25°?)	Spektrophotometrisch	Clark u. Lubs	1,75	BRODE (l. c.)
Zimmert. (18°?)	„	—	1,75	PRIDEAUX (l. c.)
Zimmert. (25°?)	„	Clark u. Lubs	1,5	HOLMES u. SNYDER (l. c.)
20°	Colorimetrisch	„ „ „	1,7	CLARK u. LUBS (l. c.)
15°	„	HCl + 0,05n-NaCl	1,64 ± 0,03	KOLTHOFF (l. c.)
Zimmert. (25°?)	„	—	1,7	VAN ALSTINE

Alkalisches Gebiet.

Temperatur	Verwendete Methode	Art der Pufferlösung	pK_I	Autor
Zimmert. (25°?)	Spektrophotometrisch	Clark u. Lubs	8,90	BRODE (l. c.)
Zimmert. (25°?)	„	„ „ „	8,91	HOLMES u. SNYDER (l. c.)
Zimmert. (18°?)	„	„ „ „	8,91	PRIDEAUX (l. c.)
20°	Colorimetrisch	„ „ „	8,9	CLARK u. LUBS (l. c.)
25—30°	„	„ „ „	8,82	GILLESPIE (l. c.)
15°	„	„ „ „	8,96	KOLTHOFF (l. c.)
Zimmert. (25°?)	„	„ „ „	(9,0)	VAN ALSTINE (l. c.)

Im folgenden geben wir noch einige pK_I-Werte von Bromkresolgrün, Bromkresolpurpur und Phenolrot, die von SENDROY und HASTINGS[1] bei verschiedener Ionenstärke verschiedener Salze bestimmt worden sind. SENDROY und HASTINGS haben die Berechnung auf einen paH-Wert in 0,1n-Salzsäure von 1,08 gegründet, während wir allen Tabellen SÖRENSENS Wert von 1,04 zugrunde gelegt haben. Will man SENDROYS und HASTINGS' Zahlen mit denen in den anderen Tabellen vergleichen, so muß man von den ersten 0,04 in Abzug bringen.

[1] SENDROY, J., u. A. B. HASTINGS: Journ. Biol. Chem. **82**, 198 (1929).

pK_I-Werte für Bromkresolgrün bei 20° in Anwesenheit verschiedener Salze bei wechselnder Ionenstärke (nach J. SENDROY und A. B. HASTINGS).

Ionenstärke	NaCl	KCl	Na_2SO_4	K_2SO_4	$CaCl_2$	$MgCl_2$	Acétat-Mischung
0,025	4,77	4,77	4,78	4,79	4,75	4,73	4,78
0,050	4,72	4,71	4,74	4,74	4,69	4,67	4,73
0,075	4,68	4,67	4,70	4,70	4,65	4,63	4,71
0,100	4,65	4,65	4,68	4,68	4,62	4,60	4,69
0,125	4,63	4,63	4,66	4,66	4,59	4,58	4,67
0,150	4,61	4,62	4,64	4,64	4,57	4,56	
0,175	4,59	4,61	4,62	4,63	4,56	4,55	
0,200	4,57	4,59	4,60	4,61	4,53	4,52	
0,225	4,56	4,59	4,59	4,60	4,52	4,50	
0,250	4,55	4,58	4,57	4,59	4,51	4,49	

pK_I-Werte von Bromkresolpurpur bei 20° in Anwesenheit verschiedener Salze bei wechselnder Ionenstärke (nach J. SENDROY und A. B. HASTINGS).

Ionenstärke	NaCl	KCl	Na_2SO_4	K_2SO_4	$MgCl_2$	$MgSO_4$	Phosphat-Mischung
0,025	6,28	6,29	6,30	6,31	6,30	6,32	6,30
0,050	6,22	6,23	6,24	6,26	6,23	6,28	6,25
0,075	6,18	6,19	6,20	6,23	6,19	6,25	6,22
0,100	6,15	6,17	6,18	6,21	6,16	6,23	6,20
0,125	6,14	6,15	6,16	6,19	6,14	6,21	6,19
0,150	6,13	6,14	6,14	6,17	6,12	6,19	6,18
0,175	6,12	6,13	6,13	6,16	6,11	6,18	
0,200	6,11	6,12	6,12	6,15	6,11	6,17	

pK_I-Werte von Phenolrot bei 20° in Anwesenheit verschiedener Salze bei wechselnder Ionenstärke (nach J. SENDROY und A. B. HASTINGS [l. c.]).

Ionenstärke	NaCl	KCl	Na_2SO_4	K_2SO_4	$MgCl_2$	$MgSO_4$	Phosphat-Mischung
0,025	7,91	7,93	7,92	7,93	7,93	7,94	7,93
0,050	7,86	7,87	7,87	7,88	7,89	7,91	7,90
0,075	7,84	7,86	7,85	7,85	7,86	7,89	7,87
0,100	7,82	7,84	7,82	7,83	7,84	7,88	7,86
0,125	7,80	7,81	7,80	7,81	7,82	7,87	7,84
0,150	7,79	7,79	7,78	7,79	7,81	7,86	7,81
0,175	7,78	7,78	7,77	7,78	7,79	7,85	7,80
0,200	7,78	7,77	7,76	7,78	7,77	7,84	7,79
0,225		7,76		7,77	7,77	7,84	

Azoindicatoren.

Methylorange.

Temperatur	Verwendete Methode	Art der Pufferlösung	pK_I	Autor
Zimmert. (18°?)	Spektrophotometrisch	Citrat (?)	3,18	PRIDEAUX (l. c.)
Zimmert. (18°?)	„	„	3,53	VLÈS (l. c.)
25°	„	—	3,37	THIEL u. DASSLER[1]
25°	„	HCl + 0,1 n-Alkalichlorid	3,52	SIDGWICK, WORBOYS u. WOODWARD[2]
25°	„	HCl + 0,5 n-KCl	3,53	Diselben
25°	„	HCl + 0,5 n-NaCl	3,54	Dieselben
		HCl + 0,5 n-KBr ($NaBr$; $NaNO_3$, $NaClO_3$)	3,54	Dieselben
25°	Konduktometrisch	—	(4,82)	WINKELBLECH[3]
25°	Colorimetrisch	Acetat	3,37	TIZARD[4]
25°	„	„	3,34	SALM[5]
15°	„	„	3,57	TIZARD u. WHISTON[6]
24°	„	„	3,43	„ „ „
37°	„	„	3,28	„ „ „
18°	„	Citrat	3,52	KOLTHOFF[7]
18°	„	HCl (0,0001)	3,45	GÜNTELBERG u. SCHIODT[8]
18°	„	HCl + 0,1 n-KCl	3,41	Dieselben
18°	„	HCl + 0,2 n-KCl	3,41	Dieselben
18°	„	HCl + 0,5 n-KCl	3,46	Dieselben
18°	„	HCl + 1 n-KCl	3,57	Dieselben

Dimethylaminoazobenzol (Methylgelb).

Temperatur	Verwendete Methode	Art der Pufferlösung	pK_I	Autor
18°	Colorimetrisch	HCl (0,0001 n)	3,25	GÜNTELBERG u. SCHIODT (l. c.)
18°	„	HCl + 0,1 n-KCl	3,34	Dieselben
18°	„	HCl + 0,5 n-KCl	3,40	Dieselben
18°	„	HCl + 1 n-KCl	3,39	Dieselben

[1] THIEL, A., u. A. DASSLER: Ber. Dtsch. Chem. Ges. **56**, 1667 (1923). — THIEL, DASSLER u. F. WULFKEN: Fortschritte d. Ch., Physik. u. physik. Ch. **18**, H. 3 (1929).

[2] SIDGWICK, N. V., W. J. WORBOYS u. L. A. WOODWARD: Proc. Royal Soc. London **129**, 537 (1930).

[3] WINKELBLECH, K.: Ztschr. f. physik. Ch. **36**, 569 (1901).

[4] TIZARD, H. T.: Journ. Chem. Soc. **97**, 2477 (1910).

[5] SALM: Ztschr. f. physik. Ch. **57**, 471 (1906).

[6] TIZARD, W. T., u. J. R. WHISTON: Journ. Chem. Soc. London **117**, 150 (1920).

[7] KOLTHOFF, I. M.: Rec. trav. chim. Pays-Bas **44**, 68 (1925).

[8] GÜNTELBERG, E., u. E. SCHIODT: Ztschr. f. physik. Ch. **135**, 393 (1928).

Methylrot.

Temperatur	Verwendete Methode	Art der Pufferlösung	pK_I	Autor
Zimmert. (25°?)	Spektrophotometrisch	Clark u. Lubs	5,05	BRODE (l. c.)
Zimmert. (18°?)	„	Citrat	4,95	PRIDEAUX (l. c.)
25°	„	—	4,92	THIEL u. DASSLER (l. c.)
30°	Colorimetrisch	Clark u. Lubs	4,96—5,0	GILLESPIE (l. c.)
20°	„	„ „ „	5,1	CLARK u. LUBS (l. c.)
15°	„	„ „ „	5,05	KOLTHOFF[1]
Zimmert. (25°?)	„	„ „ „	5,1	VAN ALSTINE (l. c.)
18°	„	Acetat	4,98	TIZARD (l. c.)
15°	„	„	5,13	„ (nach GILLESPIE)
20°	„	„	5,10	„
30°	„	„	5,05	„
40°	„	„	4,98	„
50°	„	„	4,93	„

Einfarbige Indicatoren.

Nitrophenole.

β-Dinitrophenol (1-Oxy-2,6-dinitrobenzol).

Die Werte in der folgenden Tabelle sind mit Hilfe des Temperaturmodulus nach L. MICHAELIS und A. GYEMANT[2] auf 20° umgerechnet. In der zweiten Reihe ist die Art der Lösung und deren Ionenstärke angegeben.

β-Dinitrophenol (20°).

Art der Pufferlösung	Ionenstärke und Art des Salzes	Verwendete Methode	pK_I	Autor
Essigsäure	etwa 0,001	Colorimetrisch	3,68	MICHAELIS u. GYEMANT (l. c.)
Acetat	0,025	„	3,72 (?)	„ „ „
„	0,15 (NaCl)	„	3,56	„ „ „
„	0,5 (NaCl)	„	3,38 oder 3,57?	„ „ „
„	0,5 (KCl)	„	3,34	„ „ „
HCl	0,001	„	3,66	„ „ „
Clark u. Lubs . .	0,005—0,08	„	3,54	KOLTHOFF[3]

[1] KOLTHOFF, I. M.: Rec. trav. chim. Pays-Bas **43**, 144 (1924); **44**, 75 (1925).
[2] MICHAELIS, L., u. A. GYEMANT: Biochem. Ztschr. **109**, 165 (1920).
[3] KOLTHOFF, I. M.: Pharmac. Weekblad **60**, 949 (1923).

Art der Pufferlösung	Ionenstärke und Art des Salzes	Verwendete Methode	pK_I	Autor
Monokaliumcitrat	0,1	„	3,46	Kolthoff (l. c.)
—	0,25	„	3,03	„
—	—	Leitfähigkeit	3,79	Bader[1]
—	—	„	3,60	Hollemann[2]
		α-Dinitrophenol (1 : 2 : 4) (20°).		
Acetat	0,005—0,05	Colorimetrisch	4,05	Michaelis u. Gyemant
„	0,5 (KCl)	„	3,84	„ „ „
„	0,15 (NaCl)	„	3,95	„ „ „
„	0,5 (NaCl)	„	3,85	„ „ „
—	0	„	4,11	Kolthoff (l. c.)
Clark u. Lubs . .	0,05—0,08	„	3,92	„
„ „ „ . .	0,5 (KCl)	„	3,80	„
—	0,001	Leitfähigkeit	4,13	Bader (l. c.)
—	0,001	„	4,03	Holleman (l. c.)
		γ-Dinitrophenol (1 : 2 : 5) (20°).		
Acetat	0,03	Colorimetrisch	5,14	Michaelis u. Krüger[3]
„	0,15 (NaCl)	„	5,06	„ „ „
„	0,5 (NaCl)	„	5,00	„ „ „
Clark u. Lubs . .	0,07	„	5,12	Kolthoff (l. c.)
—	0,001	Leitfähigkeit	5,19	Bader (l. c.)
—	0,001	„	5,19	Holleman (l. c.)
		p-Nitrophenol.		
Acetat	etwa 0,05	Colorimetrisch	7,13	Michaelis u. Gyemant (l. c.)
Phosphat	0,006—0,05	„	7,15	Dieselben
„	0,08 —0,10	„	7,00	Kolthoff (l. c.)
„	0,5 (NaCl)	„	7,08	Michaelis u. Krüger (l. c.)
—	0,001	Leitfähigkeit	7,22	Euler u. Bolin[4]
—	0,001	„	7,24	Holleman (l. c.)
—	0,001	„	7,22	Lundén[5]
—	0,001	„	6,98	Bader (l. c.)
—	0,001	„	7,08	Hantzsch[6]

[1] Bader, R.: Ztschr. f. physik. Ch. **6**, 289 (1890).
[2] Holleman, A. F.: Rec. trav. chim. Pays-Bas **24**, 428 (1902).
[3] Michaelis, L., u. Krüger: Biochem. Ztschr. **119**, 307 (1921).
[4] Euler, H. v., u. Bolin: Ztschr. f. physik. Ch. **66**, 71 (1909).
[5] Lundén, H.: Journ. Chim. phys. **6**, 574 (1907) — Ztschr. f. physik. Ch. **70**, 253 (1910).
[6] Hantzsch, A.: Ber. Dtsch. Chem. Ges. **32**, 3066 (1899).

Die Übereinstimmung zwischen den verschiedenen pK_I-Werten, die von verschiedenen Autoren gefunden wurden, sind hier nicht so gut wie bei anderen Indicatoren.

m-Nitrophenol.

Art der Pufferlösung	Ionenstärke und Art des Salzes	Verwendete Methode	pK_1	Autor
Phosphat	0,01 —0,03	Colorimetrisch	8,33 ± 0,05	MICHAELIS u. GYEMANT (l. c.)
Borat	0,01 —0,03	„	8,33	Dieselben
Phosphat	0,003—0,01	„	8,31	MICHAELIS u. KRÜGER (l. c.)
„	0,05 —0,1	„	8,29	KOLTHOFF (l. c.)
—	0	„	8,31	MICHAELIS u. KRÜGER
Phosphat	0,05 (NaCl)	„	8,26	„ „ „
„	0,1 (NaCl)	„	8,21	„ „ „
„	0,2 (NaCl)	„	8,16	„ „ „
„	0,5 (NaCl)	„	8,15	„ „ „
„	1 (NaCl)	„	8,13	„ „ „
—	0,001	Leitfähigkeit	8,04	HOLLEMAN (l. c.)
—	0,001	„	7,99	BADER (l. c.)
—	0,001	„	8,35	LUNDÉN (l. c.)

KOLTHOFF hat einige neue einfarbige Indicatoren zur colorimetrischen p_H-Bestimmung eingeführt; sie unterscheiden sich durch ihre ausgesprochene Farbänderung nach rot sehr günstig von den Nitrophenolen. Eine Zusammenfassung ihrer Eigenschaften ist in folgender Tabelle gegeben.

Einfarbige Indicatoren nach KOLTHOFF.

Indicator	pK_I und Temperaturmodulus	Ionenstärke
2,4,2′,4′,2″-Pentamethoxytriphenylcarbinol[1] . .	1,86 ± 0,05 + 0,008 (t − 20°)	0—0,1
2,4,2′,4′,2″,4″-Hexamethoxytriphenylcarbinol[1].	3,32 ± 0,03 + 0,007 (t − 20°)	0—0,1
2,4,6,2′,4′,2″,4″-Heptamethoxytriphenylcarbinol[1].	5,90 (20°)	0,05—0,1
Chinaldinrot[2]	2,63 − 0,007 (t − 20°)	0
„	2,73	0,005
„	2,90	0,1
„	3,10	0,5 (KCl)
Pinachrom[3]	7,34 − 0,013 (t − 20°)	0,014

[1] KOLTHOFF, I. M.: Journ. Amer. Chem. Soc. **194**, 78 (1928).
[2] KOLTHOFF, I. M.: Biochem. Ztschr. **194**, 78 (1928).
[3] KOLTHOFF, I. M.: Journ. Amer. Chem. Soc. **50**, 1604 (1928).

Eine kritische Studie aller im Schrifttum veröffentlichten pK_I-Werte der Indicatoren hat zur Aufstellung folgender Tabelle geführt. Es sei nochmals nachdrücklich darauf hingewiesen, *daß die Werte sich beziehen auf den Sörensen-Wert von p_H 1,04 in 0,1n-Salzsäure oder 2,04 in einem Gemisch von 0,01n-HCl und 0,09n-KCl.*

Indicatorkonstanten (pK_I) bei 20° und anderen Temperaturen.

Indicator	pK_I bei den folgenden Ionenstärken				
	0	0,01	0,05	0,1	0,5
m-Kresolpurpur	(1,5?)			1,51	
Thymolblau	1,65 (15—30°)		1,65	1,65	1,65
Bromphenolblau	4,10 (15—25°)	4,06	4,00	3,85	3,75 (KCl)
Bromkresolgrün	4,90 (15—30°)	4,80	4,70	4,66	4,50 (KCl)
					4,42 (NaCl)
Chlorphenolrot	6,25 − 0,005 (t − 20°)	6,15	6,05	6,00	5,9 (KCl)
					5,85 (NaCl)
Bromkresolpurpur . . .	6,40 − 0,005 (t − 20°)	6,28	6,21	6,12	5,9 (KCl)
					5,8 (NaCl)
Bromthymolblau	7,30 (15—30°)	7,19	7,13	7,10	6,9 (KCl)
					6,8 (NaCl)
Phenolrot	8,00 − 0,007 (t − 20°)	7,92	7,84	7,81	7,6 (KCl)
					7,5 (NaCl)
o-Kresolrot	8,46 (30°)		8,30	8,25	
m-Kresolpurpur				8,32 (30°)	
Thymolblau	9,20 (15—30°)	9,01	8,95	8,90	
Methylorange	3,46 − 0,014 (t − 20°)	3,46	3,46	3,46	3,46
Methylgelb	3,25 (18°)			3,34	3,40 (KCl)
Methylrot	5,00 − 0,006 (t − 20°)			5,00	5,00
β-Dinitrophenol (1:2:6)	3,70 − 0,006 (t − 20°)			3,50	
α-Dinitrophenol (1 : 2 : 4)	4,10 − 0,006 (t − 20°)		3,95	3,90	3,80 (KCl)
γ-Dinitrophenol (1 : 2 : 5)	5,20 − 0,0045 (t − 20°)		5,12	5,10	5,00 (NaCl)
p-Nitrophenol	(7,00 oder 7,15) − 0,011 (t − 20°)				
m-Nitrophenol	8,35 − 0,01 (t − 20°)		8,30	8,25	8,15 (NaCl)
2,4,2′,4′,2″-Pentamethoxytriphenylcarbinol .	1,86 + 0,008 (t − 20°)		1,86	1,86	
2,4,2′,4′,2″,4″-Hexamethoxytriphenylcarbinol .	3,32 + 0,007 (t − 20°)		3,32	3,32	
2,4,6,2′,4′,2″,4″-Heptamethoxytriphenylcarbinol			5,90	5,90	
Chinaldinrot	2,63 − 0,007 (t − 20°)	2,80		2,90	3,10 (KCl)
Pinachrom	7,34 − 0,013 (t − 20°)			7,34	

Die angeführten Werte sind wenigstens auf 0,05 genau, in verschiedenen Fällen sogar auf 0,01—0,02.

4. Die p_H-Bestimmung ohne Pufferlösung mit zweifarbigen Indicatoren. Nachdem im vorigen Abschnitt die theoretischen Grundlagen ausführlich erörtert sind, sollen einige Einzelheiten über die praktische Ausführung der Methode dargelegt werden. Bevor die Theorie des Verfahrens entwickelt war, hat L. J. GILLESPIE[1] schon eine einfache Technik zur Anwendung derselben entwickelt. Er nimmt Paare von Reagensgläsern von gleichem Durchmesser und fügt in das eine eine bestimmte Zahl Tropfen des rein sauren Indicators, während das andere Glas mit so viel von der alkalischen Form desselben Indicators beschickt wird, daß die Gesamtzahl 10 Tropfen beträgt. In dieser Weise stellt man eine Reihe von Vergleichsfarben her. Den zu untersuchenden Stoff versetzt man dann gleichfalls mit 10 Tropfen des gleichen Indicators und vergleicht dessen Farbe in der Durchsicht mit der der beiden anderen Gläser, welche hintereinandergehalten werden. Um eine gute optische Wirkung zu erzielen, ist es zweckmäßig, hinter die zu untersuchende Lösung ein Röhrchen mit dem gleichen Volumen Wasser aufzustellen. Ich halte es aber für zweckmäßiger, an Stelle der Probierröhrchen kleine Zylinderchen oder Küvetten zu benutzen, die man aufeinanderstellen kann. Jede Mischfarbe zwischen der sauren und der alkalischen Form entspricht einem gewissen p_H. Durch eine Änderung der Tropfenzahl in den beiden Röhrchen kann man das gesamte Umschlagsgebiet des Indicators durchlaufen. So entspricht z. B. bei Methylrot

1	Tropfen	alkalisch	und	9	Tropfen	sauer	einem	$p_H = 4{,}05$
5	„	„	„	5	„	„	„	$p_H = 5{,}0$
9	„	„	„	1	„	„	„	$p_H = 5{,}95$

In seiner zweiten Mitteilung gab GILLESPIE[1] eine ausführliche Beschreibung seines Verfahrens. In praktischer Hinsicht kann man nach ihm ohne Bedenken die folgende Gleichung anwenden:

$$p_H = pK_I + \log \text{„Tropfenverhältnis“}.$$

GILLESPIE fand bei Gebrauch wässeriger Indicatorlösungen bei den angegebenen Temperaturen die folgenden pK_I-Werte (vgl. auch S. 296):

[1] GILLESPIE, L. J.: Journ. Amer. Chem. Soc. **42**, 742 (1920) — Soil Science **9**, 115 (1920).

Nähere Bezeichnung	B.P.B.	M.R.	B.K.P.	P.R.	K.R.	T.B.
Zimmertemperatur	31°	30°	30°	29°	24°	24°
pK_I	4,06	4,96	6,26	7,72	8,08	8,82
Stärke der Indicatorlösung %	0,008	0,003	0,012	0,004	0,008	0,008

Bei der p_H-Bestimmung mit den verschiedenen Indicatoren kann man nach Gillespie von der folgenden Tabelle Gebrauch machen:

Tropfenverhältnis Säure/Alkali	p_H für jedes Röhrchenpaar						
	B.P.B.	M.R.	B.K.P.	B.T.B.	P.R.	K.R.	T.B.
1 : 9	3,1	4,05	5,3	6,15	6,75	7,15	7,85
1,5 : 8,5	3,3	4,25	5,5	6,35	6,95	7,35	8,05
2 : 8	3,5	4,4	5,7	6,5	7,1	7,5	8,2
3 : 7	3,7	4,6	5,9	6,7	7,3	7,7	8,4
4 : 6	3,9	4,8	6,1	6,9	7,5	7,9	8,6
5 : 5	4,1	5,0	6,3	7,1	7,7	8,1	8,8
6 : 4	4,3	5,2	6,5	7,3	7,9	8,3	9,0
7 : 3	4,5	5,4	6,7	7,5	8,1	8,5	9,2
8 : 2	4,7	5,6	6,9	7,7	8,3	8,7	9,4
8,5 : 1,5	4,8	5,75	7,0	7,85	8,45	8,85	9,55
9 : 1	5,0	5,95	7,2	8,05	8,65	9,05	9,75
% Indicatorlösung . .	0,008	0,008	0,012	0,008	0,004	0,008	0,008
ccm 0,1n-NaOH auf 0,1 g Indicator	1,64	—	2,78	1,77	3,10	2,88	2,38
Saure Farbe herstellen mit HCl . .	0,05n	0,05n	0,05n	0,05n	0,05n	2% KH_2PO_4	2% KH_2PO_4
Menge Säure auf 10 ccm, um saure Farbe herzustellen	1 ccm	1 Tr.	1 Tr.	1 Tr.	1 Tr.	1 Tr.	1 Tr.

B.P.B. = Bromphenolblau. M.R. = Methylrot. B.K.P. = Bromkresolpurpur. B.T.B. = Bromthymolblau. P.R. = Phenolrot. K.R. = Kresolrot. T.B. = Thymolblau.

Gillespie gebraucht zur Bestimmung Röhrchen von 1,5 ccm Durchmesser und 15 cm Länge. Stets bringt man ein paar Röhrchen hintereinander, in die zusammen 10 Tropfen Indicatorlösung gebracht werden. In dem einen Röhrchen hat der Indicator die vollständig saure Farbe, in dem anderen die völlig alkalische Farbe.

In alle Röhrchen gibt man gleich viel, nämlich 5—6 ccm Flüssigkeit. Zu der zu untersuchenden Lösung setzt man 10 Tropfen Indicatorlösung und bringt die Röhrchen in den sog. Komparator (vgl. Abb. 24, S. 325). Über eine Abänderung der Methode von GILLESPIE vgl. W. D. HATFIELD[1].

In einer anderen Mitteilung beschreibt GILLESPIE[2] ein einfaches Colorimeter, das bei der Bestimmung gebraucht werden kann (vgl. Abb. 18).

A und *C* stehen fest. *B* ist längs einer Skalenteilung beweglich, die mittels eines Zeigers an *B* befestigt ist. Die Nadel kann sich zwischen 0 und 100 einstellen. Die angesäuerte Indicatorlösung von geeigneter Stärke kann in *B* und die alkalische von derselben Stärke in *C* eingefüllt werden. Das Röhrchen *A* dient dazu, die zu untersuchende Flüssigkeit aufzunehmen, wenn diese gefärbt oder trübe ist. In diesem Falle bringt man in Röhrchen *D* ebensoviel Wasser, als man von der zu untersuchenden Flüssigkeit in *A* gebracht hat.

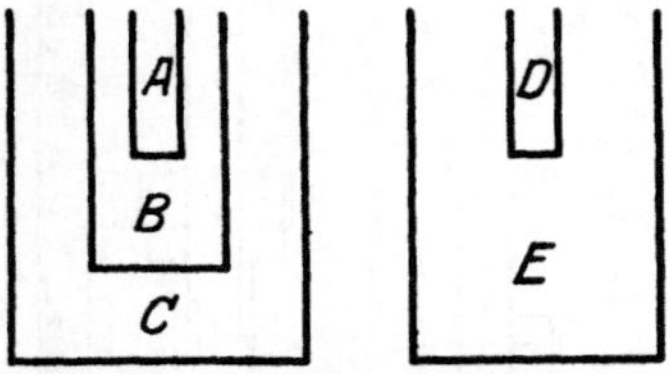

Abb. 18. Colorimeter nach GILLESPIE.

In *E* bringt man die zu untersuchende Lösung, wobei man so viel Indicator zusetzt, daß die Konzentration dieselbe ist wie in *B* und *C*. Man bewegt *B* so lange, bis die Farben in beiden Vorrichtungen dieselben sind, und liest dann auf der Skalenteilung das Verhältnis der sauren Farbe zur alkalischen ab.

Obwohl die Grundlage, auf der die Vorrichtung von GILLESPIE beruht, sehr einfach ist, ist sie praktisch weniger geeignet.

Jetzt kann man aus dem Handel *Bicolorimeter* beziehen, die für die Messung des Verhältnisses zweier gefärbter Indicatorformen sehr geeignet sind (z. B. von v. Bausch and Lamb, Rochester, N. Y.; Klett Mfg. Co Inc.: The Klett Beaver[3] Colorimeter). Das von A. THIEL[4] entworfene und von der Firma Dr. Carl Leiss in Steglitz gebaute Mischfarbencolorimeter kann auch für gefärbte Lösungen gebraucht werden und liefert bei Benutzung zweckmäßig gewählter Indicatoren und gegebenenfalls unter Verwendung geeigneter Farbfilter die Möglichkeit, Säurestufen bis

[1] HATFIELD, W. D.: Journ. Amer. Chem. Soc. **45**, 930 (1923).
[2] GILLESPIE, L. J.: Public. Masachussetts Inst. Technol. Ser. **135**, 399 (1921).
[3] BEAVER, J. J.: Journal of the Optical Society of America **18**, 41 (1929).
[4] THIEL, A.: Sitzungsber. Ges. Naturwiss. Marburg **65**, 159 (1930).

auf 0,01 p_H-Einheiten richtig zu messen. In Abb. 19 ist das von THIEL genannte *Bathmometer* schematisch dargestellt.

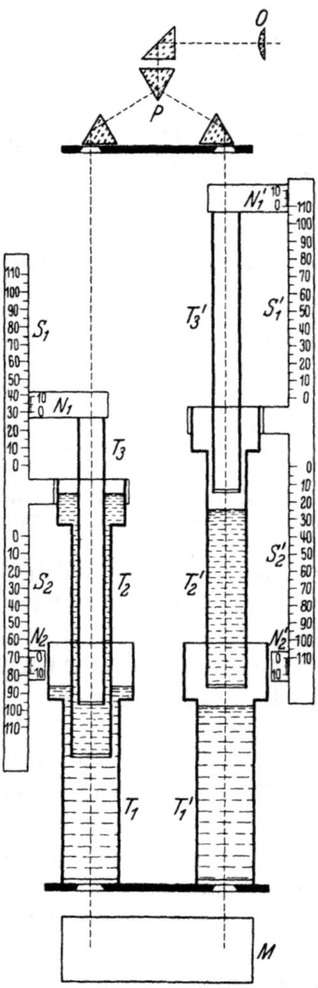

Abb. 19. Bi-Colorimeter nach A. THIEL.

Es sind drei Paare von Tauchgefäßen, T_1 und T_1', T_2 und T_2', T_3 und T_3', übereinander angeordnet; jedes obere Gefäß ist immer enger als das untere. T_1 und T_1' sind unten durch aufgeschliffene Glasplatten abgeschlossen, die durch Schraubkappen festgehalten werden. Die analogen Verschlüsse der anderen beiden Becherpaare bilden (am besten mit Canadabalsam) aufgekittete planparallele Glasplatten. Die Gesamtflüssigkeitshöhen werden durch die Entfernung der Oberseite der Verschlußplatten von T_1 und T_1' sowie der Unterseite der Verschlußplatten von T_3 und T_3' bestimmt. Zwei auf der Vorderwand des Apparates befestigte Nonien N_2 und N_2', zwei mit den Gefäßen T_3 und T_3' verbundene und mit ihnen bewegliche Nonien N_1 und N_1', sowie die mit den Gefäßen T_2 und T_2' verbundenen und mit ihnen beweglichen Doppelskalen (in mm geteilt) dienen zur Einstellung der Flüssigkeitsgesamthöhen und zur Ablesung nach Einstellung auf Farbengleichheit auf beiden Seiten.

Die Handhabung des Apparates geschieht folgendermaßen: Man bringt zunächst die Gefäße T_2 und T_2' durch Betätigung der zugehörigen Triebknöpfe (Zahnstangenbewegung) — in der Abb. 19 weggelassen — zum Anschlag an den Verschlußplatten der Gefäße *1*. Dann steht gleichzeitig die Nullmarke der Nonien N_2 und N_2' gegenüber dem Teilstrich Null der Skalen S_2 und S_2'.

Nunmehr bewegt man die Gefäße T_3 und T_3' nach oben, bis die Stellung der Nonien N_1 und N_1' vor den Skalen S_1 und S_1' die gewünschte Gesamtflüssigkeitshöhe (auf beiden Seiten identisch) anzeigt. Im allgemeinen wird man auf genau 100 mm einstellen. In dieser Stellung werden die Gefäße *3* durch Anziehen einer Feststellschraube fixiert. Wenn man nunmehr die Gefäße *2* aufwärts bewegt, kann man die Gesamtschichtdicke von 100 mm in beliebiger Weise zwischen der im Gefäße *2* befindlichen einen, z. B. sauren, Grenzlösung und der im Gefäße *1* befindlichen anderen, z. B. alkalischen, Grenzlösung teilen und auf diese Weise den Übergang von der einen zur anderen Grenzfarbe in beliebigem Umfange vornehmen.

In der in Abb. 19 auf der linken Seite dargestellten Einstellung ist z. B. die untere (alkalische) Grenzlösung zu 70%, die obere (saure) Grenzlösung zu 30% an der Gesamthöhe von 100 mm beteiligt. Wie man sieht, ist die Benutzung von 100 mm Gesamthöhe deswegen besonders bequem, weil dann die Skalenablesung sofort Prozente Indicatorumschlag (von sauer nach alkalisch) anzeigt. Nennt man den Umschlagsgrad (%/100) α, so ergibt sich die Stufe der Versuchslösung, die mit dem Vergleichssystem identische Farbe zeigt, zu

$$p_H = pK_I + \log\frac{\alpha}{1-\alpha}.$$

Die Versuchslösung wird nach Indicatorzusatz entweder in die Gefäße der anderen Seite (im Falle der Abb. 19 also in T_1' und T_2') eingefüllt oder (zur Ersparnis an Flüssigkeit) nur in das engere Gefäß T_2'. Im ersten Falle ist die Stellung des Gefäßes T_2' zwischen T_1' und T_3' gleichgültig; im letzteren dagegen muß T_2' bis zum Anschlag an T_1' nach unten bewegt werden; außerdem ist dann zur Sicherung des „optischen Kontakts“ etwas reines Wasser (es wird hier stets mit wässerigen Flüssigkeiten gerechnet) in T_1' zu gießen.

Die Innenräume der Gefäße T_3 und T_3' dienen zur Kompensation von Eigenfärbung oder Trübungen, die etwa von Haus aus in der Versuchslösung vorhanden sind. Man bringt in einem solchen Falle die Versuchslösung ohne Indicatorzusatz in Gefäß T_3 (also über die Vergleichslösungen), und zwar natürlich in der gleichen Schichthöhe, wie sie die durch den Indicator gefärbte Versuchslösung und die beiden Grenzlösungen (diese zusammen) haben. Das Gefäß T_3 erhält reines Wasser. Die Gefäße *3* sind mit aufgeätzten Millimeterskalen versehen.

Als Lichtquelle dient eine Milchglasplatte (*M*), die mit Hilfe einer Soffitenlampe nebst Reflektor möglichst gleichmäßig beleuchtet wird. Man stellt die Beleuchtungslampe so ein, daß bei Füllung mit reinem Wasser auf beiden Seiten die Gesichtsfeldhälften gleich hell erscheinen. Künstliche Beleuchtung und Arbeiten in der Dunkelkammer ist für die Erzielung der höchsten Meßgenauigkeit wesentlich. Beim Arbeiten mit Tageslicht sinkt das Farbenunterscheidungsvermögen des Auges infolge von Blendungswirkung erheblich.

Der Strahlengang führt von der Milchglasscheibe *M* (Abb. 19) durch die drei Tauchgefäße und eine das oberste nach oben abschließende (in der Abbildung weggelassene) Linse von großer Brennweite zum Prismensystem (*P*) und nach Ablenkung in horizontale Richtung in das Okular (*O*).

Der Mittelteil des Colorimeters (oberhalb von *M* und unterhalb von *P*) ist um eine vertikale Achse drehbar, so daß eine Vertauschung von rechts und links und damit eine Ausschaltung etwa noch verbliebener Beleuchtungsverschiedenheiten auf den beiden Seiten möglich ist.

Zwischen *P* und *O* kann noch eine planparallel begrenzte Glasküvette eingeschoben werden, die mit einer geeigneten Farbstofflösung als Lichtfilter beschickt wird. Die Schichtdicke beträgt 10 mm.

Die Anwendung eines Bicolorimeters rührt schon von N. Bjerrum[1] her, der für diesen Zweck zwei aufeinandergekittete Keile benutzte. Ein ähnliches Verfahren benutzte ich[2], um auf einfachem Wege den Wasserstoffexponenten von Trinkwasser mit Neutralrot als Indicator zu bestimmen. Ich nahm hierfür zwei gut verschließbare, mit Canadabalsam aneinandergekittete Keile. Der eine derselben wurde mit einer Lösung von 1 : 100000 Neutralrot in 0,1 n-Essigsäure gefüllt, in den anderen füllte ich eine Lösung des Indicators 1 : 100000 in etwa 0,1 n-NH_3 mit 50% Glycerin, dessen Zusatz nötig ist, um zu verhindern, daß der

---

[1] Bjerrum, N.: Die Theorie der alkalimetrischen und acidimetrischen Titrierungen. Stuttgart 1914.

[2] Kolthoff, I. M.: Ztschr. f. Unters. Nahrungs- u. Genußmittel **41**, 141 (1921).

Indicator allmählich ausflockt. An der einen Seite dieses einfachen Apparates sind eine Skala und eine Blende angebracht, die es gestatten, den Inhalt über eine kleine Strecke scharf zu beobachten. Die zu untersuchende Flüssigkeit wird in einen Zylinder mit flachem Boden oder in eine Küvette gegossen und mit so viel Indicator versetzt, daß die Farbtiefe bei der Durchsicht gleich der im geschilderten Apparate ist. Die Farben werden gegen einen weißen Hintergrund beurteilt.

Man verschiebt nun die Blende so lange, bis die beobachtete Farbe im Gläschen mit der des Gesichtsfeldes übereinstimmt. Wenn die Skala vorher mit Pufferlösungen von bekannten Wasserstoffexponenten geeicht ist, so kann man direkt den p_H-Wert ablesen. Diese Vorrichtung ist sehr gut brauchbar, um bei der Wasseruntersuchung gleich an Ort und Stelle den p_H-Wert festzustellen, da man dann nicht viel mehr andere Instrumente dazu braucht. Es bedarf keiner langen Auseinandersetzung, daß das Instrument sich leicht auch für andere Indicatoren, wie Methylrot, Methylorange u. dgl., einrichten läßt, um dann z. B. bei der Schnelluntersuchung von physiologischen Flüssigkeiten, wie Harn u. dgl., gute Dienste zu tun. Nur Phthaleine kann man nicht verwenden, weil ihre alkalischen Lösungen nicht haltbar sind.

Später habe ich[1] einen Apparat entworfen, der sich noch besser zu Messungen mit allen Indicatoren eignet. Den Hauptteil der Vorrichtung[2] bilden zwei Keile, die an den Rändern mit Canadabalsam aneinandergekittet sind (vgl. Abb. 20). Der eine Keil enthält die völlig saure, der andere die völlig alkalische Form des Indicators. Auf dem einen Keil ist eine Skala von zwanzig gleichen Teilen angebracht, die man durch das Fernrohr *g* ablesen kann. Liest man z. B. 0,2 ab, so bedeutet dies, daß das Konzentrationsverhältnis der beiden Indicatorformen bei dem abgelesenen Punkte in den Keilen 2 : 8 ist. Die Keile be-

[1] Kolthoff, I. M.: Rec. trav. chim. Pays-Bas **43**, 144 (1924); vgl. auch Ramann u. H. Sallinger: Ztschr. f. anal. Chem. **63**, 292 (1923). — Ramage, W. D., u. R. C. Miller: Journ. Amer. Chem. Soc. **47**, 1230 (1925). — Barnett, G. D., u. C. W. Barnett: Proc. Soc. Exper. Biol. Med. **18**, 127 (1921). — Myers, V. C.: Journ. Biol. Chem. **54**, 675 (1922). — McCrae, J.: Analyst **51**, 287 (1926).

[2] Der Apparat wird von der Firma Marius, Utrecht, geliefert.

finden sich in einer metallenen Hülse *kl* und können hierin zwischen *e* und *f* mittels der Stellschraube *c* auf- und abgeschoben werden. Neben die Hülsen stellt man in einen kupfernen Behälter eine Küvette, in die die zu untersuchende Flüssigkeit mit dem Indicator hineinkommt. Die Küvette ist in der Abbildung nicht sichtbar, weil diese eine Seitenansicht des Colorimeters darstellt. Man regelt die Konzentration des Indicators in der Küvette natürlich so, daß sie den Gesamtkonzentrationen in den

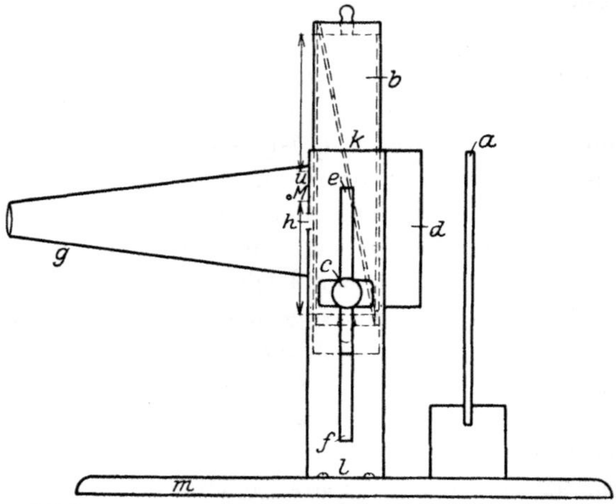

Abb. 20. *a* Milchglas; *b* Keile; *c* Schraube; *d* Küvette; *ef* Bewegungsabstand der Keile; *g* Beobachtungsrohr; *h* Öffnung; *kl* Kupferne Hülle; *m* Holzklötzchen.

Keilen entspricht. Durch das Beobachtungsrohr *g* beobachtet man nun die Farbe sowohl in den Keilen (bei der kleinen runden Öffnung *h*) als auch in der Küvette und verschiebt die Keile so lange, bis die Farbe auf beiden Seiten dieselbe ist. Darauf liest man das Konzentrationsverhältnis der beiden Indicatorformen auf der Skala ab. Um schärfer vergleichen zu können, ist hinter den Keilen und der Küvette auf einem Holzklötzchen eine Milchglasscheibe *a* angebracht. Die gesamte Vorrichtung ist auf einem hölzernen Fuß *m* aufgebaut. Der Apparat kann ferner zur Untersuchung gefärbter Flüssigkeiten dienen. In diesem Falle stellt man hinter die Keile eine Küvette *d*, die mit der gefärbten Flüssigkeit gefüllt ist, während man hinter der Küvette mit Flüssigkeit und Indicator noch eine Küvette mit Wasser anbringt.

Zur Herstellung der vollständig sauren und alkalischen Indicatorlösungen, die zum Vergleich dienen, kann man in folgender Weise verfahren:

Thymolblau (saures Gebiet). Saure Lösung in 0,25n-Salzsäure (rot). *Alkalische Lösung* in einer Flüssigkeit mit p_H zwischen 3 und 7 (gelb).

Tropäolin 00. Saure Lösung in 0,25n-Salzsäure; *alkalische* Lösung in Wasser.

Methylorange und *Bromphenolblau* und *Tetrabromphenolblau.* Saure Lösung in etwa 0,01n-Salzsäure. Alkalische Lösung in Flüssigkeit mit $p_H > 5$.

Bromkresolgrün, Chlorphenolrot, Methylrot, Bromkresolpurpur, Bromthymolblau, Phenolrot, Neutralrot, Kresolrot, Thymolblau (alkalisches Gebiet). Saure Lösung in sehr verdünnter Essigsäure (etwa 0,1n). Alkalische Lösung in verdünnter Natriumcarbonatlösung (etwa 0,01—0,1n).

Empirisches Verfahren. Auch ohne Kenntnis der Indicatorkonstanten kann man das p_H einer Lösung ohne Pufferlösungen messen, indem man sich eine Reihe gefärbter und haltbarer Vergleichslösungen herstellt, deren Farbe derjenigen irgendeines Indicators in seinem Umschlagsintervall entspricht. Ein bestimmtes Mischverhältnis der sauren und alkalischen Form eines Indicators entspricht einem bestimmten p_H. Hat man nun einen Indicator in Pufferlösungen von bekanntem p_H, so kann man die Farben als Standardfarben betrachten und eine entsprechende empirische Farbenskala entwerfen. Für Serienarbeiten kann ein solches Verfahren Vorteile haben, jedoch empfiehlt es sich, die empirische Farbenskala zuerst praktisch mit Pufferlösungen zu prüfen. Mangelnde Reinheit der Indicatoren und Temperaturänderungen können unter Umständen die Resultate stark beeinflussen; daher ziehe ich ganz allgemein und besonders, wenn man nur gelegentlich Messungen vorzunehmen hat, das Verfahren mit Pufferlösungen vor. Da die meisten organischen Farbstoffe lichtempfindlich sind, muß man, um haltbare Vergleichslösungen zu erhalten, Mischungen von gefärbten anorganischen Salzen nehmen. Für die Indicatoren Neutralrot, Methylorange, Tropäolin 00 und für die alkalischen Zwischenfarben von Methylrot sind Mischungen von Ferrichlorid und Kobaltnitrat oder -chlorid sehr gut brauchbar. Die zu verwendende Ferrichloridlösung (Fe) enthält 11,262 g

$FeCl_3 \cdot 6\,H_2O$ auf 250 ccm 1 proz. Salzsäure. Die Kobaltlösung (Co) enthält 18,2 g krystallisiertes Kobaltnitrat auf 250 ccm 1 proz. Salzsäure.

Bei der Bestimmung mit Neutralrot, Methylrot und Methylorange fügt man zu 10 ccm Flüssigkeit 0,2 ccm 0,05 proz. Indicatorlösung, bei Verwendung von Tropäolin 00 nimmt man 0,2 ccm 0,1 proz. Lösung.

Tabelle nach KOLTHOFF[1].

Ferrichlorid (Fe)-Kobaltnitrat (Co)-Mischungen, deren Farbe dem angegebenen p_H entspricht.

Verhältnis Fe : Co	p_H Neutralrot	p_H Methylrot	p_H Methylorange	p_H Tropäolin 00
0	—	5,19	3,05	1,98
0,1	6,98	—	3,22	—
0,3	7,12	5,29	3,52	2,13
0,5	7,24	5,50	3,72	2,22
0,75	7,37	5,57	3,92	2,29
1,0	7,60	5,62	4,00	2,31
1,5	7,80	5,70	4,19	2,41
2,0	7,93	5,75	4,30	2,46
3,0	—	5,81	4,50	2,52

A. TAUB[2] hat das Verfahren für verschiedene andere Indicatoren ausgearbeitet. Die gefärbten Vergleichslösungen werden aus den Standardlösungen von H. V. ARNY[3] hergestellt:

Standardlösungen	Co-Fe-Cu-Lösungen[4]
Co	0,5n-Kobaltchlorid (59,5 g $CoCl_2$ in 1 l 1 proz. HCl)
Fe	0,5n-Ferrichlorid (45,05 g $FeCl_3 \cdot 6\,H_2O$ in 1 l 1 proz. HCl)
Cu	0,5n-Cuprichlorid (42,63 g $CuCl_2 \cdot 2\,H_2O$ in 1 l 1 proz. HCl)

[1] KOLTHOFF, I. M.: Pharmac. Weekblad **59**, 104 (1922).

[2] TAUB, A.: Journ. Amer. Pharm. Assoc. **16**, 116 (1927).

[3] ARNY, H. V., u. A. TAUB: Journ. Amer. Pharm. Assoc. **12**, 839 (1923).

[4] Über die Lichtabsorption von Indicatoren und anorganischen Vergleichsmischungen (Fe^{III}, Co^{II}, Cu^{II}, Dichromate) vgl. die eingehenden Messungen von J. P. MEHLIG u. M. G. MELLON: Journ. Physical Chem. **35**, 3397 (1931).

Die Lösungen und ihre Gemische sind unbegrenzt haltbar. Die folgenden Angaben beziehen sich auf eine Temperatur von 20°.

Metakresolpurpur
(saures Gebiet).
0,12 ccm 0,1 proz. Indicator in 10 ccm.

p_H	Co	Fe	Cu	H_2O
1,2	9,0	—	1,0	—
1,4	6,5	0,1	—	3,4
1,6	5,5	0,2	—	4,3
1,8	4,4	0,5	—	5,1
2,0	4,1	1,3	—	4,6
2,2	2,8	2,1	—	2,6
2,4	2,3	2,7	—	5,0
2,6	1,7	3,3	—	5,0

Thymolblau
(saures Gebiet).
0,2 ccm 0,1 proz. Indicator in 10 ccm.

p_H	Co	Fe	Cu	H_2O
1,6	5,3	—	—	4,7
1,8	3,9	0,3	—	5,8
2,0	3,2	0,8	—	6,0
2,2	2,2	1,8	—	6,0
2,4	1,9	2,2	—	5,9
2,6	1,6	2,7	—	5,7
2,8	1,3	3,0	—	5,7

Methylorange.
0,12 ccm 0,1 proz. Indicator in 10 ccm.

p_H	Co	Fe	Cu	H_2O
3,0	8,1	0,3	—	1,6
3,2	7,5	0,6	—	1,9
3,4	6,5	1,0	—	2,5
3,6	5,8	1,9	—	2,3
3,8	4,8	2,9	—	2,3
4,0	4,0	4,0	—	2,0
4,2	3,4	5,0	—	1,6
4,4	2,8	5,8	—	1,4

Bromkresolgrün.
0,12 ccm 0,1 proz. Indicator in 10 ccm.

p_H	Co	Fe	Cu	H_2O
3,8	0,3	2,2	0,5	7,0
4,0	0,6	1,8	1,8	5,8
4,2	0,7	1,6	3,0	4,7
4,4	0,9	0,8	5,1	3,2
4,6	1,1	0,5	7,0	1,4
4,8	0,9	0,3	8,8	—
5,0	0,5	0,2	9,3	—

Methylrot.
0,08 ccm 0,1 proz. Indicator in 10 ccm.

p_H	Co	Fe	Cu	H_2O
4,8	9,8	—	0,2	—
5,0	5,9	0,3	—	3,8
5,2	5,0	0,7	—	4,3
5,4	3,7	2,3	—	4,0
5,6	2,9	2,8	—	4,3
5,8	1,9	4,0	—	4,1
6,0	1,4	5,3	—	3,3

Chlorphenolrot.
0,2 ccm 0,1 proz. Indicator in 10 ccm.

p_H	Co	Fe	Cu	H_2O
5,0	0,8	3,8	—	5,4
5,2	0,9	3,3	—	5,8
5,4	1,1	2,4	—	6,5
5,6	1,4	1,9	—	6,7
5,8	1,8	1,0	0,1	7,1
6,0	2,1	0,2	0,4	7,3
6,2	5,0	—	5,0	—

Bromthymolblau.
0,12 ccm 0,1 proz. Indicator in 10 ccm.

p_H	Co	Fe	Cu	H_2O
6,0	0,2	3,1	0,3	6,4
6,2	0,3	2,7	1,0	6,0
6,4	0,3	2,1	1,8	5,8
6,6	0,3	1,7	2,6	5,4
6,8	0,4	0,7	4,4	4,5
7,0	0,8	0,3	8,9	—
7,2	0,7	0,1	9,2	—

Phenolrot.
0,12 ccm 0,1 proz. Indicator in 10 ccm.

p_H	Co	Fe	Cu	H_2O
6,6	1,8	6,5	—	1,7
6,8	2,4	5,4	—	2,2
7,0	3,5	2,9	—	3,6
7,2	5,0	1,3	—	3,7
7,4	7,2	0,3	—	2,5

o-Kresolrot.
0,08 ccm 01 proz. Indicator in 10 ccm.

p_H	Co	Fe	Cu	H_2O
7,2	1,0	2,8	—	6,2
7,4	1,4	2,2	—	6,4
7,6	2,1	1,2	0,7	6,0
7,8	3,0	0,1	1,7	5,2
8,0	4,6	—	3,7	1,7
8,2	5,6	—	4,4	—

Metakresolpurpur.
0,08 ccm 0,1 proz. Indicator in 10 ccm.

p_H	Co	Fe	Cu	H_2O
7,6	1,3	1,5	1,2	6,0
7,8	1,2	1,0	1,1	6,7
8,0	1,5	0,4	2,0	6,1
8,2	1,8	0,1	2,4	5,7
8,4	2,5	—	4,0	3,5
8,6	3,5	—	6,5	—

Thymolblau.
0,16 ccm Indicator in 10 ccm.

p_H	Co	Fe	Cu	H_2O
8,2	0,6	1,8	1,2	6,4
8,4	0,8	1,2	2,3	5,7
8,6	1,0	0,4	4,8	3,8
8,8	1,4	0,1	7,0	1,5
9,0	1,5	—	8,5	—

Genauigkeit im allgemeinen 0,1—0,2 p_H.

P. BRUÈRE[1] hat Vergleichslösungen von Kobaltnitrat, Kaliumdichromat und Kupfersulfat empfohlen; bezüglich Einzelheiten sei auf die Literatur verwiesen.

Angenäherte p_H-Bestimmungen kann man auch durch Vergleich der Farbe mit einer geeigneten Farbentafel vornehmen. Der ersten Auflage seines Buches hat CLARK[2] schon eine schöne

[1] BRUÈRE, P.: Journ. Pharm. et Chim. (8) **3**, 377 (1926); **4**, 241 (1926).

[2] CLARK, W. M.: The determinations of hydrogen Jons, S. 39, 40. Baltimore: Williams & Wilkins Co. 1920.

Farbentafel beigefügt; die Messungen mit dem Tüpfelapparat nach Dr. Tödt[1] sind darauf basiert.

Auch im Foliencolorimeter nach P. Wulff[2] wird ein ähnliches Prinzip angewandt. Mit der allgemeinen Anwendung dieser Art „Colorimeter" sei man sehr vorsichtig, besonders wenn es die p_H-Messung in wenig gepufferten Lösungen betrifft[3].

An Stelle der gefärbten, haltbaren, anorganischen Vergleichslösungen kann man auch gefärbte Gläser benutzen. Schon Sondén[4] hat davon Anwendung gemacht; Badollet, Hamilton und Walton[5] patentierten 1924 eine Methode zur Erhaltung haltbarer gefärbter Gläser. Im schön ausgeführten „Hellige Comparator" wird das Verfahren für verschiedene Indicatoren benutzt.

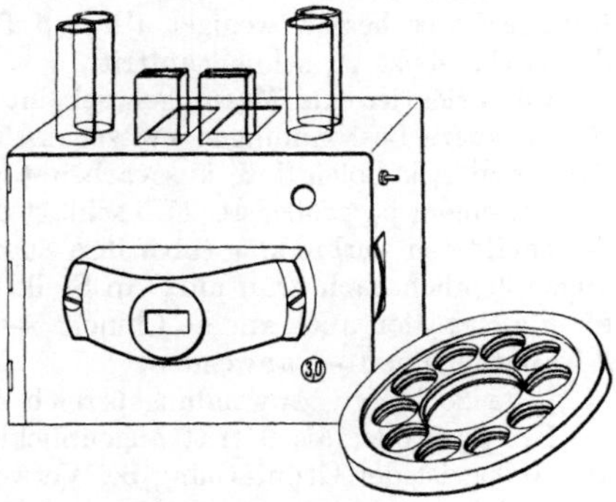

Abb. 21. Hellige Comparator.

Am Ende dieses Abschnittes sei noch auf eine originelle Methode hingewiesen, nach der die Wasserstoffionenkonzentration einer Lösung aus deren Einfluß auf die Reaktionsgeschwindigkeit zwischen Malonitril und α-Naphthochinon abgeleitet wird.

W. Kesting[6] beobachtete, daß Malonitril mit α-Naphthochinon eine gefärbte Lösung bildet. Die Geschwindigkeit der Blaufärbung hängt von der Wasserstoffionenkonzentration ab und nimmt mit steigender Alkalität zu. Wenn man zu der Pufferlösung und zu untersuchenden Flüssigkeit die gleichen Mengen der Reagenzien hinzufügt, kann man aus der Zeit, nach welcher gleiche Intensität der Blaufärbung auftritt, leicht ableiten,

---

[1] Zu beziehen von Ströhlein & Co. G. m. b. H., Düsseldorf 39.

[2] Wulff, P.: Kolloid-Ztschr. **40**, 341 (1926); vgl. auch A. Dièm: Chem. Zentralblatt **1927 I**, 2111. — Kroepelin, H.: Kolloid-Ztschr. **44**, 188 (1928). — Hanson, P.: Dansk. Tids. Farm. **2**, 139 (1928) — Chemical Abstracts **23**, 1352 (1929).

[3] Kolthoff, I. M.: Chem. Weekblad **28**, 78 (1931); auch E. Larsson: Svensk Kem. Tidskr. **43**, 122 (1930).

[4] Sondén, K.: Arkiv för Kemi, Min. och Geol. **8**, Nr 7 (1921).

[5] Badollet, M. S., J. Hamilton u. C. F. Walton jr.: U.S.A.-Patent 1505185 (19. VIII. 1924).

[6] Kesting, W.: Ztschr. f. angew. Ch. **41**, 358 (1928).

wie groß das gesuchte p_H ist. Nach KESTING ist so noch eine Genauigkeit von 0,1 im p_H zu erreichen.

Im allgemeinen fügt er zu 5 ccm Lösung 5 Tropfen einer 0,2proz. alkoholischen Malonitril- und 5 Tropfen einer 0,3proz. alkoholischen α-Naphthochinonlösung. Diese Lösungen sind längere Zeit haltbar und müssen genau abgemessen werden. (Für bestimmte Zwecke wäre die Anwendung einer Mikrobürette wahrscheinlich empfehlenswert.)

Anwendungsbereich von p_H 4,5—11,5.

Im relativ sauren Gebiete ist es besser, größere Mengen der Reagenzien hinzuzufügen (etwa 20 Tropfen), weil es sonst zu lange dauert, bis die Blaufärbung auftritt. Wir wollen jedoch bemerken, daß ein Zusatz größerer Mengen der alkoholischen Flüssigkeiten die Gefahr mit sich bringt, daß das p_H der zu untersuchenden Lösung stark geändert wird oder in anderer Weise beeinflußt wird als das der Pufferflüssigkeit. Im mehr alkalischen Gebiete ist es besser, weniger als je 5 Tropfen Reagens zu nehmen, weil die Farbe sonst zu schnell auftritt.

Für orientierende Messungen scheint die Methode brauchbar zu sein; für genauere Bestimmungen müssen mehr Einzelheiten, wie Temperatur-, Salz- und Alkoholeinfluß, ausgearbeitet werden.

Bei einem p_H größer als 11,5 schlägt die blaue Farbe wegen Zersetzung der gebildeten Verbindung (über ihre Zusammensetzung vgl. W. KESTING[1]) augenblicklich nach grün um. An Stelle von α-Naphthochinon lassen sich für die Reaktion auch andere Chinone — insbesondere p-Benzochinon und β-Naphthochinon — anwenden.

p-Benzochinon: Anwendungsbereich $p_H = 4$—9.

Bei p_H größer als 9 tritt augenblicklich eine rotbraune Färbung auf, die analog ist der Grünfärbung bei Verwendung von α-Naphthochinon bei $p_H > 11{,}5$.

β-Naphthochinon gibt eine hellbraun gefärbte Lösung, welche mit Malonitril unter Bildung einer intensiv rot gefärbten Verbindung reagiert. Es ist auch bei einem p_H größer als 11,5 anwendbar.

5. Die p_H-Bestimmung ohne Pufferlösungen mit einfarbigen Indicatoren. L. MICHAELIS[2] hat zusammen mit A. GYEMANT und R. KRÜGER das Verfahren ausgearbeitet, nach dem man mit

---

[1] KESTING, W.: Ztschr. f. angew. Ch. **41**, 745 (1928).

[2] MICHAELIS, L., u. A. GYEMANT: Biochem. Ztschr. **109**, 165 (1920). — MICHAELIS u. R. KRÜGER: Biochem. Ztschr. **119**, 307 (1921). — Über die praktische Anwendung der Methode vgl.: L. MICHAELIS: Ztschr. f. ges. exper. Med. **26**, 149 (1922) — Dtsch. med. Wschr. **46**, 1238 (1920); **47**, 465, 673 (1921) — Ztschr. f. Unters. Nahrgs- u. Genußmittel **42**, 75 (1921) — Ztschr. f. Immunitätsforsch. u. exp. Therapie I u. II **32**, 194 (1921) — Wschr. f. Brauerei **38**, 107 (1921). — SCHRÖDER, E.: Comptes rendus de la Soc. de biol. **89**, 205 (1923). — RICHARD, E.: Journ. Pharm. Chim. (8) **1**, 328 (1929). — RISCH, C.: Biochem. Ztschr. **148**, 147 (1924). — HAMÄLAINES, R. H., E. E. LEIKOLA u. Y. AIRILA: Chem. Zentralblatt **94 II**, 942 (1923).

einfarbigen Indicatoren die Säurestufe ohne Puffermischungen bestimmen kann. Da eine der beiden Indicatorformen gefärbt ist, kann man aus der totalen Menge des zugesetzten Indicators, der experimentell gemessenen Farbstärke, der gefärbten Form und der bekannten Indicatorkonstante das p_H einfach berechnen. Fügen wir z. B. zu 10 ccm der Lösung 1 ccm Indicator, und finden wir, daß die Farbe der einer vollständig alkalischen Lösung, die 0,5 ccm Indicator enthält, gleich ist, dann ist einfach einzusehen, daß 50% des Indicators in der zu untersuchenden Lösung in der sauren und 50% in der alkalischen Form vorhanden sind; daher ist

$$p_H = \log \frac{[J']}{[HJ]} + pK_I = pK_I .$$

Die J-Ionen bestimmen nur den Farbgrad F der Lösung. Wenn dieser gemessen ist, so ist auch $[HJ] = 1 - F$ bekannt, nämlich wenn die zu der Flüssigkeit gefügte Indicatormenge bekannt ist. Wir finden dann, daß

$$p_H = pK_I + \varphi ,$$

$$\varphi = \log \frac{F}{1 - F} .$$

Die Funktion φ des Farbgrades F (nach Michaelis und Gyemant).

F	φ	F	φ	F	φ	F	φ
0,002	−2,69	0,01	−2,00	0,10	−0,95	0,50	+0,00
0,004	−2,40	0,015	−1,80	0,14	−0,79	0,60	+0,20
0,006	−2,22	0,025	−1,60	0,18	−0,65	0,70	+0,38
0,008	−2,07	0,04	−1,38	0,20	−0,59	0,80	+0,60
0,010	−2,00	0,06	−1,20	0,25	−0,47	0,85	+0,75
		0,08	−1,06	0,35	−0,25		
		0,10	−0,95	0,40	−0,18		
				0,50	−0,00		

Die verwendeten Indicatoren sind folgende (bezüglich Eigenschaften vgl. S. 119, 158—162 u. 143):

β-Dinitrophenol 1 : 2 : 6. Gesättigte wässerige Lösung. Nach meiner Erfahrung ist es besser, eine 0,04proz. Lösung des Natriumsalzes (1 Äquivalent NaOH) in Wasser herzustellen. Bester Anwendungsbereich nach Michaelis zwischen p_H 1,7—4,4, nach meiner Feststellung 2,4—4. Alkalische Farbe gelb.

α-Dinitrophenol 1 : 2 : 4. Gesättigte wässerige Lösung (MICHAELIS) oder 0,04proz. wässerige Lösung des Natriumsalzes (KOLTHOFF). Bester Anwendungsbereich zwischen p_H 2,0—4,7 (MICHAELIS) oder 2,6—4,4 (KOLTHOFF).

γ-Dinitrophenol 1 : 2 : 5. Gesättigte wässerige Lösung (MICHAELIS) oder 0,04proz. wässerige Lösung des Natriumsalzes (KOLTHOFF). Bester Anwendungsbereich zwischen p_H 4,0—5,8.

p-Nitrophenol. 0,1proz. wässerige Lösung der Substanz oder des Natriumsalzes. Bester Anwendungsbereich zwischen p_H 4,7 bis 7,9 (MICHAELIS) oder 5,6—7,6 (KOLTHOFF).

m-Nitrophenol. 0,1proz. wässerige Lösung des Indicators oder des Natriumsalzes. Bester Anwendungsbereich zwischen p_H 6,3 bis 9,0 (MICHAELIS) oder 6,6—8,6 (KOLTHOFF).

Phenolphthalein. 0,04proz. Lösung in 30proz. Alkohol. Bester Anwendungsbereich zwischen p_H 8,5—10,5 (MICHAELIS) oder 8,2 bis 9,8 (KOLTHOFF).

m-Nitrobenzolazosalicylsäure (*Salicylgelb*). Ich verwende zwei Lösungen, zwischen p_H 10—11 eine 0,1proz. Lösung in Alkohol, zwischen p_H 11—12 eine 0,025proz. Lösung in Alkohol.

Zu den von MICHAELIS empfohlenen Indicatoren hat KOLTHOFF noch die folgenden hinzugefügt, die sich durch ausgesprochene Farbänderungen von farblos nach rot bis violett (oder umgekehrt) auszeichnen:

Chinaldinrot[1]. 0,025proz. Lösung in 50proz. Alkohol. Anwendungsbereich zwischen p_H 1,4—3,2 (farblos nach rot).

2, 4, 2′, 4′, 2″-Pentamethoxytriphenylcarbinol (*Pentamethoxyrot*)[2]. 0,02proz. Lösung in 40proz. Alkohol. Anwendungsbereich zwischen p_H 1,2—3,2 (rot nach farblos).

2, 4, 2′, 4′, 2″, 4″-Hexamethoxytriphenylcarbinol (*Hexamethoxyrot*). 0,02proz. Lösung in 30proz. Alkohol. Anwendungsbereich zwischen p_H 2,6—4,6 (rot nach farblos).

2, 4, 6, 2′, 4′, 2″, 4″-Heptamethoxytriphenylcarbinol (*Heptamethoxyrot*). 0,02proz. Lösung in 30proz. Alkohol. Anwendungsbereich zwischen p_H 5,0—7,0 (rot nach farblos).

Pinachrom[3]. 0,02proz. Lösung des Indicators in 40proz. Alkohol oder des salzsauren Salzes in Wasser (20 mg Indicator

---

[1] KOLTHOFF, I. M.: Biochem. Ztschr. **194**, 78 (1928).
[2] KOLTHOFF, I. M.: Journ. Amer. Chem. Soc. **49**, 1218 (1927).
[3] KOLTHOFF, I. M.: Journ. Amer. Chem. Soc. **50**, 1604 (1928).

in 10 ccm Alkohol und 3,8 ccm 0,01n-HCl mit Wasser auf 100 ccm). In Resistenzglas aufzubewahren. Anwendungsbereich p_H 5,8—7,8 (farblos nach rot). Da das Farbengleichgewicht sich nicht augenblicklich einstellt, muß man 2 Minuten nach Zusatz des Indicators zur Lösung warten, bevor die Messung ausgeführt wird. Die alkalischen Vergleichslösungen sind nicht lange haltbar (etwa 1 Stunde), weil die freie Base so schwer löslich ist; sie müssen *vorsichtig* in 0,01n-Soda bereitet werden, indem man den Inhalt des Rohres durch vorsichtiges Umschwenken mischt; bei starkem Schütteln flockt der Indicator an der Oberfläche aus.

Bezüglich der Werte der Indicatorkonstanten pK_I unter verschiedenen Verhältnissen vgl. Tabelle S. 293ff.

Arbeitsverfahren. Eine abgemessene Menge der zu untersuchenden Lösung, z. B. 5 oder 10 ccm, werden aus einer Pipette mit so viel der geeigneten Indicatorlösung versetzt, daß eine deutliche Färbung entsteht. Die Menge Indicatorlösung kann, wenn nötig, bis zu 1 ccm betragen, im allgemeinen ist es besser, nur bis zu 0,5 ccm zu gehen. Die verwendete Menge muß genau abgelesen werden.

Von den Indicatoren muß man einen solchen nehmen, der in einer Menge von 0,2 bis höchstens 1 ccm eine zwar schon deutliche, aber nicht zu starke Färbung erzeugt.

Nunmehr füllt man in ein zweites Reagensglas 4 bzw. 9 ccm einer ungefähr 0,01n-Natronlauge. Für die Indicatoren α-, β- und γ-Dinitrophenol und Chinaldinrot kann man nach meiner Erfahrung dafür ebensogut Leitungswasser verwenden. Die Vergleichslösungen der Methoxytriphenylcarbinole werden in 0,5 bis 0,1n-Salzsäure bereitet. Nun gibt man von dem gleichen Indicator so viel zu, daß die Farbe zunächst angenähert gleich der im ersten Röhrchen ist. In der Regel wird man hierzu eine passende, etwa zehn- oder zwanzigfache Verdünnung der Indicatorstammlösung verwenden, welche man am besten aus einer in 0,01 ccm geteilten Bürette entnimmt. Dann füllt man mit dem Lösungsmittel (0,01n-Lauge, Wasser, Soda oder Salzsäure) zu dem Gesamtvolumen des ersten Röhrchens auf. Das Verhältnis der Indicatormenge in der farbgleichen Lauge und der zu untersuchenden Lösung ist gleich dem Farbgrad F (vgl. Tabelle S. 311).

Viel einfacher gestaltet sich die Bestimmung mit den MICHAELISschen Indicatoren mittels fertiger Indicatorreihen, die nach MICHAELIS mindestens viele Monate lang haltbar sind. Die p_H-Abstufungen von Röhrchen zu Röhrchen betragen je 0,2 p_H. Aus der Gleichung

$$p_H = pK_I + \log \frac{F}{1-F}$$

kann man für jeden Indicator und für jedes gewünschte p_H einfach berechnen, wieviel von der völlig alkalischen Indicatorlösung man in das Vergleichsröhrchen geben muß, wenn man zu der zu untersuchenden Flüssigkeit immer dieselbe Menge Indicator hinzufügt. Die Farbenvergleichung kann zweckmäßig im Komparator (von HURWITZ, MEYER und OSTENBERG, vgl. S. 325) geschehen.

Zu bemerken ist jedoch, daß nach W. WINDISCH, W. DIETRICH und P. KOLBACH[1] und auch nach meiner Erfahrung die alkalischen Vergleichsindicatorlösungen nicht lange haltbar sind. WINDISCH (l. c.) hat daher für die verschiedenen Indicatoren Kaliumchromat bzw. -bichromat bzw. Mischungen beider Salzlösungen zum Vergleich vorgeschlagen.

Am besten ist jedoch die ursprüngliche Vorschrift von MICHAELIS, bei der man die Indicatorvergleichslösung bei der Messung frisch herstellt.

E. BRESSLAU[2] hat die von MICHAELIS angegebene Methode verbessert, so daß man auch in schwach gepufferten Lösungen und mit kleinen Mengen Flüssigkeit gute Resultate erhält.

Um den Säurefehler (vgl. S. 326) möglichst weitgehend auszuschalten, verwendet BRESSLAU verdünntere Indicatorlösungen als MICHAELIS vorschreibt. Auf Grund der Koinzidenz der Farben der verschiedenen alkalischen Indicatoren kann man für den p_H-Bereich von 2,6—8,9 mit 15—18 Dauerlösungen zum Vergleich auskommen.

Die in der folgenden Tabelle genannten Indicatorlösungen sind farbgleich:

---

[1] WINDISCH, W., W. DIETRICH u. P. KOLBACH: Wschr. f. Brauerei **39**, 79 (1922).

[2] BRESSLAU, E.: Dtsch. med. Wschr. **1924**, Nr 6 — Arch. Hydrobiologie **15**, 585 (1922).

Indicatoren	Lösung	p_H der Dauerröhrchen											
α-Dinitrophenol	0,1 : 200	2,6	2,8	3,0	3,2	3,4	3,6	3,8	4,0	4,2	4,4	4,6	—
p-Nitrophenol	0,1 : 100	—	5,2	5,4	5,6	5,75	5,9	6,05	6,2	6,35	6,5	6,6	6,67
p-Nitrophenol	0,1 : 300	5,6	5,7	5,9	6,1	6,25	6,4	6,6	6,8	7,0	7,2	7,4	7,65
p-Nitrophenol	0,1 : 600	5,9	6,0	6,2	6,45	6,6	6,8	7,05	7,35	7,75	—	—	—
m-Nitrophenol	0,3 : 100	6,7	6,8	7,0	7,1	7,3	—	—	—	—	—	—	—
m-Nitrophenol	0,1 : 150	7,4	7,45	7,7	7,9	8,15	—	—	—	—	—	—	—
m-Nitrophenol	0,1 : 300	7,75	7,8	8,1	8,4	—	—	—	—	—	—	—	—
m-Nitrophenol	0,1 : 600	8,17	8,35	8,9	—	—	—	—	—	—	—	—	—

Das Intervall 4,6—5,2 wird in diesen Lösungen nicht umfaßt. Um diese Lücke auszufüllen, verwendet man am besten γ-Dinitrophenol in wechselnder Konzentration:

Indicator	Lösung	p_H der Dauerröhrchen		
γ-Dinitrophenol	0,1 : 400	4,6	4,8	5,0
„	0,1 : 600	4,85	5,1	5,37
„	0,1 : 700	4,95	5,2	5,58

Die folgende Tabelle enthält die Vorschrift zur Herstellung der Dauerröhrchen.

Herstellung der Dauerröhrchen nach BRESSLAU.

p_H für p-Nitrophenol 0,1 : 300	Alkal. 18 mal verdünnte Indicatorlösung		p_H für γ-Dinitrophenol 0.1 : 400	Unverdünnte Indicatorlösung	
5,6	2,31 ccm	Mit 0,1n-Soda auf 100 ccm aufzufüllen	4,6	2,0 ccm	Mit 0,1n-Soda auf 100 ccm aufzufüllen.
5,7	2,91 „		4,8	2,8 „	
5,9	4,5 „		5,0	3,8 „	
6,1	7,0 „				
6,25	9,6 „		p_H für m-Nitrophenol 0,1 : 150	Unverdünnte Indicatorlösung	
	Unverdünnte Indicatorlösung				
6,4	1,3 ccm		8,3	4,4 ccm	Mit 0,1n-Soda auf 100 ccm aufzufüllen.
6,6	1,9 „		8,5	5,4 „	
6,8	2,67 „		8,7	6,4 „	
7,0	3,6 „				
7,2	4,56 „				
7,4	5,67 „				
7,6	6,6 „				

Die 0,1n-Sodalösung braucht nicht genau zu sein. Die Haltbarkeit der Lösungen ist vorzüglich, weil die zugeschmolzenen Röhrchen nur wenig Luft enthalten. Wegen der guten Haltbarkeit zieht BRESSLAU diese von ihm angegebenen Dauerröhrchen den Bichromat-Chromat-Lösungen vor.

Zur Bestimmung der Wasserstoffionenkonzentration nimmt man 5-mm-Röhrchen, in die man einen Teil Indicatorlösung (z. B. 0,1 ccm) und 10 Teile Flüssigkeit (1 ccm) gibt. Dann vergleicht man die Farbe mit der der Dauerröhrchen und schätzt das p_H ab. BRESSLAU verwendet ein Hydrionometer, das aus einem schwach geneigten Holzkeil besteht, der in seinem oberen Teil eine Milchglasplatte, in seinem unteren Teil eine Rinne trägt, in die jeweils zwei Klötze nebeneinander so hineinpassen, daß die darin steckenden Dauerröhrchen gerade auf der Milchglasplatte aufliegen. Die genauere Entscheidung, mit welchem der beiden Röhrchen die zu untersuchende Lösung im Farbton übereinstimmt, geschieht durch Abdecken mit einer Blende. Die Klammerblende kann auch für die Untersuchung von gefärbten oder trüben Flüssigkeiten (Komparator) verwendet werden. Die Genauigkeit der Bestimmung reicht bis etwa 0,1—0,05 p_H. Das Hydrionometer gibt sehr rasch gute Resultate. Über Einzelheiten vgl. die Originalliteratur.

Vergleich mit jahrelang haltbaren Chromat- oder Bichromatlösungen. Beim Vergleiche werden Röhrchen aus farblosem Glase mit flachem Boden verwendet; Aspirinröhrchen sind z. B. sehr geeignet. Nach der Auffüllung mit der Chromat- resp. Bichromatlösung schließt man mit einem Kork, versieht die Röhrchen mit Nummern und bewahrt sie in einem hölzernen, im Innern geschwärzten Kästchen auf, in dem man passende Löcher zur Aufnahme der Röhrchen angebracht hat. Der Untergrund wird weiß gehalten, z. B. durch eine angebrachte Milchglasplatte oder ein Stück weißen Papiers. Man beurteilt die Farbstärke der Röhrchen durch Beobachtung von oben nach unten. Bei der p_H-Bestimmung in der zu untersuchenden Lösung nimmt man ein gleichartiges Röhrchen wie das, in dem sich jene Vergleichslösung befindet.

In das Röhrchen pipettiert man 10 ccm Flüssigkeit und fügt die in der Tabelle angegebene Menge Indicator hinzu. In der Tabelle ist auch die Anzahl ccm 0,1proz. Kaliumchromats (KAHL-

Tabelle für 15°.

ccm 0,1 proz. K_2CrO_4	0,3	0,45	0,7	1,1	1,5	1,8	2,3	3,1	3,7	4,0
entspricht dem p_H gegen α-Dinitrophenol (0,2 ccm 0,1 proz. Indicator auf 10 ccm) . . .	2,95	3,18	3,35	3,55	3,75	3,95	4,15	4,35	4,60	—
entspricht dem p_H gegen p-Nitrophenol (0,2 ccm 0,3-proz. Indicator auf 10 ccm)	(5,62)	5,70	5,78	5,93	6,1	6,24	6,45	6,8	7,05	7,15
(0,1 ccm 0,3 proz. Indicator auf 10 ccm)	—	—	—	—	—	7,13	7,36	7,55	—	—

Temperaturkorrektur für α-Dinitrophenol 0,006 (t −15°)
" " p-Nitrophenol 0,011 (t −15°)

ccm 0,1 proz. $K_2Cr_2O_7$	0,23	0,35	0,55	0,72	1,1	1,55	1,8	2,2	3,0
entspricht dem p_H gegen γ-Dinitrophenol (0,2 ccm 0,1 proz. Indicator auf 10 ccm) . . .	3,95	4,05	4,25	4,45	4,65	4,85	5,05	5,25	5,45
entspricht dem p_H gegen m-Nitrophenol (0,4 ccm 0,3-proz. Indicator auf 10 ccm)	7,0	7,2	7,5	7,7	7,9	8,1	8,3	8,5	—
entspricht dem p_H gegen Salicylgelb (0,2 ccm 0,05 proz. Indicator auf 10 ccm)	—	—	—	(9,8)	10,20	10,46	10,6	10,84	11,28
(0,2 ccm 0,025 proz. Indicator auf 10 ccm)	—	—	10,2	10,40	10,80	—	—	—	—

Temperaturkorrektur für γ-Dinitrophenol 0,004 (t −15°)
" " m- " 0,008 (t −15°)
" " Salicylgelb 0,013 (t −15°)

BAUM) bzw. 0,1 proz. Kaliumbichromats angegeben, welche man in die Vergleichungsröhrchen bringt. Mit Wasser wird dann bis auf 10 ccm aufgefüllt.

Bei Phenolphthalein und Salicylgelb kann man das p_H aus der Farbintensität F nicht auf einfache Weise berechnen. MICHA-

ELIS und GYEMANT geben daher eine empirische Tabelle für Phenolphthalein und Salicylgelb an. Für Phenolphthalein hatte ich[1] früher ebenfalls die Werte bestimmt, jedoch keine genaue Übereinstimmung mit den Werten der genannten Forscher gefunden.

Tabelle für Phenolphthalein bei 18° C nach MICHAELIS.

F	p_H	F	p_H	F	p_H
0,01	8,45	0,21	9,20	0,65	10,0
0,030	8,60	0,34	9,40	0,75	10,2
0,069	8,80	0,45	9,60	0,845	10,4
0,120	9,00	0,55	9,80	0,873	10,5

Werte nach KOLTHOFF[1].

F	p_H	F	p_H
0,0076	8,2	0,16	9,0
0,019	8,4	0,25	9,2
0,039	8,6	0,39	9,4
0,079	8,8	0,54	9,6
—	—	0,7	9,8

Das Phenolphthalein verhält sich in seinem Indicatorbereich wie eine zweibasische Säure; die freie Säure und die einwertigen Anionen sind farblos, die zweiwertigen Anionen mit der Chinon-Phenolat-Struktur (vgl. S. 226) tiefviolettrot gefärbt. ROSENSTEIN hat die zwei Dissoziationskonstanten des Phenolphthaleins aus colorimetrischen Messungen abgeleitet und fand

für $K_1 = 1{,}15 \times 10^{-10}$,

für $K_2 = 2{,}82 \times 10^{-10}$.

In der nebenstehenden Tabelle stellt x die Konzentration der gefärbten Form, (1 — x) die Summe der Konzentrationen der beiden ungefärbten Formen (freie Säure und einwertige Anionen) vor.

$\frac{x}{(1-x)}$ nach ROSENSTEIN.

p_H	$\frac{x}{(1-x)}$ exp.	$\frac{x}{(1-x)}$ ber.
9,95	2,22—2,36	2,28
9,65	1,03	1,03
9,53	0,744—0,766	0,76
9,47	0,691	0,64
9,36	0,474	0,46
9,33	0,449	0,43
9,17	0,277	0,266
9,09	0,218	0,207
9,05	0,184	0,182
8,96	0,111	0,133

[1] KOLTHOFF, I. M.: Pharm. Weekblad **59**, 104 (1922).

Temperaturkorrektur nach MICHAELIS und GYEMANT:

$$0{,}0110\,(t - 18^\circ).$$

Mischungen von Fuchsin und Methylviolett haben nach V. AIRILA[1] dieselbe Farbe wie Phenolphthalein in seinem Umschlagsintervall und können daher als Vergleichslösungen benutzt werden. Diese werden hergestellt aus 0,0125 proz. wässeriger Fuchsinlösung und einer gesättigten Methylviolettlösung.

Für Salicylgelb gilt bei 20° folgende Tabelle:

Tabelle für Salicylgelb bei 20° nach MICHAELIS.

F	p_H	F	p_H
0,13	10,00	0,56	11,20
0,16	10,20	0,66	11,40
0,22	10,40	0,75	11,60
0,29	10,60	0,83	11,80
0,36	10,80	0,88	12,00
0,46	11,00	—	—

6. Die spektrophotometrische Methode zur p_H-Bestimmung. BRODE[2] fand, daß bei verschiedenen Indicatoren das Absorptionsband bei Änderung der Wasserstoffionenkonzentration sich nicht hinsichtlich der Wellenlänge änderte, sondern daß nur die Stärke des durchgelassenen Lichtes ab- oder zunahm. Wenn man in allen zu untersuchenden Lösungen die gleiche Indicatorkonzentration hat, kann man in einer unbekannten Lösung durch Vergleich der Höhe des Absorptionsbandes mit der in Lösungen mit bekannten p_H den gesuchten Säuregrad ableiten. Wenn die zu untersuchende Lösung gefärbt ist, kann man sie selbst bei den Vergleichsmessungen verwenden (bestimmt aber dann natürlich nur Höchst- und Niedrigstwert des Bandes). Die schönsten Indicatoren für den vorliegenden Zweck sollen die sein, die ein genaues scharfes Absorptionsband in der Mitte des Spektrums zeigen, während das zweite Band weit genug von dem ersten entfernt ist, daß es keinen Einfluß mehr ausüben kann; doch soll dieses möglichst noch im sichtbaren Teile des Spektrums liegen (vgl. unten!).

Der Indicator, der dem Ideal am nächsten kommt, ist Thymolblau. Zwischen den p_H-Werten, bei denen Thymolblau umschlägt,

[1] AIRILA, V.: Chem. Zentralblatt **93 IV**, 105 (1922).

[2] BRODE, W. R.: Journ. Amer. Chem. Soc. **46**, 581 (1924).

kann man ein Gemisch von Methylrot und Bromphenolblau verwenden, so daß man mit zwei Indicatorlösungen eine Reihe von 1,0—10,0 umfassen kann. Im übrigen ist Methylrot für diesen Zweck ein weniger geeigneter Indicator als die Indicatoren von CLARK und LUBS, so daß es wahrscheinlich besser durch Bromkresolgrün ersetzt werden kann.

Bei der Untersuchung verwandte BRODE ein einfaches Spektrophotometer, auf dem unmittelbar die Ablesungen gemacht werden konnten. Das Absorptionsmaximum lag bei den folgenden Indicatoren bei der in der Tabelle angegebenen Wellenlänge:

Indicator	Wellenlänge mμ	Indicator	Wellenlänge mμ
Thymolblau (sauer) . .	544	Kresolrot	572
Bromphenolblau . . .	592	Phenolrot	558
Methylrot	530	Thymolblau (alkalisch) .	596
Chlorphenolrot[1]	573	m-Kresolpurpur[1]	580
Bromkresolpurpur . . .	591	Neutralrot	533
Bromkresolgrün[1]	617	Phenolphthalein	553
Bromthymolblau	617	Thymolphthalein	598

KURT BUCH[2] fand folgende Werte (18°):

Indicator	Alkalische Lösung	Molare Extinktion	Saure Lösung	Molare Extinktion
α-Naphtholphthalein .	649 mμ	$2,63 \times 10^4$	474 mμ	$0,0171 \times 10^4$
Phenolrot	554 „	$3,32 \times 10^4$	504 „	$1,28 \times 10^4$
Bromthymolblau . . .	614 „	$4,45 \times 10^4$		
Bromkresolpurpur . .	585 „	$7,63 \times 10^4$		

Ein Beispiel, wie sich die Lichtstärke des durchgelassenen Lichtes mit dem p_H ändert, findet man in Abb. 22. Auf der Abszissenachse ist die Wellenlänge in mμ angegeben, auf der linken Ordinatenachse der Logarithmus der Stärke des durchtretenden Lichtes, auf der rechten Ordinatenachse die Menge selbst.

Wenn man das Verhältnis der Menge des durchgelassenen Lichtes zu dessen Höchst- oder Niedrigstmenge graphisch als

---

[1] COHEN, B.: Public Health Reports **41**, 3051 (1926).

[2] BUCH, K.: Societas Scient. Fennica Commentationes Physico Mathematica **2**, 29 (1926). (Deutsch.)

eine Funktion von p_H aufträgt, erhält man eine Dissoziationskurve, aus der man die Konstante des Indicators ableiten kann.

Die spektrophotometrische Methode ist zur p_H-Messung sehr geeignet; die Genauigkeit ist natürlich größer als nach der Augenmaß-Methode. Auch in trüben und gefärbten Flüssigkeiten kann man sie unter günstigen Verhältnissen anwenden. Sie ist im übrigen natürlich mit allen Fehlern behaftet, die mit der

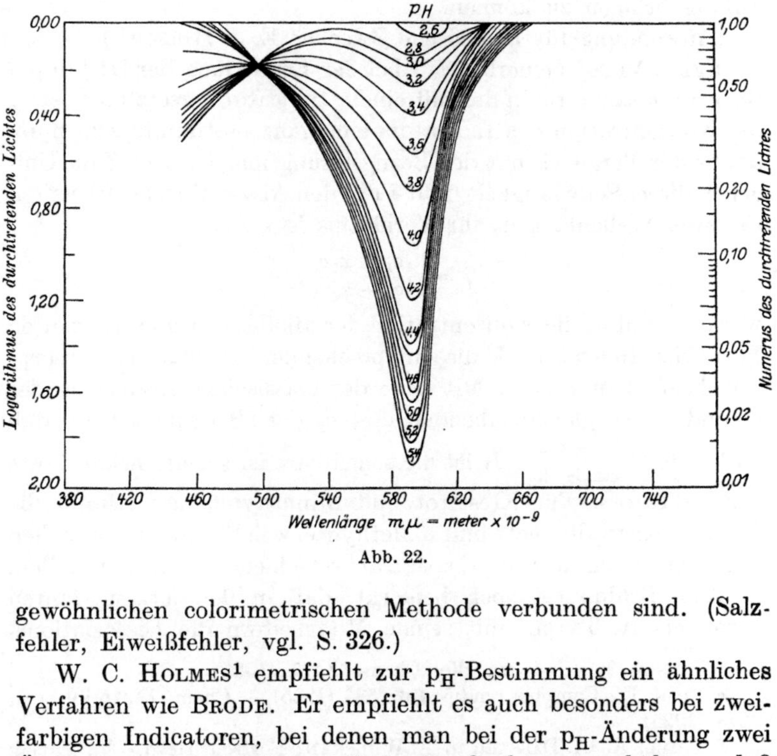

Abb. 22.

gewöhnlichen colorimetrischen Methode verbunden sind. (Salzfehler, Eiweißfehler, vgl. S. 326.)

W. C. Holmes[1] empfiehlt zur p_H-Bestimmung ein ähnliches Verfahren wie Brode. Er empfiehlt es auch besonders bei zweifarbigen Indicatoren, bei denen man bei der p_H-Änderung zwei Änderungen im sichtbaren Teile des Spektrums erhält, so daß man bei verschiedenen p_H R_2, d. h. das Verhältnis der Menge des durchgelassenen Lichtes bei zwei Wellenlängen, die in der Nähe oder beim Absorptionshöchstwerte liegen, bestimmen kann. Der Vorteil besteht darin, daß bei einer p_H-Änderung die eine Menge des durchgelassenen Lichtes zu-, die andere abnimmt. Ein

[1] Homles, W. C.: Journ. Amer. Chem. Soc. **46**, 627 (1924).

geeigneter Indicator für diesen Zweck ist 1-Naphthol-2-natriumsulfonatindophenol (W. M. CLARK 1923, vgl. S. 163) zwischen den p_H-Werten 8—10.

p_H	10,19	8,69	7,74
R_2	0,146	0,60	10,40

HOLMES glaubt, daß auch andere Indophenole für seinen Zweck geeignet sind, und hofft, später eine ausführliche Mitteilung bringen zu können.

(Anwendung für biologische Zwecke: E. J. HIRSCH[1].)

FERD. VLÈS[2] bemerkt, daß bei der Ermittlung der [H˙] durch Spektrophotometrie in der mit einem Indicator versetzten Lösung die Konzentration des Indicators eine ganz bestimmte sein muß, damit der Vergleich mit der Bezugslösung möglich ist. Zum Umgehen dieser Schwierigkeit mißt VLÈS den Absorptionskoeffizienten für zwei Wellenlängen; ihr Verhältnis ist:

$$\varphi = \frac{k_1 c_1 + k_2 c_2}{k_1' c_1 + k_2' c_2},$$

worin c_1 und c_2 die Konzentration der alkalischen und der sauren Form des Indicators, k die entsprechenden spezifischen Absorptionskoeffizienten sind. Mit Hilfe des klassischen Ausdruckes der c_1 und c_2 bei gleichbleibenden $c_1 + c_2$ der [H˙] findet man, daß $[H^\cdot] = K \times \frac{k_1 - \varphi k_1'}{\varphi k_2' - k_2}$. K ist die scheinbare Dissoziationskonstante des Indicators. Für Kresolrot und Bromthymolblau stimmt die Formel, Krystallviolett und o-Methylrot weichen ab; sie bestehen augenscheinlich aus drei spektral verschiedenen Bestandteilen.

Zum Schluß sei noch bemerkt, daß in den letzten Jahren besonders A. THIEL[3] mit seinen Mitarbeitern die Dissoziations-

---

[1] HIRSCH, E. J.: Journ. Biol. Chem. **63**, 55 (1925).

[2] VLÈS, F.: Comptes rendus **180**, 584 (1925) — Chem. Zentralblatt **1**, 2248 (1925).

[3] THIEL, A., A. DASSLER u. A. WÜLFKEN: Fortschritte d. Ch., Physik u. physik. Ch. **18**, H. 3 (1924). — THIEL, A., u. F. WÜLFKEN: Ztschr. f. anorg. u. allg. Ch. **136**, 393, 406 (1924). — THIEL, A.: Physikochemisches Praktikum, S. 163. Berlin: Gebr. Borntraeger 1926. — Bezüglich weiterer Literatur vgl. auch HOLMES u. SNYDER: Journ. Amer. Chem. Soc. **47**, 221 (1925). — HOLMES: Ind. and Engin. Chem. **15**, 833 (1924); **16**, 35 (1924). — PRIDEAUX, E. B. R.: Journ. Soc. Chem. Ind. **45**, 664, 678, 697 (1926). — MORTON, R. A., u. A. H. TIPPING: Journ. Chem. Soc. London **1926**, 1398. — MELLON, M. G., u. F. D. MARTIN: Journ. Physical Chem. **31**, 161 (1927).

konstanten und das Verhalten von verschiedenen Azoindicatoren in rein wässeriger und alkoholischer Lösung spektrophotometrisch untersucht hat. Bezüglich der interessanten Ergebnisse sei auf die Quelle verwiesen.

7. Gefärbte Lösungen. Wenn die zu untersuchende Flüssigkeit gefärbt ist, muß man die Vergleichslösung mit irgendeinem Indicator möglichst auf dieselbe Färbung einstellen. Man kann hierfür natürlich auch Indicatoren verwenden, wenn diese nur nicht bei dem zu erwartenden p_H gerade teilweise umgesetzt sind. Hat man z. B. eine gelbbraune Flüssigkeit mit einem $p_H = 7$, so kann man die Vergleichslösung unbedenklich mit Methylorange auf die gleiche Schattierung bringen. SÖRENSEN[1] hat eine Reihe von häufig verwendbaren Farbstoffen angegeben:

a) Bismarckbraun 0,2 g im Liter Wasser.

b) Helianthin 0,1 g in 800 ccm Alkohol und 200 ccm Wasser, ebensogut zu ersetzen durch Methylorange 0,1 g im Liter Wasser.

c) Tropäolin 0 0,2 g im Liter Wasser.

d) Tropäolin 00 0,2 g im Liter Wasser.

e) Curcumin 0,2 g in 600 ccm 93proz. Alkohol und 400 ccm Wasser.

f) Methylviolett 0,2 g im Liter Wasser.

Weiter haben sich als recht brauchbar erwiesen:

g) Methylenblau 0,1 g im Liter Wasser und

h) Safranin 0,1 g im Liter Wasser.

Ist die zu untersuchende Lösung trübe, so wird man auch die Vergleichslösung auf denselben Trübungsgrad bringen, nach SÖRENSEN, indem man sich eine Aufschwenmmug von frischem Bariumsulfat durch Versetzen einer kleinen Menge 0,1 n-Bariumchloridlösung mit der gleichen Menge Kaliumsulfatlösung bereitet. Ebensogut kann man eine reine Aufschwemmung von Talk oder Bolus gebrauchen, wenn diese Stoffe zuvor mit Säure ausgekocht und dann so lange mit Wasser umgeschüttelt und ausgewaschen sind, bis das Filtrat mit Methylrot nicht mehr sauer reagiert.

HENDERSON[2] verdünnt stark gefärbte Lösungen so weit, bis die Farbe nicht mehr stört. Obgleich in Puffergemischen die Wasserstoffionenkonzentration nur wenig von der Gesamtkonzen-

---

[1] SÖRENSEN, S. P. L.: Biochem. Ztschr. **21**, 131 (1909) — Ergebn. d. Physiol. **12**, 393 (1912).

[2] HENDERSON, L. J.: Biochem. Ztschr. **24**, 40 (1910).

tration des Elektrolyten abhängt, so ändert sich doch bei großer Verdünnung der Aktivitätskoeffizient. Das Verfahren kann daher nur empfohlen werden, wenn die verlangte Genauigkeit nicht allzu groß ist.

Selbstverständlich sind colorimetrische Bestimmungen des p_H in gefärbten oder trüben Lösungen nicht sehr scharf. Man verwendet zweckmäßig bei solchen Bestimmungen Indicatoren, deren Farbe nicht mit der Färbung der Flüssigkeit übereinstimmt. So soll man z. B. bei gelben Lösungen Phenolsulfophthalein und kein p-Nitrophenol verwenden.

Manchmal läßt sich vorteilhaft der Kunstgriff anwenden, daß man die eine Form des Indicators mit Äther od. dgl. ausschüttelt. Die Menge der auszuschüttelnden Formen hängt außer von den Teilungskoeffizienten von der Wasserstoffionenkonzentration ab, so daß sich die Farbtiefe der Ätherschicht mit der auf entsprechende Weise aus Vergleichslösungen erhaltenen Ätherschicht vergleichen läßt. Jodeosin ist hierfür ein sehr geeigneter Indicator, dessen gefärbte Form gut ätherlöslich ist. Weitere Untersuchungen müssen zeigen, ob es möglich ist, eine so vollständige Reihe von Indicatoren aufzustellen, daß man nach diesem Verfahren jedes p_H mit genügender Genauigkeit bestimmen kann. Es ist nämlich selbstverständlich, daß das Umschlagsgebiet eines Indicators durch den Zusatz des Extraktionsmittels verändert wird.

G. PICHARD und R. CHAMINADE[1] haben das Verhalten des Methylrots und verschiedener Sulfophthaleine beim Ausschütteln mit organischen Lösungsmitteln untersucht. Zu 10 ccm der wässerigen Lösung fügen sie 10 Tropfen 0,1 % Methylrot oder 10 Tropfen der 0,04 proz. Lösung der Sulfophthaleine und beschreiben die Farbe des Isobutylalkohols bei verschiedenem p_H:

Thymolblau: Isobutylalkohol rot bei $p_H = 1$; gelb bei $p_H = 4$; zwischen p_H 1—4 Mischfarben.

Bromphenolblau: Isobutylalkohol gelb bei $p_H = 3$; blau bei $p_H = 6$; zwischen p_H 3—6 Mischfarben.

Methylrot: Isobutylalkohol rot bei $p_H = 5$; gelb bei $p_H = 8$.

Bromkresolpurpur: Isobutylalkohol gelb bei $p_H = 7$; grün bei $p_H = 9$ bis 10.

Bromthymolblau: Isobutylalkohol gelb bei $p_H = 8$; blau bei $p_H = 11$.

[1] PICHARD, G., u. R. CHAMINADE: Bull. Soc. Chem. [4] **51**, 90 (1932).

Die Ausschüttelungsmethode kann nur zur roh angenäherten p_H-Bestimmung verwendet werden; das Verfahren ist brauchbar zur Approximation des p_H in stark getrübten oder dunkel gefärbten Suspensionen oder Lösungen.

Walpole[1] hat für gefärbte oder sehr trübe Flüssigkeiten einen sehr hübschen Kunstgriff angegeben, der aus nebenstehender Abb. 23 klar wird. (Vgl. auch W. Biehler[2]).

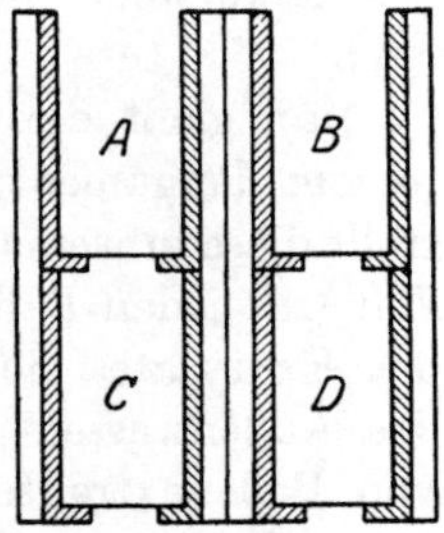

Abb. 23. Walpolesche Anordnung.

ABCD sind kurze Glaszylinder mit flachen Böden, die in Hülsen von schwarzem Papier auf einem hell erleuchteten Untergrund stehen. *A* enthält 10 ccm der zu untersuchenden Lösung mit dem Indicator. *C* enthält 10 ccm Wasser. *D* enthält 10 ccm der zu untersuchenden Lösung ohne Indicator. *B* endlich enthält 10 ccm der Vergleichsflüssigkeit mit Indicator. Hierbei wird also die Eigenfarbe der Lösung ausgeschaltet.

Abb. 24 gibt eine Abbildung des Komparators[3], wie er gewöhnlich für die meisten praktischen Zwecke verwendet wird. Er besteht aus einem Holzblock von hartem Holz. Die Durchbohrungen sind so angebracht, daß man bei Durchsicht die Farbe von zwei Lösungen hintereinander sieht.

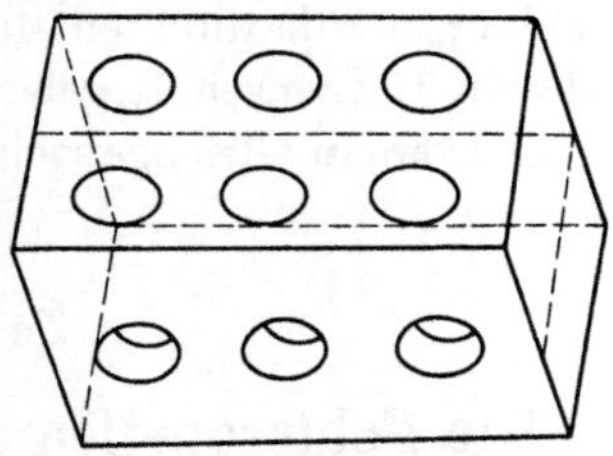
Abb. 24. Komparator.

Man fügt zu der zu untersuchenden Lösung eine bestimmte Indicatormenge und stellt das Rohr in eins der Löcher. Dahinter setzt man ein Rohr mit Wasser. In zwei andere Löcher stellt man die Pufferlösung mit derselben Menge Indicator wie die zu untersuchende gefärbte Lösung und dahinter nur die zu untersuchende Lösung.

Wenn es gewünscht ist, kann man an die Hinterseite des Apparates eine Milchglasplatte oder Mattblauscheibe anbringen (dies z. B. bei den Nitroindicatoren).

---

[1] Walpole, G. S.: Biochem. Journ. **5**, 207 (1910); **7**, 260 (1913); **8**, 628 (1914).

[2] Biehler, W.: Ztschr. f. physiol. Ch. **110**, 298 (1920).

[3] Hurwitz, S. H., K. F. Meyer u. Z. Ostenberg: Proc. Soc. Exp. Biol. Med. **113**, 24 (1915).

In sehr dunkel gefärbten oder stark trüben Lösungen kann man die colorimetrische Methode nicht mehr anwenden.

Oft führt dann die Dialysiermethode zum gewünschten Ziel, besonders wenn die vorhandenen gefärbten Stoffe kolloid gelöst sind.

Man gießt die zu untersuchende Lösung in eine Hülse von reinem Pergamentpapier oder in eine Kollodiummembran und stellt diese in wenig reines Wasser. Nach 12 Stunden oder kürzerer Zeit (für jeden Fall einzeln die Zeit bestimmen, nach der das p_H des Exarysates sich nicht mehr ändert) bestimmt man das p_H des Außenwassers colorimetrisch. Bei der Bestimmung des p_H von Bodenextrakten, von Milch, Emulsionen usw. habe ich auf diese Weise gute Resultate erhalten.

Allerdings sei bemerkt, daß die Methode keine exakten Ergebnisse liefert, weil man das Donnan-Gleichgewicht, das sich an der Grenzschicht einstellt, vernachlässigt.

Durch das Auftreten des Donnan-Gleichgewichtes entsteht bei Anwesenheit von Kolloiden eine ungleiche Verteilung der Ionen im Innen- und Außenwasser.

In den meisten praktisch vorkommenden Fällen ist aber der Fehler, der dadurch entsteht, gering. Jedoch soll man sich immer davon Rechenschaft geben, daß man durch die Vernachlässigung des Donnan-Gleichgewichtes ganz bewußt einen Fehler macht.

Zehntes Kapitel.

Die Fehlerquellen der colorimetrischen Methode.

1. Der Säure-Basen-Fehler der Indicatoren. Isohydrische Indicatoren. Die p_H-Messung in nicht oder wenig gepufferten Lösungen. Säure-Basen-Indicatoren sind Substanzen mit schwach saurem oder basischem Charakter, deren Zusatz zu wenig oder nicht gepufferten Lösungen eine p_H-Änderung zur Folge hat. Die Indicatorkonzentration bei colorimetrischen Arbeiten ist immer sehr gering, etwa 10^{-5} molar oder kleiner. Daher kann eine Reaktionsänderung durch Indicatorzusatz nur bei sehr wenig gepufferten Lösungen auftreten, wie z. B. in reinem Wasser, gewöhnlichem destilliertem Wasser, Neutralsalzlösungen, Lösungen wenig hydrolysierter Salze, sehr schwache Säuren und Basen und sehr verdünnten Lösungen von starken Säuren und Salzen. Wenn man in diesen Fällen die Reaktionsverschiebung durch Indicatorzusatz vernachlässigt, können sehr große Fehler auftreten, was sich ohne weiteres aus nachfolgenden Beispielen ergibt.

Nehmen wir an, daß wir für die Untersuchung von reinem Wasser eine Indicatorsäure HJ verwenden.

Dann ist der Indicator in wässeriger Lösung in folgender Weise gespalten:

$$HJ \rightleftarrows H^{\cdot} + J'.$$

Wenn wir auch das Gleichgewicht

$$H_2O \rightleftarrows H^{\cdot} + OH'$$

berücksichtigen, so finden wir, daß

$$[J'] = [H^{\cdot}] - [OH']$$

ist, weil die Flüssigkeit elektrisch neutral reagiert. Aus der Gleichung für die Dissoziationskonstante von Säuren folgt dann, daß

$$\frac{[H^{\cdot}]\{[H^{\cdot}] - [OH']\}}{[HJ]} = K_{HJ}$$

oder

$$[H^{\cdot}]^2 = K_{HJ}[HJ] + K_W.$$

In der folgenden Tabelle gebe ich nun die nach der letzten Gleichung berechneten Werte von $[H^{\cdot}]$ in Lösungen von Indicatoren mit verschiedenen Dissoziationskonstanten in reinem Wasser an. K_W rechnen wir gleich 10^{-14}. c bedeutet die molare Indicatorkonzentration.

Molkonzentration c des Indicators	K_{HJ}	$[H^{\cdot}]$	p_H
10^{-6}	10^{-8}	$1{,}4 \times 10^{-7}$	6,85
5×10^{-6}	10^{-8}	$2{,}45 \times 10^{-7}$	6,41
10^{-5}	10^{-8}	$3{,}3 \times 10^{-7}$	6,48
10^{-6}	10^{-7}	$2{,}8 \times 10^{-7}$	6,55
5×10^{-6}	10^{-7}	$6{,}6 \times 10^{-7}$	6,18
10^{-5}	10^{-7}	$9{,}6 \times 10^{-7}$	6,02
10^{-6}	10^{-6}	$6{,}3 \times 10^{-7}$	6,20
5×10^{-6}	10^{-6}	$1{,}9 \times 10^{-6}$	5,72
10^{-5}	10^{-6}	$2{,}6 \times 10^{-6}$	5,59
10^{-6}	10^{-5}	$9{,}2 \times 10^{-7}$	6,04
5×10^{-6}	10^{-5}	$1{,}8 \times 10^{-6}$	5,75
10^{-5}	10^{-5}	$6{,}5 \times 10^{-6}$	5,19

Der Fehler, den wir bei der colorimetrischen p_H-Bestimmung von reinem Wasser finden, nimmt aber mit steigender Konzentration des Indicators und mit zunehmendem Werte seiner Dissoziationskonstante zu. So habe ich[1] den Fehler für Methylrot experimentell bestimmt [$K_{HJ} = 9 \times 10^{-6}$].

Wasserstoffionenkonzentration in sehr verdünnten Methylrotlösungen.

Menge 0,2proz. Indicator auf 5 ccm Wasser	Molare Methylrot-konzentration	p_H berechnet	p_H gefunden
0,05 ccm	$7,4 \times 10^{-5}$	4,7	4,9
0,02 „	3×10^{-5}	4,92	5,0
0,01 „	$1,5 \times 10^{-5}$	5,1	5,3
0,005 „	$7,5 \times 10^{-6}$	5,32	5,7

Mit einer Methylrotlösung kann man daher das p_H von reinem Wasser nicht bestimmen.

Bessere Ergebnisse erhält man, wenn man die Lösungen der neutralen Salze der Indicatorsäuren verwendet. Es sei jedoch nachdrücklich darauf hingewiesen, daß auch mit den neutralisierten Indicatoren das p_H nicht ganz genau zu messen ist wegen der auftretenden Hydrolyse:

$$J' + H_2O \leftrightarrows HJ + OH'.$$

Wir wollen nun berechnen, um wieviel das p_H von Wasser durch Zusatz eines hydrolysierten Indicatorsalzes geändert wird.

Für gewöhnliche Fälle nehmen wir an, daß die gebildete Menge HJ gleich der Hydroxylionenkonzentration ist (vgl. S. 15). Bei sehr geringer Hydrolyse ist das jedoch nicht erlaubt, weil die Hydroxylionen, die vom Wasser geliefert werden, nicht vernachlässigt werden dürfen.

$$[HJ] = [OH'] - [H^{\cdot}].$$

Weiter ist nach der Hydrolysegleichung (16)

$$\frac{[HJ]\,[OH']}{[J']} = K_{Hydr} = \frac{K_W}{K_{HJ}}.$$

Wenn die Konzentration des Indicatorsalzes gleich c ist und man näherungsweise $[J'] = c$* annimmt, so finden wir aus beiden letzten Gleichungen:

$$[OH']^2 - K_W = c\,\frac{K_W}{K_{HJ}}, \qquad [OH'] = \sqrt{c\,\frac{K_W}{K_{HJ}} + K_W}.$$

[1] KOLTHOFF, I. M.: Biochem. Ztschr. **168**, 110 (1926).

* Sonst hat man für $[J'] = c - [OH'] + \frac{K_W}{[OH']}$ zu setzen und erhält dann eine quadratische Gleichung.

Je kleiner c und je größer K_{HJ} ist, um so kleiner ist der „Hydrolysefehler".

Für die neutralisierten Methylrotlösungen ist er klein, für die neutralisierten Bromthymolblaulösungen viel größer. Man erhält daher weder mit den reinen Indicatorlösungen noch mit den neutralisierten Lösungen eine richtige Anzeige für die Reaktion von reinem Wasser.

Auch bei der p_H-Bestimmung in sehr verdünnten Säure- oder Basenlösungen, die nicht gepuffert sind, findet man nicht die richtigen Werte.

Fügt man z. B. zu einer sehr verdünnten Laugenlösung Phenolphthalein, so bindet der Indicator Hydroxylionen, und zwar so viel, als der gebildeten Menge der roten Form des Indicators entspricht.

Ebenso bindet Methylorange Wasserstoffionen, wenn man diesen Indicator zu einer sehr verdünnten Säurelösung fügt.

Das folgende Beispiel zeigt sehr deutlich an, daß wir einen großen Fehler begehen können, wenn wir u. a. die sauren Eigenschaften von Phenolphthalein in einer sehr verdünnten Laugenlösung vernachlässigen.

Der Einfachheit halber nehmen wir einmal an, daß das Phenolphthalein sich als einbasische Säure verhalte und eine Dissoziationskonstante von 10^{-9} besitze. Wie groß wird nun die Hydroxylionenkonzentration werden, wenn wir zu 10 ccm 0,0001 n-Natronlauge 0,1 ccm 1 proz. Phenolphthaleinlösung setzen? Diese Menge entspricht einer Menge von 100 mg Indicator im Liter, also einer ungefähr 3×10^{-4} molaren Konzentration.

Die Indicatorsäure reagiert auf folgende Weise mit der Lauge:

$$HJ + OH' \rightleftarrows J' + H_2O\,.$$

Hieraus folgt, daß die Summe der Konzentrationen [OH'] und [J'] gleich der Gesamtmenge an Lauge ist, von der wir ausgingen, also

$$[OH'] + [J'] = 10^{-4}.$$

Da die gesamte Konzentration der Indicatorsäure 3×10^{-4} beträgt, ist die Konzentration des undissoziierten Teiles HJ:

$$[HJ] = 3 \times 10^{-4} - [J'] = 3 \times 10^{-4} - 10^{-4} + [OH'] = 2 \times 10^{-4} + [OH'].$$

Dann ist

$$K_{HJ} = 10^{-9} = \frac{[H^{\cdot}]\,[J']}{[HJ]} = \frac{K_W\{10^{-4} - [OH']\}}{[OH']\{2 \times 10^{-4} + [OH']\}}\,.$$

Wenn wir diese Gleichung auflösen, finden wir, daß [OH′] $= 5 \times 10^{-6}$ beträgt, während die Lösung, von der wir ausgingen, [OH′] $= 10^{-4}$ hatte. Der Fehler ist also sehr groß.

Auch bei der colorimetrischen p_H-Bestimmung in Lösungen sehr schwacher Säuren (oder Basen) kann man große Fehler machen. Verwendet man die Indicatorsäuren, so hat man den Säurefehler des Indicators zu berücksichtigen; verwendet man die Indicatorsalze, so hat man zu berücksichtigen, daß das Salz mit der vorhandenen Säure in folgender Weise reagiert:

$$J' + HA \rightleftarrows HJ + A'.$$

Isohydrische Indicatorlösungen. Zuverlässige Resultate bei der Messung ungepufferter Lösungen werden nur dann erhalten, wenn der zugefügte Indicator das p_H der Flüssigkeit nicht ändert. Der zugesetzte Indicator soll daher von derartiger Zusammensetzung sein, daß sein p_H demjenigen der zu untersuchenden Lösung gleich ist[1]. Derartige Indicatorlösungen werden von E. H. FAWCETT und S. F. ACREE[2] *isohydrisch* genannt.

Nun entsteht natürlich die folgende Frage: Nehmen wir an, daß wir eine große Reihe Lösungen mit verschiedenem Mischverhältnis der sauren und alkalischen Form eines bestimmten Indicators von bekanntem p_H haben. In welcher Weise kann man dann das richtige Gemisch finden, dessen p_H dem in der zu untersuchenden Lösung gleich ist? Diese Frage kann glücklicherweise in rein empirischer Weise gelöst werden. *Fügen wir nämlich steigende Indicatormengen zu der zu untersuchenden Lösung und messen wir jedesmal das p_H durch Vergleich mit Pufferlösungen mit derselben Menge Indicator, so werden nur dann konstante Werte erhalten, wenn das zugefügte Indicatorgemisch mit der unbekannten Lösung isohydrisch ist*[3]. Hat das Indicatorgemisch eine größere Wasserstoffionenkonzentration als die zu untersuchende Lösung, so werden mit zunehmender Indicatorkonzentration abnehmende p_H-Werte gemessen; ist das Indicatorgemisch zu alkalisch, so werden unter ähnlichen Verhältnissen zunehmende p_H-Werte gemessen.

---

[1] Vgl. I. M. KOLTHOFF: Biochem. Ztschr. **168**, 110 (1926).

[2] FAWCETT, E. H., u. S. F. ACREE: Journ. Bacteriol. **17**, 163 (1929) — Ind. Eng. Chem. Anal. Ed. **2**, 78 (1930).

[3] Vgl. auch W. H. PIERRE u. J. F. FUDGE: Journ. Amer. Chem. Soc. **50**, 1254 (1928).

Diese Schlußfolgerung kann theoretisch leicht geprüft werden. Ganz allgemein ist es von Interesse zu untersuchen, wie das p_H eines Indicatorgemisches oder irgendeines Puffergemisches sich ändert, wenn es zu extremen Verdünnungen gebracht wird. Bei unendlich großen Verdünnungen wird natürlich das p_H des Lösungsmittels erreicht.

Nehmen wir nun als Beispiel einen Indicator, der aus einem Gemisch des einwertigen (saure Form) und zweiwertigen (alkalische Form) Anions eines Sulfophthaleins besteht.

Bekanntlich wird das Gleichgewicht beherrscht durch:

$$\underset{\text{saure Form}}{HJ'} \leftrightarrows \underset{\text{alkalische Form}}{H^{\cdot} + J''}, \tag{1}$$

$$[aH^{\cdot}] = \frac{[aHJ']}{[aJ'']} K_I . \tag{2}$$

Die erste Dissoziationskonstante der Sulfophthaleine ist sehr groß, so daß die Hydrolyse des HJ'-Ions vernachlässigt werden kann. Fügen wir nun die Indicatorlösung, in der das Verhältnis $[HJ']:[J'']$ und die totale Indicatormenge bekannt ist, zu reinem Wasser, so wird das Verhältnis sich ändern, weil das p_H bei der Verdünnung nicht ungeändert bleibt. Nennen wir die analytische Konzentration von $[HJ']$ gleich a und dieselbe von $[J'']$ gleich b (molar), dann wird $[HJ']$ bei der Verdünnung abnehmen und $[J'']$ zunehmen, falls das Gemisch eine saure Reaktion hatte.

Aus der Elektroneutralität der Lösung ergibt sich, daß

$$[Na^{\cdot}] + [H^{\cdot}] = [HJ'] + 2[J''] + [OH'] \tag{3}$$

oder

$$a + 2b + [H^{\cdot}] = [HJ'] + 2[J''] + [OH']. \tag{4}$$

(Wir nehmen an, daß die Indicatorsäure mit Natronlauge neutralisiert war; statt der Aktivitäten sind Konzentrationen geschrieben, weil sich bei diesen großen Verdünnungen die Aktivitätskoeffizienten dem Wert 1 nähern.)

Weiter ist:

$$[HJ'] + [J''] = a + b, \tag{5}$$

und wir finden, daß

$$[HJ'] = a - [H^{\cdot}] + [OH'], \tag{6}$$

$$[J''] = b + [H^{\cdot}] - [OH']. \tag{7}$$

Nach (2), (6) und (7) ist dann:

$$[H^{\cdot}] = \frac{a - [H^{\cdot}] + [OH']}{b + [H^{\cdot}] - [OH']} K_I \tag{8}$$

oder
$$[H^{\cdot}] = -\frac{b + K_I}{2} + \sqrt{\left(\frac{b + K_I}{2}\right)^2 + a K_I + K_w + \frac{K_w K_I}{[H^{\cdot}]}}\,. \qquad (9)$$

Diese Gleichung 3. Grades kann nicht in einfacher Weise gelöst werden. Durch einige vereinfachende Annahmen ist der angenäherte Wert von $[H^{\cdot}]$ zu finden. Falls das Indicatorgemisch saure Reaktion hätte, so gilt an Stelle von (6) und (7) angenähert:

$$[HJ'] = a - [H^{\cdot}]\,, \qquad (6')$$

$$[J''] = b + [H^{\cdot}]\,, \qquad (7')$$

und *angenähert* gilt:

$$[H^{\cdot}] = -\frac{b + K_I}{2} + \sqrt{\left(\frac{b + K_I}{2}\right)^2 + K_I a}\,. \qquad (10)$$

In außerordentlich verdünnten Lösungen, wo das p_H sehr nahe gleich 7 ist, kann der Wert von $[H^{\cdot}]$ angenähert aus Gleichung (10) abgeleitet werden; dieser Wert wird dann benutzt zur Berechnung von $K_w K_I/[H^{\cdot}]$ in Gleichung (9), und diese Gleichung kann nun einfach nach $[H^{\cdot}]$ aufgelöst werden.

Falls das Indicatorgemisch alkalische Reaktion hatte, können Gleichungen (6) und (7) *angenähert* in folgender Weise ausgedrückt werden:

$$[HJ'] = a + [OH']\,,$$

$$[J''] = b - [OH']\,,$$

und der angenäherte Ausdruck gibt [statt (10)]:

$$[H^{\cdot}] = -\frac{K_w + K_I a}{2b} + \sqrt{\left(\frac{K_w + K_I a}{2b}\right)^2 + \frac{K_I K_w}{b}}\,.$$

In der folgenden Tabelle geben wir den berechneten p_H-Wert, falls zu 15 ccm reinem Wasser (p_H 7,00) verschiedene Mengen

p_H-Änderung von Wasser durch Bromthymolblauzusatz.

ccm 0,1 proz. Indicator zu 15 ccm Wasser	Totale Indicatorkonzentration in Wasser	Verhältnis $\frac{[HJ']}{[J'']}$	p_H berechnet [nach (9) und (10)]
0,1	$1{,}07 \times 10^{-5}$	98 : 2	6,20
0,3	3,21 × —	98 : 2	6,00
0,5	5,35 × —	98 : 2	5,92
0,1	1,07 × —	90 : 10	6,45
0,3	3,21 × —	90 : 10	6,37
0,5	5,35 × —	90 : 10	6,35
0,1	1,07 × —	10 : 5,5	7,00
0,3	3,21 × —	10 : 5,5	7,00
0,5	5,35 × —	10 : 5,5	7,00

einer 0,1proz. Bromthymolblaulösung, der die saure (gelbe; HJ′) und alkalische (blaue; J″) Form des Indicators in verschiedenem Mischverhältnis enthält, hinzugefügt werden.

$$K_I = 5{,}5 \times 10^{-8} \ (25°),$$
$$K_w = 1{,}00 \times 10^{-14} \ (25°).$$

Das Indicatorgemisch mit dem Verhältnis [HJ′] : [J″] = 10 : 5,5 ist mit dem Wasser isohydrisch.

Herstellung geeigneter Indicatorlösungen. Auf S. 115 ist die Herstellung der Indicatorlösungen für die colorimetrische p_H-Bestimmung schon ausführlich angegeben worden. Diese Indicatorlösungen sind jedoch nur zur Messung gepufferter Lösungen geeignet.

Für die Herstellung isohydrischer Indicatorlösungen titriert H. T. STERN[1] die Indicatoren mit Natriumhydroxyd und mißt das p_H während der Neutralisation mit der Chinhydronelektrode. Ein ähnliches Verfahren wird von PIERRE und FUDGE[2] beschrieben. FAWCETT und ACREE[3] halten eine große Reihe „abgestumpfter" Indicatorlösungen in Vorrat und bestimmen deren p_H durch angenäherte colorimetrische Messungen.

Die Kenntnis der Säurestufe der Indicatorlösung ist jedoch nicht von großem praktischem Vorteil, weil man das p_H der zu untersuchenden Lösung doch mit Hilfe von Pufferlösungen bestimmen muß. Daher empfehlen I. M. KOLTHOFF und T. KAMEDA, von jedem Indicator nur zwei Vorratslösungen herzustellen, die eine enthält die völlig saure Form, die andere die völlig alkalische Form des Indicators. (Bei den Sulfophthaleinen stellt das Mononatriumsalz die saure, das Dinatriumsalz die alkalische Form dar.) Von diesen Autoren wird besonders empfohlen, reine Indicatoren zu verwenden und ihre Reinheit außer durch Schmelzpunktbestimmung auch durch Leitfähigkeitstitration zu prüfen (vgl. S. 130).

Sulfophthaleine. a) 100 mg Indicator werden in der äquivalenten Menge Natriumhydroxyd gelöst und mit Wasser auf 100 ccm verdünnt (vgl. Tabelle S. 118; Lösung des Mononatriumsalzes; *saure Form*).

---

[1] STERN, H. T.: Journ. Biol. Chem. **65**, 675 (1925).

[2] PIERRE, W. H., u. J. F. FUDGE: Journ. Amer. Chem. Soc. **50**, 1254 (1928).

[3] FAWCETT, E. H., u. S. F. ACREE: Journ. Bacteriol. **17**, 163 (1929).

b) Zu 100 mg Indicator fügt man die doppelte äquivalente Menge Natriumhydroxyd und verdünnt auf 100 ccm (alkalische Form).

Methylrot. a) 0,1 proz. Lösung in 70 proz. Alkohol (saure Lösung), b) 0,1 proz. Lösung in 50 proz. Alkohol, zu der man die äquivalente Menge Lauge fügt (vgl. Tabelle S. 118; alkalische Form).

Phenolphthalein. a) 0,1 proz. Lösung in 50 proz. Alkohol, zu der man 1 Äquivalent Lauge fügt (saure Form); b) 0,1 proz. Lösung in 50 proz. Alkohol, zu der man 2 Äquivalente Lauge fügt (alkalische Form; frisch herzustellen).

Haltbarkeit der Indicatorgemische. Die Gemische beider Indicatorformen ändern ihr p_H beim Stehen. Daher ist es empfehlenswert, sie alle 2 oder 3 Tage frisch herzustellen, besonders wenn das p_H von ungepufferten Lösungen gemessen wird. Falls die Lösung schon eine geringe Pufferwirkung hat, kann man die Gemische wohl 14 Tage aufbewahren.

Auffindung des geeigneten Indicatorgemisches. Man stellt sich ein Gemisch her, das 50% der sauren und 50% der alkalischen Indicatorform enthält, und bestimmt das p_H in der gewöhnlichen Weise nach Zusatz von 0,05, 0,2 und 0,4 ccm Indicator. Falls mit steigender Indicatorkonzentration abnehmende p_H-Werte gefunden werden, ist das Gemisch zu sauer, und man stellt ein neues her, das 25% der sauren und 75% der alkalischen Form enthält. War das ursprüngliche Gemisch zu alkalisch, so stellt man sich ein anderes her, das 75% der sauren und 25% der alkalischen Form enthält. Meistens gelingt es, nach zwei Serienmessungen das richtige Gemisch zu finden.

Die p_H-Messung in reinem Wasser und Neutralsalzlösungen. I. M. Kolthoff und T. Kameda[1] haben eine einfache Technik zur p_H-Messung von reinem Wasser und Neutralsalzlösungen ausgearbeitet. Leitfähigkeitswasser wurde zur Entfernung evtl. vorhandener flüchtiger Basen zuerst über verdünnter Schwefelsäure und danach zweimal ohne Reagenszusatz unter Verwendung von Quarzkolben und Quarzkühler destilliert. Das erste und letzte Viertel des Destillats wurden verworfen und der Hauptteil des Destillats unter Schutz vor sauren oder alkalischen Gasen der

[1] Kolthoff, I. M., u. T. Kameda: Journ. Amer. Chem. Soc. **53**, 825 (1931).

Luft gesammelt. Das Wasser wurde in die Untersuchungszylinder übergehebert. Diese bestanden aus Resistenz-Pyrex-Glas, hatten die Form, wie in Abb. 25 *A* angegeben, und konnten durch einen eingeschliffenen Glasstöpsel abgeschlossen werden. Nach Öffnung der Hähne *a* und *b* wurde reine, kohlensäurefreie Luft durchgeleitet, darauf eine bestimmte Menge des Wassers oder der Neutralsalzlösung nach Öffnen von *c* eingehebert und die Lüftung so lange fortgesetzt, bis das Wasser völlig kohlensäurefrei war. Darauf wurde eine abgemessene Menge des Indicators durch *c* zugesetzt, das Gefäß geschlossen und darauf *b* und *a* abgedreht. Eine gleiche Menge Pufferlösung wurde mit der gleichen Menge Indicator versetzt und die colorimetrische Messung in üblicher Weise ausgeführt. Die Pufferlösung brauchte nicht vor der Atmosphärenluft geschützt zu werden; daher wurden den Untersuchungszylinder wie in Abb. 25 *B* ohne Glashähne verwendet. Das richtige Indicatorgemisch wurde in der besprochenen Weise gefunden.

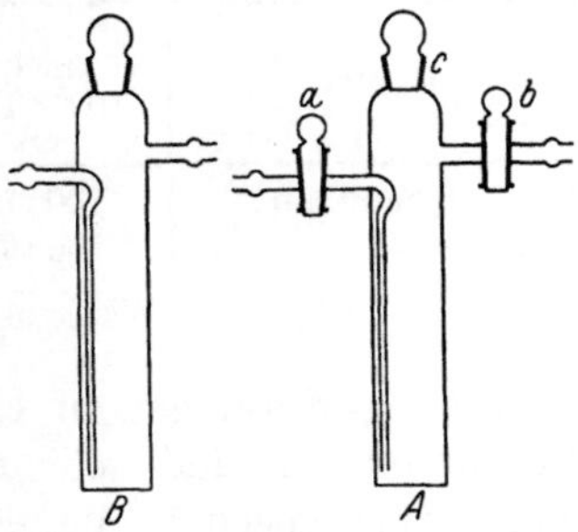

Abb. 25.

Einige Resultate, die der Mitteilung von KOLTHOFF und KAMEDA entnommen sind, zeigen die Zuverlässigkeit des Verfahrens.

Colorimetrische p_H-Bestimmung in 15 ccm reinem Wasser (25°).

Indicator	Verhältnis [HJ′] : [J″]	p_H gefunden mit verschiedenen Mengen Indicator[1]		
		0,1 ccm	0,3 ccm	0,5 ccm
Bromthymolblau .	96 : 4	6,62	6,50	6,20
„ .	100 : 55	**7,03**	**7,00**	**7,01**
„ .	4 : 96	7,93	8,05	8,25
Phenolrot	99 : 1	6,70	6,60	6,50
„	100 : 10	**7,03**	**7,05**	7,07
„	1 : 99	8,55	8,55	9,00

Aus der Tabelle ergibt sich, daß das Bromthymolblaugemisch 100 : 55 und das Phenolrotgemisch 100 : 10 mit dem reinen Wasser isohydrisch sind.

[1] Zu den experimentell bestimmten p_H-Werten ist 0,25 zugezählt worden als Korrektur für die Differenz der Ionenstärke im Wasser und in der Pufferlösung. (Vgl. den nächsten Abschnitt.)

Es sei hier bemerkt, daß reines Wasser und Neutralsalzlösungen sehr empfindlich sind gegen die Spuren von Kohlendioxyd, die in der Luft anwesend sind. Wenn der Stopfen eine Minute lang vom Untersuchungsgefäß abgenommen wurde, nachdem das Wasser kohlensäurefrei gemacht war, wurde ein p_H von 6,85 (statt 7,00) gefunden. Beim Umgießen des Wassers aus einem Gefäß in ein anderes änderte das p_H sich von 7,00 zu 6,35.

Einige Resultate der p_H-Bestimmung in einer 0,05molaren Kaliumchloridlösung in reinem Wasser sind in folgender Tabelle mitgeteilt worden.

Colorimetrische p_H-Bestimmung in 15 ccm 0,05molarer Kaliumchloridlösung (25°).

Indicator	Verhältnis [HJ′] : [J″]	p_H gefunden mit verschiedenen Mengen Indicator[1]		
		0,1 ccm	0,3 ccm	0,5 ccm
Bromthymolblau . .	100 : 55	6,77	6,77	6,77
Phenolrot	100 : 10	6,78	6,75	6,75

Wasserstoffelektrode[2] 6,70—6,77.

Die p_H-Messungen in Lösungen starker Basen bei extremen Verdünnungen sind sehr schwer ausführbar, weil sie äußerst empfindlich gegen Kohlensäure sind. Zudem muß man natürlich isohydrische Indicatorlösungen verwenden. Wir haben die Bestimmungen in der Weise ausgeführt, daß im Untersuchungsgefäß (Abb. 25) zum kohlensäurefrei gemachten Wasser unter Durchleiten reiner, kohlensäurefreier Luft verdünnte Lauge aus einer Mikrobürette und gleich darauf das Indicatorgemisch hinzugefügt wurde. Aus der bekannten Hydroxylionenkonzentration wird das p_H berechnet:

$$p_H = 14,00 - p_{OH}\,.$$

Die Messungen sind mit Thymolblau und Phenolphthalein als Indicatoren ausgeführt worden.

Aus den Befunden der folgenden Tabelle ergibt sich, daß das p_H äußerst verdünnter Basenlösungen noch mit einer Genauigkeit von 0,1 mit Phenolphthalein und Thymolblau bestimmt werden

[1] Keine Korrektur für den „Salzfehler".

[2] Geeignet für ungepufferte Lösungen; vgl. I. M. Kolthoff u. T. Kameda: Journ. Amer. Chem. Soc. **53**, 821 (1931).

Colorimetrische p_H-Bestimmung in 15 ccm äußerst verdünnter Natriumhydroxydlösungen bei 25°.

Indicator	Verhältnis [HJ'] : [J'']	p_H gefunden mit verschiedenen Indicatormengen[1]			
		0,1	0,3	0,5	p_H ber.
Phenolphthalein	99 : 1	**9,30**	**9,30**	**9,30**	9,22
„	70 : 30	9,32	9,42	9,50	9,22
„	60 : 40	9,40	9,50	9,60	9,22
Thymolblau	30 : 70	**9,25**	**9,25**	**9,25**	9,22
„	50 : 50	9,25	9,15	9,10	9,22
Phenolphthalein		**9,30**	**9,28**		9,22
„		**9,45**			9,47
„		**9,73**			9,82
„		**9,87**			10,00
„		**10,05**			10,12

kann. Aus ausführlichen Untersuchungen haben J. W. McBain, O. E. Dubois und K. G. Hay[2] und J. W. McBain, M. E. Laing und O. E. Clark[3] die Schlußfolgerung gezogen, daß Phenolrot, o-Kresolrot, Phenolphthalein und Thymolblau für die p_H-Messung äußerst verdünnter Elektrolytlösungen ungeeignet sind, weil sie Abweichungen von mehr als 1—2 Einheiten im p_H zeigen. Aus den in der obenstehenden Tabelle mitgeteilten Resultaten ergibt sich jedoch, daß die Indicatoren recht brauchbar sind, wenn man nur *unter richtigen Verhältnissen* arbeitet.

Schließlich seien noch einige Resultate genannt, die in einer wenig hydrolysierten Zinksulfatlösung mit der Wasserstoffelektrode und mit isohydrischen Methylrotlösungen erhalten wurden[4].

p_H von Zinksulfatlösungen bei 25°.

Molare Konzentration $ZnSO_4$	p_H H_2-Elektrode	p_H isohydrisches Methylrot
0,01	6,00	6,00
0,02	5,89	5,90
0,05	5,76	5,77
0,1	5,67	5,66

Destilliertes Wasser. Destilliertes Wasser im Gleichgewicht mit der Luft nimmt ein wenig Kohlensäure aus der Atmosphäre auf

[1] Zu den experimentell bestimmten p_H-Werten ist 0,25 als Korrektur für die Differenz in der Ionenstärke der Flüssigkeit und der Pufferlösung zugezählt worden.

[2] McBain, J. W., O. E. Dubois u. K. G. Hay: Journ. Gen. Physiol. **9**, 461 (1926).

[3] McBain, J. W., M. E. Laing u. O. E. Clark: Journ. Gen. Physiol. **12**, 695 (1929).

[4] Kolthoff, I. M., u. T. Kameda: Journ. Amer. Chem. Soc. **53**, 832 (1931).

und hat daher immer eine saure Reaktion. Normale Luft enthält ungefähr 0,03 Vol.-% Kohlensäure, während der Verteilungskoeffizient der Kohlensäure zwischen einem Gasraum und Wasser ungefähr 1 ist. Wasser, das im Gleichgewicht mit der Luft ist, wird also 0,03 Vol.-% Kohlensäure, d. h. 0,0000135 Mole der Säure pro Liter enthalten. Da die erste Dissoziationskonstante der Kohlensäure gleich 3×10^{-7} ist, hat das „Gleichgewichtswasser" eine Wasserstoffionenkonzentration von

$$[H^{\cdot}] = \sqrt{1,35 \times 10^{-5} \times 3 \times 10^{-7}} = 2 \times 10^{-6},$$

$$p_H = 5,7\,.$$

Mit isohydrischem Methylrot wurden in der Tat Werte von 5,7 bis 5,8 gefunden.

Gewöhnlich enthält das destillierte Wasser, das durch Destillation von Leitungswasser hergestellt wird, mehr Kohlensäure, als im Gleichgewicht mit der Luft ist (oft wohl $2,5 \times 10^{-4}$ molar). Läßt man das Wasser gegen Staub geschützt länger als eine Woche offen an der Luft stehen, so ist praktisch wohl das Gleichgewicht erreicht. Schneller kommt man zum Ziel, indem man 10 Stunden durch Säure und Wasser gewaschene Luft durchsaugt. Falls das Wasser dann mit isohydrischem Methylrot ein p_H kleiner als 5,7 aufweist, so sind andere Säuren als Kohlensäure als Verunreinigung anwesend, während ein p_H größer als 5,9 auf basische Verunreinigungen hinweist.

2. Der Salz- oder Elektrolyteffekt. Der sog. Salzfehler. Während man unter den richtigen Versuchsbedingungen den Säure- oder Basenfehler der Indicatoren ausschalten kann, ist der Elektrolyteinfluß experimentell nicht zu beseitigen.

Der Elektrolyteinfluß kann im allgemeinen auf zwei Ursachen zurückgeführt werden.

1. Das Salz übt einen Einfluß auf die optische Absorption der einen oder beider Indicatorformen aus, so daß nicht nur die Farbintensität geändert werden kann, sondern auch die Art der Farbe durch Verschiebung der maximalen Absorption nach kürzeren oder längeren Wellenlängen. Vergleicht man nun die Farbe eines Indicators in einer viel Salz enthaltenden Lösung mit derjenigen in einem gewöhnlichen Puffergemisch, so ist es öfters unmöglich, Farbengleichheit zu erreichen. Bei Nitrophenolen ist der Salzeinfluß auf die Farbintensität schon mit dem

unbewaffneten Auge wahrzunehmen. Fügt man zu einer völlig alkalischen Lösung von p- oder m-Nitrophenol zunehmende Mengen Neutralsalz, so nimmt die Farbtiefe der Lösungen zu. Beim Thymolblau im sauren Umschlagsgebiet ist der Salzeinfluß auch einfach nachzuweisen; fügt man zu einer sauren (roten) Thymolblaulösung steigende Mengen Salz, so nimmt die Farbtiefe ab, und die Art der Farbe ändert sich mehr nach rein rot. In 0,1n-Salzlösung ist die Intensität von Thymolblau (rot) und Tropäolin 00 (rot) etwa 20—30% kleiner als in sehr verdünnter salzfreier Säurelösung. Bei größeren Salzkonzentrationen ist die Abnahme der Farbstärke relativ nicht mehr so groß. Schon THIEL[1] hat darauf hingewiesen, daß man den Salzeinfluß auf das Absorptionsspektrum zu berücksichtigen hat; besonders schöne Untersuchungen über das Verhalten der Nitrophenole sind von v. HALBAN und EBERT[2] und von J. EISENBRAND[3] ausgeführt worden.

Für die gewöhnliche colorimetrische p_H-Messung ist es wichtig zu bemerken, daß der Salzeinfluß auf die Lichtabsorption der Indicatorformen bei Elektrolytkonzentrationen unter 0,5n in vielen Fällen wohl zu vernachlässigen ist. Will man jedoch das Indicatorfarbgleichgewicht bei größeren Salzkonzentrationen bestimmen, so ist man auf spektrophotometrische Messungen angewiesen, bei denen man die Absorptionskurve mit der der völlig sauren und alkalischen Form des Indicators beim gleichen Elektrolytgehalt vergleicht. Oder man stellt sich Puffergemische her mit der gleichen Menge desselben Salzes, wie die zu untersuchende Lösung enthält. Da das p_H der Pufferlösungen sich durch Salzzusatz ändert (vgl. S. 76 u. 270), so muß man natürlich ihre Säurestufe unabhängig mit der Wasserstoffelektrode bestimmen. Oder schließlich stellt man bei der Bestimmung mit dem Bicolorimeter (vgl. S. 299) die völlig saure und alkalische Vergleichslösung mit dem gleichen Salzgehalt wie die zu untersuchende Lösung her.

[1] THIEL, A., A. DASSLER u. F. WÜLFKEN: Fortschritte d. Ch., Physik u. physik. Ch. **18**, 3 (1924); auch GÜNTHER COCH: Diss. Marburg 1930.

[2] HALBAN, H. v., u. L. EBERT: Ztschr. f. physik. Ch. **112**, 321 (besonders 352, 359) (1924).

[3] HALBAN, H. v., u. J. EISENBRAND: Ztschr. f. physik. Ch. **132**, 401, 433 (1928); **133**, 476 (1928); **134**, 334 (1928). — EISENBRAND, J., u. H. v. HALBAN: Ztschr. f. physik. Ch. A **146**, 30, 101, 111 (1930); auch F. VLÈS u. M. GEX: Comptes rendus **185**, 946 (1927).

2. *Verschiebung des Gleichgewichtes zwischen beiden Indicatorformen durch Elektrolytzusatz.* Bei der colorimetrischen p_H-Bestimmung wird gewöhnlich angenommen, daß Farbengleichheit eines Indicators in zwei verschiedenen Lösungen die gleiche Wasserstoffionenaktivität bedeute. Es war S. P. L. SÖRENSEN[1] in seinen grundlegenden Studien schon bekannt, daß Indicatorsäuren in Lösungen mit dem größten Elektrolytgehalt eine zu alkalische und Indicatorbasen eine zu saure Reaktion aufweisen, wenn mit Pufferlösungen von niedrigerem Salzgehalt verglichen wird.

Mit Hilfe der Aktivitätstheorie ist dieser Salzeinfluß einfach zu erklären und bei sehr niedrigem Elektrolytgehalt quantitativ zu deuten[2]. Die Farbe eines Indicators wird durch das Verhältnis der *Konzentrationen* der sauren und alkalischen Form beherrscht, das Indicatorgleichgewicht jedoch durch das Verhältnis der *Aktivitäten* beider Formen.

Betrachten wir z. B. eine einbasische Indicatorsäure HJ.

Bei einer bestimmten Wasserstoffionenaktivität gilt:

$$\frac{[a\,HJ]}{[a\,J']} = \frac{f_0\,[HJ]}{f_1\,[J']} = \frac{[a\,H^{\cdot}]}{K_I'}, \qquad (12)$$

in der f_0 der Aktivitätskoeffizient der undissoziierten Säure und f_1 der der Indicatoranionen ist, während $[a\,H^{\cdot}]$ die Wasserstoffionenaktivität und K_I' die Dissoziationskonstante des Indicators darstellt. Aus Gleichung (12) ergibt sich, daß die Farbe des Indicators beherrscht wird durch:

$$\frac{[HJ]}{[J']} = \frac{[a\,H^{\cdot}]}{K_I}\,\frac{f_1}{f_0}. \qquad (12)$$

Wie im dritten Kapitel besprochen ist, nimmt der Aktivitätskoeffizient eines einwertigen Ions (f_1) zuerst mit steigender Konzentration ab, bis bei einer bestimmten Ionenstärke ein Minimum erreicht wird (Stelle des Minimums ist abhängig von der Art des bezüglichen Ions und der Art der anderen Ionen). f_0 nimmt im allgemeinen mit steigendem Elektrolytgehalt langsam zu; vorläufig wollen wir den letzten Effekt jedoch vernachlässigen.

Nehmen wir nun an, daß wir eine einbasische Indicatorsäure zu zwei verschiedenen Pufferlösungen mit derselben Wasserstoff-

[1] SÖRENSEN, S. P. L.: Biochem. Ztschr. **21**, 159 (1909).

[2] Vgl. J. N. BRÖNSTED: Journ. Chem. Soc. London **119**, 574 (1921).

ionenaktivität fügen, von denen die eine jedoch eine Ionenstärke von 0,001 und die andere von 0,1 hat. In der letzten Lösung ist f_1 kleiner als in dem Puffergemisch mit der Ionenstärke von 0,001, und daher wird nach Gleichung (12) das Verhältnis [HJ] : [J′] in der Lösung mit der Ionenstärke von 0,1 kleiner sein als in der mit derselben Wasserstoffionenaktivität, doch mit der Ionenstärke von 0,001. Daher ist die Farbe des Indicators in beiden Lösungen nicht die gleiche, in der Lösung mit der kleineren Ionenstärke ist die Farbe mehr nach der sauren Seite verschoben. Mit einer Indicatorbase wird der umgekehrte Effekt gefunden.

Bei der colorimetrischen p_H-Bestimmung vergleicht man gewöhnlich mit Pufferlösungen mit einer Ionenstärke von 0,05—0,1. Falls nun die Farbe des Indicators in der zu untersuchenden Lösung und im Puffergemisch dieselbe ist, so werden beide nur dann das gleiche paH haben, wenn die Ionenstärke (und eigentlich auch die Art der Ionen) in beiden Lösungen die gleiche ist. Falls eine Indicatorsäure verwendet wird und die zu untersuchende Lösung eine geringere Ionenstärke hat als das Puffergemisch, so ist das colorimetrisch gefundene paH zu niedrig, und eine entsprechende Korrektur für die Differenz der Ionenstärken in beiden Lösungen muß zu dem experimentell bestimmten p_H-Wert zugezählt werden. Diese Korrektur wird die *Salzkorrektur* genannt und hängt in erster Linie vom Unterschied zwischen der Ionenstärke in der zu untersuchenden und der Vergleichslösung ab.

Mit Hilfe der DEBYE-HÜCKELschen Theorie ist die Korrektur angenähert zu berechnen. Haben wir eine einbasische Indicatorsäure in zwei Lösungen mit derselben Wasserstoffionenaktivität, doch verschiedener Ionenstärke, so ist nach (12):

$$\left(\frac{f_0}{f_1}\right)_1 \left(\frac{[HJ]}{[J']}\right)_1 = \left(\frac{f_0}{f_1}\right)_2 \left(\frac{[HJ]}{[J']}\right)_2 . \tag{13}$$

Aus (12) und (13) ergibt sich dann, daß der Unterschied im Verhältnis $\frac{[HJ]}{[J']}$ in beiden Lösungen einer p_H-Differenz entspricht von:

$$\Delta p_H = +\log\left(\frac{f_0}{f_1}\right)_1 - \log\left(\frac{f_0}{f_1}\right)_2 . \tag{14}$$

Betrachten wir jetzt eine zweibasische Indicatorsäure (wie Phenolphthalein, Sulfophthaleine).

Hier ist:

$$\frac{[HJ']}{[J'']} = \frac{[aH^{\cdot}]}{K_I} \frac{f_2}{f_1}, \qquad (15)$$

in der f_2 den Aktivitätskoeffizient des zweiwertigen und f_1 den des einwertigen Indicatoranions vorstellt.

In ähnlicher Weise wie oben bei den einbasischen Indicatorsäuren finden wir dann:

$$\Delta p_H = +\log\left(\frac{f_1}{f_2}\right)_1 - \log\left(\frac{f_1}{f_2}\right)_2. \qquad (16)$$

Das Verhältnis $f_1 : f_2$ (16) nimmt mit zunehmender Salzkonzentration viel stärker ab als das entsprechende Verhältnis $f_0 : f_1$ (14), und daher ist der *Salzfehler* der zweibasischen Indicatorsäuren viel größer als der der einbasischen Indicatorsäuren (wie Nitrophenole). Ähnliches gilt für Indicatorbasen.

Auf Grund der besprochenen Verhältnisse läßt sich erwarten, daß die Benzeine (vgl. S. 140) kleinere Salzfehler haben werden als die entsprechenden Sulfophthaleine.

In Lösungen mit nicht zu hohem Salzgehalt läßt sich der Aktivitätskoeffizient nach der Debye und Hückelschen Gleichung berechnen:

$$-\log f = \frac{0{,}5 z^2 \sqrt{\mu}}{1 + 0{,}329 \times a \times 10^8 \sqrt{\mu}},$$

in der z die Wertigkeit der bezüglichen Indicatorform, a den Ionendurchmesser und μ die totale Ionenstärke vorstellt (vgl. S. 66). Nehmen wir an, daß f_0 bei allen Indicatorsäuren bei steigendem Elektrolytgehalt in der gleichen Weise zunimmt und daß sie denselben Ionendurchschnitt haben, dann ist bei nicht zu großen Elektrolytgehalten derselbe Salzfehler zu erwarten. Unter ähnlichen Bedingungen ist der Salzfehler zweibasischer Indicatorsäuren etwa dreimal so groß, weil

$$-\log \frac{f_1}{f_2} = \frac{1{,}5 \sqrt{\mu}}{1 + 0{,}329 \times a \times 10^8 \sqrt{\mu}}.$$

Bei geringer Ionenstärke ($\mu < 0{,}05$) können wir den Einfluß des Ionendurchmessers für praktische Zwecke wohl vernachlässigen, so daß wir dann erwarten können, daß alle zweibasischen Indicatorsäuren bei geringem Elektrolytgehalt denselben Salzfehler zeigen werden, *falls die Pufferlösungen, mit deren Hilfe das p_H gemessen wird, alle dieselbe Ionenstärke haben und die* *gleiche Art Ionen enthalten.* Bei colorimetrischen p_H-Bestimmungen werden die Puffergemische doch immer als Standardlösungen betrachtet, und das p_H der Pufferlösung wird als Standardwert angenommen. Aus dem Obenstehenden folgt dann ohne weiteres, daß das *Vorzeichen* der *Salzkorrektur* sich bei der Ionenstärke der Pufferlösung ändern wird. Ist das Vorzeichen bei kleineren Ionenstärken positiv (Indicatorsäure), so wird es bei größeren Ionenstärken (bis zu einem Maximalwert) negativ.

Mit Hilfe der DEBYE-HÜCKELschen Gleichungen läßt sich die Salzkorrektur quantitativ berechnen. Verschiedene Gründe sind jedoch dafür verantwortlich zu machen, daß besonders bei größeren Ionenstärken die Übereinstimmung zwischen berechneten und experimentell bestimmten Werten nicht gut ist; denn

a) der Ionendurchmesser a ist nicht bekannt;

b) die spezifische Zwischenreaktion zwischen Anionen und Kationen[1] und auch der Aussalzeffekt der Elektrolyte auf die Indicatorionen ist zu berücksichtigen (vgl. S. 67 u. 77);

c) es ist nicht sicher, ob die Indicatorsalze sich als ideale starke Elektrolyte verhalten, d. h. ob sie vollständig in die Ionen dissoziiert sind. Bevor die moderne Theorie der starken Elektrolyte entwickelt war, hatte N. BJERRUM[2] schon versucht, den Salzfehler auf Grund unvollständiger Dissoziation zu deuten;

d) bei größeren Ionenstärken kann das Absorptionsspektrum der Indicatorformen geändert werden, wie oben schon ausführlicher besprochen ist.

Die genannten Ursachen haben zur Folge, daß die Salzkorrektur besonders bei größeren Ionenstärken nicht quantitativ berechnet werden kann, und vorläufig müssen wir uns daher mit dem Resultat empirischer Messungen zufriedengeben. Bei geringen Ionenstärken findet man jedoch eine befriedigende Übereinstimmung zwischen den experimentell bestimmten und den auf Grund der DEBYE-HÜCKELschen Gleichungen berechneten Werten.

Nachdrücklich sei hier betont, daß die Salzkorrektur auch von der Ionenstärke und der Art der verwendeten Pufferlösungen, die zum Vergleich benutzt werden, abhängig ist.

---

[1] Vgl. J. N. BRÖNSTED: Trans. Faraday Soc. **77**, 416 (1927).

[2] BJERRUM, N.: Die Theorie der alkalimetrischen und acidimetrischen Titrierungen. Sammlung chemischer und chemisch-technischer Vorträge. Stuttgart 1914.

Arbeitern auf diesem Gebiet wird daher dringend empfohlen, bei der Veröffentlichung ihrer Resultate Art und Zusammensetzung der verwendeten Puffergemische zu erwähnen.

Die Indicatorkorrekturen. In einer eingehenden Arbeit habe ich[1] versucht, die Indicatorkorrekturen unter verschiedenen Verhältnissen experimentell zu bestimmen. Ein positives Zeichen weist an, daß die Korrektur zu dem experimentell bestimmten Wert zugezählt, und ein Minuszeichen bedeutet, daß die Korrektur vom bestimmten Wert abgezogen werden muß.

Methylorange. Da die Biphthalat-Puffergemische einen spezifischen Einfluß auf Methylorange ausüben[2] (vgl. auch S. 244), sind die Citratpuffer nach Kolthoff und Vleeschhouwer (vgl. S. 253) als Vergleichslösungen verwendet worden. Die Ionenstärke dieser Lösungen ist etwa 0,05.

Salzkorrektur von Methylorange in Citratlösungen.

Konzentration Monokaliumcitrat	Ionenstärke	Salzkorrektur
0,25 molar	0,25	+0,02
0,1 ,,	0,1	−0,03
0,05 ,,	0,05	−0,02
0,01 ,,	0,01	−0,02
0,002 ,,	0,002	−0,04
0,001 ,,	0,001	−0,04

Salzkorrektur von Methylrot in Citratlösungen, auch bei Anwesenheit von Neutralsalzen (verglichen mit Clarks Pufferlösungen).

Normalität des Citratgemisches (Alkalikonzentration)	Ionenstärke	Salzkorrektur
0,5	0,9	+0,04
0,1	0,18	−0,03
0,05	0,090	−0,03
0,025	0,045	−0,01
0,01	0,018	+0,02
0,005	0,009	−0,02
0,01 + 0,5n-KCl	0,52	+0,05
0,01 + 0,5n-NaCl	0,52	−0,08
0,01 + 0,5n-KJ	0,52	+0,13
0,01 + 0,5n-KNO_3	0,52	+0,08

[1] Kolthoff, I. M.: Journ. Physical Chem. **32**, 1820 (1928).
[2] Vgl. I. M. Kolthoff: Rec. trav. chim. Pays-Bas **45**, 433 (1926).

Wie Methylorange und Methylrot haben auch Thymolblau (im sauren Gebiet p_H 1,3—2,8) und Tropäolin 00 zu vernachlässigende Salzfehler. *Daher sind die Indicatoren Thymolblau* (p_H 1,3—2,8), *Tropäolin 00, Methylorange und Methylrot äußerst geeignet für die colorimetrische p_H-Bestimmung*, weil sie bei nicht zu großen Ionenstärken auch ohne Anwendung einer Korrektur zuverlässige Resultate ergeben.

Salzkorrektur von Natriumalizarinsulfonat, Bromchlorphenolblau, Bromphenolblau, Bromkresolgrün und α-Dinitrophenol. Gemessen in Natrium-Kalium-Citratgemischen (verglichen mit CLARKS Pufferlösungen).

Normalität der Citratlösung	Ionenstärke	Salzkorrektur für Alizarinsulfosäure	Chlorbromphenolblau	Bromphenolblau	Bromkresolgrün	α-Dinitrophenol
0,5	0,667	—0,26	—0,13	—0,11	—0,04	—0,15
0,1	0,133	—0,12	—0,02	—0,10	—0,05	
0,05	0,0667	0,00	0,00	0,00	+0,01	
0,025	0,0333	+0,03	+0,03	+0,03	0,00	0,00
0,01	0,0133	+0,12	+0,10	+0,08	+0,10	
0,005	0,0067	+0,11	+0,15	+0,08	+0,10	+0,17
0,0025	0,0033	+0,15	+0,20	+0,07	+0,15	
0,01 + 0,5n-KCl	0,51	—0,35	—0,18	—0,15	—0,17	—0,15
0,01 + 0,5n-NaCl	0,51	—0,43	—0,23	—0,23	—0,21	—0,23
0,01 + 0,5n-KNO_3	0,51	—0,34	—0,14	—0,14	—0,11	
0,01 + 0,5n-KJ	0,51	—	—0,12	—0,12	—0,08	

Salzkorrektur von Chlorphenolrot, Bromkresolpurpur und p-Nitrophenol in Citratlösungen (verglichen mit CLARKS Pufferlösungen).

Normalität der Citratlösung	Ionenstärke	Salzkorrektur für Chlorphenolrot	Bromkresolpurpur	p-Nitrophenol
0,5	0,9	— 0,06	— 0,21	+ 0,06
0,1	0,18	— 0,02	— 0,05	— 0,03
0,05	0,09	+ 0,03	+ 0,03	+ 0,01
0,025	0,045	+ 0,09	+ 0,09	+ 0,03
0,01	0,018	+ 0,15	+ 0,17	+ 0,02
0,005	0,009	+ 0,17	+ 0,17	0,00
0,0025	0,0045	+ 0,18	+ 0,18	+ 0,05
0,01 + 0,5n-KCl	0,52	— 0,11	— 0,23	— 0,13
0,01 + 0,5n-NaCl	0,52	— 0,16	— 0,31	— 0,16
0,01 + 0,5n-KJ	0,52	— 0,09	— 0,22	—
0,01 + 0,5n-KNO_3	0,52	— 0,04	— 0,17	— 0,12

Salzkorrektur von β-Dinitrophenol, Hexamethoxytriphenylcarbinol und Bromphenolblau in Monokaliumcitrat (verglichen mit CLARKS Puffern).

Konzentration Monokalium-citrat	Ionenstärke	Salzkorrektur von		
		β-Dinitrophenol	Hexamethoxyrot	Bromphenolblau
0,25	0,25	— 0,51	+ 0,19	— 0,13
0,1	0,1	— 0,08	+ 0,12	— 0,07
0,05	0,05	— 0,07	+ 0,03	— 0,02
0,01	0,01	— 0,02	— 0,07	+ 0,05
0,002	0,002	+ 0,01	— 0,04	+ 0,07
0,001	0,001	+ 0,09	— 0,05	+ 0,06

Salzkorrektur von Bromthymolblau, Phenolrot und Neutralrot in Phosphatlösungen (mit oder ohne Neutralsalz); verglichen mit CLARKS Phosphatpufferlösungen.

Zusammensetzung der Lösung (CLARKS Phosphatpuffer $p_H = 7,00$)	Ionen-stärke	Salzkorrektur für		
		Bromthymol-blau	Phenol-rot	Neutral-rot
2mal verdünnt	0,055	+ 0,04	+ 0,02	— 0,02
5 ,, ,,	0,022	+ 0,07	+ 0,08	— 0,04
10 ,, ,,	0,011	+ 0,11	+ 0,11	— 0,05
20 ,, ,,	0,0055	+ 0,12	+ 0,13	— 0,06
50 ,, ,,	0,0022	+ 0,14	+ 0,14	— 0,06
5 ,, ,, + 0,25n-KCl	0,27	— 0,17	+ 0,17	
5 ,, ,, + 0,5n-KCl	0,52	— 0,20	— 0,20	+ 0,07
5 ,, ,, + 0,5n-KBr	0,52	— 0,20	— 0,21	+ 0,13
5 ,, ,, + 0,5n-KJ	0,52	— 0,29	— 0,19	
5 ,, ,, + 0,25n-NaCl	0,27	— 0,19	— 0,20	+ 0,05
5 ,, ,, + 0,5n-NaCl	0,52	— 0,28	— 0,29	

Wie sich aus obenstehender Tabelle ergibt, ist die Salzkorrektur von Neutralrot sehr gering.

Salzkorrektur von Phenolphthalein und Thymolblau in 0,25-molarer Boraxlösung und Verdünnungen (verglichen mit CLARKS Borat-Pufferlösungen).

Konzentration Borax molar	Ionenstärke	Salzkorrektur von	
		Phenolphthalein	Thymolblau
0,25	0,5	— 0,24	— 0,22
0,1	0,2	— 0,07	— 0,05
0,05	0,1	— 0,05	— 0,03
0,01	0,02	+ 0,06	+ 0,05
0,005	0,01	+ 0,08	+ 0,08
0,0025	0,005	+ 0,14	+ 0,11

Salzkorrektur von Thymolphthalein, Alizaringelb und Salicylgelb in einem äquimolekularen Gemisch von Natriumcarbonat und Natriumbicarbonat (verglichen mit Natriumcarbonat-Borat-Pufferlösungen [vgl. S. 258]).

Ionenstärke der Carbonatlösung	Salzkorrektur von		
	Thymolphthalein[1]	Alizaringelb	Salicylgelb
1,0	(+0,15)	−0,43	−0,40
0,5	(+0,07)	−0,28	−0,26
0,2	−0,03	−0,19	−0,18
0,1	+0,04	−0,10	−0,16
0,05	+0,04	−0,02	−0,06
0,02	+0,12	+0,02	+0,02
0,01	+0,14	+0,10	+0,06
0,02 + 0,1n-KCl	−0,01	−0,16	—
0,02 + 0,5n-KCl	−0,16	−0,57	−0,52
0,02 + 0,5n-NaCl	—	−0,58	−0,54

Alizaringelb und Salicylgelb zeigen große Salzfehler und müssen daher mit Vorsicht angewendet werden. Es ist sehr erwünscht, bessere Indicatoren zur p_H-Messung im alkalischen Gebiet (10—13) zu besitzen.

In der folgenden Tabelle sind die Salzkorrekturen für die wichtigsten Indicatoren zusammengefaßt. Dabei ist angenommen, daß immer mit Pufferlösungen mit einer Ionenstärke von 0,1 verglichen wird, was gewöhnlich der Fall ist. Bei größeren Abweichungen von dieser Ionenstärke kann man durch Anwendung der Debye-Hückelschen Gleichung eine entsprechende Korrektur an den unten folgenden Zahlen anbringen[2].

Es sei hier bemerkt, daß J. B. Sendroy und A. B. Hastings[3] systematisch den Einfluß von KCl, NaCl, K_2SO_4, Na_2SO_4, $CaCl_2$ und $MgCl_2$ auf die Farbe von Bromkresolgrün, Bromkresolpurpur und Phenolrot bis zu Ionenstärken von 0,2 bestimmten (vgl. S. 291, wo die von ihnen gefundenen pK_I-Werte wiedergegeben sind). Eingehende und schöne Untersuchungen über den Salzfehler von Methylorange und Methylgelb auch bei großen Salz-

[1] Schnell messen; Indicator flockt aus; nicht besonders geeignet für colorimetrische Bestimmungen.

[2] Kolthoff, I. M.: Journ. Physical Chem. **32**, 1820 (1928).

[3] Sendroy, J. B., u. A. B. Hastings: Journ. Biol. Chem. **82**, 197 (1929).

Salzkorrektur von Indicatoren bei verschiedenen Ionenstärken bei Vergleich mit Puffern mit einer Ionenstärke von 0,1.

Ionenstärke	T.B.[1]	Trop. 00	M.O.	B.P.B.	B.K.G.	M.R.	C.P.R.	p-N.P.	B.T.B.	P.R.	N.R.	Phpht.	T.B.[2]
0,0025			−0,04	+0,15	+0,21	0,00		+0,06	+0,14	+0,14	−0,07		
0,005			−0,04	+0,14	+0,18	0,00	+0,15	+0,05	+0,12	+0,12	−0,06	+0,18	+0,16
0,01	0,00	0,00	−0,02	+0,14	+0,16	0,00	+0,18	+0,03	+0,11	+0,11	−0,05	+0,12	+0,12
0,02	0,00	0,00	0,00	+0,13	+0,14	0,00	+0,12	+0,02	+0,07	+0,07	−0,04	+0,10	+0,09
0,05	0,00	0,00	0,00	+0,10	+0,05	0,00	+0,05	+0,01	+0,04	+0,04	−0,02	+0,05	+0,05
0,1	0,00	0,00	0,00	0,00	0,00	0,00	0,00	0,00	0,00	0,00	0,00	0,00	0,00
0,5 (KCl)	0,00	0,00	0,00	−0,10	−0,12	0,00	−0,16	−0,18	−0,20	−0,20	+0,07	−0,26	−0,12
0,5 (NaCl)	0,00	0,00	0,00	−0,18	−0,16	0,00	−0,19	−0,19	−0,28	−0,29	−0,12	−0,21	−0,19

T.B. = Thymolblau; Trop. 00 = Tropäolin 00; M.O. = Methylorange; B.P.B. = Bromphenolblau; B.K.G. = Bromkresolgrün; M.R. = Methylrot; C.P.R. = Chlorphenolrot; p-N.P. = p-Nitrophenol; B.T.B. = Bromthymolblau; P.R. = Phenolrot; N.R. = Neutralrot; Phpht. = Phenolphthalein; T.B. = Thymolblau.

[1] Im sauren Gebiet. [2] Im alkalischen Gebiet.

konzentrationen sind von E. GÜNTELBERG und E. SCHIODT[1] mitgeteilt worden.

Beispiel zur Anwendung der Tabelle. In einem Essigsäure-Acetat-Gemisch mit einer totalen Salzkonzentration von 0,005 wird colorimetrisch mit Bromkresolgrün bei Verwendung der gewöhnlichen Pufferlösungen ein p_H von 4,8 gemessen. Der korrigierte Wert ist dann 4,8 + 0,18 = 4,98.

Zu einem anderen sehr verdünnten Acetatgemisch wird 0,5n-Natriumchlorid gefügt, und wieder wird colorimetrisch (B.K.G.) ein p_H von 4,8 gemessen. Der korrigierte Wert ist nun 4,80 — 0,16 = 4,64.

Es sei nachdrücklich betont, daß Kongorot, Azolitmin und Lackmus für die colorimetrische p_H-Bestimmung zu verwerfen sind, weil ihre Salzfehler sehr groß sind. So fand ich z. B. bei Kongorot in 0,5n-Natriumchlorid eine Salzkorrektur von —0,5; in 1n-NaCl von —1,0; für Azolitmin in 0,5n-NaCl eine Korrektur von —0,55.

Von anderen in der Literatur beschriebenen Beobachtungen über den Salzfehler seien folgende Beispiele angeführt.

Die Triphenylmethanfarbstoffe zeigen nach SÖRENSEN[2] große Salzfehler; Metanilgelb extra (Diazosulfosäureindicator) ist jedoch recht brauchbar. SÖRENSEN untersuchte drei Lösungen von 0,01n-Salzsäure. A war rein, B enthielt 0,1n-KCl und C 0,3n-KCl.

	p_H in		
	A	B	C
Berechnet	2,02	2,04	2,06
Elektrometrisch	2,01	2,01	2,05
Colorimetrisch mit Methylviolett	2,22	2,04	1,91
„ „ *Mauvein*	2,22	2,04	1,91
„ „ Methylgrün	2,28	2,05	1,89
„ „ Metanilgelb extra	1,99	2,04	2,04

Bei der p_H-Bestimmung in Seewasser haben SÖRENSEN und PALITZSCH[3] vergleichende Versuche ausgeführt, einmal colorimetrisch, dann mit einer Wasserstoffelektrode. Sie fanden dabei,

[1] GÜNTELBERG, E., u. E. SCHIODT: Ztschr. f. physik. Ch. **135**, 393 (1928).

[2] SÖRENSEN, S. P. L.: Biochem. Ztschr. **21**, 131 (1909).

[3] SÖRENSEN, S. P. L., u. S. PALITZSCH: C. r. du Lab. Carlsberg **10**, 252 (1911).

daß für die colorimetrische Methode folgende Korrekturen nötig sind:

a) p-Nitrophenol: Vergleichslösung Phosphatgemisch (SÖRENSEN).
$35^0/_{00}$ Salz . . . . −0,12
$20^0/_{00}$ „ . . . . −0,08

b) Neutralrot: Vergleichslösung Phosphatgemisch (SÖRENSEN).
$35^0/_{00}$ Salz . . . . +0,10
$20^0/_{00}$ „ . . . . +0,05

c) α-Naphtholphthalein: Vergleichslösung Phosphatgemisch (SÖRENSEN).
$35^0/_{00}$ Salz . . . . −0,16
$20^0/_{00}$ „ . . . . −0,11

d) Phenolphthalein: Vergleichslösung Boraxgemisch (SÖRENSEN).
$35^0/_{00}$ Salz . . . . −0,21
$20^0/_{00}$ „ . . . . −0,16

Die angeführten Zahlen geben die nötigen Korrekturen an. Hat man z. B. in einer Lösung mit $35^0/_{00}$ Salz mit Hilfe von Phenolphthalein $p_H = 8{,}4$ gefunden, so beträgt der wirkliche Wert 8,19.

S. P. L. SÖRENSEN und S. PALITZSCH bestimmten auch den Salzfehler bei sehr geringem Salzgehalt. Die Korrektur kann in diesem Falle positiv und negativ sein (wie S. 343 besprochen ist). *Bei der Beurteilung ihrer Ergebnisse hat man darauf acht zu geben, daß etwaige Salzfehler sich auf die von ihnen verwendeten* SÖRENSEN*schen Puffergemische beziehen.*

Es ergab sich nun, daß der Salzfehler von Neutralrot bei geringeren Konzentrationen als $20^0/_{00}$ zu vernachlässigen ist, dagegen nicht der von α-Naphtholphthalein und Phenolphthalein. Aus der graphischen Darstellung ihrer Ergebnisse leite ich folgende Korrektionswerte ab (vgl. S. 348).

Salzgehalt $^0/_{00}$	Korrektur für α-Naphtholphthalein	Korrektur für Phenolphthalein
0	+0,22	+0,22
2	+0,10 (Phosphatpuffer)	0,00
	+0,04 (Boraxpuffer)	
4	+0,06 (Phosphatpuffer)	−0,04
	−0,02 (Boraxpuffer)	
10	−0,03 (Phosphatpuffer)	−0,10
	−0,09 (Boraxpuffer)	
20	−0,17 (Phosphatpuffer)	−0,16
	−0,10 (Boraxpuffer)	

McClendon[1] bestimmte den Salzfehler in Gemischen von Borsäure und Borax mit einer gesamten Salzkonzentration von höchstens 0,6n für die Indicatoren o-Kresolsulfophthalein und α-Naphtholphthalein. Wenn die Salzkonzentration auf 0,5n steigt, muß man für den gefundenen Wert eine Korrektur in Höhe von —0,05 anbringen; steigt die Konzentration der Salze auf 0,6n, so muß die Korrektur —0,10 betragen.

W. D. Ramage und R. C. Miller[2] finden für den Salzfehler von Kresolrot eine gute Übereinstimmung mit den Werten von Wells[3].

Sie geben die nebenstehende Tabelle an.

Salzfehler von Kresolrot nach Ramage und Miller.

Salzgehalt in g auf 1 l	Salzfehler
5,0	—0,11
10,0	—0,16
15,0	—0,22
25,0	—0,25
30,0	—0,26
35,0	—0,27

Diese Werte sind auf Messungen mit den gewöhnlichen Puffergemischen, die 0,06—0,1n Salz enthalten, bezogen.

Über den Salzfehler von Phenolrot haben C. L. Brightman, M. R. Meachem und S. F. Acree[4] spektrophotometrische Untersuchungen ausgeführt; ihre Resultate sind besonders bei niedrigem Salzgehalt nicht gut mit den meinigen in Übereinstimmung. Wahrscheinlich haben sie den Säurefehler des Indicators vernachlässigt.

L. B. Parsons und W. F. Douglas[5] haben den Salzfehler verschiedener Indicatoren bei großem Salzgehalt bestimmt; verglichen wurde mit den Clarkschen Pufferlösungen. (Vgl. folgende Tabelle.)

J. T. Saunders[6] findet beim Vergleich mit den Sörensenschen Puffermischungen für Bromthymolblau einen Salzfehler von —0,19, wenn die Flüssigkeit 0,6n an Natriumchlorid ist. Ist die gesamte Elektrolytkonzentration nur 0,003n, so ist der Fehler +0,20.

[1] McClendon, J. F.: Journ. Biol. Chem. **30**, 265 (1917).

[2] Ramage, W. D., u. R. C. Miller: Journ. Amer. Chem. Soc. **47**, 1230 (1925).

[3] Wells, R. C.: Journ. Amer. Chem. Soc. **42**, 2160 (1920).

[4] Brightman, C. L., M. R. Meachem u. S. F. Acree: Journ. of Bacter. **5**, 169 (1920).

[5] Parsons, L. B., u. W. F. Douglas: Journ. of Bacter. **12**, 263 (1926).

[6] Saunders, J. T.: Proc. Cambridge Philos. Soc. **1**, 30 (1923).

Salzfehler nach PARSONS und DOUGLAS in konzentrierten Natriumchloridlösungen.

	Konzentration Natriumchlorid		
	1 molar	2 molar	3 molar
Thymolblau (saures Gebiet)	−0,10	−0,13	− 0,12
Methylrot	−0,04	−0,01	+0,12
Bromphenolblau	−0,28	−0,37	−0,43
Bromkresolgrün	−0,26	−0,31	−0,29
Bromkresolpurpur	−0,26	−0,33	−0,31
Bromthymolblau	−0,19	−0,27	−0,29
Phenolrot	−0,21	−0,26	−0,29
Kresolrot	−0,28	−0,32	−0,37
Thymolblau (alkalisches Gebiet) .	−0,22	−0,29	−0,34

Wenn der Salzgehalt kleiner ist als 0,1 n, so zeigen nach SAUNDERS Thymolblau, Phenolrot, Kresolrot, Bromthymolblau und Bromkresolpurpur denselben Fehler an, was in guter Übereinstimmung mit meiner Erfahrung ist (vgl. S. 345 u. 346).

In der folgenden Abbildung kann man aus der Kurve nach SAUNDERS immer den Salzfehler für Kresolrot ableiten.

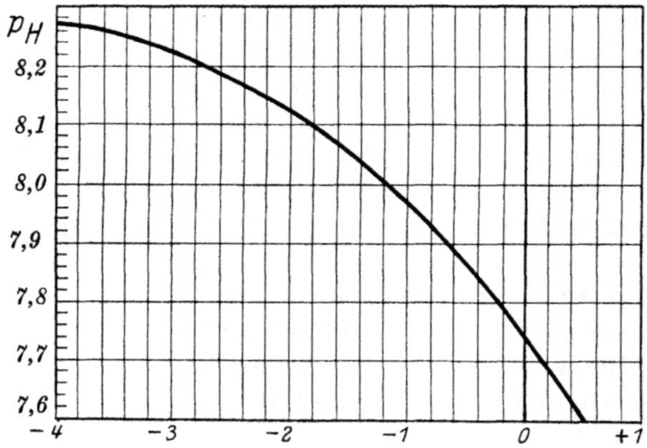

Abb. 26. Die Ordinatenachse gibt das p_H an, die Abszissenachse die Logarithmen der Salzkonzentration.

Die Kurve gibt die p_H-Änderung bei Änderung des Salzgehaltes an, während dabei die Farbe des Indicators *unverändert* bleibt. Kennt man nun den Salzgehalt der zu untersuchenden Lösung und auch den der Puffermischung, so ist die Korrektur einfach aus der Kurve abzulesen.

Nehmen wir z. B. an, daß die Salzkonzentration in der Puffermischung 0,1n und in der zu untersuchenden Lösung 0,6n ist (Meerwasser), so sehen wir, daß die Korrektur 7,82 — 7,96 = —0,14 ist. Ist die Salzkonzentration in der zu untersuchenden Lösung nur 0,01n, so ist die Korrektur 8,12 — 7,96 = +0,16 (ich fand in guter Übereinstimmung +0,12).

Wenn wir immer mit Puffermischungen, die eine Salzkonzentration von 0,08n haben, vergleichen, ist der Salzfehler der CLARKschen Indicatoren nach SAUNDERS:

	Salzgehalt	Salzfehler
Bromkresolpurpur	0,6n	—0,25
Bromthymolblau	0,6n	—0,19
Phenolrot	0,6n	—0,15
Kresolrot	0,6n	—0,18
Thymolblau	0,6n	—0,18

Die von mir[1] schon früher bestimmten Werte stehen gut in Einklang mit denen von SAUNDERS, so daß diese Salzfehler wohl als richtig zu betrachten sind (vgl. S. 348).

Auch die von B. COHEN[2] bestimmten Werte sind sehr zuverlässig. Er verglich mit den CLARKschen Pufferlösungen.

Salzkorrekturen nach B. COHEN.

Molare Salzkonzentration	m-Kresolpurpur		B.K.G.	P.P.R.	C.P.R.	B.C.P.B.
	saurer Bereich	alkalischer Bereich				
1,0	—0,14	—0,29	—0,32	—0,26	—0,26	—0,33
0,5	—0,09	—0,22	—0,26	—0,22	—0,20	—0,28
0,2	—0,02	—0,16	—0,16	—0,12	—0,10	—0,16
0,005	+0,11	+0,09	+0,09	+0,25	+0,23	+0,14

B.K.G. = Bromkresolgrün; C.P.R. = Chlorphenolrot;
B.P.R. = Bromphenolrot; B.C.P.B. = Bromchlorphenolblau.

Von einigen der weniger gebrauchten Indicatoren hat E. B. R. PRIDEAUX[3] die Salzkorrektur bestimmt. Verglichen wurde mit den SÖRENSENschen Pufferlösungen.

[1] KOLTHOFF, I. M.: Rec. trav. chim. Pays-Bas **41**, 54 (1922); **42**, 904 (1923).
[2] COHEN, B.: Public Health Reports **41**, 3051 (1926).
[3] PRIDEAUX, E. B. R.: The Theory and use of Indicators. London 1917.

Salzfehler einiger Indicatoren nach PRIDEAUX.

Indicator	Korrektur in Lösung mit 0,5 n-NaCl
p-Benzolsulfosäure-azo-naphthylamin	+0,10
p-Nitrophenol	−0,15 (?)
Alizarinsulfosäure	−0,26
Neutralrot	+0,09
Rosolsäure	−0,06
p-Benzolsulfosäure-azo-α-Naphthol	−0,12
Phenolphthalein	−0,12

Schließlich erwähnen wir die von L. MICHAELIS und GYEMANT[1] bzw. MICHAELIS und KRÜGER angegebenen Korrekturen für die von ihnen empfohlenen Indicatoren. Es scheint, daß ihre Angaben sich beziehen auf Vergleichungslösungen mit einer zu vernachlässigenden Ionenstärke. Ihre Resultate sind nicht gut mit den meinigen in Übereinstimmung (vgl. S. 344); dort wurde mit Pufferlösungen mit einer Ionenstärke von etwa 0,1 verglichen.

Salzfehler der Indicatoren nach MICHAELIS.

Indicator	0,5 n-Salz	0,15 n-Salz	0,1 n-Salz	0,05 n-Salz
α-Dinitrophenol	−0,20	−0,10	—	—
β- „	−0,30	−0,12	—	—
γ- „	−0,13	−0,07	—	—
p-Nitrophenol	−0,05	0,00	—	—
m- „	−0,16	−0,11	−0,10	−0,05
Phenolphthalein	−0,20	−0,08	—	—

3. Der „Proteinfehler". Auch hier war es wieder SÖRENSEN (1909), der gezeigt hat, daß die Proteinstoffe und ihre Abbauprodukte in verschiedenen Fällen die colorimetrische Bestimmung des p_H unregelmäßig machen können. Das liegt daran, daß die Proteinstoffe infolge ihres amphoteren Charakters sowohl saure wie basische Farbstoffe binden (adsorbieren) können. Bestimmtes läßt sich über den Proteineinfluß auf verschiedene Indicatoren nicht voraussagen; ganz allgemein scheint es jedoch, daß die wahren Proteine den am stärksten störenden Einfluß auf der sauren Seite des isoelektrischen Punktes ausüben; während die Abbauprodukte einen viel geringeren Einfluß ausüben. Der

[1] MICHAELIS, L., u. A. GYEMANT, Biochem. Ztschr. **109**, 165 (1920). — MICHAELIS u. R. KRÜGER: Biochem. Ztschr. **119**, 317 (1921).

Proteinfehler hängt auch von der Art des Indicators ab; nach SÖRENSEN ist er um so geringer, je einfacher der Indicator zusammengesetzt ist. Ganz allgemein möchten wir betonen, daß man bei der Anwendung eines bestimmten Indicators in proteinhaltigen Lösungen das Resultat mit dem mit der Wasserstoffelektrode erhaltenen vergleichen soll. Wird gute Übereinstimmung gefunden, so kann man in derartigen Lösungen zuverlässige Resultate erwarten.

Durch besondere Versuche wies SÖRENSEN nach, daß die Verbindung der Azoindicatoren mit Proteinstoffen langsam vor sich geht. Wenn er z. B. 40 ccm 0,5proz. Hühnereiweiß und 10 ccm n-Salzsäure mischte, änderte sich die Farbe von Tropäolin 00 allmählich von rot nach gelb. Aus Messungen mit der Wasserstoffelektrode ergab sich, daß sich die Wasserstoffionenkonzentration in dieser Zeit nicht geändert hatte. Aus Versuchen, die ich mit Milch ausführte, ergab sich, daß man den Proteinfehler leicht auf folgende Weise nachweisen kann. Wenn man zu Milch so viel Salzsäure hinzusetzt, daß das p_H etwa 2 ist, so wird ein einfallender Tropfen Dimethylgelb oder Methylorange einen Augenblick rot gefärbt. Nach dem Mischen wird die Farbe jedoch gelb.

Aus der Arbeit von SÖRENSEN[1] führe ich einige Beispiele in nachstehender Zusammenstellung an. a ist eine Invertinlösung, die als Puffergemisch 6 ccm Citrat und 4 ccm Natronlauge enthält. b ist eine etwas angesäuerte 2proz. Leimlösung, c ist eine schwach salzsaure, etwa 2proz. Lösung von Witte-Pepton, d schließlich ist eine 2proz. Hühnereiweißlösung.

	p_H in			
	a	b	c	d
Elektrometrisch	5,69	4,98	4,92	5,34
Colorimetrisch mit Alizarinsulfosäurenatrium	5,85	5,97	5,75	5,61
„ „ Lackmoid	5,75	—	—	—
„ „ p-Nitrophenol	5,75	—	—	5,39

Wie SVEN PALITZSCH[2] anzeigte, ist der Proteinfehler von Methylrot nur sehr gering. Dies geht u. a. aus folgenden Mes-

[1] SÖRENSEN, S. P. L.: Biochem. Ztschr. **21**, 131 (1909).
[2] PALITZSCH, SVEN: C. r. du Lab. Carlsberg **10**, 162 (1911).

sungen mit etwa 2% natürlichem Hühnereiweiß in verdünnter Salzsäurelösung hervor:

p_H elektrometrisch	p_H colorimetrisch	Δ elektrometr.-colorimetrisch
4,99	4,75	+0,24
5,16	4,90	0,18
5,53	5,27	0,26
5,60	5,39	0,21
5,68	5,41	0,27
5,70	5,48	0,27

Auch in den folgenden Proteinlösungen ist der Salzfehler von Methylrot gewöhnlich nur gering.

Art der Lösung	p_H elektr.	p_H colorim.	Δ elektr.-colorim.
1proz. salzsaure Caseinlösung + Phosphat . . .	5,66	5,58	+0,08
Salzsaure Lösung von hydrolysiertem Serum + Phosphat	**4,73**	**5,83**	**−1,1**
Wie vorige Lösung mit mehr HCl	**3,96**	**4,75**	**−0,79**
2proz. salzsaure Caseinlösung, teilweise durch Pepsin zersetzt	5,57	5,48	+0,09
2proz. Witte-Peptonlösung in Salzsäure mit 0,1n-NaCl	4,88	4,91	−0,03
Wie vorige Lösung	4,83	4,83	0,00
2% Hühnereiweiß, teilweise durch Pepsin zersetzt	5,63	5,58	+0,05
Wie vorige Lösung	5,27	5,19	+0,08
Wie vorige, aber noch weiter zersetzt	5,27	5,24	+0,03
2% Gelatinelösung + primäres Phosphat	5,57	5,51	+0,06
Wie vorige	5,17	5,17	0,00

Sörensen (1909) fand, daß die Abweichung von Methylviolett, p-Nitrophenol, Neutralrot, Rosolsäure, Phenolphthalein, Thymolphthalein in 2proz. Peptonlösung zu vernachlässigen ist, dagegen ist sie von Methylviolett, Tropäolin 00, Metanilgelb, Neutralrot, Rosolsäure, Phenolphthalein, Thymolphthalein, Alizaringelb und Tropäolin 0 in 2proz. Eiweißlösungen beträchtlich.

p-Nitrophenol und Tropäolin 000 sind in den letztgenannten Lösungen brauchbar.

W. M. Clark und H. A. Lubs[1] haben in verschiedenen Lösungen die „Proteinkorrekturen“ folgender Indicatoren festgestellt. Verglichen wurde mit den Clarkschen Pufferlösungen.

[1] Clark, W. M., u. H. A. Lubs: Journ. of Bacter. 2, 1, 109, 191 (1917).

Proteinkorrekturen nach CLARK und LUBS.

Indicator	Korrekturen in Pepton-Fleischbrühe	10% Gelatine	2% Eialbunin
Bromphenolblau	+0,05	—	—
Methylrot	−0,10	—	+0,24
Bromkresolpurpur	+0,01	+0,04	—
Bromthymolblau	+0,10	+0,04	—
Phenolrot	+0,04	+0,20	—
Kresolrot	+0,03	+0,20	—
Thymolblau	+0,04	+0,20	—
Kresolphthalein	−0,03	+0,20	—

Folgende Werte sind von BARNETT COHEN[1] in 5% Witte-Pepton gefunden.

Proteinkorrekturen nach B. COHEN in 5% Witte-Pepton.

Indicator	Proteinkorrektur	Indicator	Proteinkorrektur
m-Kresolpurpur (saures Gebiet)	−0,20	Bromphenolrot .	+0,11 bis −0,10
Thymolblau (saures Gebiet)	−0,20	Bromkresolpurpur	+0,11 bis −0,10
Bromphenolblau .	−0,35	Bromthymolblau	+0,34 bis +0,07
Bromchlorphenolblau	−0,35	Phenolrot . . .	+0,24 bis −0,01
Bromkresolgrün .	−0,12	Kresolrot	0,0
Chlorphenolrot. .	+0,09 bis −0,07	m-Kresolpurpur (alk.)	0,0
		Thymolblau (alk.)	+0,09 bis −0,03

E. H. LEPPER und C. J. MARTIN[2] fanden, daß Pseudoglobulin auf Phenolrot und Neutralrot eben einen umgekehrten Effekt ausübt wie Serumalbumin des Pferdes. Die Korrektur für Neutralrot hat das umgekehrte Zeichen wie die für Phenolrot (Neutralrot = Indicatorbase; Phenolrot = Indicatorsäure).

In Fällen, wo man über den Proteinfehler nichts im voraus weiß, empfiehlt es sich, das p_H sowohl mit einer Indicatorsäure wie Indicatorbase zu messen. Stimmen die Werte überein, so ist das Resultat gewöhnlich als zuverlässig zu betrachten.

---

[1] COHEN, B.: Public Health Reports **41**, 3051 (1926); über den Eiweißfehler von Bromthymolblau vgl. D. JAUMAIN: Comptes rendus de la Soc. de biol. **93**, 860 (1925).

[2] LEPPER, E. H., u. C. J. MARTIN: Biochem. Journ. **21**, 356 (1927).

Proteinkorrekturen nach LEPPER und MARTIN.

Pseudoglobulin-konzentration in Proz.	Neutralrot-korrektur	Albumin-konzentration in Proz.	Neutralrot-korrektur
0,33	0,00	0,19	−0,20
0,67	+0,05	0,38	−0,30
1,35	+0,15	0,75	−0,40
2,70	+0,25	1,5	−0,51
4,09	+0,45	3,0	−0,58
5,40	+0,60		
8,17	+0,73		
10,80	+0,83		
16,35	+0,85		
	Phenolrot-korrektur		Phenolrot-korrektur
2	0,00	0,00	0,00
4	−0,02	0,03	0,00
8	−0,03	0,06	+0,02
12	−0,04	0,13	+0,03

4. Der Kolloidfehler. Sobald wir nicht mehr mit einer wahren Lösung arbeiten, können wegen des verschiedenen Verhaltens beider Indicatorformen an irgendeiner Grenzschicht Schwierigkeiten auftreten. Wahrscheinlich ist auch der „Proteinfehler" zum Teil auf eine Kolloidwirkung zurückzuführen.

Daß die beiden Formen eines Indicators sich an einer Grenzschicht in verschiedener Weise verhalten können, hat DEUTSCH[1] durch einfache Versuche an der Luft-Wasser-Grenzphase nachgewiesen. Schüttelt man 0,01n-Salzsäure, die mit etwas Thymolblau versetzt ist, stark, so erscheint die Luft-Lösungemulsion viel dunkler rot als die ursprüngliche Lösung; zudem sieht man, daß die rote Form des Indicators sich im Schaum anhäuft (ferner hat er dort wahrscheinlich eine größere Dissoziationskonstante als im Wasser). Schüttelt man die Lösung statt mit Luft mit Ligroin, Benzol usw., so ist die geformte Emulsion schön rot gefärbt, während der Indicator in der wässerigen Phase eine Zwischenfarbe annimmt. Beim Absitzenlassen treten die ursprünglichen Verhältnisse wieder ein. Mit einigen anderen Indicatoren kann man ähnliche Versuche ausführen.

[1] DEUTSCH, B.: Ztschr. f. physik. Ch. **136**, 353 (1928) — Ber. Dtsch. Chem. Ges. **60**, 1036 (1927).

Im allgemeinen sei man bei der Anwendung der colorimetrischen Methode in kolloiden Lösungen vorsichtig, weil immer die Möglichkeit vorliegt, daß eine Indicatorform an die Grenzschicht Teilchen—Flüssigkeit vorzugsweise adsorbiert wird. Die Art der Ladung des Kolloides wird wahrscheinlich von großem Einfluß auf die Erscheinung sein. A. JARISCH[1] stellte fest, daß eine Seifenlösung, die ein p_H von 9,2 hatte, Neutralrot rot färbte, obgleich dieser Indicator doch in rein wässeriger Lösung schon bei einem p_H von 8,2 orangegelb gefärbt ist. Die Erklärung dieser Anomalie ist wohl die, daß die stark hydrolysierte Seifenlösung die Fettsäuren kolloid gelöst enthält. Diese Fettsäuren adsorbieren das basische Neutralrot, und zwar in der roten Form. Die Fettsäureteilchen verhalten sich wie ein negativ geladenes Kolloid, das Neutralrot als ein positiv geladenes Ion.

Daß die gegebene Erklärung richtig ist, ergibt sich wohl daraus, daß die von Neutralrot rot gefärbte Seifenlösung auf Zusatz von Alkohol gelb gefärbt wird. Der Alkohol bringt die kolloid vorhandenen Fettsäuren in wahre Lösung, und dann zeigt das Neutralrot die wahre Reaktion an.

Im allgemeinen kann man wohl erwarten, daß bei der colorimetrischen p_H-Bestimmung bei Anwesenheit von positiv geladenen Kolloiden die basischen Indicatoren, bei Anwesenheit von negativ geladenen Kolloiden die sauren Indicatoren besser brauchbar sind.

So zeigt z. B. Phenolphthalein in einer Seifenlösung ungefähr die richtige Reaktion an, während das basische Neutralrot einen stark abweichenden Wert gibt.

Auch fein verteilte Substanzen in Suspension können die colorimetrische Bestimmung stark stören, wenn sie eine der beiden Indicatorformen bevorzugt adsorbieren. Ein sehr frappantes Beispiel finden wir im Lanthanhydroxyd. Dieses ist eine starke Base, die in Wasser sehr schwer löslich ist. Die gesättigte Lösung in reinem Wasser hat ein p_H von etwa 9,0 bei 25°. Ist nun ein wenig des festen Hydroxyds in der Lösung suspendiert (z. B. trübe Lösung) und mißt man das p_H mit Thymolphthalein, so erhält man den Eindruck, als ob das p_H größer als 10,5 wäre; die Suspension ist dunkelblau gefärbt, ob-

[1] JARISCH, A.: Biochem. Ztschr. **134**, 177 (1922).

gleich das Thymolphthalein beim p_H 9,0 farblos ist. Läßt man den Niederschlag absitzen, so erhält man eine farblose Lösung; der Niederschlag ist jedoch dunkelblau gefärbt. Das feste Lanthanhydroxyd ist eine starke Base und bildet an seiner Oberfläche ein Salz mit den Indicatorsäuren; m. a. W.: das gefärbte Indicatoranion wird vorzugsweise adsorbiert, und das Indicatorgleichgewicht wird bei Anwesenheit der festen Phasen zugunsten der alkalischen Form verschoben. Phenolphthalein, Thymolblau und andere Indicatorsäuren verhalten sich in entsprechender Weise.

A. Gutbier und H. Brintzinger[1] untersuchten den Umschlag verschiedener Indicatoren bei Anwesenheit einiger lyophiler Kolloide, nämlich Gelatine, Gummi arabicum und Erythrodextrin. Außer bei Kongo scheinen diese Kolloide die Indicatoren wenig zu beeinflussen; die bei anderen Indicatoren wahrgenommenen Abweichungen lassen sich leicht durch das säure- bzw. basenbindende Vermögen der untersuchten Kolloide erklären.

Ganz allgemein sei hier nochmals nachdrücklich bemerkt: Wenn man das colorimetrische Verfahren bei der Untersuchung von Lösungen mit Substanzen anwenden will, deren Einfluß auf die Farbe der Indicatoren noch nicht untersucht ist (z. B. wie von Kolloiden, vielen organischen Stoffen), so muß man die Ergebnisse mit denen vergleichen, die elektrometrisch erhalten werden. Die Messung der Wasserstoffionenkonzentration mit Hilfe der Wasserstoffelektrode muß immer als Grundverfahren betrachtet werden.

5. Der Einfluß der Temperatur. Der Einfluß der Temperatur auf die Empfindlichkeit der Indicatoren ist S. 194 schon ausführlich besprochen worden und in der Tabelle S. 295 u. 296 über die Indicatorkonstanten berücksichtigt worden. Im folgenden geben wir die Änderung einiger Indicatorkonstanten bei Temperaturen zwischen 18 und 70° an (angenäherte Bestimmung) [s. l. Tabelle S. 361].

Michaelis und Mitarbeiter haben den Indicatorexponenten pK_I der von ihnen angewandten Indicatoren bei verschiedenen Temperaturen bestimmt. Ihre Ergebnisse sind in der unteren Tabelle auf S. 361 zusammengefaßt wiedergegeben.

[1] Gutbier, A., u. H. Brintzinger: Kolloid-Ztschr. **41**, 1 (1927).

Änderung der Indicatorkonstanten zwischen 18 und 70° nach KOLTHOFF.

Indicator	Änderung ausgedrückt in		Verhältnis der Dissoziationskonstante bei 70° zu der bei 18°
	p_H	p_{OH}	
Nitramin	−1,45	0,0	1
Phenolphthalein	−0,9 bis −0,4	−0,55 bis −1,05	etwa 5
Thymolblau	−0,4	−1,05	2,5
α-Naphtholphthalein	−0,4	−1,05	2,5
Curcumin	−0,4	−1,05	2,5
Phenolrot	−0,3	−1,15	2
Neutralrot	−0,7	−0,75	—
Bromkresolpurpur	0,0	−1,45	1
Azolitmin	0,0	−1,45	1
Methylrot	−0,2	−1,25	—
Lackmoid	−0,4	−1,05	2,5
p-Nitrophenol	−0,5	−0,95	3,2
Methylorange	−0,3	−1,15	14
Dimethylgelb	−0,28	−1,17	15
Bromphenolblau	0,0	−1,45	1
Tropäolin 00	−0,45	−1,0	10
Thymolblau	0,0	−1,45	1

Indicatorexponent pK_I der Indicatoren von MICHAELIS bei verschiedenen Temperaturen.

Temperatur	α-Dinitrophenol	β-Dinitrophenol	γ-Dinitrophenol	p-Nitrophenol	m-Nitrophenol
5°	4,13	3,76	5,21	7,33	8,43
10°	4,11	3,74	5,18	7,27	8,39
15°	4,08	3,71	5,15	7,22	8,35
20°	4,05	3,68	5,14	7,16	8,31
30°	3,99	3,62	5,09	7,04	8,22
40°	3,93	3,56	5,04	6,93	8,15
50°	3,88	3,51	4,99	6,81	8,07

Für Phenolphthalein beträgt der Temperaturkoeffizient 0,011 für 1°, und zwar muß die Korrektur bei höheren Temperaturen als 18° in Abzug gebracht werden. Für Salicylgelb ist der Temperaturkoeffizient 0,013, diese Korrektur muß bei höheren Temperaturen als 20° in Abzug gebracht werden.

6. Der Einfluß des Lösungsmittels. Der Alkoholfehler. Änderung des Lösungsmittels hat eine Verschiebung des Säure-Basen-Gleichgewichtes zur Folge, und auch die Indicatorkonstanten werden entsprechend geändert. Vergleicht man die Farbe eines Indicators in einer etwas Alkohol enthaltenden Lösung mit der in einer wässerigen Pufferlösung, so bedeutet Farbengleichheit beider Flüssigkeiten nicht mehr dasselbe p_H. Im sechsten Kapitel haben wir bereits den Einfluß von Alkohol auf die Empfindlichkeit von verschiedenen Indicatoren besprochen. Aus den Versuchsergebnissen habe ich die Korrekturen bei einem Alkoholgehalt zwischen 0 und 70 Vol.-% Alkohol berechnet und in untenstehender Tabelle vereinigt. Die Korrektionswerte beziehen sich auf eine Temperatur von 11—12°. Obwohl der Temperaturkoeffizient ziemlich groß ist, können wir doch wohl bis zu einem Alkoholgehalt von 70 Vol.-% annehmen, daß die Tabelle für Temperaturen zwischen 10 und 20° gilt. Wegen der Schwierigkeiten bei der Bestimmung des Empfindlichkeitsverhältnisses der säureempfindlichen Indicatoren Phenolphthalein, Thymolblau und Thymolphthalein sind hier die angegebenen Werte ziemlich unsicher.

Die Korrekturen sind in derselben Weise angegeben, wie dies beim Salzfehler geschehen ist. Ein positives Zeichen bedeutet, daß man zum colorimetrisch ermittelten p_H den angegebenen Wert addieren muß, um das richtige p_H zu erhalten. Im umgekehrten Falle muß man abziehen. Wenn z. B. die Korrektur für Methylorange in 50proz. Alkohol —1,2 ist, so bedeutet dies, daß man vom bestimmten p_H 1,2 abziehen muß, um den genauen Wert zu erhalten.

Alkoholfehler von Indicatoren, ausgedrückt in p_H bei 12°.

Alkoholgehalt in Vol.-%	T.B.[1]	Tr. 00	B.P.B.	D.G.	M.O.	Curc.	Phph.	T.B.[2]	Thph.	Tr. 0	Nitr.
10	0,00	—0,06	+0,06	—0,11	—0,10	—0,1	+0,06	+0,15	+0,1	+0,2	—0,25
20	+0,02	—0,23	+0,21	—0,24	—0,20	—0,3	+0,10	+0,3	+0,3	+0,52	—0,6
30	+0,07	—0,6	+0,35	—0,48	—0,47	—0,4	+0,15	+0,5	+0,6	+0,3	—0,9
40	+0,15	—1,0	+0,38	—0,8	—0,9	—0,5	+0,45	+0,7	+1,0	+0,5	—1,05
50	+0,21	—1,4	+0,38	—1,1	—1,2	—0,6	+1,0	+0,8	+1,3	+0,65	—1,1
60	+0,25	—1,7	+0,77	—1,4	—1,5	—0,5	+1,6	+0,9	+1,6	+0,8	—1,15
70	+0,30	—1,9	+1,0	—1,7	—1,8	—0,5	+2,2	+1,0	+1,9	+0,9	—1,25

T.B. = Thymolblau;
Tr. 00 = Tropäolin 00;
B.P.B. = Bromphenolblau;
D.G. = Dimethylgelb;
M.O. = Methylorange;
Curc. = Curcumin;
Phph. = Phenolphthalein;
Thph. = Thymolphthalein;
Tr. 0 = Tropäolin 0;
Nitr. = Nitramin.

[1] Saures Gebiet. [2] Alkalisches Gebiet.

Für die Bestimmung des Alkoholfehlers der halbempfindlichen Indicatoren muß man Puffermischungen in Alkohollösungen verschiedener Konzentration zur Verfügung haben. Das optische Verhalten der Indicatoren in nichtwässeriger Lösung läßt sich nämlich nach A. THIEL[1] mit dem in wässerigen Lösungen beobachteten nicht unmittelbar vergleichen.

L. MICHAELIS und M. MIZUTANI[2] und später MIZUTANI[3] allein haben mit der Wasserstoffelektrode das p_H in Lösungen schwacher Säuren mit ihren Salzen bei Anwesenheit von verschiedenen Mengen Äthylalkohol bestimmt. Bei der Berechnung haben sie angenommen, daß die Konstante der Wasserstoffelektrode, die für rein wässerige Lösungen gilt, durch den Alkoholzusatz unverändert bleibt. Für die Lösungen, die Alkohol in größeren Konzentrationen enthalten, wird hierdurch wahrscheinlich ein Fehler auftreten.

Aus ihren Messungen konnten MICHAELIS und MIZUTANI nicht die *wahre* Dissoziationskonstante der betreffenden Säure berechnen, weil man die Aktivität der Anionen nicht genau kennt. Sie haben daher die Aciditätskonstante (vgl. S. 99) bestimmt.

Nach der einfachen Gleichung ist, wie wir wissen:

$$K = \frac{[H^{\cdot}]\,[A^{\cdot}]}{[HA]}.$$

Die Wasserstoffionenkonzentration $[H_3O^{\cdot}]$ oder ihre Aktivität wird mit der Wasserstoffelektrode gemessen, während die Aktivität der ungespaltenen Säure gleich der gesamten Säurekonzentration gesetzt ist. Auch die Aktivität der Anionen kennen wir nicht. In alkoholhaltigen Lösungen ist die konventionelle Aktivität der Anionen bei derselben Salzkonzentration viel kleiner als in rein wässerigen Lösungen.

Wenn wir nun bei der Berechnung von K annehmen, daß $[A']$ gleich der gesamten Salzkonzentration ist — daß also der Aktivitätskoeffizient gleich 1 ist —, dann wird für K ein zu großer Wert gefunden. Zudem wird man finden, daß K mit steigendem Salzgehalt zunimmt.

---

[1] THIEL, A.: Ztschr. f. anorg. u. allg. Ch. **136**, 406 (1927).

[2] MICHAELIS, L., u. M. MIZUTANI: Biochem. Ztschr. **147**, 7 (1924) — Ztschr. f. physik. Ch. **116**, 135, 350 (1925).

[3] MIZUTANI, M.: Ztschr. f. physik. Ch. **116**, 350 (1925).

So fanden Michaelis und Mizutani in 70proz. Alkohol für eine Mischung von 0,1 molarer Essigsäure und 0,1 molarem Natriumacetat einen scheinbaren Wert für K von $6{,}6 \times 10^{-7}$, für eine 0,01 molare Mischung von $3{,}6 \times 10^{-7}$.

Da wir die Aktivitätskoeffizienten der Salze in alkoholhaltigen Lösungen noch nicht kennen, ist es am besten, den Wert der Dissoziationskonstante der Säure auf die zugehörige Salzkonzentration zu beziehen und dabei anzunehmen, daß die Aktivität des Salzes seiner Konzentration gleich ist (vgl. S. 76).

In der folgenden Tabelle findet man die Werte für p_K ($= -\log K$), die für eine Lösung, die 0,01 molar an Säure und 0,01 molar an dem Natriumsalz der Säure ist, gelten.

Die Dissoziationskonstante von Säuren in Alkohollösungen verschiedener Konzentration nach Michaelis und Mizutani. Konzentration des Salzes und der Säure 0,01 molar (t = 15—20°).

$$K = \frac{[H^+]\,[\text{Salz}]}{[\text{Säure}]}, \qquad p_K = -\log K.$$

Alkohol in Vol.-%	p_K für Ameisen-säure	Essig-säure	Milch-säure	Salicyl-säure	Benzoe-säure	Phosphor-säure K_2	Kohlen-säure K_2
0	3,66	4,70	3,71	3,06	4,23	7,08	10,03
10		4,79	3,82	3,13	4,31	7,26	
20	3,80	4,94	3,96	3,28	4,52	7,46	10,31
30		5,12	4,18	3,52	4,83	7,71	
40	4,13	5,38	4,37	3,80	5,23	7,95	10,80
50		5,68	4,70	4,09	5,62	8,22	
60	4,68	6,00	5,04	4,43	5,94	8,50	11,41
70		6,34	5,30	4,72	6,30	8,82	
80	5,30	6,69	5,64	5,05	6,65		
90		7,10	5,96	5,42	7,03		
95	5,83						

Das p_H einer derartigen Lösung ist also gleich p_K.

Macht man die Säurekonzentration zehnmal größer, so wird

$$p_H = p_K - 1,$$

wird die Säurekonzentration zehnmal kleiner, so ist:

$$p_H = p_K + 1.$$

Auch haben die genannten Autoren das p_H in Mischungen von schwachen Basen mit ihren Salzen gemessen. In der folgenden Tabelle geben wir einige der von ihnen gefundenen Werte wieder.

Da das Ionenprodukt des Wassers in den alkoholhaltigen Lösungen nicht genau bekannt ist, wird hier nicht der Wert der Dissoziationskonstante, sondern der Hydrolysekonstante angegeben (vgl. S. 93), und zwar ist:

$$K' = \frac{[H^{\cdot}]\,[Base]}{[Salz]}, \quad p_{K'} = -\log K'.$$

Alkohol in Vol.-%	$p_{K'}$ von Basen				
	NH_3	Methylamin	Anilin	Pyridin	Glykokoll
0	9,37	10,80	4,76	5,13	9,81
20	9,18	10,59	4,61	4,89	9,26
40	9,07	10,40	4,47	4,56	9,76
60	9,03	10,23	4,36	4,25	9,90
80	8,89	9,95	4,24	3,86	10,01
95	8,55	9,55	4,02	3,11	

Wir haben nur die Werte der wichtigsten Säuren und Basen übernommen. Bezüglich Einzelheiten sei auf die Quelle verwiesen.

Dank den Messungen von MICHAELIS und MIZUTANI haben wir eine Reihe von Puffermischungen zur Verfügung, mit denen man den Alkoholfehler der verschiedenen Indicatoren bestimmen kann. Untersuchungen nach dieser Richtung hin sind angestellt.

Einfacher ist es noch, wenn man mit den einfarbigen Indicatoren das p_H in alkoholischen Lösungen mißt, weil man dabei keine Puffermischungen zu verwenden braucht. Nach S. 311 ist:

$$p_H = pK_I + \log \frac{F}{1-F}.$$

L. MICHAELIS und M. MIZUTANI[1] haben nun das pK_I verschiedener Nitroindicatoren bei verschiedenem Alkoholgehalt bestimmt.

Praktische Vorschrift zur p_H-Messung in alkoholischen Lösungen. Im wesentlichen ist sie genau so, wie sie von MICHAELIS und GYEMANT für wässerige Lösungen beschrieben ist.

Der Unterschied ist nur folgender: Die alkoholische Vergleichslösung muß denselben Alkoholgehalt haben wie die zu untersuchende Lösung. Die zur Erreichung der maximalen Farbtiefe notwendige Alkalität muß immer durch Natronlauge hergestellt werden. Die endgültige Konzentration an dieser Lauge ist am besten bei einem Alkoholgehalt von 0—70% 0,01n, bei höherem

[1] MICHAELIS, L., u. M. MIZUTANI: Biochem. Ztschr. **147**, 7 (1924).

Alkoholgehalt 0,1n. Die p_H-Berechnung geschieht in derselben Weise wie für wässerige Lösungen, mit dem Unterschied, daß für p_K der für den betreffenden Alkoholgehalt gültige Wert eingesetzt wird. Für Phenolphthalein benutzt man eine besondere Tabelle.

Die absolute Genauigkeit der Methode ist nicht besonders groß. Für zuverlässige Werte bleibt die potentiometrische Methode übrig.

Tabelle nach Michaelis und Mizutani für p_K der Nitrophenolindicatoren bei verschiedenem Alkoholgehalt.

Indicator	p_K bei einem Alkoholgehalt in Vol.-% von									
	0	10	20	30	40	50	60	70	80	90
m-Nitrophenol. .	8,37	8,56	8,75	8,97	9,15	9,40	9,64	9,92	10,24	10,73
p- „	7,17	7,17	7,28	7,38	7,63	7,85	8,11	8,34	8,59	8,90
γ-Dinitrophenol .	5,15	5,20	5,23	5,39	5,45	5,58	5,70	5,95	6,08	9,46
α- „	4,00	4,00	4,00	4,00	4,00	4,15	—	—	—	—

Tabelle über den Zusammenhang des Farbgrades F und p_H beim Phenolphthalein bei verschiedenem Alkoholgehalt.

F	p_H bei einem Alkoholgehalt in Vol.-% von										
	0	10	20	30	40	50	60	70	80	90	95
0,01	8,5	8,7	8,9	9,2	9,5	9,8	10,2	10,6	10,8	11,1	11,3
0,02	8,6	8,8	9,0	9,3	9,7	10,0	10,4	10,7	11,0	11,2	11,5
0,04	8,8	8,9	9,2	9,5	9,9	10,2	10,6	10,9	11,2	11,4	11,7
0,06	8,9	9,0	9,4	9,7	10,0	10,3	10,7	11,0	11,3	11,6	11,8
0,08	8,98	9,1	9,5	9,8	10,1	10,4	10,8	11,1	11,4	11,7	11,9
0,1	9,04	9,2	9,6	9,9	10,2	10,5	10,9	11,2	11,5	11,8	12,0
0,2	9,22	9,4	9,8	10,1	10,5	10,8	11,1	11,5	11,9	12,1	12,3
0,3	9,38	9,6	9,9	10,2	10,6	10,9	11,3	11,7	12,1	12,3	12,4
0,4	9,54	9,7	10,1	10,4	10,8	11,1	11,4	11,8	12,2	12,4	12,6
0,5	9,80	9,9	10,2	10,5	10,9	11,2	11,5	12,0	12,4	12,6	12,7

Elftes Kapitel.

Die Indicatorpapiere.

1. Die Anwendung der Indicatorpapiere. Ebenso wie die Indicatorlösungen haben die Papiere den Zweck, die Reaktion einer Flüssigkeit anzuzeigen. Wie wir sehen werden, hängt die Empfindlichkeit des Papieres von so vielen Umständen ab, daß man mit ihnen die H-Ionenkonzentration im allgemeinen nicht genau bestimmen kann. Bei Puffermischungen kann man das p_H angenähert mit Indicatorpapieren messen. Bei qualitativen Versuchen empfiehlt sich die Anwendung öfters; u. a. bei der Untersuchung von Gasen auf saure oder basische Bestandteile (z. B. Ammoniak, Essigsäure usw.). Ferner bedient man sich der Reagenspapiere bei der qualitativen Metalluntersuchung. Bei bestimmten Arbeiten soll [H˙] zwischen bestimmten (wenn auch weiten) Grenzen liegen. So muß die Wasserstoffionenkonzentration bei der Fällung der Kupfergruppe ungefähr 0,05—0,2n sein, damit Zink noch nicht (oder fast nicht!), dagegen Blei und Cadmium fast vollständig ausgefällt werden. Man kann diesen Säuregrad mit Methylviolettpapier einstellen. Ferner soll bei der Fällung von Eisen, Aluminium und Chrom als basischen Acetaten und Formiaten [H˙] gleich 10^{-5} bis 10^{-6} sein. Deshalb wird die zu untersuchende Lösung so lange neutralisiert, bis die Reaktion mit Kongopapier nicht mehr und mit Lackmus noch sauer ist. Für die Untersuchung von Arzneimitteln haben die Indicatorpapiere eine Bedeutung bei der Identifikation. Starke Mineralsäuren reagieren mit Methylviolett- oder Thymolblaupapier sauer, mäßig starke mit Kongopapier und sehr schwache mit Lackmus- oder Azolitminpapier sauer. Starke Basen reagieren mit Curcuma- oder Tropäolin 0-, mäßig starke Basen mit Phenolphthalein- und sehr schwache Basen mit Lackmus- oder Azolitminpapier alkalisch. In der quantitativen Analyse werden die Reagenspapiere nicht viel verwendet, sie sind dazu im allgemeinen auch nicht zu empfehlen[1]. In stark gefärbten Flüssigkeiten, wie in Fruchtsäften, Wein u. a., kann man keine Indicatorlösung verwenden, mit den Papieren erhält man jedoch gewöhnlich ebenfalls einen unscharfen Umschlag. Besonders ist dies der Fall, wenn die zu titrierende Lösung noch eine Pufferwirkung hat, wenn das Papier schon anfängt, die Farbe zu ändern. In diesen Fällen kann man die Titration besser nach anderen Verfahren ausführen (mit der Wasserstoffelektrode oder konduktometrisch oder spektroskopisch[2]). Auch für die Bestimmung von schwachen Säuren (wie Essigsäure) neben starken Säuren sind Indicator-

---

[1] Gillespie u. Hurst: Soil Science **6**, 219 (1918); auch Gillespie u. Wise: Journ. Amer. Chem. Soc. **40**, 796 (1918).

[2] Über die verschiedenen physiko-chemischen Methoden zur Endpunktsbestimmung vgl. I. M. Kolthoff: Die Maßanalyse **1**. Die theoretischen Grundlagen der Maßanalyse. 2. Aufl. Berlin: Julius Springer 1930.

papiere nicht zu empfehlen. Nach der Vorschrift von GLASER[1] erhält man einen unscharfen Umschlag.

2. Empfindlichkeit der Indicatorpapiere. Die Empfindlichkeit von Reagenspapieren hängt von verschiedenen Umständen ab, die wir unten näher besprechen werden. Zu bemerken ist, daß die Empfindlichkeit immer kleiner ist als die der Indicatorlösungen, wenn man sie mit starken Säuren oder Basen bestimmt. Wenn man Puffermischungen gebraucht, zeigt das Reagenspapier jedoch dieselbe Empfindlichkeit für Wasserstoff- oder Hydroxylionen wie die entsprechende Indicatorlösung.

a) *Art des Papiers.* Geleimtes Papier wird im allgemeinen die Reaktion schärfer anzeigen als Filtrierpapier, weil der aufgebrachte Flüssigkeitstropfen sich nicht so stark verteilt, so daß die Reaktion auf einem kleineren Raum eintritt. Wenn man gefärbte Flüssigkeiten prüfen will, ist Filtrierpapier vorzuziehen, zumal wenn die Farbe der Flüssigkeit und die einer der Indicatorformen gleich sind. Das Papier verursacht durch seine Capillarwirkung eine Trennung in Farbstoff und farblose Flüssigkeit, welche besonders ausgesprochen ist, wenn der Farbstoff basischen Charakter hat. In diesem Falle sehen wir die Reaktion am Rande des Tropfens deutlicher hervortreten. Die Empfindlichkeit des geleimten Papiers ist viel geringer als die des Filtrierpapiers, wie KOLTHOFF[2] untersucht hat. Die Ursache ist wahrscheinlich die, daß geleimtes Papier wenig Farbstoff annimmt. Die Empfindlichkeit einiger geleimter Papiere findet man in untenstehender Tabelle (+ bedeutet schwache Reaktion, — keine Reaktion).

Empfindlichkeit des geleimten Papiers.

Indicator	10^{-3} n-HCl	5×10^{-4} n-HCl
Kongo	+	--
Dimethylaminoazobenzol . . .	—	—
Lackmus (sehr schwach gefärbt)	+	—

b) *Art und Vorbehandlung des Filtrierpapiers.* Wegen des kolloiden Charakters vieler Indicatoren wurde untersucht, ob die Vorbehandlung des Papiers mit verschiedenen Reagenzien, wie

[1] GLASER, FRITZ: Indicatoren der Acidimetrie und Alkalimetrie. Wiesbaden 1901.

[2] KOLTHOFF, I. M.: Pharm. Weekblad **56**, 175 (1919).

Salzsäure, Aluminiumchlorid, Natronlauge, von Einfluß auf die Empfindlichkeit war. Nach der Behandlung mit Salzsäure oder Aluminiumchlorid wurde so lange ausgewaschen, bis das Wasser nicht mehr sauer gegen Methylrot reagierte; wenn mit Lauge behandelt worden war, wurde ausgewaschen, bis das Wasser gegen Phenolphthalein nicht mehr alkalisch reagierte. Die so vorbehandelten Papiere, wozu verschiedenartige Filtrierpapiere verwandt wurden, sind mit Kongo-, Dimethylgelb-, Azolitmin- und Phenolphthaleinlösung (s. sub 4) behandelt worden. Es zeigte sich sodann, daß die Vorbehandlung praktisch ohne Einfluß auf die Empfindlichkeit ist, wenn man von reinem Papier ausgeht. Wenn dies nicht der Fall ist, ist Behandlung mit Salzsäure ausreichend. Auch die Art des Filtrierpapiers ist von geringer Bedeutung; am empfindlichsten wurde das Papier von SCHLEICHER und SCHÜLL „für Capillaranalyse" befunden. Jedoch ist der Unterschied so gering, daß man praktisch wenig auf die Art des Papiers zu achten braucht.

c) *Konzentration des Indicators im Papier.* Ebenso wie bei der Reaktion mit Indicatorlösungen hat auch bei den Papieren die Konzentration einen großen Einfluß auf die Empfindlichkeit. Wenn wir eine Indicatorsäure HJ betrachten, ist einfach abzuleiten (vgl. Kap. 5), daß

$$[H^{\cdot}] = \frac{[HJ]}{[J']} H_{HJ}.$$

Im Falle der Kongosäure stellt [HJ] die Konzentration der blauen Form vor und [J'] die der roten. Wenn wir zwei Kongopapiere vergleichen, von denen das eine eine zehnmal größere Kongorotkonzentration enthält als das andere, so wird bei derselben [H˙] das eine Papier auch eine zehnmal größere Konzentration [HJ] enthalten. Wenn die Säure, d. h. die blaue Form, empfindlich neben J' nachweisbar ist, so wird das konzentriertere Kongopapier auch empfindlicher gegen Säure sein als das verdünntere. Allgemein gilt dies natürlich nicht; es hängt von der Empfindlichkeit ab, mit welcher die saure Form neben der basischen nachweisbar ist. Für Indicatorbasen gelten dieselben Betrachtungen. Das Gesagte gilt natürlich nur dann, wenn die Papiere aus reinen Indicatorlösungen bereitet sind. Dies ist z. B. bei blauem und rotem Lackmuspapier *nicht* der Fall. Blaues Lackmuspapier enthält einen Überschuß an Base, rotes Lackmuspapier an Säure. Es ist also selbstverständlich, daß diese Papiere bis zu bestimmter Farbstoffkonzentration die $H^{\cdot}$ oder OH' um so empfindlicher anzeigen, aus um so verdünnteren Lackmuslösungen sie hergestellt sind. Auch gilt dies noch etwas für violettes Lackmuspapier, weil dieses immer noch geringe Mengen von Ampholyten enthält.

Den Einfluß der Kongorotkonzentration auf die Empfindlichkeit des Papiers findet man in folgender Tabelle.

Konzentration der Kongolösung, mit welcher das Papier durchtränkt wurde	0,01 n-HCl	0,005 n-HCl	0,001 n-HCl	0,0005 n-HCl	0,0002 n-HCl	0,0001 n-HCl
1% Kongo . . .	+++ stark blauer Fleck	+++ stark blauer Fleck	+++ Fleck	+	+	—
0,1% „ . . .	+++ stark blauer Fleck	+++	++ blauer Kreis, in der Mitte rot	+	+ schwach	—
0,01% „ . . .	+	+	+	—	—	—
0,001% „ . . .	—	—	—	—	—	—

Aus der Tabelle ergibt sich, daß man das empfindlichste Kongopapier enthält, wenn das Filtrierpapier mit 0,1- oder 1proz. Kongorotlösung durchtränkt wird. Die Empfindlichkeit reicht dann noch bis 0,0002n-HCl. Das 0,1proz. Kongopapier ist am meisten zu empfehlen, weil die Farbänderung leicht zu sehen ist.

Bei Lackmus- und Azolitminpapier steigt die Empfindlichkeit, wenn die Konzentration des Indicators geringer wird. Dies ergibt sich auch aus folgender Tabelle. Das gewöhnliche Papier ist aus 1proz. Lösungen bereitet.

Einfluß der Lackmus- oder Azolitminkonzentration auf die Empfindlichkeit des Papiers.

Art des Papiers	HCl-Konzentration				
	10^{-3} n	5×10^{-4} n	2×10^{-4} n	10^{-4} n	5×10^{-5} n
Blaues Lackmusp. 1%	++	—	—	—	—
„ „ 0,1%	+++	++	+	—	—
Violettes Lackmusp. .	+++	++	±	—	—
Azolitmin 1% . . .	+++	+++	++	+	—
„ 0,1% . . .	+++	+++	++	+	—

Art des Papiers	NaOH-Konzentration			
	10^{-3} n	4×10^{-4} n	2×10^{-4} n	10^{-4} n
Rotes Lackmusp. 1%	++	++	+	—
„ „ 0,1%	++	++	+	+
Violettes Lackmusp. .	++	++	+	—
Azolitmin 1% . . .	+++	+++	++	+
„ 0,1% . . .	+++	+++	++	+

Bei den Empfindlichkeitsbestimmungen mit Lauge soll man für die Verdünnung ganz reines, jedenfalls völlig kohlensäurefreies Wasser benutzen, sonst findet man eine viel geringere Empfindlichkeit, als in der Tat vorhanden ist.

Aus den Versuchen ergibt sich, *daß das empfindlichste Reagens für starke Säuren und Basen Azolitminpapier ist, das aus 0,1proz. Indicatorlösung bereitet ist.* Man kann damit die Anwesenheit von 10^{-4}n-Salzsäure und Natronlauge nachweisen. Auch für die schwächeren Säuren und Basen ist es das beste Papier.

Für Methylviolettpapier gilt, wie gesagt, dasselbe wie für Lackmuspapier. Wenn es aus zu konzentrierten Lösungen bereitet ist, ist es fast nicht mehr brauchbar. Die Farbe des Papiers soll halbviolett sein; man erhält es so, indem man von einer 0,4promill. Methylviolettlösung ausgeht. 0,01n-Salzsäure färbt dieses Papier noch eben violettblau, 0,1n-HCl blaugrün und n-HCl gelbgrün.

Das Phenolphthaleinpapier verhält sich anders als die anderen Papiere. Es ist gleichgültig, ob das Papier vorbehandelt ist, der aufgesetzte Tropfen bleibt auf dem Papier liegen und diffundiert nicht oder nur sehr langsam. Für die Bereitung des Papiers wurde 1- und 0,1proz. alkoholische Phenolphthaleinlösung verwendet. Wahrscheinlich sind diese Konzentrationen noch so groß, daß der Indicator beim Trocknen in den Capillaren des Papiers auskrystallisiert. Da nun der Tropfen einige Zeit liegenbleibt, dauert es verhältnismäßig lange, bevor die alkalische Reaktion wahrnehmbar ist. Schneller erhält man ein Ergebnis, wenn man mit einem Stäbchen die Berührung zwischen Flüssigkeit und Papier befördert. Das Phenolphthalein löst sich dann.

Die Reaktion spielt sich also im Tropfen ab und nicht im Papier; wir könnten sie also auch in einem Capillarrohre vor sich gehen lassen. Die Empfindlichkeit des Phenolphthaleinpapiers ist, wie man leicht verstehen kann, dieselbe wie die der Indicatorlösung. So gab eine 0,0001 n-Natronlaugelösung mit dem Papier noch eine schwache Rosafärbung. Der Vorteil des Phenolphthaleinpapiers liegt darin, daß man nach dem Aufsetzen des Tropfens keine Capillarerscheinungen wahrnimmt, wodurch die Beurteilung viel schärfer wird. Erst nach einiger Zeit diffundiert der Tropfen, und dann verschwindet schließlich die rote oder rosa Farbe des Indicators.

Auch bei anderen Papieren spielt die Konzentration des Indicators eine Rolle. In der Tabelle am Ende dieses Kapitels (S. 383) findet man die geeignetste Konzentration an Indicatorlösung angegeben.

d) *Die Art der Reaktionsanstellung.* Gewöhnlich setzt man einen Tropfen der zu untersuchenden Lösung auf das Papier. Man kann dieses auch in die Flüssigkeit hineinhängen. Viel Vorteil bietet das aber nicht; ich fand die Empfindlichkeit auf diese Weise immer geringer, als wenn man einen Tropfen auf das Papier setzte. Zudem soll man wegen der Capillarerscheinungen, infolge deren der Farbstoff diffundiert, schnell beobachten. Bei längerem Einhängen löst sich ein Teil des Farbstoffes, was durch Elektrolyte befördert wird (WALPOLE[1]).

e) *Beschaffenheit der Lösung.* Bis jetzt haben wir die Empfindlichkeit des Indicatorpapiers immer mit Lösungen von starken Säuren und Basen beurteilt. Die Empfindlichkeit ist, ausgenommen bei Phenolphthaleinpapier, immer geringer als die der zugehörigen Indicatorlösungen. Wenn wir z. B. eine 0,0001 n-Salzsäurelösung mit einer Mischung von etwa 90 ccm 0,1 n-Essigsäure und 10 ccm 0,1 n-Acetat vergleichen, so geben beide Flüssigkeiten mit Methylorange ungefähr dieselbe Farbe. Beurteilt man jedoch auf Azolitminpapier, so reagiert die Essigsäure-Acetat-Mischung scheinbar viel stärker sauer als die Salzsäurelösung; hieraus ergibt sich also, *daß ein Indicatorpapier die wirkliche Acidität oder die Wasserstoffionenkonzentration nicht gut anzeigt.* Wenn auf irgendeine Weise Wasserstoffionen fortgenommen werden (durch Adsorption vom Papier oder durch Verunreinigung des Indicators oder des Papiers), werden keine H-Ionen nachgeliefert. Die Flüssigkeit wird hierdurch neutralisiert. Wenn man jedoch mit einer

---

[1] WALPOLE, H.: Journ. Biol. Chem. 7, 260 (1913).

Puffermischung arbeitet, haben Spuren von Verunreinigungen keinen Einfluß. Wenn man die Empfindlichkeit der Indicatorpapiere mit Puffermischungen beurteilt, findet man daher, daß sie dieselbe ist wie die der Indicatorlösungen. Bei *starken Elektrolyten geben die Indicatorpapiere jedoch mehr einen Eindruck von der Titrationsacidität als von der Wasserstoffionenkonzentration.*

Ein Papier, das einigermaßen einen Eindruck sowohl von der $H^{\cdot}$-Konzentration wie von der Titrationsacidität gibt, ist Kaliumjodid-Jodatpapier. Jodid und Jodat reagieren miteinander nach der Gleichung:

$$5\,J' + JO_3' + 6\,H^{\cdot} \rightarrow 3\,J_2 + 3\,H_2O\,.$$

Die Reaktion ist eine Zeitreaktion, und die Geschwindigkeit ist sehr von der $[H^{\cdot}]$ abhängig. Aus der Gleichung ergibt sich, daß bei der Reaktion $H^{\cdot}$-Ionen fortgenommen werden. Wenn wir also wieder 0,0001 n-HCl mit der Essigsäure-Acetat-Mischung gegen Jodid-Jodatpapier vergleichen, so werden beide Lösungen im ersten Augenblick dieselbe braune oder blaue Farbe geben. Das mit dem Puffergemisch behandelte Papier wird allmählich dunkler gefärbt werden, weil die fortgenommenen $H^{\cdot}$-Ionen nachgeliefert werden. Bei der Salzsäure ist dies nicht der Fall.

3. Die Bestimmung der H-Ionenkonzentration mit Indicatorpapieren. Wir haben schon auf der vorigen Seite gesehen, daß Indicatorpapiere mit Puffermischungen ungefähr das Umschlagsgebiet des betreffenden Indicators angeben. *Bei Anwesenheit einer genügenden Menge von Regulatoren kann man dann auch den Wasserstoffexponenten ziemlich genau abschätzen.* Auf Anregung von Professor SÖRENSEN hat Fräulein HEMPLE[1] dies versucht; sie fand Lackmoidpapier brauchbar zwischen den p_H 3,8—6,0. Ein Tropfen der zu untersuchenden Lösung wurde auf das Papier gebracht, dann wurde die Farbe mit der verglichen, welche Puffermischungen hervorbrachten. Die Genauigkeit geht ungefähr bis auf 0,2—0,5 p_H herab. HAAS[2] hat das Verfahren erweitert. Er gibt eine Vorschrift zur Bereitung von blauem und rotem Lackmoidpapier. Auf einige Streifen des Papiers bringt man einen Tropfen der zu untersuchenden Lösung. Zu gleicher Zeit macht man mit Puffermischungen von bekannter $[H^{\cdot}]$ eine Reihe von Vergleichs-

---

[1] HEMPLE: C. r. du Lab. Carlsberg **13**, 1 (1917).
[2] HAAS: Journ. Biol. Chem. **38**, 49 (1919).

papieren. Die Streifen werden langsam über Natronkalk (Kohlensäure muß ausgeschlossen werden) getrocknet. Während des Trocknens vergleicht man dann und wann die Farbe; die eigentliche Bestimmung geschieht, wenn die Papiere ganz trocken sind. Der Vergleich der Farben geschieht von der Mitte des Tropfens ab, am Rande ist die Farbe wegen der Diffusion meistens verwischt. Durch Bedecken der Papiere mit gutem Paraffin kann man eine Reihe haltbarerer Vergleichspapiere herstellen. Außer Lackmoidpapier verwendet HAAS noch andere Indicatorpapiere:

Methylorangepapier	für p_H = 2,4—3,8
Bromphenolblaupapier	„ „ = 3,4—4,6
Alizarinpapier	„ „ = 4,0—6,0
Azolitminpapier	„ „ = 6,2—8,0
Neutralrotpapier	„ „ = 7,0—9,0

Die Genauigkeit des Verfahrens geht nach HAAS von 0,4 bis zu 0,2 p_H herab. Für die p_H-Bestimmung in kleinen Flüssigkeitsmengen kann das Verfahren mit Vorteil verwendet werden. *Jedoch soll man mit der Anwendung vorsichtig sein.*

Ich habe das Verfahren zur p_H-Bestimmung mit Indicatorpapieren ebenfalls untersucht. Die Ergebnisse seien hier nur kurz mitgeteilt. Im Gegensatz zu HAAS fand ich, daß man den Tropfen im allgemeinen nicht eintrocknen lassen darf, denn die Farbe wird dann sehr undeutlich, und geringe Unterschiede sind auf diese Weise schwer zu erkennen. Weiter ist es am besten, den Tropfen nicht mit einem Glasstäbchen, sondern mit einer Capillare auf das Papier zu bringen. So kann man mit 10—20 cmm Flüssigkeit auskommen. Im allgemeinen ist es am besten, gehärtetes Papier zu verwenden; auch Filtrierpapier von SCHLEICHER und SCHÜLL für Capillaranalyse ist oft für den Zweck sehr geeignet. Von großer Bedeutung ist die „Intensität" der Pufferwirkung. Wenn man z. B. eine Phosphatmischung von $p_H = 7,0$ zehnmal verdünnt und die Farbe auf rotem Lackmuspapier beurteilt, so ist die unverdünnte Lösung scheinbar viel stärker alkalisch als die verdünnte Lösung. Es ist zu empfehlen, als Vergleichslösungen immer Puffermischungen anzuwenden, deren Pufferwirkung ungefähr dieselbe ist wie die der zu untersuchenden Lösung; dann geht die Genauigkeit des Verfahrens bis auf ungefähr 0,2 p_H. Für die schnelle Untersuchung von Blutserum und Harn dürfte das Verfahren von Bedeutung sein. Wenn die

Art des Papiers	Konzentration d. Indicat.-Lösung	Anwendbar zwischen	Beobachtungszeit nach Aufbringen des Tropfens	Genauigkeit und Bemerkungen
Kongorot (gehärtetes Papier) . .	0,1%	$p_H = 2{,}5$—$4{,}0$	innerhalb 5 Min.	Ungefähr 0,2 p_H. Beim Eintrocknen wird der blaue Fleck wieder rot.
Methylorange . . .	0,2%	$p_H = 2{,}6$—$4{,}0$	nach 2 Min.	Ungefähr 0,2 p_H, schnell beurteilen. Kongopapier im allgemeinen besser, Einfluß der Verdünnung groß.
Alizarin (gehärtetes Papier)	0,1%	$p_H = 4{,}6$—$5{,}8$	„ 5 Min.	Ungefähr 0,2—0,3 p_H.
Blaues Lackmoidpapier	0,1%	$p_H = 4{,}6$—$6{,}0$	„ 5—10 Min.	0,2—0,3 p_H.
Brillantgelbpapier	0,2%	$p_H = 6{,}8$—$8{,}5$	„ 5—60 „	0,2 p_H. Bei Anwesenheit von Borsäure (Puffermischung) darf man nicht eintrocknen lassen.
Rotes Lackmuspapier		$p_H = 6{,}6$—$8{,}0$	„ 5—60 „	0,2 p_H. Bei Anwesenheit von Borsäure nicht eintrocknen lassen.
Blaues Lackmuspapier		$p_H = 6{,}0$—$8{,}0$		
Azolitmin	1%	$p_H = 5{,}5$—$8{,}0$		
Phenolrotpapier .	0,1%	$p_H = 7{,}0$—$8{,}2$	„ 2—30 „	0,2 p_H.
Kresolrotpapier . .	0,1%	$p_H = 7{,}6$—$9{,}0$	„ 2—30 „	0,2 p_H.
α-Naphtholphthalein (Capillarpapier)	0,2%	$p_H = 8{,}2$—$9{,}5$	„ 5 Min.	0,2 p_H.
Curcumapapier . .	0,1%	$p_H = 7{,}5$—$9{,}5$	„ 10 „	0,2 p_H. Bei Anwesenheit von Borsäure nicht eintrocknen lassen.
Curcuminpapier . .	0,1%	$p_H = 7{,}0$—$9{,}0$	„ 10 „	
Thymolphthaleinpapier	0,1%	$p_H = 10$—11	„ 2 „	

zu untersuchende Lösung sehr leicht flüchtige Säuren enthält (z. B. Kohlensäure) und die Menge der nicht flüchtigen Säuren vernachlässigt werden kann, ist das Verfahren nicht zu verwenden.

Auf Einzelheiten kann nicht eingegangen werden (vgl. KOLTHOFF[1]). In der Tabelle auf S. 375 sind Indicatorpapiere angegeben, welche nach meinen Befunden gut verwendbar sind.

4. Papiere von gemischten Indicatoren. In einem früheren Kapitel (S. 177) haben wir gesehen, daß ein Gemisch zweier geeigneter Farbstoffe oft bei einem bestimmten p_H die Farbe plötzlich von der sauren nach der alkalischen Seite hin ändert.

W. N. BEHRENS[2] macht davon Anwendung bei der Herstellung von Indicatorpapieren zur p_H-Bestimmung. Ein Vorteil ist, daß man dann keine Puffergemische braucht, wenn man Papiere von verschiedener Zusammensetzung (verschiedene p_H-Empfindlichkeit) in Vorrat hält.

Die Papiere sind nur zur Untersuchung gut gepufferter Lösungen zu verwenden.

Herstellung der Papiere. Filtrierpapier (Schleicher & Schüll Nr. 602, hart) wird mehrmals durch die Farblösung gezogen und dann zum Trocknen aufgehängt. Unter Verwerfung der Ränder wird das trockene Papier in Streifen geschnitten und vor Feuchtigkeit und Luft geschützt aufbewahrt. Folgende frisch bereitete Komplementfarbstoffe werden von BEHRENS benutzt:

Bordeauxrot	(0,1%	Lösung	in	Wasser)
Brillantgrün	(0,1%	,,	,,	,,)
Metanilgelb	(0,1%	,,	,,	Alkohol)
Methylenblau	(0,1%	,,	,,	Wasser)

Metanilgelbpapiere ($p_H = 1,5$ und $p_H = 2,0$).

I. 40 ccm Metanilgelb, 5 ccm Brillantgrün, 10 ccm Methylenblau, 5 ccm konz. Salzsäure, 10 ccm Alkohol, 5 ccm Wasser. Farbe bei $p_H < 1,5$ lila; $p_H > 1,5$ grün.

II. 40 ccm Metanilgelb, 20 ccm Bordeauxrot, 20 ccm Methylenblau, 5 ccm konz. Salzsäure, 10 ccm Alkohol, 5 ccm Wasser. Farbe bei $p_H < 2,0$ lila; $p_H > 2,0$ blaugrün.

Methylorangepapiere ($p_H = 2,5$; 3,0 und 3,5):

I. $p_H = 2,5$: 75 ccm Methylorangelösung (0,05% in 50proz. Alkohol), 18 ccm Brillantgrün, 12 ccm Methylenblau. Farbe bei $p_H < 2,5$ violett; $p_H > 2,5$ blaugrün.

II. $p_H = 3,0$: 75 ccm Methylorangelösung, 12 ccm Methylenblau. Farbe bei $p_H < 3,0$ lila; $p_H > 3,0$ grün.

---

[1] KOLTHOFF, I. M.: Pharm. Weekblad. **58**, 962 (1921).

[2] BEHRENS, W. N.: Ztschr. f. anal. Ch. **73**, 129 (1928).

III. $p_H = 3{,}5$: 75 ccm Methylorange, 4,5 ccm Bordeauxrot, 12 ccm Methylenblau. Farbe bei $p_H < 3{,}5$ rot; $p_H > 3{,}5$ gelbgrün.

Bromphenolblaupapier ($p_H = 4{,}0$).

50 ccm Bromphenolblau (0,1% in Alkohol), 20 ccm Metanilgelb, 30 ccm Wasser. Farbe bei $p_H < 4{,}0$ gelbgrün; $p_H > 4{,}0$ violett.

Bromkresolgrünpapiere ($p_H = 4{,}5$ und 5,0).

I. $p_H = 4{,}5$: 50 ccm Bromkresolgrün (0,1% in Alkohol), 17,5 ccm Bordeauxrot, 32,5 ccm Wasser. Farbe bei $p_H < 4{,}5$ gelblichrosa; $p_H > 4{,}5$ blau.

II. $p_H = 5{,}0$: 50 ccm Bromkresolgrün, 30 ccm Bordeauxrot, 15 ccm Metanilgelb. Farbe bei $p_H < 5{,}0$ gelblichrosa; $p_H > 5{,}0$ grünblau.

Bromkresolpurpurpapiere ($p_H = 5{,}5$ und 6,0).

I. $p_H = 5{,}5$: 50 ccm Bromkresolpurpur (0,1% in Alkohol), 14 ccm Bordeauxrot und 4,5 ccm Methylenblau, 32 ccm Wasser. Farbe bei $p_H < 5{,}5$ schmutzig gelb; $p_H > 5{,}5$ violett.

II. $p_H = 6{,}0$: 50 ccm Bromkresolpurpur, 2 ccm Bordeauxrot, 6 ccm Metanilgelb, 54 ccm Wasser. Farbe bei $p_H < 6{,}0$ schmutzig gelb; $p_H > 6{,}0$ lila.

Methylrotpapier ($p_H = 6{,}5$).

50 ccm Methylrot (0,1% in Alkohol), 8 ccm Bordeauxrot, 15 ccm Methylenblau, 27 ccm Wasser + 1 Tropfen Lauge, bis die Farbe in grün umschlägt. Farbe bei $p_H < 6{,}5$ rot; $p_H > 6{,}5$ grün.

Phenolrotpapiere ($p_H = 7{,}0$ und 7,5).

I. $p_H = 7{,}0$: 50 ccm Phenolrot (0,1% in Alkohol), 7,5 ccm Methylenblau, 42 ccm Wasser. Farbe bei $p_H < 7{,}0$ gelbgrün; $p_H > 7{,}0$ rot.

II. $p_H = 7{,}5$: 50 ccm Phenolrot, 30 ccm Brillantgrün, 20 ccm Wasser. Farbe bei $p_H < 7{,}5$ grün; $p_H > 7{,}5$ lila.

Meiner Erfahrung nach können die beschriebenen Papiere wohl für eine orientierende p_H-Bestimmung verwendet werden; scharf ausgesprochen sind die Farbänderungen bei verschiedenen Säurestufen jedoch nicht.

Folgende Beobachtungen sind meinem Laboratoriumsprotokoll entnommen:

Papier $p_H = 2{,}5$. Grünliche Farbe; mit Puffer p_H 2,2 violett; sehr bald Diffusion, blauer Kreis; violetter Ring. Puffer p_H 2,4 wie 2,2. Puffer p_H 2,6 nur blauer Kreis, kein violett; p_H 2,8 schwach blauer Kreis, kein violett; p_H 3,0 Farbe ungeändert; *sehr geeignetes Papier.*

Papier p_H = 3,0. Hellgrüne Farbe; Puffer p_H 2,6 braunviolett; nach 30 Sekunden Diffusion; p_H 2,8 braunviolett; p_H 3,0 bräunlich; violett nicht deutlich; p_H 3,2 etwa wie 3,0; beim Stehen blauviolett; p_H 3,4 wie 3,2. Unterschiede nicht scharf, doch ist das Papier brauchbar.

Papier p_H = 3,5. Hellgrüne Farbe; p_H 3,0 violett, bald Diffusion mit blauem innerem Kreis; dann oranger Kreis und schließlich grüner Kreis. p_H 3,2 wie 3,0, aber etwas weniger ausgesprochen; p_H 3,4 blauer Kreis noch deutlich, aber orangerot schwach; p_H 3,6 schwacher blauer Kreis, kein rotviolett; p_H 3,8 oder 4,0 keine Änderung.

Papier p_H = 4,0. Heterogene Farbe, teils gelb, teils grün. p_H 4,4 schwach violett, besonders äußerer Ring des Kreises; p_H 4,2 innerer Kreis mehr gelb, doch violett noch zu sehen; p_H 4,0 innerer Kreis gelb, äußerer Ring schwach violett; p_H 3,8 gelb. Unterschiede nicht scharf ausgesprochen.

Papier p_H = 4,5. Schwach gelbe Farbe. p_H 4,0—4,4 violett; p_H 4,6 schwach violetter Kreis mit grünem Ring; p_H 4,8 schwach violetter Kreis mit grünblauem Rand; p_H 5,0 innerer Kreis immer noch schwach violett mit blaugrünem Rande.

Papier p_H = 5,0. Bräunlich gelbe Farbe. p_H 4,6 fast keine Änderung; p_H 4,8 violetter Kreis mit grünem Rande; p_H 5,0 violetter Kreis, grüner Rand mehr ausgesprochen; p_H 5,2 wie 5,0.

Papier p_H = 5,5. Grünlichgelbe Farbe. p_H 5,2 fast ungeändert, nach 30 Sekunden Stehen schwach violetter Kreis; p_H 5,4 wie 5,2; p_H 5,6 violetter Kreis; p_H 5,8 blauvioletter Kreis. Sehr brauchbares Papier.

Papier p_H = 6,0. Hellgelbe Farbe. p_H 5,8 fast ungeändert; p_H 6,0 violetter Kreis; p_H 6,2 violett mehr ausgesprochen.

Papier p_H = 6,5. Rotbraune Farbe. p_H 6,2—6,4 fast ungeändert; p_H 6,6 innerer Kreis ungeändert, blauer Ring; p_H 6,8 blau mehr ausgesprochen. Unterschiede nicht scharf ausgesprochen.

Papier p_H = 7,0. Grüngelbe Farbe. p_H 6,6 bläulicher Kreis; p_H 6,8 blau mehr ausgesprochen; p_H 7,0 blauvioletter Kreis; p_H 7,2 violettbrauner Kreis. Brauchbar, doch nicht scharf.

Von mir hergestellte Papiere aus 0,1% Kresolrot und 0,25% Thymolblau bzw. 0,1% Kresolrot und 0,1% Thymolblau waren auch einigermaßen brauchbar. Das erste Papier ist bei p_H 7,4 bis 8,4 unscharf bläulichgrau; bei p_H 8,4 rosa; bei 8,6 rotviolett. Das zweite Papier wird bei p_H 7,6 schon deutlich rosa gefärbt. Scharf ausgesprochen sind die Unterschiede nicht.

Kresolrotpapier ($p_H = 8,0$):

50 ccm Kresolrot (0,1% in Alkohol), 10 ccm Brillantgrün, 40 ccm Wasser. Farbe bei $p_H < 8,0$ grün; $p_H > 8,0$ lila; $p_H = 8,0$ blaugrau.

Mit 100 ccm Farbstofflösung wird am besten nur $^1/_2$ Bogen Papier gefärbt.

Ausführung der Bestimmung. Man zieht das Papier 3 Sekunden lang durch die zu untersuchende Lösung, läßt die adhärierende Lösung ablaufen, legt es auf weißen Untergrund (Bromphenolblaupapier besser auf schwarz) und beobachtet die Farbe. Eine graue Farbe entspricht der p_H-Empfindlichkeit in der oben gegebenen Liste.

Empfindlichkeit etwa 0,2, eine gute Pufferung vorausgesetzt.

I. M. Kolthoff[1] hat auch von verschiedenen Mischindicatoren Papiere hergestellt (vgl. auch S. 177); wegen der oft auftretenden Capillarerscheinungen waren nur wenige brauchbar. Besonders empfohlen wird *α-Naphtholphthalein-Phenolphthalein-Papier.*

I. $p_H = 9,3$. Gehärtetes Filtrierpapier wird mit einem Gemisch von 0,3proz. Phenolphthalein- und 0,1proz. Naphtholphthaleinlösung in 70proz. Alkohol durchtränkt und trocknen gelassen. Das Papier ist schwach rosa gefärbt. Beim Betupfen mit Puffermischungen wird es beim p_H 9,2 schwach grün; beim p_H 9,4 entsteht ein rosa Kreis mit einer grünen Zone, beim p_H 9,6 wird das Papier deutlich violett mit einer grünen Zone, bei 9,8 wird es tiefrotviolett gefärbt, durch die Capillarerscheinungen wird der Rand immer noch grün. Das Papier ist sehr geeignet für das Abstumpfen der Reaktion auf ein p_H von etwa *9,2—9,4*. Dies könnte z. B. bei Wertbestimmungen von Morphin in Opium, wo man das p_H auf 9,2 bringen muß (isoelektrischer Punkt des Morphins, der minimalen Löslichkeit des Alkaloids entsprechend), von praktischer Bedeutung sein.

II. $p_H = 9,7$. Papier aus 0,1% Phenolphthalein und 0,1% α-Naphtholphthalein bereitet, ist beim p_H 9,4 noch rein grün, bei 9,6 schwach rosaviolett mit grünem Ring, bei 9,8 rotviolett.

---

[1] Kolthoff, I. M.: Biochem. Ztschr. **189**, 26 (1927).

Zusammenfassend ergibt sich also, daß wir Mischindicatorpapiere für folgende Säurestufen zur Verfügung haben: $p_H = 1{,}5$; 2,0; 2,5; 3,0; 3,5; 4,0; 4,5; 5,0; 5,5; 6,0; 6,5; 7,0; 7,5; 8,0; 9,3; 9,7.

5. Die Capillarerscheinungen bei Reagenspapieren. Die Capillarerscheinungen im Filtrierpapier sind schon oft untersucht worden. Bei Anstellung von Reaktionen auf Indicatorpapieren nimmt man sie ebenfalls wahr, besonders dann, wenn man sich der Empfindlichkeitsgrenze des Papiers nähert. Wenn man einen Tropfen 0,001 n-HCl auf Kongopapier setzt, bleibt der Kern des diffundierenden Tropfens rot, also alkalisch, um ihn herum bildet sich ein Kreis, der sauer reagiert, dann folgt noch ein Wasserkreis. Bei Dimethylgelb-, Azolitmin-, Lackmus- und anderen Papieren kann man gleiche Erscheinungen wahrnehmen. Das Verhältnis zwischen den Radien des Wasser- und Säurekreises ist auf eine bestimmte Weise abhängig von der Wasserstoffionenkonzentration (s. HOLMGREN und andere Literatur[1]). Die Erklärung der Kreisbildung ist folgende: Das ganze Stück Papier ist bis zum sauren Kreise sauer; in der Mitte jedoch so wenig, daß die $[H^{\cdot}]$ nicht groß genug ist (wenn wir Kongopapier als Beispiel nehmen), die blaue Kongosäure zu bilden. Beim Aufsetzen des Tropfens diffundiert das Wasser am schnellsten, dann folgen die schnell beweglichen H-Ionen. So wird auf eine bestimmte Entfernung von der Mitte der Konzentrationsunterschied mit der ursprünglichen Lösung so groß, daß die Menge der adsorbierten H-Ionen genügend ist, um die saure Form des Indicators zu bilden. Es bildet sich dann der saure Kreis, der weiter als chemisches Filter wirkt und nur Wasser durchläßt.

Auch infolge anderer Ursachen können Capillarerscheinungen auftreten. So färbt eine Lösung von Ammoniumacetat rotes sowie blaues Lackmuspapier violett. Indes erkennt man, daß der Tropfen in der Mitte mehr blau und am Rande mehr rot ist.

---

[1] *Capillarerscheinungen in Papier* vgl. GOPPELSROEDER: Neue Capillar- und capillaranalytische Untersuchungen. Verh. Ges. Dtsch. Naturf. u. Ärzte, Basel 1907. — OSTWALD, Wo.: Kolloid-Ztschr. **2**, Suppl.-Heft, 20 (1908). — FREUNDLICH, H.: Capillarchemie, 1. Aufl., S. 156. — LUCAS: Kolloid-Ztschr. **23**, 15 (1918). — SCHMIDT, H.: Kolloid-Ztschr. **13**, 146 (1913) — Journ. Biol. Chem. **7**, 231 (1913); **24**, 49 (1919). — HOLMGREN: Biochem. Ztschr. **14**, 181 (1908). — KRULLA: Ztschr. f. physik. Ch. **66**, 307 (1909). — SKRAUP: Monatshefte f. Chemie **30**, 773 (1909); **31**, 754, 1067 (1910); **32**, 353 (1911). — MALARSKI: Kolloid-Ztschr. **23**, 113 (1918).

Das Ammoniak wird also vom Papier stärker festgehalten als die Essigsäure. Viel stärker sind die beschriebenen Erscheinungen, wenn man die Reaktion mit Bleiacetat anstellt. Auf einige Entfernung von der Mitte des Tropfens bildet sich zuerst ein blauer Kreis (Adsorption von Bleihydroxyd), um ihn herum diffundiert die Essigsäure, wodurch ein roter Kreis entsteht. Durch diese Erscheinungen läßt sich der Widerspruch erklären, der zwischen den verschiedenen Arzneibüchern über die Reaktion von Bleiacetat besteht. Mit Lackmuspapier kann man bei diesem Salze die Reaktion nicht genau feststellen; dies soll mit Hilfe von Methylrotlösung geschehen. Bei hydrolytisch gespaltenen Salzen, wie Natriumacetat oder Ammoniumchlorid, läßt sich die alkalische oder saure Reaktion leicht mit Indicatorpapieren nachweisen.

6. Die Bereitung der Papiere. Nach GLASER bereitet man die Indicatorpapiere auf folgende Weise: Starkes, weißes Filtrierpapier wird mit Salzsäure und Ammoniak gereinigt, dann mit destilliertem Wasser ausgewaschen und getrocknet. Nach GLASER eignet sich das Papier von Schleicher & Schüll Nr. 595 hierzu am besten. Das getrocknete Papier tränkt man mit der Indicatorlösung. Wenn man weißes, geleimtes Papier verwendet — wozu gutes Briefpapier sich am besten eignet —, wird es mit der Lösung bestrichen. Die feuchten Papiere werden dann getrocknet, was am besten geschieht, indem man das Papier wie Wäsche auf Schnüren aufhängt und durch häufigeres Umhängen dafür sorgt, daß der Farbstoff sich möglichst gleichmäßig verteilt. Das Trocknen hat in Räumlichkeiten zu geschehen, die gegen alkalische oder saure Dämpfe geschützt sind.

Blaues *Lackmuspapier* kann am besten nach der Vorschrift von GLASER (l. c. S. 112) hergestellt werden, indem man Lackmuskuchen erst mit Alkohol auskocht. Der Rückstand wird getrocknet und mit kaltem Wasser ausgezogen. Zur Bereitung des blauen Papiers wird Filtrierpapier mit der wässerigen Lösung getränkt und dann getrocknet. Zur Entfernung des freien Alkalis wird mit Wasser ausgewaschen, was am besten auf einer Glasplatte geschieht. (Besser kann man, bevor man das Papier mit der Lösung tränkt, den Überschuß an Alkali mit Säure fortnehmen.)

Rotes Lackmuspapier bereitet man nach GLASER aus der sauren Tinktur oder indem man das blaue Papier in verdünnte

Schwefelsäure taucht und diese mit destilliertem Wasser auswäscht. Besser kann man es jedoch aus der wässerigen Lösung, mit der man auch das blaue Papier herstellt, bereiten. Dies wird auch von FRESENIUS und GRÜNHUT[1] angegeben. Die wässerige Lackmuslösung wird so lange mit Schwefelsäure versetzt, bis die Farbe eben rot ist. Das Papier wird mit dieser Lösung getränkt. FRESENIUS und GRÜNHUT kochen die angesäuerte Lösung eine Viertelstunde unter Ersatz des verdampfenden Wassers. Schlägt hierbei der rote Farbton wieder in violett oder blau um, so stellt man ihn mit Schwefelsäure wieder her und fährt damit fort, bis der gewünschte Farbton erreicht ist. Besser als rotes und blaues Lackmuspapier kann man das violette verwenden, mit dem man sowohl die saure als auch die alkalische Reaktion anzeigt. Die obengenannte wässerige Lösung des gereinigten Lackmus wird mit Säure auf den richtigen Farbton eingestellt, dann wird das Papier mit der Lösung getränkt. Bei der Herstellung der anderen Indicatorpapiere geht man von Lösungen reiner Präparate aus.

Für die Herstellung eines hochempfindlichen Kongopapiers gibt F. W. HORST[2] folgende Vorschrift: Der Kongofarbstoff muß zuerst gereinigt werden. Man löst 1 g Rohfarbstoff in 30—35 ccm heißem Wasser, läßt kurze Zeit stehen, damit die schwer löslichen Kalk- und Magnesiasalze und andere unlösliche Bestandteile sich absetzen, filtriert durch Glaswolle, macht wieder so heiß wie möglich und gibt unter Rühren langsam kleine Portionen gesättigter Kochsalzlösung zu, bis gerade die Krystallisation des Farbstoffes beginnt (etwa 20 ccm Salzlösung). Die Krystalle werden heiß abgenutscht und mit heißer 10 proz. Salzlösung gewaschen.

Den so gereinigten Farbstoff löst man wieder in heißem Wasser (etwa 0,3%) und fällt die Lösung unter stetigem Rühren mit Salzsäure. Dekantieren, absaugen. Die Farbsäure löst man in heißem Wasser unter Zugabe von Ammoniak, hält die Lösung möglichst kochend heiß (etwa 0,1%) und zieht Streifen Filtrierpapier guter Qualität durch die Lösung.

Die gefärbten Streifen werden sofort nach dem Herausnehmen mit kaltem destilliertem Wasser abgespritzt. Empfindlichkeit bis $^{1}/_{4000}$ n-Salzsäure.

[1] FRESENIUS u. GRÜNHUT: Ztschr. f. anal. Ch. **59**, 233 (1920).
[2] HORST, F. W.: Ztschr. f. angew. Ch. **38**, 947 (1925).

Alle Indicatorpapiere sollen vor Luft und Licht geschützt aufbewahrt werden. Licht entfärbt die meisten Papiere.

7. Die Empfindlichkeitsgrenze von Indicatorpapieren für starke Säuren und Basen. Die Empfindlichkeit ist nur von denjenigen Indicatorpapieren angegeben, die praktisch gut verwendbar sind. So habe ich Versuche mit Lackmoid- — p-Nitrophenol 1% und 0,1% —, Neutralrot-, Methylrotpapier u. a. gemacht, doch waren die Farbänderungen nicht scharf erkennbar.

Die obigen Indicatorpapiere sind aus gewöhnlichem Filtrierpapier hergestellt. Die Konzentration der Indicatorlösung, mit der das Papier getränkt war, ist in untenstehender Tabelle angegeben.

Empfindlichkeitstabelle der Indicatorpapiere.

Art des Indicators	Konzentration d. Indicatorlösung, mit der das Papier getränkt wurde	Empfindlichkeit gegen HCl	Empfindlichkeit gegen NaOH	Bemerkungen
Hämatoxylin	0,2%	0,2—1 n		von gelb nach kirschrot; sehr schön
Methylviolett	0,4‰	10^{-2}n		mit 10^{-2}n-HCl blau; 10^{-1} n-HCl blaugrün; n-HCl grüngelb
Metanilgelb	0,2%	5×10^{-3}n		gelb (alkalisch); rot (sauer)
Tropäolin 00	0,2%	4×10^{-3}n		
Dimethylgelb	0,2% (Alkohol)	4×10^{-4}n		
Kongo	0,1% (Wasser)	2×10^{-4}n		
Blaues Lackmus	1%	10^{-3}n		
„ „	0,1%	2×10^{-4}n		
Violettes Lackm.	1%	4×10^{-4}n	5×10^{-5}	
Azolitmin	1%	10^{-4}n	5×10^{-5}	
Rotes Lackmus	1%		2×10^{-4}	
„ „	0,1%		10^{-4}	
α-Naphtholphthalein	0,1%		5×10^{-5}	
Brillantgelb	1%		10^{-5}	gelb — rotbraun ↓ ↓ sauer alkalisch
Phenolrot	0,1%		5×10^{-5}	gelb — rot ↓ ↓ sauer alkalisch
Kresolrot	0,1%		5×10^{-5}	gelb — purpurrot

Fortsetzung.

Art des Indicators	Konzentration d. Indicatorlösung, mit der das Papier getränkt wurde	Empfindlichkeit gegen HCl	Empfindlichkeit gegen NaOH	Bemerkungen
Phenolphthalein	1%		5×10^{-5}	
„	0,1%		10^{-4}	
Nilblau[1]	0,2% (Wasser)		$2{,}5\times 10^{-4}$	blau — rot ↓ ↓ sauer alkalisch
Curcuma	0,2%		10^{-3}	gelb — rotbraun ↓ ↓ sauer alkalisch
Thymolphthalein	0,1%		10^{-3}	farblos — blau
Tropäolin 0 . .	0,2%		3×10^{-3}	gelb × rotbraun ↓ ↓ sauer alkalisch

O. B. Pratt und H. O. Swartout[2] haben aus den von ihnen erhaltenen Obst- und Gemüseextrakten (vgl. S. 169) Indicatorpapiere hergestellt, jedoch werden die Empfindlichkeitsgrenzen nicht erwähnt. Filtrierpapier wird in den wässerigen Extrakten getränkt, getrocknet, mit Ammoniak befeuchtet und wieder an der Luft getrocknet. Das Papier hat dann eine neutrale Farbe. Meiner Erfahrung nach können diese natürlichen Farbstoffpapiere die in der vorhergehenden Tabelle beschriebenen nicht ersetzen.

Art des Extraktes	Neutrale Farbe	Farbe sauer	Farbe alkalisch
Äpfel	graupurpur	rot	grün
Brombeeren	purpur	„	blaugrün
Blaubeeren	purpur	„	blau
Kirschen	rotpurpur	„	blaugrün
Preißelbeeren	schwach purpur	„	schwach grün
Trauben	purpur	„	blaugrün
Pflaumen	schwach purpur	„	schwach grün
Granatäpfel	purpur	„	blaugrün
Himbeeren	rotpurpur	„	schwach grün

[1] In stark saurer Lösung wird das blaue Nilblaupapier gelb gefärbt; in 2n-Salzsäure ist die Farbe grün, in 4n-Säure gelb.

[2] Pratt, O. B., u. H. O. Swartout: Amer. Journ. Science **71**, 486 (1930).

Anhang.

Tabelle 1. Das Ionenprodukt (Dissoziationskonstante) von Wasser bei verschiedenen Temperaturen.

Temperatur	1	2	3	4
0°	$0{,}12 \times 10^{-14}$	$0{,}14 \times 10^{-14}$	—	$0{,}089 \times 10^{-14}$
18°	$0{,}59 \times$ —	$0{,}72 \times$ —	$0{,}74 \times 10^{-14}$	$0{,}46 \times$ —
25°	$1{,}04 \times$ —	$1{,}22 \times$ —	$1{,}27 \times$ —	$0{,}82 \times$ —
50°	$5{,}66 \times$ —	$8{,}7 \times$ —	—	—
100°	$58{,}2 \times$ —	$74 \times$ —	—	$48{,}0 \times$ —

1. Kohlrausch u. Heydweiller (umgerechnet von Heydweiller): Ann. der Physik (4) **28**, 512 (1909).
2. Lorenz u. Böhi: Ztschr. f. physik. Ch. **66**, 733 (1909).
3. Michaelis: Die Wasserstoffionenkonzentration, S. 8. 1914.
4. Noyes u. Mitarbeiter, Noyes: The electrical conductivity of aqueous solutions. Carnegie Inst. Publications 1907. — Kanolt: Journ. Amer. Chem. Soc. **29**, 1414 (1907). — Sörensen, S. P. L.: C. r. du Lab. Carlsberg **8**, 31 (1909). — Noyes, Kato u. Sosmann: Ztschr. f. physik. Ch. **73**, 20 (1910); vgl. auch Fales u. Nelson: Journ. Amer. Chem. Soc. **37**, 2769 (1915). — Beans u. Oakes: Ibid. **42**, 2116 (1920).

Tabelle 2. Das Ionenaktivitätsprodukt von Wasser.

Die exaktesten Bestimmungen des Ionenproduktes des Wassers

$$a K_W = [a H^+][a OH']$$

bei Temperaturen zwischen 0° und 37° sind von Niels Bjerrum und A. Unmack[1] ausgeführt worden.

Sie fanden für $p a K_W = p a_H + p a_{OH}$ (vgl. S. 75)

bei 0° 14,926, bei 18° 14,222, bei 25° 13,980, bei 37° 13,590. Zwischen 0° und 37° gilt: $p a K_W = 14{,}926 - 0{,}0420\,t + 0{,}00016\,t^2$.

Mit Hilfe dieser Gleichung sind in der Tabelle die Werte von $a K_W$ und $p a K_W$ berechnet worden; die letzten sind auf die zweite Dezimalstelle abgerundet. Praktisch ist die Kenntnis von Bedeutung, wie sich das Produkt $[a H^{\cdot}][OH']$ mit dem Elektrolytgehalt der Lösung ändert:

$$[a H^{\cdot}][OH'] = K'_W, \qquad p a_{OH} + p_{OH} = p K'_W.$$

$[a H^{\cdot}]$ ist die Aktivität der Wasserstoffionen, während $[OH']$ die totale Hydroxylionenkonzentration vorstellt. Angenähert gilt in Elektrolytlösungen mit univalenten Ionen bis zu einer Ionenstärke c von 0,1:

$$p K'_W = p a K_W - 0{,}5\sqrt{c} + 0{,}58\,c.$$

Die Werte von $p a K_W$ können bei verschiedener Temperatur der Tabelle entnommen werden.

Ferner ist die Feststellung von praktischem Interesse, wie sich der Wert des Produktes $[H^{\cdot}][OH']$ bei wechselndem Elektrolytgehalt ändert.

$$[H^{\cdot}][OH'] = K''_W. \qquad p K''_W = p_H + p_{OH}.$$

[1] Bjerrum, N., u. Aug. Unmack: Kong. Danske Vidensk. Meddelelser **9**, 1 (1929).

Angenähert gilt in Elektrolytlösungen mit univalenten Ionen bis zu einer Ionenstärke von 0,03:

$$pK''_W = paK_W - \sqrt{c} + 2c.$$

t	$aK_W \times 10^{15} =$ $[aH^{\cdot}][aOH']$ $\times 10^{15}$	paK_W	t	$aK_W \times 10^{15} =$ $[aH^{\cdot}][aOH']$ $\times 10^{15}$	paK_W
10°	3,0	14,52	21°	7,8	14,11
11°	3,3	14,48	22°	8,3	14,08
12°	3,6	14,45	23°	9,0	14,05
13°	3,9	14,41	24°	9,8	14,01
14°	4,3	14,37	25°	10,5	13,98
15°	4,7	14,33	26°	11,4	13,94
16°	5,1	14,29	27°	12,3	13,91
17°	5,6	14,25	28°	13,2	13,88
18°	6,1	14,22	29°	14,5	13,84
19°	6,6	14,18	30°	15,5	13,81
20°	7,2	14,14			

Tabelle 3. Mittlerer Ionenaktivitätskoeffizient f einiger Elektrolyte in wässeriger Lösung bei 25°.

m = Mole Elektrolyte auf 1000 g Lösungsmittel.

Für Elektrolyt BA : $f = \sqrt{f_B f_A}$. Für Elektrolyt B_2A : $f = \sqrt[3]{f_B^2 f_A}$.

m =	0,001	0,002	0,005	0,01	0,02	0,05	0,1	0,2	0,5	1,0
HCl [1]	0,965	0,953	0,928	0,904	0,874	0,829	0,795	0,766	0,757	0,810
H_2SO_4 [2] . . .	—	—	—	—	—	—	0,343	0,268	0,193	0,161
KCl [3]	—	—	0,926	0,899	0,865	0,809	0,762	0,715	0,654	0,605
NaCl [4] . . .	—	—	—	—	—	0,833	0,789	0,742	0,683	0,659
LiCl [4]. . . .	—	—	—	—	—	0,838	0,797	0,774	0,742	0,775
KOH [5] . . .	—	—	—	—	—	0,799	0,759	0,711	0,686	0,705
Na_2SO_4 [6] . .	—	—	—	—	—	—	0,599	0,506	—	0,327
$BaCl_2$ [7] . . .	—	—	—	0,725	0,659	0,556	0,496	0,440	0,396	0,399
$CaCl_2$ [8] . . .	0,888	0,850	0,785	0,725	0,658	0,570	0,515	0,481	0,519	0,715
$CuSO_4$ [9] . . .	—	—	—	0,444	—	0,230	0,163	0,114	0,0686	—
$ZnCl_2$ [8] . . .	0,881	0,838	0,767	0,708	0,642	0,556	0,502	0,448	0,376	0,290
$ZnSO_4$ [10] . .	0,734	0,650	0,519	0,421	0,324	0,220	0,161	0,113	0,069	0,048

[1] Young, L. E.: Journ. Amer. Chem. Soc. **50**, 898 (1928). — [2] Lewis, G. N., and M. Randall: Thermodynamics. New York: McGraw-Hill Book Company 1923. — [3] Scatchard, G.: Journ. Amer. Chem. Soc. **47**, 648 (1925). — [4] Harned, H. S.: Journ. Amer. Chem. Soc. **51**, 416 (1929). — [5] Knobel, M.: Journ. Amer. Chem. Soc. **45**, 70 (1923). — [6] Harned, H. S., and G. Åkerlof: Physikal. Ztschr. **27**, 411 (1926). — [7] Lucasse, R. W.: Journ. Amer. Chem. Soc. **47**, 743 (1925). — [8] Scatchard, G., and R. E. Teft: Journ. Amer. Chem. Soc. **52**, 2265, 2272 (1930). — [9] Nielsen, R. F., and D. J. Brown: Journ. Amer. Chem. Soc. **49**, 2423 (1927). — [10] Bray, U. B.: Journ. Amer. Chem. Soc. **49**, 2372 (1927).

Tabelle 4. Die Dissoziationskonstanten der wichtigsten Säuren und Basen[1].

Name und Stufe	Temperatur	Konstante	Säureexponent $-\log K$
	Anorganische Säuren.		
Arsenige Säure	25°	6,0 × 10^{-10}	9,22
Arsensäure, 1. Stufe	25°	5 × 10^{-3}	2,30
2. „	25°	8,3 × 10^{-8}	7,08
Borsäure	18°	5,5 × 10^{-10}	9,26
Chromsäure, 2. Stufe	25°	**1,0 × 10^{-7}**	**7,00**
Flußsäure	25°	1,67 × 10^{-5}	4,78
Kieselsäure, 1. Stufe	25°	etwa 2 × 10^{-10}	9,7
Kohlensäure, 1. Stufe	0°	**2,24 × 10^{-7}**	**6,65**
1. „	18°	**3,12 × 10^{-7}**	**6,51**
1. „	25°	**3,50 × 10^{-7}**	**6,46**
2. „	25°	**4,4 × 10^{-11}**	**10,36**
Phosphorige Säure, 2. Stufe .	18°	2 × 10^{-7}	6,70
Phosphorsäure, 1. Stufe . . .	18°	**7,6 × 10^{-3}**	**2,12**
1. „ . . .	25°	**7,0 × 10^{-3}**	**2,16**
2. „ . . .	18°	**7,5 × 10^{-8}**	**7,13**
2. „ . . .	25°	**7,4 × 10^{-8}**	**7,13**
3. „ . . .	18°	**3,5 × 10^{-13}**	**12,46**
3. „ . . .	25°	**4,8 × 10^{-13}**	**12,32**
3. „ . . .	37,5°	**6,6 × 10^{-13}**	**12,18**
Pyrophosphorsäure, 1. Stufe .	25°	1,4 × 10^{-1}	0,85
2. „ .	25°	1,1 × 10^{-2}	1,96
3. „ .	18°	**2,1 × 10^{-7}**	**6,68**
4. „ .	18°	**4,06 × 10^{-10}**	**9,39**
Salpetrige Säure	25°	4 × 10^{-4}	3,40
Schwefelsäure, 2. Stufe . . .	25°	**3,2 × 10^{-2}**	**1,50**
Schweflige Säure, 1. Stufe . .	18°	1,7 × 10^{-2}	1,77
2. „ . .	15°	1,0 × 10^{-7}	7,00
Schwefelwasserstoff, 1. Stufe .	18°	5,7 × 10^{-8}	7,24
2. „ .		1,2 × 10^{-15}	14,92
Stickstoffwasserstoffsäure . .	25°	2,6 × 10^{-5}	4,59
Unterphosphor. Säure, 1. Stufe	20°	(6,4 × 10^{-3})	2,19
2. „	20°	1,55 × 10^{-3}	2,81
3. „	20°	5,4 × 10^{-8}	7,27
4. „	20°	9,4 × 10^{-11}	10,03
Wasserstoffperoxyd	20°	2 × 10^{-12}	11,7

[1] Im 3. Kapitel ist schon nachdrücklich darauf hingewiesen, daß die Ionisationskonstante nur dann einen konstanten Wert hat, wenn man die Gleichgewichtsbedingungen in Aktivitäten und nicht in Konzentrationen ausdrückt. In folgender Tabelle sind die „Aktivitätskonstanten“ fett gedruckt. Bezüglich Einzelheiten über Methode und Autor sei auf Landolt-Börnstein-Roth: Erg.-Bd. 2, 1079 (1931) hingewiesen.

Name und Stufe	Temperatur	Konstante	Säureexponent − log K
		Organische Säuren.	
		Aliphatische Säuren.	
Äpfelsäure, 1. Stufe	25°	4×10^{-4}	3,46
2. „	18°	9×10^{-6}	5,05
Ameisensäure	18°	2×10^{-5}	4,70
Bernsteinsäure, 1. Stufe	18°	$\mathbf{6{,}6 \times 10^{-5}}$	**4,18**
1. „	25°	$\mathbf{6{,}4 \times 10^{-5}}$	**4,19**
2. „	18°	$\mathbf{2{,}7 \times 10^{-6}}$	**5,57**
2. „	25°	$\mathbf{2{,}7 \times 10^{-6}}$	**5,57**
Capronsäure	18°	$\mathbf{1{,}44 \times 10^{-5}}$	**4,84**
Chloressigsäure (Mono-)	25°	$1{,}51 \times 10^{-3}$	2,82
Citronensäure, 1. Stufe	18°	$\mathbf{8{,}4 \times 10^{-4}}$	**3,08**
1. „	25°	$\mathbf{8{,}7 \times 10^{-4}}$	**3,06**
1. „	37°	$\mathbf{9{,}1 \times 10^{-4}}$	**3,04**
2. „	18°	$\mathbf{1{,}77 \times 10^{-5}}$	**4,75**
2. „	25°	$\mathbf{1{,}8 \times 10^{-5}}$	**4,74**
3. „	18°	$\mathbf{3{,}9 \times 10^{-6}}$	**5,41**
3. „	25°	$\mathbf{4{,}0 \times 10^{-6}}$	**5,40**
3. „	37°	$\mathbf{3{,}8 \times 10^{-6}}$	**5,42**
Cyanwasserstoff	25°	$7{,}2 \times 10^{-10}$	9,14
Essigsäure	18°	$\mathbf{1{,}73 \times 10^{-5}}$	**4,76**
„	25°	$\mathbf{1{,}74 \times 10^{-5}}$	**4,76**
d-Fructose	25°	$1{,}0 \times 10^{-12}$	12,00
Fumarsäure, 1. Stufe	18°	$\mathbf{9{,}3 \times 10^{-4}}$	**3,03**
1. „	37°	$\mathbf{9{,}1 \times 10^{-4}}$	**3,04**
2. „	18°	$\mathbf{3{,}4 \times 10^{-5}}$	**4,47**
2. „	37°	$\mathbf{3{,}1 \times 10^{-5}}$	**4,51**
d-Glykose	25°	$5{,}9 \times 10^{-13}$	12,23
Glycerophosphorsäure	20°	$1{,}8 \times 10^{-7}$	6,74
Glykokoll	25°	$3{,}4 \times 10^{-10}$	9,37
Glykolsäure	25°	$1{,}52 \times 10^{-4}$	3,82
Isobuttersäure	25°	$1{,}48 \times 10^{-5}$	4,83
Lactose	25°	$1{,}05 \times 10^{-12}$	11,98
Maleinsäure, 1. Stufe	18°	$\mathbf{1{,}0 \times 10^{-2}}$	**2,00**
1. „	37°	$\mathbf{1{,}05 \times 10^{-2}}$	**1,98**
2. „	18°	$\mathbf{5{,}5 \times 10^{-7}}$	**6,26**
2. „	37°	$\mathbf{4{,}8 \times 10^{-7}}$	**6,32**
Malonsäure, 1. Stufe	25°	$1{,}63 \times 10^{-3}$	2,79
2. „	18°	8×10^{-7}	6,10
Milchsäure	25°	$1{,}55 \times 10^{-4}$	3,81
Oxalsäure, 1. Stufe	25°	$\mathbf{6{,}5 \times 10^{-2}}$	**1,19**
2. „	25°	$\mathbf{6{,}1 \times 10^{-5}}$	**4,11**

Name und Stufe	Temperatur	Konstante	Säureexponent $-\log K$
Propionsäure	25°	$1,4 \times 10^{-5}$	4,85
Pyroweinsäure	25°	$8,7 \times 10^{-5}$	4,06
Traubensäure	25°	1×10^{-3}	3,00
Tricarballylsäure, 1. Stufe . .	25°	$9,2 \times 10^{-4}$	3,04
2. „ . .	25°	$2,7 \times 10^{-5}$	4,57
3. „ . .	25°	$1,3 \times 10^{-6}$	5,89
Trichloressigsäure . .	18°	$1,3 \times 10^{-1}$	0,89
Valeriansäure	25°	$1,6 \times 10^{-5}$	4,80
Weinsäure, 1. Stufe	18°	**$9,6 \times 10^{-4}$**	**3,02**
2. „	18°	**$2,8 \times 10^{-5}$**	**4,55**
2. „	25°	**$2,9 \times 10^{-5}$**	**4,54**

Aromatische Säuren.

Name und Stufe	Temperatur	Konstante	Säureexponent $-\log K$
Benzoesäure	25°	**$6,67 \times 10^{-5}$**	**4,18**
Camphersäure, 1. Stufe . . .	25°	$2,95 \times 10^{-4}$	3,53
2. „	25°	$1,05 \times 10^{-5}$	4,98
3. „ . .	25°	$3,7 \times 10^{-8}$	7,43
Diäthylbarbitursäure	25°	$3,7 \times 10^{-8}$	7,43
Harnsäure	12—14°	$1,3 \times 10^{-4}$	3,89
Hippursäure	25°	$2,38 \times 10^{-4}$	3,62
Hydrochinon, 1. Stufe	20°	$4,5 \times 10^{-11}$	10,35
o-Kresol	25°	$6,3 \times 10^{-11}$	10,20
m-Kresol	25°	$9,8 \times 10^{-11}$	10,01
p-Kresol	25°	$6,7 \times 10^{-11}$	10,17
o-Oxybenzoesäure (Salicylsäure), 1. Stufe	25°	$1,06 \times 10^{-3}$	2,97
2. „	20°	$3,6 \times 10^{-14}$	13,44
m-Oxybenzoesäure (Salicylsäure), 1. Stufe	19°	**$8,7 \times 10^{-5}$**	**4,06**
2. „	18°	**$1,0 \times 10^{-10}$**	**10,00**
p-Oxybenzoesäure (Salicylsäure), 1. Stufe	19°	**$3,3 \times 10^{-5}$**	**4,48**
2. „	18°	**$4,0 \times 10^{-10}$**	**9,40**
Phenol	25°	$1,3 \times 10^{-10}$	9,89
o-Phthalsäure, 1. Stufe . . .	25°	$1,3 \times 10^{-3}$	2,89
2. „	18°	**$3,9 \times 10^{-6}$**	**5,41**
Pikrinsäure	25°	$1,6 \times 10^{-1}$	0,80
Resorcinol	25°	$1,55 \times 10^{-10}$	9,81
Saccharin, 1. Stufe	18°	$2,5 \times 10^{-2}$	1,40
Sulfanilsäure	25°	$6,5 \times 10^{-4}$	3,18
o-Sulfobenzoesäure, 2. Stufe .	—	$1,9 \times 10^{-4}$	3,72
Thymol	25°	$3,2 \times 10^{-11}$	10,50
Zimtsäure	25°	$3,68 \times 10^{-5}$	4,43

Name und Stufe	Temperatur	Konstante	Basenexponent
Basen. — Anorganische Basen.			
Ammoniak	18°	$1,75 \times 10^{-5}$	4,76
Bleihydroxyd	25°	$9,6 \times 10^{-4}$	3,02
Hydrazin	25°	3×10^{-6}	5,52
Hydroxylamin	20°	**$1,07 \times 10^{-8}$**	**7,97**
Organische Basen. — Aliphatische Basen.			
Äthylamin	25°	$5,6 \times 10^{-4}$	3,25
		$(1,3 \times 10^{-3}$	2,89)
Diäthylamin	25°	$1,26 \times 10^{-3}$	2,90
Dimethylamidoantipyrin (Pyramidon)	18°	**$6,9 \times 10^{-10}$**	**9,16**
Dimethylamin	25°	$7,4 \times 10^{-4}$	3,13
„	25°	**$5,12 \times 10^{-4}$**	**3,29**
Methylamin	25°	$5,0 \times 10^{-4}$	3,30
„	25°	**$4,4 \times 10^{-4}$**	**3,36**
Triäthylamin	25°	$6,4 \times 10^{-4}$	3,19
Trimethylamin	25°	$7,4 \times 10^{-5}$	4,13
„	25°	**$5,27 \times 10^{-5}$**	**4,28**
Aromatische Basen.			
Anilin	25°	4×10^{-10}	9,40
α-Naphthylamin	25°	$9,9 \times 10^{-11}$	10,00
β-Naphthylamin	25°	2×10^{-11}	10,70
o-Phenetedin	20°	$4,6 \times 10^{-11}$	10,34
p-Phenetedin	15°	$2,2 \times 10^{-9}$	8,66
o-Phenylendiamin, 1. Stufe	25°	3×10^{-10}	9,52
p-Phenylendiamin, 1. Stufe	18°	**$1,1 \times 10^{-8}$**	**7,96**
2. „	18°	**$3,5 \times 10^{-12}$**	**11,46**
Pyridin	18°	**$1,4 \times 10^{-9}$**	**8,85**
Heterocyclische Basen.			
Aconitin	15°	$1,3 \times 10^{-6}$	5,88
Apomorphin	15°	$1,0 \times 10^{-7}$	7,0
Atropin	15°	$4,5 \times 10^{-5}$	4,35
Brucin, 1. Stufe	15°	$9,2 \times 10^{-7}$	6,04
2. „	15°	$2,52 \times 10^{-11}$	10,60
2. „	25°	2×10^{-12}	11,7
Cevadin	15°	$7,2 \times 10^{-6}$	5,15
Chinolin	15°	$3,2 \times 10^{-10}$	9,5
Chinidin, 1. Stufe	15°	$(2,4 \times 10^{-7})$	(6,62)
1. „	15°	$3,7 \times 10^{-6}$	5,43
2 „	15°	$3,2 \times 10^{-10}$	9,50
2. „	15°	$1,0 \times 10^{-10}$	10,0
Chinin, 1. Stufe	15°	$1,08 \times 10^{-6}$	5,97
2. „	15°	$3,3 \times 10^{-10}$	9,48
2. „		$1,3 \times 10^{-10}$	9,89
2. „	15°	$1,35 \times 10^{-10}$	9,88

Name und Stufe	Temperatur	Konstante	Basenexponent
Cinchonin, 1. Stufe	15°	$1{,}4 \times 10^{-6}$	5,85
2. „	15°	$1{,}1 \times 10^{-10}$	9,92
2. „	15°	$3{,}3 \times 10^{-10}$	9,48
2. „	15°	$5{,}1 \times 10^{-10}$	9,29
Chinchonidin, 1. Stufe	15°	$1{,}6 \times 10^{-6}$	5,80
2. „	15°	$8{,}4 \times 10^{-11}$	10,08
Cocain	15°	$2{,}6 \times 10^{-6}$	5,59
Codein	15°	9×10^{-7}	6,05
Colchicin	15°	$4{,}5 \times 10^{-13}$	12,35
Ecgonin	15°	6×10^{-12}	11,22
Emetin, 1. Stufe	15°	$1{,}98 \times 10^{-6}$	5,70
1. „	15°	$1{,}7 \times 10^{-6}$	5,77
2. „		5×10^{-7}	6,30
2. „	15°	$2{,}3 \times 10^{-7}$	6,64
Hydrastin	15°	$1{,}7 \times 10^{-8}$	7,77
Isochinolin	15°	$3{,}6 \times 10^{-10}$	9,44
Coffein	40°	$4{,}1 \times 10^{-14}$	13,39
Coniin	25°	$1{,}3 \times 10^{-3}$	2,89
„	15°	8×10^{-4}	3,1
Morphin	15°	$6{,}8 \times 10^{-7}$	6,17
Narcein	15°	2×10^{-11}	10,7
Narkotin	15°	$7{,}9 \times 10^{-8}$	7,10
„	15°	$1{,}5 \times 10^{-8}$	7,83
Nicotin, 1. Stufe	15°	7×10^{-7}	6,16
2. „	15°	$1{,}4 \times 10^{-11}$	10,86
Papaverin	15°	9×10^{-8}	7,05
„	15°	$8{,}15 \times 10^{-9}$	8,09
Physostigmin, 1. Stufe	15°	$7{,}6 \times 10^{-7}$	6,12
2. „	15°	$5{,}7 \times 10^{-13}$	12,24
Piperazin, 1. Stufe	25°	$6{,}4 \times 10^{-5}$	4,19
2. „	15°	$3{,}7 \times 10^{-9}$	8,43
Piperidin	25°	$1{,}6 \times 10^{-3}$	2,80
Piperin	18°	$5{,}8 \times 10^{-13}$	12,22
Pilocarpin, 1. Stufe	15°	$1{,}0 \times 10^{-7}$	7,00
1. „	15°	7×10^{-8}	7,15
2. „	15°	2×10^{-13}	12,7
Solanin	15°	$2{,}2 \times 10^{-7}$	6,66
Spartein, 1. Stufe		$1{,}0 \times 10^{-2}$	2,00
1. „	15°	$5{,}7 \times 10^{-3}$	2,24
2. „	15°	$3{,}1 \times 10^{-10}$	9,5
Strychnin, 1. Stufe	15°	$1{,}0 \times 10^{-6}$	6,0
2. „	15°	2×10^{-12}	11,7
Thebain	15°	9×10^{-7}	6,05
Theobromin	40°	$4{,}8 \times 10^{-14}$	13,32
Theophyllin	25°	$1{,}9 \times 10^{-14}$	13,72
„		$1{,}2 \times 10^{-14}$	13,92

Tabelle 5. Das Umschlagsgebiet der wichtigsten Indicatoren.

Indicator	Umschlags-gebiet in p_H	Saure — alkalische Farbe
o-Kresolrot	0,2—1,8	rot — gelb
m-Kresolrot	1,2—2,8	rot — gelb
Thymolblau	1,2—2,8	rot — gelb
Pentamethoxyrot	1,2—3,2	rotviolett — farblos
Metanilgelb	1,2—2,3	rot — gelb
Tropäolin 00	1,3—3,2	rot — gelb
Chinaldinrot	1,4—3,2	farblos — rot
β-Dinitrophenol	2,4—4,0	farblos — gelb
Hexamethoxyrot	2,6—4,6	rotviolett — farblos
α-Dinitrophenol	2,8—4,4	farblos — gelb
Dimethylgelb	2,9—4,0	rot — gelb
Methylorange	3,1—4,4	rot — orangegelb
Tetrabromphenolblau	3,0—4,6	gelb — blau
Bromphenolblau	3,0—4,6	gelb — purpur
Kongorot	3,0—5,2	blauviolett — rot
p-Äthylorange	3,4—4,8	rosarot — gelb
Dimethyl-α-naphthylaminazo-o-methoxybenzolparasulfo-säure	3,4—4,8	purpur — orangegelb
Resazurin	3,8—6,5	orange — dunkelviolett
α-Naphthylrot	3,7—5,0	rot — gelb
Bromkresolgrün	3,8—5,4	gelb — blau
γ-Dinitrophenol	4,0—5,4	farblos — gelb
Isopikraminsäure	4,1—5,6	rosa — gelb
Methylrot	4,4—6,2	rot — gelb
Lackmoid	4,4—6,4	rot — blau
Chlorphenolrot	4,8—6,4	gelb — rot
p-Nitrophenol	5,0—7,0	farblos — gelb
Heptamethoxyrot	5,0—7,0	rot — farblos
Bromkresolpurpur	5,2—6,8	gelb — purpur
Alizarin-Natrium	5,5—6,8	gelb — rot
Pinachrom	5,8—7,8	farblos — rot
Bromthymolblau	6,0—7,6	gelb — blau
Aurin (Rosolsäure)	6,0—7,6	gelb — rot
Phenolrot	6,4—8,2	gelb — rot
Neutralrot	6,8—8,0	rot — gelb
m-Nitrophenol	6,8—8,4	farblos — gelb
Azolitmin (Lackmus)	5,0—8,0	rot — blau
o-Kresolrot	7,0—8,8	gelb — rot
o-Kresolbenzeïn	7,2—8,6	gelb — rot
Di-5-bromvanillidencyclo-hexanon	7,2—8,6	gelbgrün — orangerot
Diortho-hydroxystyrilketon .	7,3—8,7	gelb — grün
Propyl-α-naphtholorange . . .	7,4—8,9	gelb — rot

Indicator	Umschlagsgebiet in p_H	Saure — alkalische Farbe
m-Kresolpurpur	7,6—9,2	gelb — purpurrot
α-Naphtholphthalein	7,8— 9,0	schwach rosagelb — grün
Curcumin	7,8— 9,2	gelb — rotbraun
Di-4-oxy-3-äthoxybenzyliden-cyclohexanon	8,0—10,2	gelb — rot
Thymolblau	8,0— 9,6	gelb blau
Phenolphthalein	8,0— 9,8	farblos — rotviolett
Thymolphthalein	9,3—10,5	farblos — blau
Nilblau	9,0—10,4	blau — rot
Alizaringelb	10,1—11,1	gelb — lila
Diazoviolett	10,1—12,0	gelb — violett
Salicylgelb	10,0—12,0	schwachgelb — orangebraun
Nitramin	10,8—12,8	farblos — orangebraun
Tropäolin 0	11,1—12,7	gelb — orangebraun
Poirriers Blau	11,0—13,0	blau — violettrosa
Trinitrobenzol	12,0—14,0	farblos — orange
Trinitrobenzoesäure	12,0—13,4	farblos — orangerot

Tabelle 6. Beziehung zwischen p_H und $[H^{\cdot}]$.

p_H	$[H^{\cdot}]$	p_H	$[H^{\cdot}]$	p_H	$[H^{\cdot}]$
x,00	$1{,}00 \times 10^{-x}$	x,36	$0{,}44 \times 10^{-x}$	x,72	$0{,}\ 19 \times 10^{-x}$
x,02	$0{,}98 \times 10^{-x}$	x,38	$0{,}42 \times 10^{-x}$	x,74	$0{,}\ 18 \times 10^{-x}$
x,04	$0{,}91 \times 10^{-x}$	x,40	$0{,}40 \times 10^{-x}$	x,76	$0{,}\ 17 \times 10^{-x}$
x,06	$0{,}87 \times 10^{-x}$	x,42	$0{,}38 \times 10^{-x}$	y,78	$0{,}\ 17 \times 10^{-x}$
x,08	$0{,}83 \times 10^{-x}$	x,44	$0{,}36 \times 10^{-x}$	x,80	$0{,}\ 16 \times 10^{-x}$
x,10	$0{,}79 \times 10^{-x}$	x,46	$0{,}35 \times 10^{-x}$	x,82	$0{,}\ 15 \times 10^{-x}$
x,12	$0{,}76 \times 10^{-x}$	x,48	$0{,}33 \times 10^{-x}$	x,84	$0{,}\ 14 \times 10^{-x}$
x,14	$0{,}72 \times 10^{-x}$	x,50	$0{,}32 \times 10^{-x}$	x,86	$0{,}\ 14 \times 10^{-x}$
x,16	$0{,}69 \times 10^{-x}$	x,52	$0{,}30 \times 10^{-x}$	x,88	$0{,}132 \times 10^{-x}$
x,18	$0{,}66 \times 10^{-x}$	x,54	$0{,}29 \times 10^{-x}$	x,90	$0{,}126 \times 10^{-x}$
x,20	$0{,}63 \times 10^{-x}$	x,56	$0{,}27 \times 10^{-x}$	x,92	$0{,}120 \times 10^{-x}$
x,22	$0{,}60 \times 10^{-x}$	x,58	$0{,}26 \times 10^{-x}$	x,94	$0{,}115 \times 10^{-x}$
x,24	$0{,}57 \times 10^{-x}$	x,60	$0{,}25 \times 10^{-x}$	x,96	$0{,}110 \times 10^{-x}$
x,26	$0{,}55 \times 10^{-x}$	x,62	$0{,}24 \times 10^{-x}$	x,98	$0{,}105 \times 10^{-x}$
x,28	$0{,}52 \times 10^{-x}$	x,64	$0{,}23 \times 10^{-x}$	1 + x,00	$0{,}100 \times 10^{-x}$
x,30	$0{,}50 \times 10^{-x}$	x,66	$0{,}22 \times 10^{-x}$		
x,32	$0{,}48 \times 10^{-x}$	x,68	$0{,}21 \times 10^{-x}$		
x,34	$0{,}46 \times 10^{-x}$	x,70	$0{,}20 \times 10^{-x}$		

Namenverzeichnis.

Sachverzeichnis.

KOLTHOFF, Säure-Basen-Indicatoren. 4. Aufl.

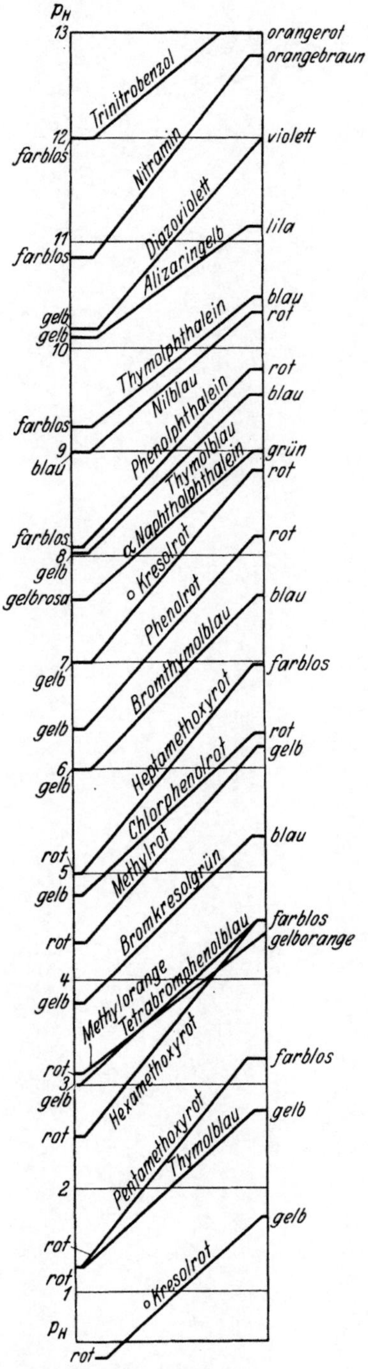

Verlag von Julius Springer in Berlin.

GPSR Compliance

The European Union's (EU) General Product Safety Regulation (GPSR) is a set of rules that requires consumer products to be safe and our obligations to ensure this.

If you have any concerns about our products, you can contact us on ProductSafety@springernature.com

In case Publisher is established outside the EU, the EU authorized representative is:

Springer Nature Customer Service Center GmbH
Europaplatz 3
69115 Heidelberg, Germany

Batch number: 10682427

Printed by Printforce, the Netherlands